H. R. Etzold

So wird's gemacht

Hans-Rüdiger Etzold

Diplom-Ingenieur für Fahrzeugtechnik

So wird's gemacht

pflegen – warten – reparieren

Band 37:

FORD ESCORT/ORION
Turnier · Express

1,1 l / 37 kW	(50 PS)	8.83 – 8.90
1,1 l / 40 kW	(55 PS)	9.80 – 2.82
1,1 l / 43 kW	(59 PS)	8.80 – 8.85
1,3 l / 44 kW	(60 PS)	1.86 – 8.90
1,3 l / 44 kW	(60 PS)	Kat. 3.87 – 8.90
1,3 l / 46 kW	(63 PS)	9.88 – 8.90
1,3 l / 51 kW	(69 PS)	8.80 – 8.85
1,4 l / 54 kW	(73 PS)	1.86 – 8.90
1,4 l / 54 kW	(73 PS)	Kat. 3.87 – 8.90
1,6 l / 58 kW	(79 PS)	8.80 – 8.85
1,6 l / 66 kW	(90 PS)	9.85 – 8.90
1,6 l / 66 kW	(90 PS)	1.86 – 8.90
1,6 l / 71 kW	(96 PS)	10.80 – 10.82
1,6 l / 75 kW	(102 PS)	9.89 – 8.90
1,6 l / 77 kW	(105 PS)	10.82 – 8.90
1,6 l / 85 kW	(115 PS)	3.82 – 7.83
1,6 l / 97 kW	(132 PS)	10.84 – 8.90

Diesel

1,6 l / 40 kW	(54 PS)	2.84 – 12.88
1,8 l / 44 kW	(60 PS)	1.89 – 8.90

Delius Klasing Verlag

Delius Klasing + Co ISDN 559-0
Verlagsbuchhandlung, Siekerwall 21

Die Deutsche Bibliothek – CIP-Einheitsaufnahme

So wird's gemacht: pflegen – warten – reparieren /
Hans-Rüdiger Etzold. – Bielefeld: Delius Klasing.
NE: Etzold, Hans-Rüdiger
Bd. 37. Ford Escort / Orion – Turnier / Express, Escort / Orion Diesel. –
8. Aufl. – 1993
ISBN 3-7688-0435-6

8. Auflage / K
ISBN 3-7688-0435-6

Printed in Germany 1993
Alle Angaben ohne Gewähr
Umschlaggestaltung: Ekkehard Schonart
Druck: Kunst- und Werbedruck, Bad Oeynhausen

Vorwort

Als ich Anfang der sechziger Jahre in einer kleinen Werkstatt meine Kfz-Lehre beendete, da hatten die Gesellen noch die wichtigsten Einstelldaten für die verschiedensten Fahrzeugmodelle im Kopf. Schriftliche Unterlagen gab es keine. Der Motor wurde nach dem Gehör eingestellt, für die Zündeinstellung stand nur eine simple Prüflampe zur Verfügung. Und der Drehmomentschlüssel trat nur dann in Aktion, wenn es galt, die Zylinderkopfschrauben anzuziehen.

Derartige Arbeitsmethoden sind heutzutage undenkbar. Auch der gut ausgebildete Fachmann kommt nicht mehr ohne moderne Prüf- und Einstellwerkzeuge aus. Zudem muß er sich anhand von Werksunterlagen ständig weiterbilden, soll die Arbeit richtig durchgeführt werden. Was für den Fachmann selbstverständlich ist, sollte für den Laien unerläßlich sein. Auch er kann nicht einfach drauflos reparieren. Mitunter genügen schon kleine Einstellfehler, um größere Schäden hervorzurufen. Deshalb empfiehlt sich vor jeder Reparatur am FORD ESCORT/ORION ein Blick in das vorliegende Buch. Das bietet sich auch deshalb an, um vor Arbeitsbeginn den Umfang der Reparatur und den Schwierigkeitsgrad zu ermitteln. Zudem wird deutlich, ob und welches Spezialwerkzeug für die fachgerechte Durchführung der Arbeit erforderlich ist.

Für die meisten Schraubverbindungen ist das Anzugsmoment angegeben. Bei Schraubverbindungen, die in jedem Fall mit einem Drehmomentschlüssel angezogen werden müssen (Zylinderkopf, Achsverbindungen usw.), ist der betreffende Wert f e t t abgedruckt. Die nicht fett abgedruckten Anzugsmomente geben zumindest einen Hinweis, falls nicht mit einem Drehmomentschlüssel gearbeitet wird, wie stark eine Schraube angezogen werden sollte.

Das vorliegende Buch bietet dem technisch versierten Heimwerker die notwendigen Grundlagen, Arbeiten an seinem FORD ESCORT/ORION selbst und richtig durchzuführen. Alle Arbeiten habe ich detailliert beschrieben. Große Übersichts- und Detailzeichnungen bieten einen schnellen Einblick über den Arbeitsablauf.

Um die Fahrzeugwartung richtig und schnell durchführen zu können, ist jedem Reparaturkapitel eine Wartungsübersicht zugeordnet. Darüber hinaus erlauben die zu jedem Kapitel gehörenden Störungstabellen ein schnelles Auffinden und Einkreisen einer möglichen Fehlerquelle.

Auch der fachkundige Laie sollte allerdings nicht vergessen, daß es zur Überwachung und Erhaltung der Betriebs- und Verkehrssicherheit seines Fahrzeugs sinnvoll ist, in regelmäßigen Abständen eine FORD-Werkstatt aufzusuchen.

Natürlich kann das vorliegende Buch nicht auf jede aktuelle technische Frage eingehen. Dennoch hoffe ich, daß die getroffene Auswahl an Reparatur-, Wartungs- und Pflegehinweisen in den meisten Fällen die eventuell auftretenden Probleme zufriedenstellend löst.

Hans-Rüdiger Etzold

Inhaltsverzeichnis

Der Motor

Der FORD ESCORT/ORION wird von einem wassergekühlten Vierzylinder-Reihenmotor angetrieben, der vorn quer zur Fahrtrichtung eingebaut ist.

Je nach Modell ist ein **OHV-** oder **CVH-Motor** eingebaut.

Der **OHV-Motor** (OHV = overhead valves = obenliegende Ventile) mit 50, 55 und 60 PS ist nach dem Querstrom-Prinzip konstruiert. Das heißt, frisches Kraftstoff-Luftgemisch wird auf der einen Seite angesaugt und verbranntes Gas auf der gegenüberliegenden Seite über die Abgasanlage ausgestoßen. Ein- und Auslaßventile sind abwechselnd im Zylinderkopf angeordnet und werden über Stößel, Stößelstangen und Kipphebel betätigt. Die dreifach gelagerte Nockenwelle befindet sich seitlich im Zylinderblock und wird über eine Rollenkette von der Kurbelwelle angetrieben. Die Kurbelwelle ist dreifach gelagert und zum Massenausgleich mit Gegengewichten versehen.
Unterhalb des Zündverteilers ist die Ölpumpe außen an den Motorblock angeschraubt. Direkt an der Ölpumpe sitzt, schräg nach unten geneigt, der Hauptstrom-Ölfilter.

Der **CVH-Motor** mit 55 bis 132 PS besitzt einen Leichtmetall-Zylinderkopf. Unter CVH versteht man V-förmig geneigte Ventile, die in halbkugelförmige Brennkammern ragen. (C = Compound, V = Valve Angle, H = Hemispherical Chamber). Die von einem Zahnriemen angetriebene, obenliegende Nockenwelle betätigt die Ventile über Kipphebel und hydraulische Ventilstößel (Ventilspielausgleicher). Das Ventilspiel muß daher nicht mehr bei der Wartung eingestellt werden. Der Zündverteiler ist direkt am Zylinderkopf angeflanscht und wird von der Nockenwelle angetrieben.

Im Zylinderblock befindet sich vorn die Zahnrad-Ölpumpe. Sie wird durch einen Mitnehmerzapfen von der Kurbelwelle angetrieben. Die Kurbelwelle ist 5fach im Motorblock gelagert und zum Massenausgleich mit Gegengewichten versehen.

Seit Februar 84 gibt es den FORD ESCORT/ORION auch mit einem **Dieselmotor.** Dem Dieselmotor ist ein eigenes Kapitel gewidmet, außerdem sind Dieselspezifische Hinweise in anderen Kapiteln enthalten.

Die **Fahrgestellnummer** befindet sich im Bodenblech auf der Beifahrerseite unter dem Bodenteppich zwischen Sitz und Einstiegleiste.

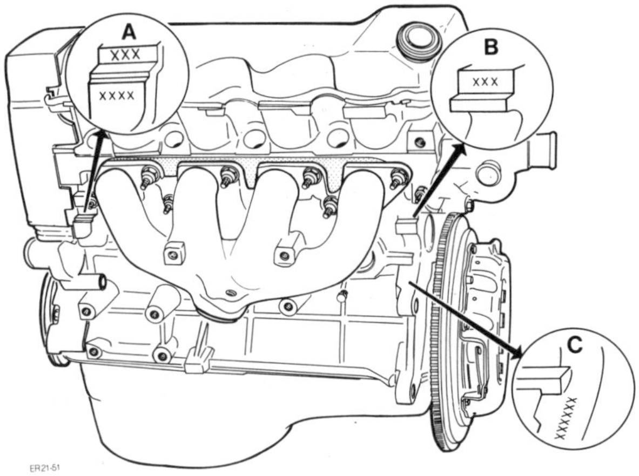

Die **Motornummer – A –** sitzt, in Fahrtrichtung gesehen, vorn rechts am Motorblock. Die ersten beiden Stellen geben das Herstellungsdatum an, wobei der erste Buchstabe für das Herstellungsjahr steht: A = 1980, B = 1981, C = 1982 usw. Der zweite Buchstabe weist auf den Herstellungsmonat hin:

	Jan	Feb	Mär	Apr	Mai	Jun	Jul	Aug	Sep	Okt	Nov	Dez
1980 = A	B	R	A	G	C	K	D	E	L	Y	S	T
1981 = B	J	U	M	P	B	R	A	G	C	K	D	E
1982 = C	L	Y	S	T	J	U	M	P	B	R	A	G
1983 = D	C	K	D	E	L	Y	S	T	J	U	M	P
1984 = E	B	R	A	G	C	K	D	E	L	Y	S	T
1985 = F	J	U	M	P	B	R	A	G	C	K	D	E
1986 = G	L	Y	S	T	J	U	M	P	B	R	A	G
1987 = H	C	K	D	E	L	Y	S	T	J	U	M	P
1988 = J	B	R	A	G	C	K	D	E	L	Y	S	T
1989 = K	J	U	M	P	B	R	A	G	C	K	D	E
1990 = L	L	Y	S	T	J	U	M	P	B	R	A	G

Danach folgt eine 5stellige Seriennummer

Der **Modellcode – B –** besteht aus 3 Buchstaben:

Hubraum	Verdichtung	Modell
G = 1,1 l J = 1,3 l F = 1,4 l L = 1,6 l R = 1,8 l	M = niedrige Verdichtung/ Normalbenzin (LC) P/U/R = hohe Verdichtung/ Superbenzin (HC) T = ohne Angabe (Diesel)	A = Escort/ Orion

z. B.: GMA = 1,1 l/Normalbenzin/Escort

Nach einer Motorüberholung wird die **Motornummer – C –** an der Schwungradseite eingeschlagen.

Die wichtigsten Motordaten

Motorbezeichnung	1,1 HC OHV	1,1 HC OHV	1,3 HC OHV	1,3 HC 2V OHV	1,1 LC	1,1 HC	1,3 HC	1,4 HC 2V	1,6 HC 2V	1,6 EFI
Motorcode	GLB	GSG	JLA	JBB/(JBA[4])	GMA	GPA	JPA	FUC	LUC	L4B
Hubraum cm^3	1117	1117	1297	1297	1117	1117	1295	1392	1597	1597
Leistung kW bei 1/min PS bei 1/min	40/5700 55/5700	37/5000 50/5000	44/5000 60/5000	44(46[4])/5000 60(63[4])/5000	40/6000 55/6000	43/6000 59/6000	51/6000 69/6000	54/5500 73/5500	66/5800 90/5800	66/5800 90/5800
Drehmoment Nm bei 1/min	82/4000	83/2700	100/3000	101/3000	80/4000	84/4000	100/3500	108/4000	133/4000	123/4600
Bohrung ∅ mm	73,96	73,96	73,96	73,96	73,96	73,96	79,96	77,24	79,96	79,96
Hub mm	64,98	64,98	75,48	75,48	64,98	64,98	64,52	74,30	79,52	79,52
Verdichtungsverhältnis	9,0	9,5	9,3	9,5	8,5	9,5	9,5	8,5	9,5	8,5
Maximale Drehzahl Dauer 1/min Kurzzeitig 1/min	6300 6600	5800 6100	5800 6100	5650 5875	6300 6700	6300 6700	6300 6700	6200 6450	6250 6475	6250 6450
Kraftstoff/ROZ mind.	Super/98	Super/98[1]	Super bleifrei/95[2]	Super bleifrei/95	Normal/91	Super/98	Super/98[3]	Super/98[1]	Super/98[1]	Normal bleifrei/91
Katalysator	–	–	wahlweise	–	–	–	–	–	–	ja
Vergaser	Motorcraft VV	Motorcraft VV	Motorcraft VV	Weber-2V-Register-vergaser	Motorcraft VV	Motorcraft VV	Motorcraft VV	Weber-2V-Register-vergaser	Weber-2V-Register-vergaser	K-Jetronic
Zündfolge	1–2–4–3	1–2–4–3	1–2–4–3	1–2–4–3	1–3–4–2	1–3–4–2	1–3–4–2	1–3–4–2	1–3–4–2	1–3–4–2

[1] Betrieb mit bleifreiem Super Plus (ROZ 98) ist möglich.
[2] Motoren ohne Katalysator: Super verbleit (ROZ 98). Seit 3/86 ist der Betrieb mit bleifreiem Super Plus (ROZ 98) möglich.
[3] Seit 9/84 ist der Betrieb mit bleifreiem Super Plus (ROZ 98) möglich.
[4] Mit vollelektronischer Zündung.

Motorbezeichnung	1,6 HC	1,6 HC RS	1,6 HC 2V	1,6 FI	1,6 HC FI	1,6 HC RS	1,6 RSi	1,6 Turbo RS	1,6 D	1,8 D	1,4 l CFI
Motorcode	LPA	LPA	LUA		LRA	LUA/LPA	LUAE	LNA	LTC	RTA/RTB	F6D
Hubraum cm³	1597	1597	1597	1597	1597	1597	1597	1597	1608	1753	1392
Leistung kW bei 1/min PS bei 1/min	58/5800 79/5800	65/5800 88/5800	71/6000 96/6000	75/6000 102/6000	77/6000 105/6000	81/6000 110/6000	85/6000 115/6000	97/5750 132/5750	40/4800 54/4800	44/4800 60/4800	54/5600 73/5600
Drehmoment Nm bei 1/min	125/3000	126/4000	132,5/4000	135/4800	138/4800	–	148/5250	180/2750	95/3000	110/2500	103/4000
Bohrung ∅ mm	79,96	79,96	79,96	79,96	79,96	79,96	79,96	79,96	80,00	82,5	77,24
Hub mm	79,52	79,52	79,52	79,52	79,52	79,52	79,52	79,52	80,00	82,0	74,30
Verdichtungsverhältnis	9,5	9,5	9,5	9,75	9,5	9,5	9,9	8,3	21,5	21,5	8,5
Maximale Drehzahl Dauer 1/min Kurzzeitig 1/min	6100 6500	6100 6500	6300 6700	6250 6450	6300 6670	6100 6500	6000 6500	5750 6350	4800 5350	5350 –	6200 6475
Kraftstoff/ROZ mind.	Super/98[3]	Super/98	Super/98	Super bleifr./95	Super/98[3]	Super/98	Super/98	Super/98	Diesel	Diesel	Super bleifr./95
Katalysator	–	–/ja	–	ja	–	–	–	–	–	–	ja
Vergaser	Motorcraft VV	1 Weber-2V-Register-vergaser	1 Weber-2V-Register-vergaser	Elektron. Einsprit-zung	K-Jetronic	2 Weber Doppel-vergaser	K-Jetronic	KE-Jetronic	Bosch VE-Einspritz-pumpe	Bosch oder CAV-Vertei-teiler-Ein-spritzpumpe	Zentralein-spritzung CFI
Zündfolge/Einspritzfolge	1–3–4–2										

[1] Betrieb mit bleifreiem Super Plus (ROZ 98) ist möglich.
[2] Motoren ohne Katalysator: Super verbleit (ROZ 98). Seit 3/86 ist der Betrieb mit bleifreiem Super Plus (ROZ 98) möglich.
[3] Seit 9/84 ist der Betrieb mit bleifreiem Super Plus (ROZ 98) möglich.
[4] Mit Katalysator bleifrei Super (ROZ 95).

Motor aus- und einbauen

Der Motor wird ohne Getriebe nach oben ausgebaut. Zum Herausnehmen des Motors wird ein Kran benötigt. Steht dieser nicht zur Verfügung, kann der Motor auch mit zwei bis drei Mann herausgehoben werden. Da auch auf der Wagenunterseite einige Verbindungen gelöst werden müssen, sind zum Anheben des Fahrzeuges entweder eine Hebebühne oder ein Wagenheber erforderlich. Bei Montagearbeiten im Motorraum sollten zum Schutz die Kotflügel grundsätzlich abgedeckt werden.

Ausbau

- Massekabel von der Batterie abklemmen.
- Schlauch für Scheibenwaschanlage ausclipsen und vom Verbindungsstück abziehen.
- Motorhaube abnehmen. Vorher die Lage der Befestigungsschrauben und Unterlegscheiben mit einer Reißnadel kennzeichnen (umkreisen). Das erleichtert später den schnellen und richtigen Einbau der Motorhaube.
- Belüftungsschlauch vom Ansaugkrümmer und Zylinderkopfdeckel ausbauen.
- Unterdruckleitung für Bremskraftverstärker abschrauben –Pfeil–. Bei Befestigung mit Federbuchse, Buchse gleichmäßig in den Messingeinsatz drücken und festhalten. Unterdruckleitung vorsichtig aus der Federbuchse ziehen. **Achtung:** Wenn zu fest gezogen oder die Unterdruckleitung verkantet wird, verriegelt die Federbuchse die Leitung.
- Luftfilter mit Vorwärmung ausbauen, siehe Seite 71.
- **Einspritzmotor:** Luftschlauch zwischen Kraftstoff-Mengenteiler und Drosselklappenstutzen ausbauen.
- Kühlmittel ablassen, siehe Seite 48.

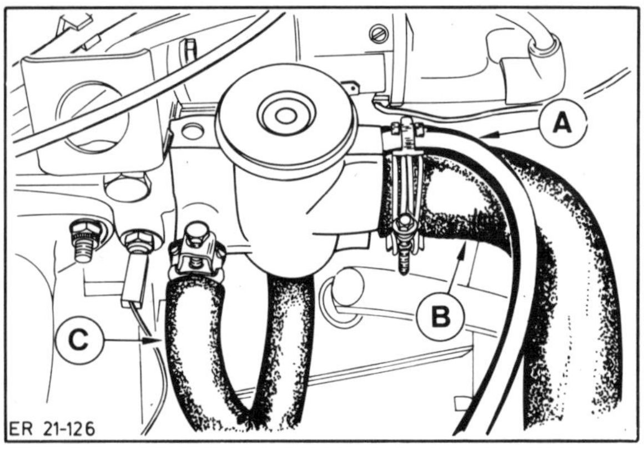

- Oberen Kühlmittelschlauch – B – und Verbindungsschlauch zum Ausgleichbehälter – A – vom Thermostatgehäuse abziehen. Dazu Schellen ganz öffnen und zurückschieben.
- Heizungsschlauch – C – vom Thermostatgehäuse abbauen.
- **Einspritzmotor:** Kühlmittelschläuche von der Kühlmittelpumpe und vom Dreiweg-Verbindungsstück zum Ölkühler abziehen.

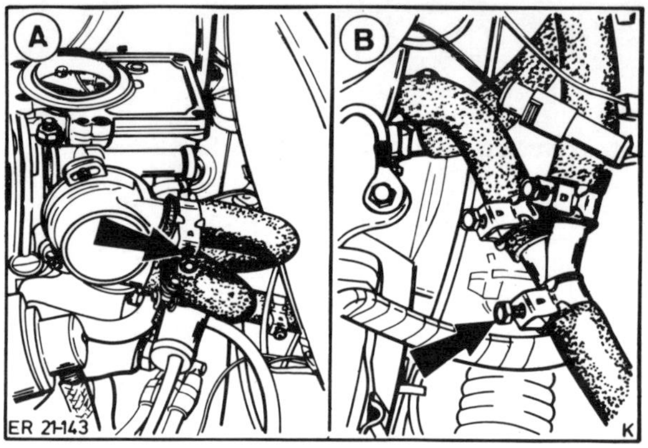

- Heizungsschläuche von der Startautomatik – A – und vom Verteilerstück – B – abziehen.

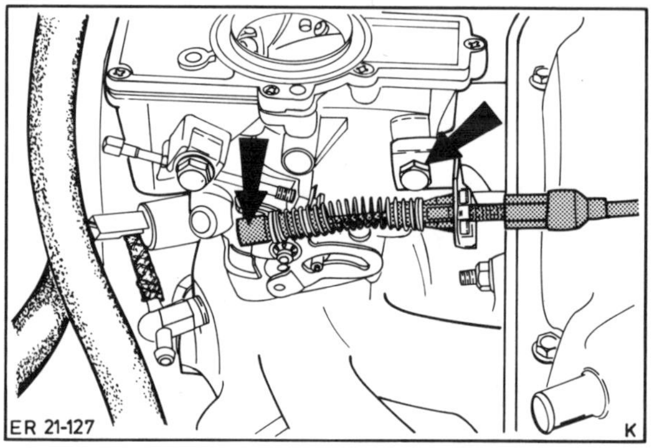

- Gaszug aushängen und mit Halter vom Vergaser abschrauben, dazu Sicherungsklammer mit schmalem Schraubendreher etwas abheben.
- Unterdruckleitung für Bremskraftverstärker, wo vorhanden, vom Ansaugkrümmer abschrauben.

Vergasermotor

- Kraftstoffleitung von der Kraftstoffpumpe abziehen und mit geeignetem Stopfen verschließen.

Einspritzmotor

- Kraftstoffleitungen abschrauben von Warmlaufregler, Kaltstartventil und Kraftstoff-Mengenteiler, siehe unter „Einspritzanlage". **Achtung:** Das Kraftstoffsystem steht unter Druck – Spritzgefahr!
- Unterdruckschlauch vom Schubabschaltventil und Belüftungsschlauch vom Kurbelgehäuse-Belüftungsventil am Motor abziehen.
- Elektrische Leitungen mit Tesaband kennzeichnen und abklemmen von:
  1. Temperaturgeber, rot-weißes Kabel, neben Thermostatgehäuse,
  2. Thermoschalter für Lüfter, am Thermostatgehäuse,
  3. Öldruckschalter, neben dem Ölfilter,
  4. Leerlaufabschaltventil, am Vergaser,
  5. Schalter für Rückfahrleuchten, am Getriebe vorn links,
  6. Ölmeßstab, falls vorhanden,
  7. Mehrfachstecker am Generator, dazu Wärmeschutzblech abschrauben.

Einspritzmotor, Stecker abziehen von:

8. Kaltstartventil,
9. Warmlaufregler,
10. Thermozeitschalter, am Kaltstartventil,
11. Zusatzluftschieber, unterhalb vom Kaltstartventil,
12. Massekabel vom Drosselklappenventil abklemmen.

- Generator ausbauen, siehe Seite 192.
- Zahnriemen-Abdeckung abschrauben (4 Schrauben) und nach oben herausnehmen.
- Riemenscheibe von der Kurbelwelle abschrauben, dazu 4. Gang einlegen, Handbremse anziehen und Zentralmutter lösen.
- Wagen aufbocken, siehe Seite 233.
- Vorderes Abgasrohr ausbauen, siehe Seite 108.
- Anlasser ausbauen, siehe Seite 198.
- Massekabel vom Motorblock abschrauben.
- Kupplungsabdeckblech abschrauben, siehe auch unter „Getriebeausbau".
- 2 Schrauben Motor/Getriebe von unten abschrauben.
- Wagen ablassen.
- 4 Schrauben Motor/Getriebe von oben herausschrauben.
- Getriebe mit Wagenheber abstützen, breites Holzbrett dazwischenlegen und leicht anheben.

- Hebevorrichtung in die Befestigungsösen am Motor einhängen und Motor mit Kran leicht anheben.
- Steht kein Kran zur Verfügung, kräftiges Seil durch die Befestigungsösen ziehen. Geeignete Stange durchschieben, Motor etwas anheben und auf Böcken lagern. Die Stange kann auch in den Sicken der Kotflügel gelagert werden, dazu dicke Holz-Zwischenlage verwenden und diese zur Sicherung mit Schraubzwingen festklemmen.

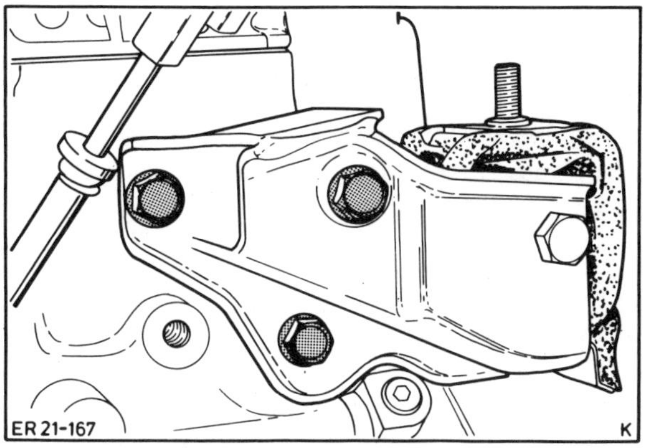

- Motoraufhängung vom Motorblock abschrauben.
- Motor mit Montierhebel vom Getriebe abdrücken und vorsichtig herausheben. **Achtung:** Der Motor muß beim Herausheben sorgfältig geführt werden, um Beschädigungen am Aufbau zu vermeiden.

Einbau

Vor Einbau des Motors Verzahnung der Antriebswelle und Führungshülse des Drucklagers am Getriebe leicht mit Mehrzweckfett einfetten.

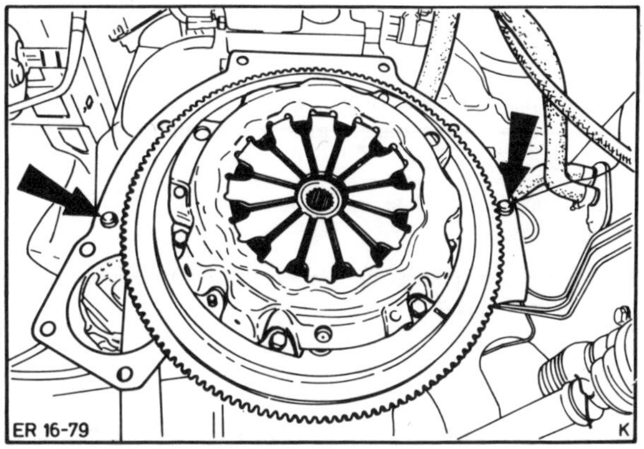

- Zwischenblech auf Paßhülsen aufsetzen und an einigen Punkten mit etwas Fett am Motorblock festkleben.
- Motor absenken und an Getriebe anflanschen. Falls sich der Motor nicht auf das Getriebe aufschieben läßt, Motorkurbelwelle verdrehen, damit die Getriebewelle in die Kupplungsscheibe einrasten kann.
- Alle Befestigungsschrauben Motor/Getriebe beiziehen.
- Befestigungsschrauben Motor/Getriebe oben mit **40 Nm** festziehen.
- Motoraufhängung an Motorblock anschrauben und mit **55 Nm** festziehen.
- Hebevorrichtung und Wagenheber entfernen.
- Fahrzeug aufbocken, siehe Seite 233.
- Befestigungsschrauben Motor/Getriebe unten reindrehen und mit **40 Nm** festziehen.
- Kupplungsabdeckblech mit 40 Nm anschrauben.

- Vorderes Abgasrohr einbauen, siehe Seite 108.
- Fahrzeug ablassen.
- Anlasser einbauen, siehe Seite 198.
- Massekabel an Motorblock anschrauben.
- Kurbelwellen-Riemenscheibe einbauen.
- Zahnriemenabdeckung einsetzen und mit 4 Schrauben befestigen.
- Generator einbauen, siehe Seite 192.
- Sämtliche elektrischen Leitungen anklemmen, siehe unter „Ausbau".
- Zündkabel auf Verteilerkappe aufstecken.
- Unterdruckleitung für Bremskraftverstärker mit Überwurfmutter anschrauben. Bei Ausführung mit Federbuchse, Leitung in die Buchse einschieben, bis der Bund der Leitung an der Federbuchse anliegt. Leitung wieder vorsichtig zurückziehen; die Federbuchse muß die Leitung jetzt verriegeln.
- Kurbelgehäuse-Belüftungsschlauch und Unterdruckschlauch für Schubabschaltventil aufstecken.
- Kraftstoffleitungen an Warmlaufregler, Mengenteiler und Kaltstartventil anschrauben.
- Kraftstoffleitung an Kraftstoffpumpe anschließen.
- Gaszug mit Halter anschrauben, Gaszug einhängen und einstellen, siehe Seite 58, 84.
- Heizungsschläuche auf Startautomatik, Verteilerstück und Thermostatgehäuse aufstecken und mit Schellen sichern.
- Oberen Kühlmittelschlauch sowie Verbindungsschlauch am Thermostatgehäuse aufstecken und mit Schellen sichern.
- Kühlmittelschlauch an Verbindungsstück zum Ölkühler anschließen.
- Unteren Kühlmittelschlauch an der Kühlmittelpumpe mit Schelle befestigen.
- Kühlmittel auffüllen, siehe Seite 48.
- Unterdruckschlauch am Ansaugkrümmer befestigen.
- Luftfilter mit Vorwärmung sowie Kurbelgehäuse-Belüftungsschlauch einbauen, siehe Seite 71, 41.
- Luftschlauch zwischen Kraftstoff-Mengenteiler und Drosselklappenstutzen einbauen.
- Motorhaube entsprechend den Markierungen einbauen.
- Schlauch für Scheibenwaschanlage aufstecken und einclipsen.
- Massekabel an Batterie anklemmen.
- Ölstand kontrollieren.
- Motor starten und Dichtigkeit der Kraftstoff- und Kühlmittelschläuche prüfen.
- Motor warmlaufen lassen.
- Zündzeitpunkt prüfen, siehe Seite 206.
- Leerlaufeinstellung überprüfen, siehe Seite 57, 66, 82.
- Nach Erreichen der Betriebstemperatur Kühlmittelstand prüfen, ggf. ergänzen.

OHV-Motor

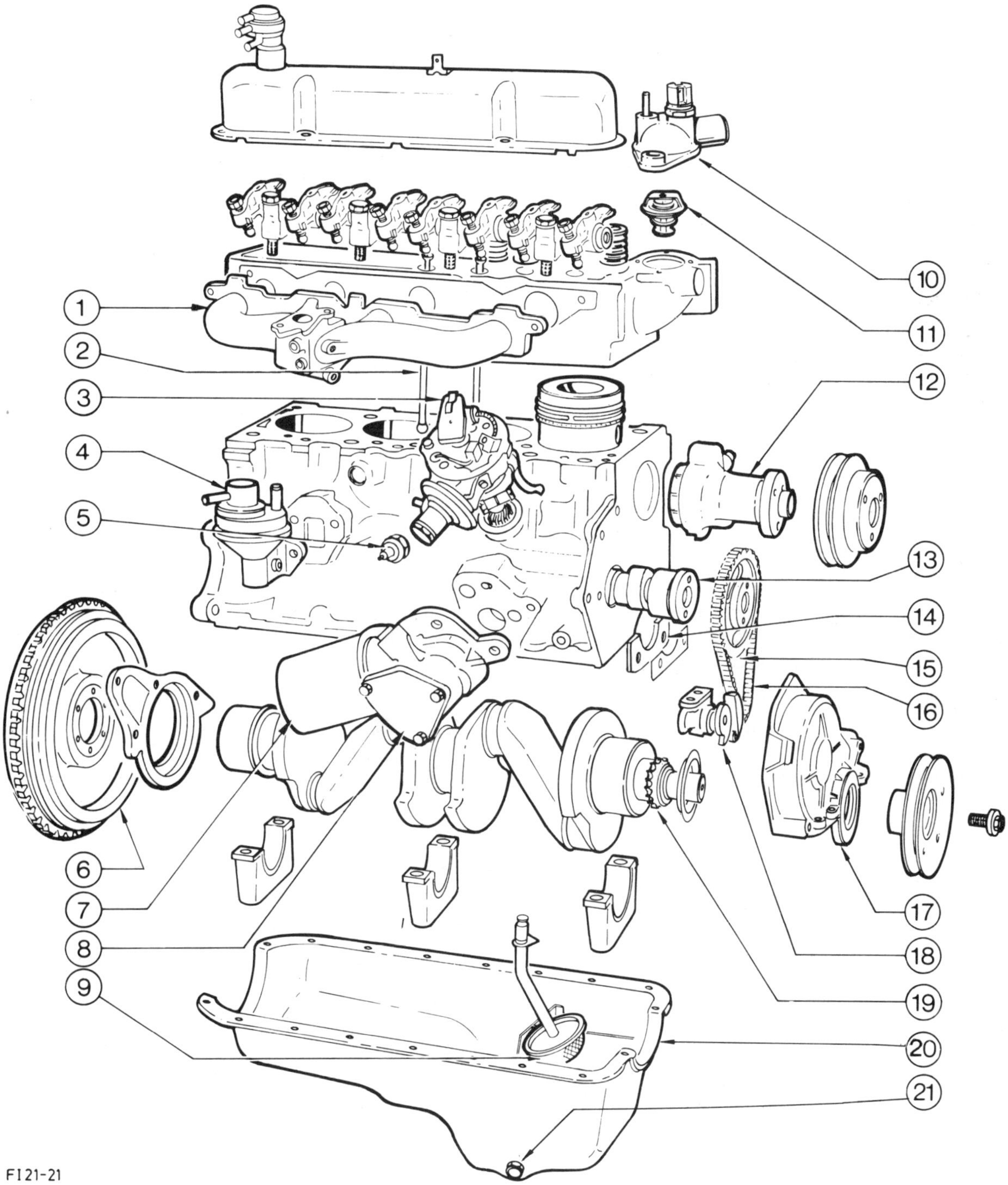

FI21-21

1 – Ansaugkrümmer
2 – Ventil-Stößelstange
3 – Zündverteiler
4 – Kraftstoffpumpe
5 – Öldruckschalter
6 – Schwungrad
7 – Ölfilter
8 – Ölpumpe
9 – Ölpumpensieb mit Saugrohr
10 – Kühlmittelstutzen
11 – Thermostat
12 – Kühlmittelpumpe
13 – Nockenwelle
14 – Halteplatte für Nockenwelle
15 – Nockenwellen-Zahnrad
16 – Steuerkette
17 – Stirnraddeckel mit Dichtring
18 – Kettenspanner
19 – Kurbelwellen-Zahnrad
20 – Ölwanne
21 – Ölablaßschraube

Zylinderkopf aus- und einbauen

Zylinderkopf nur bei abgekühltem Motor ausbauen. Abgas- und Ansaugkrümmer bleiben angeschlossen.

Eine defekte Zylinderkopfdichtung ist an folgenden Merkmalen erkennbar:

- Leistungsverlust.
- Kühlflüssigkeitsverlust. Weiße Abgaswolken bei warmem Motor.
- Ölverlust.
- Kühlflüssigkeit im Motoröl, Ölstand nimmt nicht ab, sondern zu. Graue Farbe des Motoröls, Schaumbläschen am Peilstab, Öl dünnflüssig.
- Motoröl in der Kühlflüssigkeit.
- Kühlflüssigkeit sprudelt stark.
- Keine Kompression auf 2 benachbarten Zylindern.

Ausbau

- Batterie-Massekabel abklemmen.
- Luftfilter ausbauen, siehe Seite 71.
- Kühlflüssigkeit ablassen, siehe Seite 48.
- Oberen Kühlerschlauch sowie Verbindungsschlauch zum Ausgleichbehälter vom Thermostatgehäuse abziehen. Vorher Schellen ganz öffnen und zurückschieben.
- Heizungsschlauch am Ansaugkrümmer abziehen.
- Gaszug am Drosselklappenhebel abclipsen und mit Halter vom Vergaser abschrauben.
- Starterzug vom Vergaser abschrauben und zur Seite legen.
- Sämtliche Zündkerzenstecker abziehen. Dabei am Stekker, **nicht** am Kabel ziehen. Zündkabel am Halter/Zylinderkopfdeckel ausclipsen. Zündkerzennischen mit Preßluft ausblasen.
- Elektrische Leitungen mit Tesaband kennzeichnen und abziehen von:
  1. Geber für Kühlmitteltemperatur-Anzeige,
  2. Leerlaufabschaltventil, am Vergaser,
  3. Thermoschalter für Lüfter, falls vorhanden.
- Kraftstoffleitung am Vergaser abziehen.
- Unterdruckleitungen von Vergaser und Bremskraftverstärker, falls vorhanden, sowie Belüftungsschlauch vom Ansaugkrümmer abziehen.
- Abgasrohr vom Abgaskrümmer abschrauben und mit Draht aufhängen, damit es nicht herunterfallen kann.
- Öleinfüllklappe vom Zylinderkopfdeckel abziehen.
- Zylinderkopfdeckel mit 4 Schrauben abschrauben.

- Kipphebelachse mit 4 Schrauben abschrauben.
- Stößelstangen herausnehmen. **Achtung:** Die Stößelstangen müssen beim Einbau wieder an derselben Stelle eingebaut werden. Aus diesem Grund Stößelstangen entweder mit Tesaband kennzeichnen oder so ablegen, daß sie beim Einbau nicht verwechselt werden.
- Zündkerzen herausschrauben.

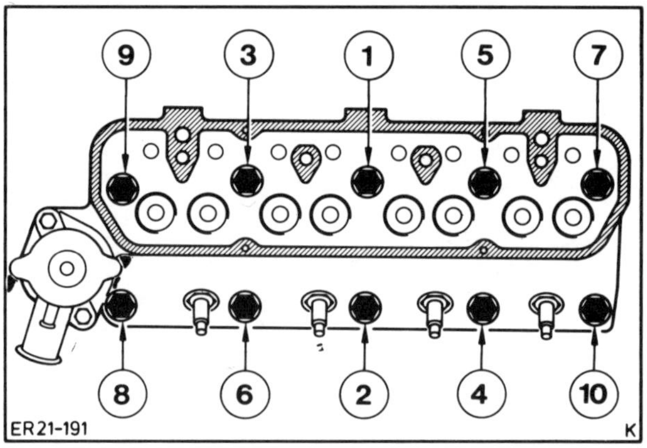

- Zylinderkopfschrauben in umgekehrter Reihenfolge der Numerierung, also von 10 nach 1, herausdrehen.
- Zylinderkopf komplett mit Ansaug- und Abgaskrümmer abheben.

Einbau

Vor dem Einbau Zylinderkopf und Zylinderblock mit geeignetem Schaber von Dichtungsresten freimachen. **Darauf achten, daß keine Dichtungsreste in die Bohrungen fallen.** Bohrungen mit Lappen verschließen.

- Zylinderkopf und Motorblock mit Stahllineal in Längs- und Querrichtung auf Planheit prüfen, gegebenenfalls nacharbeiten (Werkstattarbeit).
- Zylinderkopf auf Risse, Zylinderlauffläche auf Riefen überprüfen.
- Bohrungen der Zylinderkopfschrauben sorgfältig von Öl und anderen Rückständen reinigen.
- Zylinderkopfdichtung und Zylinderkopfschrauben grundsätzlich ersetzen.

- Neue Dichtung ohne Dichtmittel so auflegen, daß keine Bohrungen verdeckt werden. **Achtung:** Die neue Zylinderkopfdichtung muß dem Typ der alten Dichtung entsprechen. Seit 9/88 wird eine asbestfreie Dichtung verwendet.
- Zylinderkopf aufsetzen, Zylinderkopfschrauben handfest anziehen.

Achtung: Das Anziehen der Zylinderkopfschrauben ist mit größter Sorgfalt durchzuführen. Vor dem Anziehen der Schrauben sollte der Drehmomentschlüssel auf seine Genauigkeit überprüft werden.

- Zylinderkopfschrauben gemäß der Abbildung ER 21– 191 von 1 bis 10 in der richtigen Reihenfolge in **vier, bei Fahrzeugen seit 9/88 in 3 Stufen** anziehen.

Achtung: Die Zylinderkopfschrauben in jeder Stufe jeweils in der Reihenfolge von 1 bis 10 anziehen.

Fahrzeuge bis 8/88

1. Stufe: mit Drehmomentschlüssel 15 Nm
2. Stufe: mit Drehmomentschlüssel 45 Nm
3. Stufe: mit Drehmomentschlüssel 85 Nm

Achtung: An dieser Stelle zum Setzen der Schrauben eine Pause von 10 bis 20 Minuten einlegen. Anschließend Schrauben direkt weiter anziehen, nicht lösen.

4.Stufe: Mit Drehmomentschlüssel 105 Nm

Fahrzeuge seit 9/88

Achtung: Seit 9/88 werden neue Zylinderkopfschrauben eingebaut. Diese Schrauben müssen nicht nach jedem Lösen ersetzt werden, sondern dürfen zweimal wiederverwendet werden. Im Zweifelsfall jedoch Schrauben ersetzen. In Verbindung mit den neuen Schrauben wurde das Anzugsdrehmoment geändert.

- Die Zylinderkopfschrauben werden in 3 Stufen angezogen. Kopfschrauben in jeder Stufe jeweils in der Reihenfolge von 1 bis 10 anziehen.

1. Stufe: mit Drehmomentschlüssel 30 Nm
2. Stufe: ¼ Umdrehung (90°) mit starrem Schlüssel ohne abzusetzen weiterdrehen.
3. Stufe: ¼ Umdrehung (90°) mit starrem Schlüssel ohne abzusetzen weiterdrehen.

- Beim Anziehen der Zylinderkopfschrauben Drehwinkel abschätzen. Schlüsselgriff längs zum Motor ansetzen und in einem Zug drehen, bis der Griff quer zum Motor steht (¼ Umdrehung, 90°). Anschließend Schlüssel weiterdrehen bis der Griff wieder längs zum Motor steht.

- Stößelstangen an beiden Enden mit Motoröl einölen und in die Stößelpfannen stellen. **Achtung:** Stößelstangen unbedingt an der gleichen Stelle wie vor dem Ausbau wieder einbauen.
- Kipphebelachse so aufsetzen, daß die Stellschrauben in die Pfannen der Stößelstangen eingreifen. Schrauben der Kipphebelachse zunächst handfest anziehen, dann gleichmäßig mit 45 Nm festziehen.
- Ventilspiel einstellen, siehe Seite 34.
- Zylinderkopfdeckel aufsetzen und Schrauben gleichmäßig ganz leicht mit 5 Nm festziehen. Dichtung für Zylinderkopfdeckel grundsätzlich ersetzen.
- Öleinfüllkappe mit Belüftungsschlauch aufstecken.
- Zündkerzen von Hand bis zur Anlage am Zylinderkopf einschrauben. **Achtung:** Dabei Kerzen nicht verkanten. Anschließend Zündkerzen mit handelsüblichem Kerzenschlüssel SW 16 und 15 Nm festziehen.
- Abgasrohr am Ansaugkrümmer mit **neuen** Muttern anschrauben.

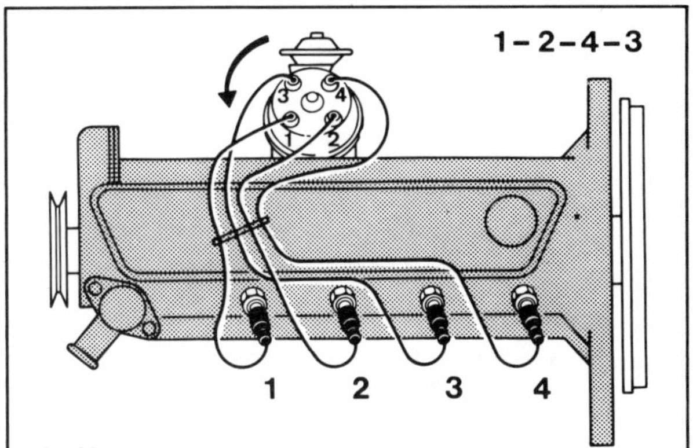

ER 21-193 K

- Kerzenstecker in Zündfolge aufstecken, siehe Seite 33.
- Elektrische Leitungen entsprechend der angebrachten Kennzeichnung am Geber für Kühlmitteltemperatur-Anzeige, am Leerlaufabschaltventil und am Thermoschalter für Lüfter, falls vorhanden, aufstecken.
- Kraftstoffleitung am Vergaser aufstecken und mit Schelle sichern.
- Unterdruckleitungen von Vergaser und Bremskraftverstärker, falls vorhanden, sowie Belüftungsschlauch vom Ansaugkrümmer aufschieben.
- Gaszug mit Halter am Vergaser anschrauben und am Drosselklappenhebel einclipsen. Gaszug einstellen, siehe Seite 58, 84.
- Starterzug am Vergaser anschrauben und einstellen, siehe Seite 62.
- Heizungsschlauch am Ansaugkrümmer aufschieben und mit Schelle sichern.
- Oberen Kühlerschlauch sowie Verbindungsschlauch zum Ausgleichbehälter am Thermostatgehäuse aufschieben und mit Schellen sichern.
- Kühlflüssigkeit auffüllen, siehe Seite 48.
- Luftfilter einbauen, siehe Seite 71.
- Batterie-Massekabel anklemmen.
- Zündung und Leerlauf prüfen, gegebenenfalls einstellen.
- Falls die Zylinderkopfdichtung defekt war, Motoröl und Ölfilter wechseln.

Ventil aus- und einbauen

Ausbau

Achtung: Werden Teile der Ventilsteuerung wiederverwendet, müssen diese an gleicher Stelle wieder eingebaut werden. Damit keine Verwechselungen vorkommen, empfiehlt es sich, ein entsprechendes Ablagebrett anzufertigen.

- Zylinderkopf ausbauen und auf 2 Holzleisten legen, siehe Seite 18, 25.
- Ansaugkrümmer komplett mit Vergaser vom Zylinderkopf abschrauben.
- Abgaskrümmer vom Zylinderkopf abschrauben.

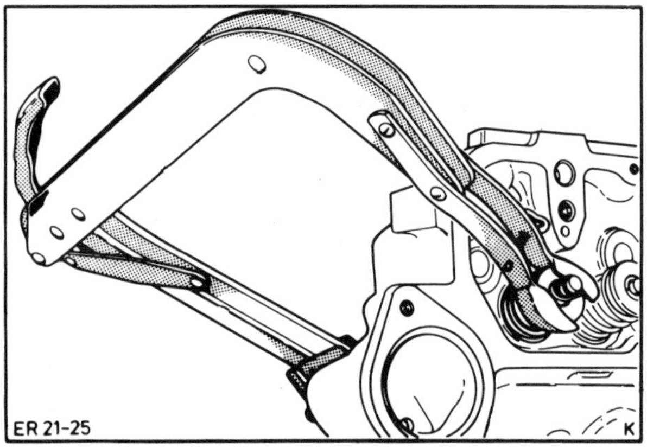

- Ventilfeder mit handelsüblichem Ventilfederspanner zusammendrücken. Ventilkeile abnehmen und Ventilfeder wieder entspannen.

Achtung: Beim Herausnehmen der Ventilkeile darauf achten, daß der Ventilschaft nicht durch den heruntergedrückten Ventilteller beschädigt wird. Andernfalls muß das Ventil ausgewechselt werden, da bei beschädigtem Ventilschaft keine ausreichende Abdichtung mehr gewährleistet ist. Die Folge sind dann erhöhter Ölverbrauch und Verschleißerscheinungen in der Ventilführung.

- Ventilfederteller und Ventilfeder abnehmen.
- Ventil zur Brennraumseite hin herausziehen.
- Ventilschaftabdichtung mit Schraubendreher abhebeln.
- Nächstes Ventil auf dieselbe Weise ausbauen.

Einbau

Vor Einbau der Ventile Ventilführungen prüfen, eventuell Ventilführungen aufreiben und/oder Ventilsitze nacharbeiten, siehe Seite 32.

Achtung: Neue Ventilfederteller sind an der Unterkante der Bohrung für die Kegelstücke vereinzelt sehr scharfkantig. Dadurch können die Ventilschäfte beschädigt werden (Riefen etc.). Beschädigte Ventile müssen ersetzt werden, Ventilfederteller vor dem Einbau gegebenenfalls entgraten.

- Ventilschaft an den Anlageflächen der Ventilkegelstücke entgraten.

Achtung: Werden in einen neuen Zylinderkopf bereits gelaufene Ventile eingebaut, dann muß der Ventilsitz eingeschliffen werden, siehe Seite 32.

- Ventilschaft und Ventilführung mit Hypoidöl SAE 90 (FORD-Spezifikation SQM 2C-9002-AA) leicht einölen und Ventil einsetzen.
- Ventilschaft an den Anlageflächen der Ventilkegelstücke mit Klebeband abkleben, damit die Ventilschaftabdichtung beim Einbauen nicht beschädigt wird.

Achtung: Ventilschaftabdichtungen grundsätzlich ersetzen.

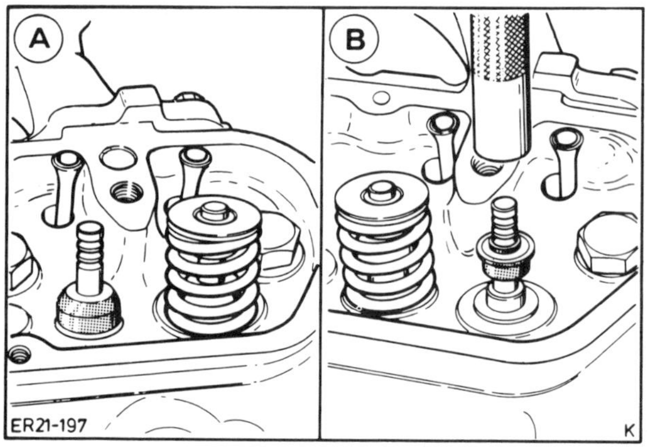

- Ventilschaftabdichtung für Auslaßventil –A– leicht einölen und vorsichtig aufschieben. Ventilschaftabdichtung für Einlaßventil –B– mit Treibdorn FORD 21–007 aufdrücken. Anschließend Klebeband entfernen. **Achtung:** Die in der Abbildung gezeigte Ventilschaftabdichtung –B– darf nur zusammen mit einem Einlaßventil **ohne** FORD-Oval auf dem Schaft verwendet werden.
- Ventilfeder und Ventilfederteller einsetzen.
- Ventilfeder mit Spannapparat zusammendrücken und Ventilkegelstücke einsetzen. **Achtung:** Auf richtige Anlage der Kegelstücke am Ventilschaft achten. Falls erforderlich, Grat mit Schmirgelleinen entfernen.
- Alle weiteren Ventile einbauen.
- Ansaugkrümmer mit **neuer** Dichtung am Zylinderkopf anschrauben. 5 **neue** Schrauben mit **neuen** Sicherungsringen abwechselnd mit **20 Nm** festziehen.
- Abgaskrümmer am Zylinderkopf ansetzen. Vorher Dichtfläche mit Graphitfett bestreichen. 8 **neue** Muttern abwechselnd mit **25 Nm** festziehen.
- Zylinderkopf einbauen, siehe Seite 18, 25.

Ventilschaftabdichtungen ersetzen

Hoher Ölverbrauch kann auf verschlissene Ventilschaftabdichtungen zurückzuführen sein. Die Ventilschaftabdichtungen können auch **bei eingebautem Zylinderkopf** ausgebaut werden. Allerdings werden dann das Spezialwerkzeug FORD 21–056 und Preßluft benötigt.

Ausbau

- Batterie-Massekabel abklemmen.
- Luftfilter ausbauen, siehe Seite 71.
- Öleinfüllkappe mit Belüftungsschläuchen abziehen.
- Zündkerzenstecker abziehen, Zündkerzen rausschrauben.
- Zylinderkopfdeckel abschrauben.
- Kipphebelachse abschrauben, siehe Seite 18.

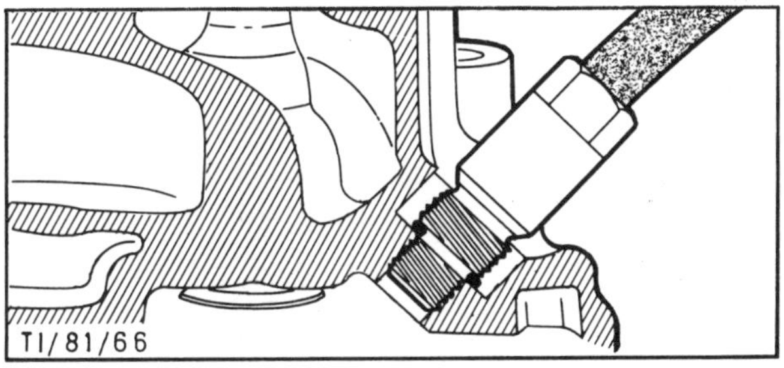
TI/81/66

- Handelsüblichen Druckluftadapter, zum Beispiel HAZET 3428, in das Zündkerzengewinde einschrauben.

Achtung: Steht der Druckluftadapter nicht zur Verfügung, kann er auch aus einer alten Zündkerze und einem geeigneten Schlauch selbst hergestellt werden.

- An einer alten Zündkerze Masseelektrode –1– abkneifen. Keramik-Isolator –2– mit Schraubendreher abbrechen und Mittelelektrode –3– durch Hin- und Herbiegen abbrechen und herausnehmen. Rest der Mittelelektrode zusammen mit Glasschmelze –4– und Anschlußbolzen –5– mit geeignetem Durchschlag (ca. 3 mm) heraustreiben. Dabei Zündkerze in Schraubstock einspannen oder in entsprechendem Schraubendrehereinsatz (Stecknuß) einsetzen.
- Zündkerze in den betreffenden Zylinder einschrauben und mit Druckluftschlauch verbinden. Über Druckluftschlauch ständig ca. 7 bis 10 bar Überdruck in den Zylinder blasen.

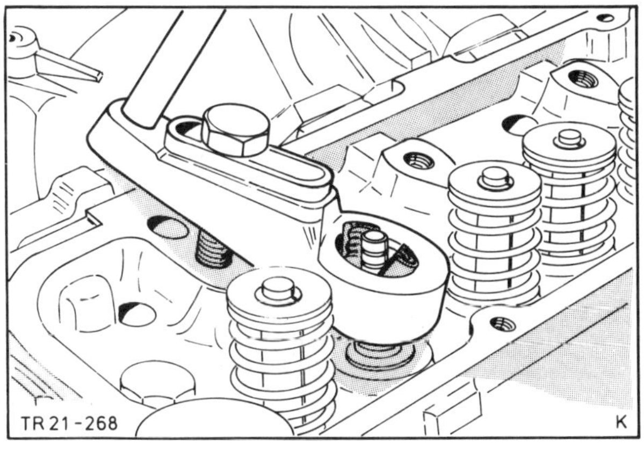
TR 21-268 K

- FORD-Werkzeug 21–056 am Zylinderkopf anschrauben.
- Ventilfeder niederdrücken, Ventilkegelstücke herausnehmen und Ventilfeder entspannen.

Achtung: Beim Herausnehmen der Ventilkegelstücke darauf achten, daß der Ventilschaft nicht durch den heruntergedrückten Ventilteller beschädigt wird. Andernfalls muß das Ventil ausgewechselt werden, da bei beschädigtem Ventilschaft keine ausreichende Abdichtung mehr gewährleistet ist. Die Folge sind dann erhöhter Ölverbrauch und Verschleißerscheinungen in der Ventilführung.

- Ventilfederteller und Ventilfeder abnehmen.

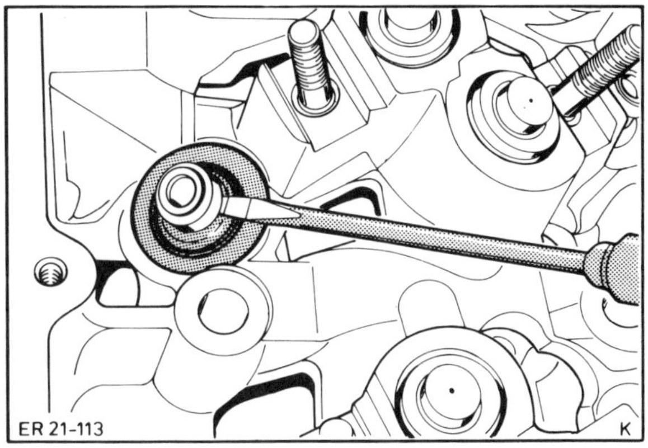
ER 21-113 K

- Ventilschaftabdichtungen mit Schraubendreher abhebeln. Die Abbildung zeigt den CVH-Motor.

Einbau

- Neue Ventilschaftabdichtung einsetzen, siehe Seite 20.
- Ventilfeder und Ventilfederteller einsetzen und spannen.
- Ventilkegelstücke einsetzen. Dabei auf richtigen Sitz am Ventilschaft achten.
- Anschließend nächste Ventilschaftabdichtung ersetzen.
- Kipphebelachse einbauen, siehe Seite 18.
- Ventilspiel einstellen, siehe Seite 34.
- Zylinderkopfdeckel gleichmäßig ganz leicht mit 5 Nm anschrauben.
- Zündkerzen von Hand bis zur Anlage an den Zylinderkopf hineindrehen. **Achtung:** Kerzen beim Ansetzen nicht verkanten. Anschließend Zündkerzen mit Kerzenschlüssel und richtigem Drehmoment festziehen; OHV-Motor: 15 Nm, CVH-Motor: 30 Nm.
- Kerzenstecker entsprechend der Zündfolge aufstecken, siehe Seite 33.
- Öleinfüllkappe mit Belüftungsschläuchen aufschieben.
- Luftfilter einbauen, siehe Seite 71.
- Batterie-Massekabel anklemmen.

CVH-Motor

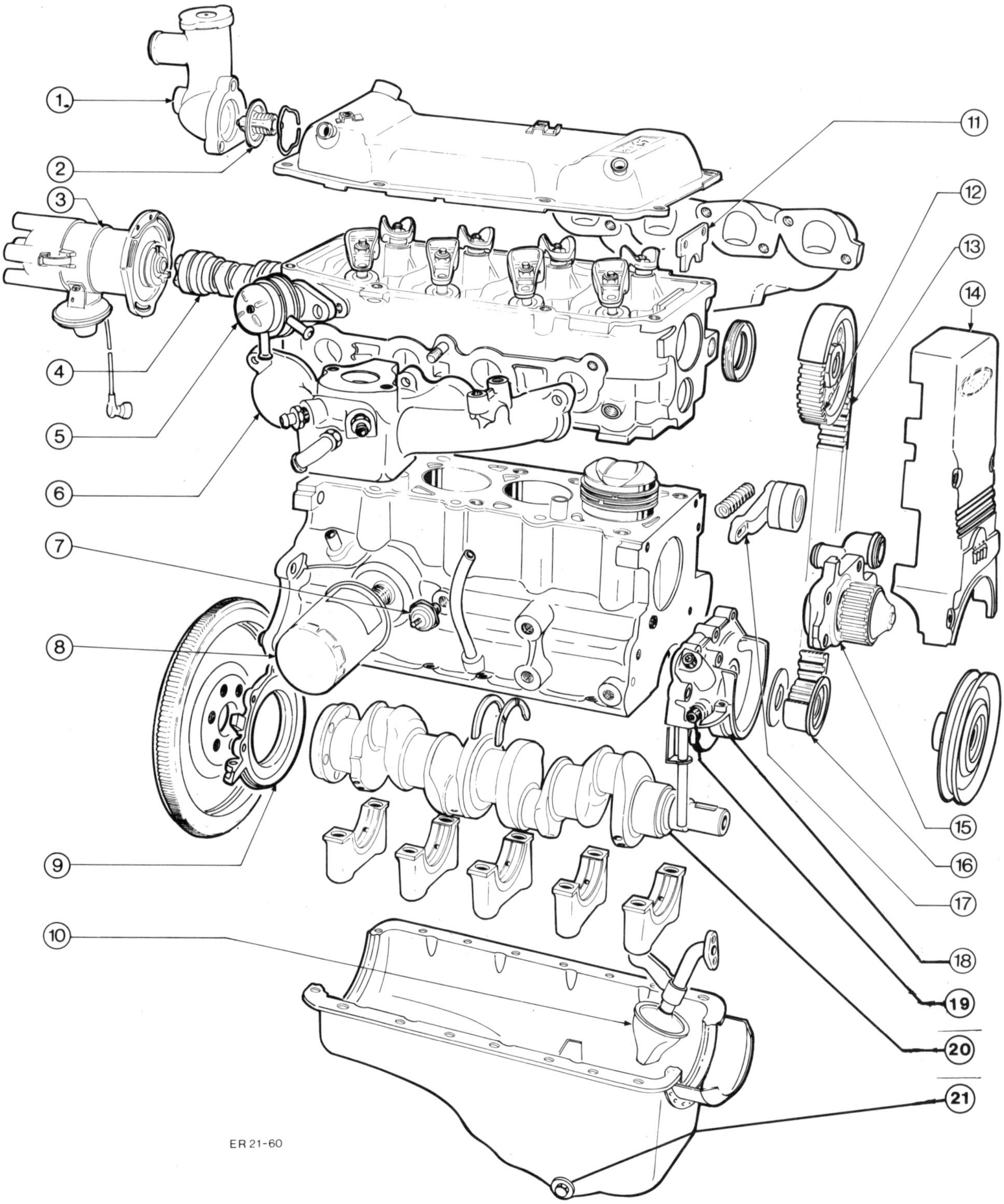

1 = Wasserauslaßstutzen
2 = Thermostat
3 = Zündverteiler
4 = Nockenwelle
5 = Kraftstoffpumpe
6 = Ansaugkrümmer
7 = Öldruckschalter
8 = Ölfilter
9 = Kurbelwellen-Dichtringträger
10 = Ölpumpensieb mit Saugrohr
11 = Nockenwellen-Halteplatte
12 = Nockenwellen-Zahnriemenrad
13 = Zahnriemen
14 = Zahnriemenabdeckung
15 = Wasserpumpe
16 = Kurbelwellen-Zahnriemenrad
17 = Zahnriemenspanner
18 = Ölpumpe
19 = Öldruckregelventil
20 = Kurbelwelle
21 = Ölablaßschraube

Zahnriemen aus- und einbauen

Achtung: Im Werk wird der Zahnriemenspanner ohne Spannfeder eingebaut. Beim Einbau des Zahnriemens ist die Spannfeder (Ersatz-Teil-Nr. 81SM-6L273-AD) daher zusätzlich einzubauen.

Ausbau

- Keilriemen ausbauen, siehe Seite 193.

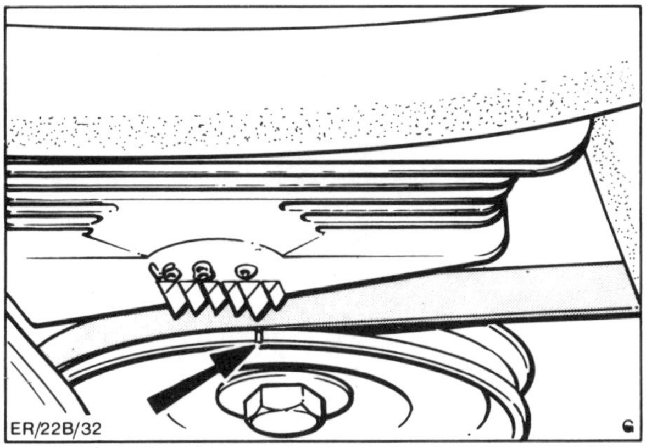

- Riemenscheibe der Kurbelwelle an der Zentralschraube rechts herum soweit verdrehen, bis die Markierung auf der Riemenscheibe mit der OT(O)-Markierung auf der Zahnriemen-Abdeckung übereinstimmt. Dazu 4. Gang einlegen und Fahrzeug verschieben, bis die Markierungen übereinstimmen.
- Zahnriemen-Abdeckung abschrauben (4 Schrauben) und nach oben herausnehmen. Riemenscheibe dabei nicht verdrehen.

Achtung: Seit 2/82 besteht die Zahnriemen-Abdeckung aus 2 Teilen. Um die untere Hälfte abzunehmen muß die Kurbelwellenriemenscheibe ausgebaut werden, siehe Seite 22.

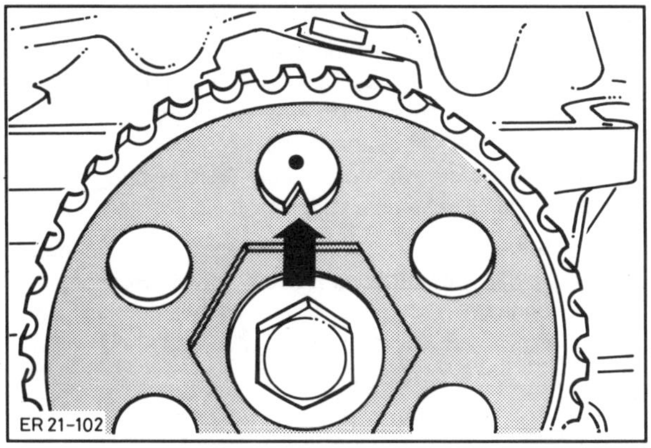

- Die Markierung des Nockenwellen-Zahnrades – Pfeil – muß mit der OT-Markierung übereinstimmen, sonst Zahnriemen neu einstellen.
- Kurbelwellen-Riemenscheibe ausbauen, dazu 4. Gang einlegen und Handbremse anziehen.

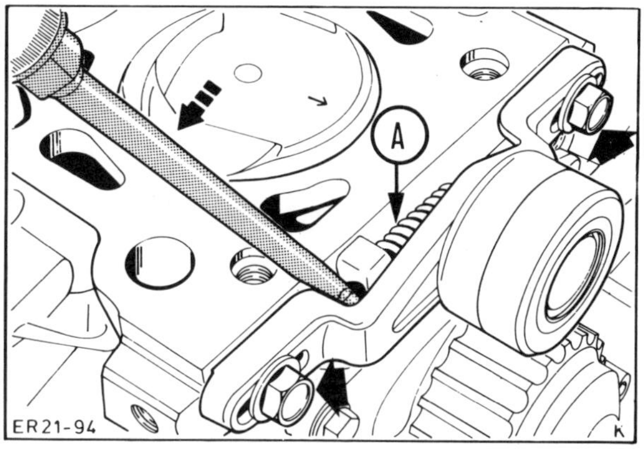

- Befestigungsschrauben – Pfeile – lösen und Zahnriemenspanner mit Schraubendreher nach links drücken; Schrauben anschließend wieder festziehen.
- Zahnriemen abnehmen.

Achtung: Zahnriemen auf jeden Fall ersetzen, wenn er Risse aufweist, verölt ist oder Flanken und Zähne beschädigt sind.
Achtung: ist die Spannfeder – A – nicht vorhanden, Zahnriemenspanner ausbauen und Feder einsetzen.

Einbau

Achtung: Beim Drehen der Nockenwelle und ausgebautem Zahnriemen darf der Kolben **nicht** auf OT stehen, sonst können Schäden an Kolben und Ventilen entstehen. Daher Kurbelwelle so verdrehen, daß die Markierung auf dem Zahnrad ca. 90° (1/4 Umdrehung) vor oder nach der OT-Markierung am Motorblock steht. Dabei Kurbelwelle insgesamt nicht weiter als 90° verdrehen.
Zum Verdrehen der Kurbelwelle, 4. Gang einlegen, Handbremse lösen und Fahrzeug verschieben.

- Die Markierung des Nockenwellen-Zahnrades muß mit der OT-Markierung auf dem Zylinderkopf übereinstimmen, gegebenenfalls Nockenwellenrad verdrehen, siehe Abb. ER/21/102.

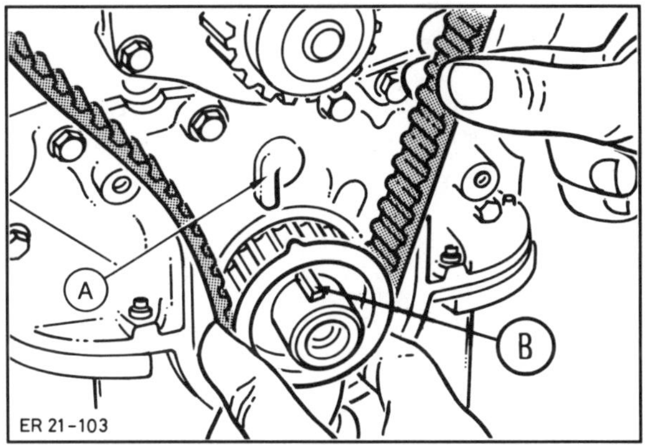

- Gleichzeitig muß die Scheibenfeder – B – der Markierung am Ölpumpengehäuse – A – gegenüberstehen, gegebenenfalls Kurbelwelle verdrehen. Dabei den kürzesten Weg wählen.
- Zahnriemen im Gegenuhrzeigersinn auflegen. Dabei an der Kurbelwelle beginnen.

Achtung: Beim Auflegen des Zahnriemens darf weder die Nockenwellenstellung noch die der Riemenscheibe an der Kurbelwelle verändert werden. Sonst können schwerwiegende Schäden am Motor entstehen, beziehungsweise der Motor gibt nicht mehr seine volle Leistung ab. Nachdem der Zahnriemen gespannt wurde, empfiehlt es sich, die Einstellung von Nockenwelle und Riemenscheibe nochmals zu kontrollieren. Das bedeutet: Wenn die Markierung auf dem Nockenwellenrad mit der Bezugsmarke übereinstimmt, muß gleichzeitig die Markierung auf der Kurbelwelle mit der entsprechenden Bezugsmarke übereinstimmen. Andernfalls ist die Einstellung von Nockenwellenrad und Kurbelwellenrad bei abgenommenen Zahnriemen zu wiederholen.

Zahnriemen spannen

- Zahnriemenspanner lösen und verschieben, bis der Zahnriemen gespannt ist. Zahnriemenspanner festschrauben.
- Kurbelwelle 2 Umdrehungen im Uhrzeigersinn weiterdrehen.

- Kurbelwelle um etwa 60° **entgegen** dem Uhrzeigersinn drehen. Dabei verdreht sich das Nockenwellenrad um 3 Zähne.
- Prüfgerät einsetzen. Die Zahnriemenspannung wird immer zwischen Kurbelwellen- und Nockenwellenrad gemessen.

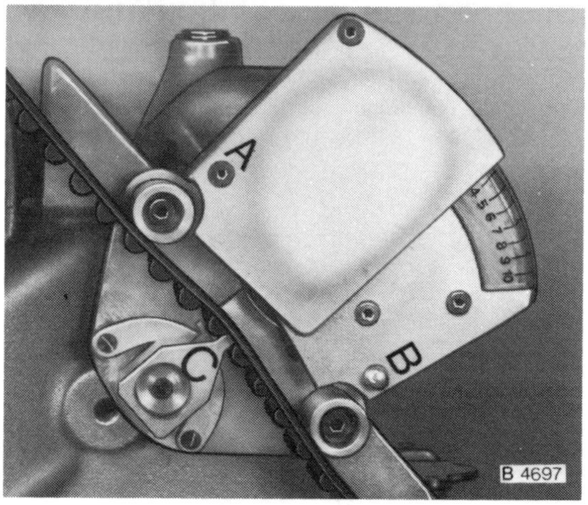

- Zahnriemen zwischen den Punkten A, B und C hindurchführen. Dabei muß der Spanner in eine Zahnlücke eingreifen.
- Der Zahnriemen ist richtig gespannt, wenn das Prüfgerät bei einem gelaufenen Keilriemen einen Wert zwischen 4 und 6 anzeigt. Bei einem neuen Keilriemen muß der Wert 10–11 betragen.
- Stimmt der Prüfwert nicht, Riemenscheibe der Kurbelwelle an der Zentralschraube im Uhrzeigersinn bis zum OT des ersten Zylinders verdrehen.
- Zahnriemenspanner lösen, je nach Spannungsabweichung verschieben und wieder festziehen, dabei rechte Schraube zuerst anziehen.
- Kurbelwelle um ¼ Umdrehung weiterdrehen, dann wieder zurückdrehen bis ca. 60° vor OT.
- Messung wiederholen. Bei Abweichung vom vorgegebenen Wert, Einstellung wiederholen.

Hinweis: Steht kein Zahnriemenspannungs-Prüfgerät zur Verfügung (Ausland, Panne), kann der Zahnriemen auch mit Hilfe vom Drehmoment-Schlüssel behelfsmäßig gespannt werden. Grob kann der Zahnriemen auch nach Schätzung eingestellt werden. Und zwar ist der Zahnriemen so zu spannen, daß er in der Mitte der längsten freilaufenden Seite mit Daumen und Zeigefinger gerade noch um 90° verdreht werden kann. Es ist jedoch erforderlich, die Spannung baldmöglichst mit dem Prüfgerät zu überprüfen. Nachfolgend die Beschreibung der Einstellung mit dem Drehmomentschlüssel.

- Zahnriemenspanner lösen, Kurbelwelle 2 Umdrehungen im Uhrzeigersinn weiterdrehen, damit sich die Spannrolle an den Zahnriemen anlegt.

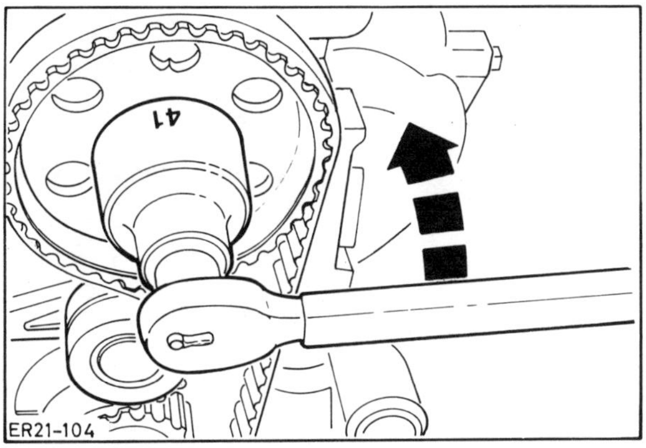

- Zum Spannen des Zahnriemens Kurbelwelle festhalten, indem bei eingelegtem 4. Gang die Handbremse angezogen wird. Dann Nockenwelle mit Drehmomentschlüssel sowie 41-mm-Stecknuß entgegen dem Uhrzeigersinn drehen. **Achtung:** Nicht an der Befestigungsschraube für die Nockenwelle drehen.

Achtung: Für den Einsatz der 41-mm-Stecknuß mit dem Drehmomentschlüssel wird ein Reduzierstück ½" – ¾" benötigt.

- Nockenwelle mit vorgeschriebenem Drehmoment festhalten und Zahnriemenspanner festschrauben (20 Nm), dabei rechte Schraube zuerst anziehen.

Motor	Drehmoment für Zahnriemenspannung	Zahnriemen-Kennzeichnung
1,1-, 1,3-, 1,4-l 1,6 l	**40–50 Nm** **20–30 Nm**	blau gelb

- Kurbelwelle um zwei Umdrehungen weiterdrehen und Übereinstimmung der Markierungen von Nockenwellen- und Kurbelwellen-Zahnrad mit der jeweiligen Bezugsmarke überprüfen. Gegebenenfalls Einstellung wiederholen.
- Kurbelwellen-Riemenscheibe einbauen und mit **110 Nm** anschrauben, dazu 4. Gang einlegen und Handbremse anziehen.
- Kunststoffabdeckung für Zahnriemen einsetzen und mit 4 Schrauben und 8 Nm befestigen. **Achtung:** Die längeren Schrauben M6x55 oben einsetzen.
- Keilriemen einbauen und spannen, siehe Seite 193.

Zylinderkopf aus- und einbauen

Der Zylinderkopf kann auch bei eingebautem Motor ausgebaut werden.
Eine defekte Zylinderkopfdichtung macht sich durch Leistungsverlust, Kühlflüssigkeitsverlust, Ölverlust oder Kühlflüssigkeit im Motoröl bemerkbar. Außerdem erkennt man eine defekte Zylinderkopfdichtung an Bläschenbildung der Kühlflüssigkeit. Hierzu den Verschlußdeckel vom Ausgleichbehälter abnehmen und den Motor starten. Eine stark sprudelnde Kühlflüssigkeit ist ein Hinweis auf eine defekte Zylinderkopfdichtung.

Ausbau

Es empfiehlt sich vor Ausbau des Zylinderkopfes auch das Kapitel „Motorausbau" durchzulesen, da einige Arbeitsanweisungen dort näher erklärt worden sind.

Achtung: Der Zylinderkopf darf nur bei kaltem Motor abgebaut werden (Raumtemperatur ca. 20 °C).

- Massekabel von der Batterie lösen.
- Luftfilter mit Vorwärmung ausbauen, siehe Seite 71.
- **Einspritzmotor:** Luftschlauch zwischen Kraftstoff-Mengenteiler und Drosselklappenstutzen ausbauen. Unterdruckschlauch vom Schubabschaltventil abziehen. Schläuche für Kurbelgehäusebelüftung von Zylinderkopfhaube und Sammelsaugrohr abziehen.
- Kühlmittel ablassen, siehe Seite 48.
- Oberen Kühlmittelschlauch und Verbindungsschlauch zum Ausgleichbehälter von Thermostatgehäuse abbauen.
- **Einspritzmotor:** Kühlmittelschlauch vom Zwischenflansch/Einspritzventile abbauen.
- Heizungsschläuche von Startautomatik und Thermostatgehäuse abziehen.
- Gaszug aushängen und mit Halter abschrauben.
- **Vergasermotor:** Kraftstoffleitung von Kraftstoffpumpe abziehen.
- **Einspritzmotor:** Kraftstoffleitungen von Warmlaufregler, Kaltstartventil und Mengenteiler abschrauben, siehe Seite 79.
- Unterdruckleitung für Bremskraftverstärker vom Ansaugkrümmer abschrauben.

- Elektrische Leitungen für Temperaturgeber, Thermoschalter und Leerlaufabschaltventil mit Tesaband markieren und abklemmen.
- **Einspritzmotor:** Stecker von Kaltstartventil, Thermozeitschalter, Warmlaufregler und Zusatzluftschieber abziehen. Massekabel am Drosselklappenanschlag abklemmen.
- **1,1-l-CVH-Motor:** Vorwärmblech abschrauben.
- Vorderes Abgasrohr vom Krümmer abschrauben, und mit Draht aufhängen.
- Keilriemen ausbauen, siehe Seite 193.
- Zahnriemen entspannen und nur vom Nockenwellen-Zahnrad abnehmen. Die Riemenscheibe bleibt eingebaut, siehe Seite 24.
- Zylinderkopfdeckel abschrauben (9 Schrauben), vorher Belüftungsschläuche am Motorblock-Stutzen abziehen.
- Mittleres Kabel aus Zündverteiler abziehen. Kerzenstecker abziehen und Zündkerzen herausschrauben.

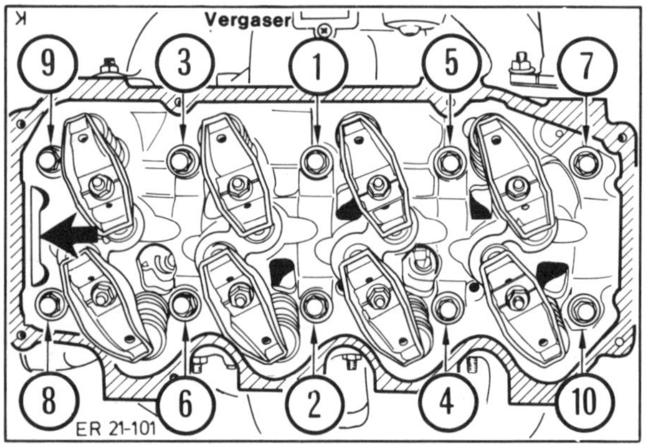

- Zylinderkopfschrauben in umgekehrter Reihenfolge der Numerierung, also von 10 nach 1, zunächst mit einer halben Umdrehung entspannen und dann herausdrehen.
- Zylinderkopf komplett mit Ansaug- und Abgaskrümmer abnehmen.

Einbau

Vor dem Einbau Zylinderkopf von Dichtungsresten freimachen. Darauf achten, daß nichts in die Öffnungen des Zylinderkopfes fällt. Zylinderkopf auf Beschädigungen beziehungsweise auf Verzug prüfen.
Ein neuer Zylinderkopf ist nur mit den Stehbolzen für die Schwinghebel ausgestattet. Stehbolzen für Ansaug- und Abgaskrümmer sind zusätzlich einzubauen.

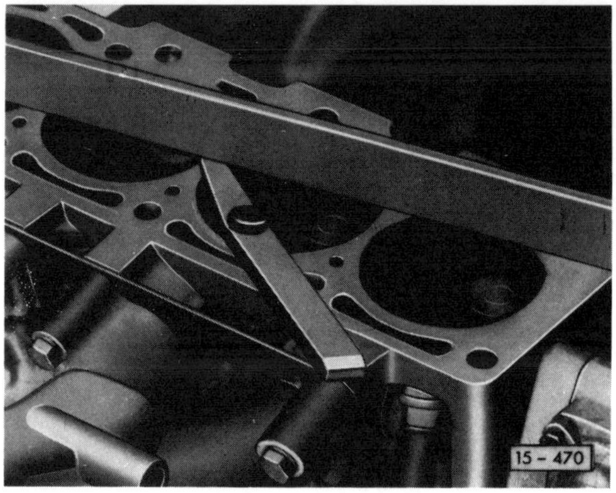

- Verzug mit Stahllineal und Fühlerblattlehre an verschiedenen Stellen des Zylinderkopfes prüfen. Die zulässigen Unebenheiten dürfen maximal 0,15 mm nicht überschreiten. Gegebenenfalls Zylinderkopf planen lassen.
Dabei dürfen höchstens 0,3 mm abgetragen werden. Anschließend Ränder der Brennkammern mit Schmirgelleinen entgraten, keinesfalls brechen oder anfasen. Die Brennkammern müssen eine Mindesttiefe haben von: 1,1 l = 18,22 mm; 1,3 l und 1,6 l = 19,60 mm.

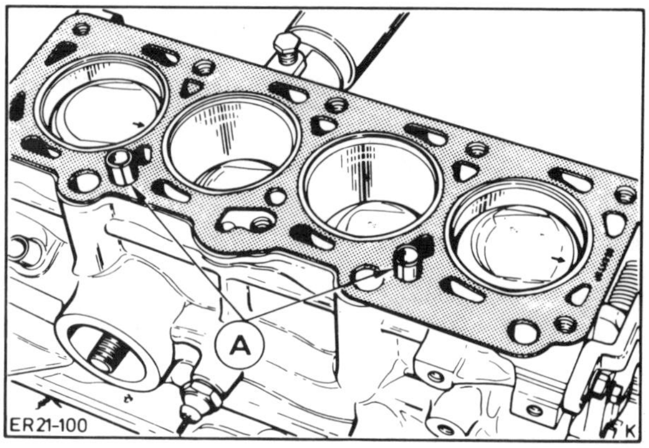

- Führungsbuchsen – A – auf richtigen Sitz überprüfen.
- Neue Zylinderkopfdichtung ohne Dichtmittel auflegen. Darauf achten, daß keine Bohrungen verdeckt werden. Grundsätzlich neue Zylinderkopfdichtung verwenden.

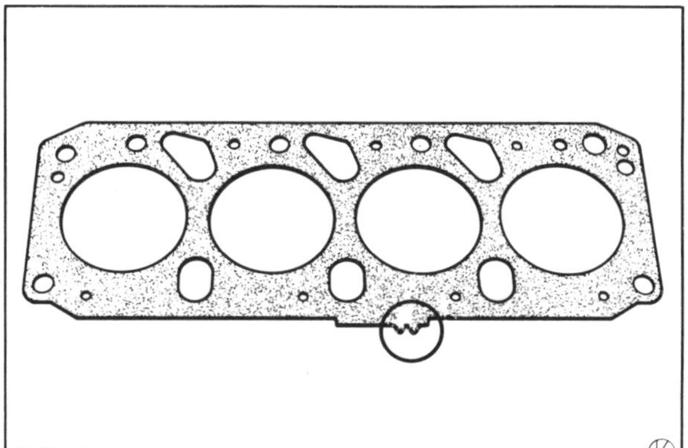

OR 21-42

Achtung: Beim CVH- und Dieselmotor werden 5 in der Dicke unterschiedliche Zylinderkopfdichtungen eingebaut. Die Dichtungen sind durch Zähne, oder, bei Dichtungen für Übermaßbohrungen, mit Löchern an gleicher Stelle gekennzeichnet. Beim Ersetzen der Dichtung Kennzeichnung beachten und nur eine Dichtung mit gleicher Zähne- oder Lochzahl einbauen.

- Kurbelwelle an der Riemenscheibe so verdrehen, daß alle Kolben ungefähr auf gleicher Höhe stehen.
- Zylinderkopf aufsetzen.
- 10 neue Zylinderkopfschrauben mit Unterlegscheiben ansetzen und handfest anziehen. **Grundsätzlich neue Zylinderkopfschrauben verwenden.**

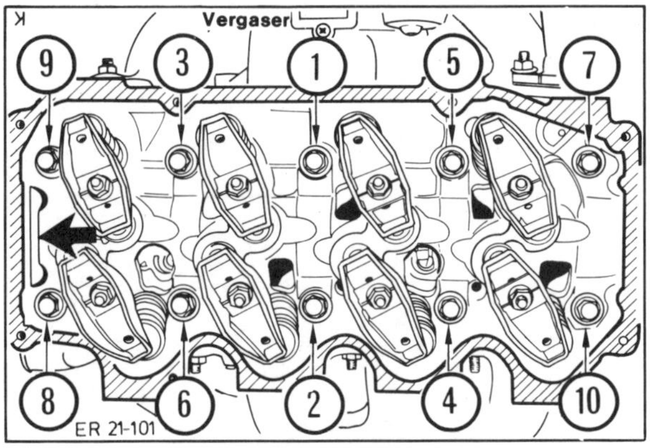

ER 21-101

- Zylinderkopfschrauben gemäß der Reihenfolge 1–10 in **vier Stufen** anziehen, beim Dieselmotor in **drei Stufen.**

Achtung: Das Anziehen der Zylinderkopfschrauben ist mit größter Sorgfalt durchzuführen. Vor dem Anziehen der Schrauben sollte der Drehmomentschlüssel auf seine Genauigkeit geprüft werden. Die Zylinderkopfschrauben müssen bei kaltem Motor angezogen werden.

CVH-Benzinmotor

- Beim Anziehen zuerst Zylinderkopfschrauben der Reihe nach – von 1 bis 10 – mit Drehmomentschlüssel und **25 Nm** festziehen. In der **2. Stufe alle Schrauben von 1–10 mit 55 Nm** festziehen. In der **3. Stufe** alle Schrauben von 1–10 mit **starrem Schlüssel eine viertel Umdrehung (90°)** ohne abzusetzen weiterdrehen. In der **4. Stufe** alle Schrauben von 1–10 nochmals um **eine viertel Umdrehung** ohne abzusetzen weiterdrehen.

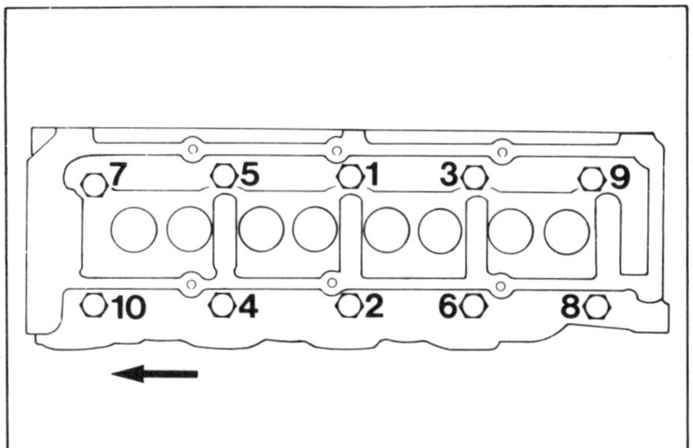

ST/38/27 ACM

Dieselmotor

- Beim Anziehen zuerst Zylinderkopfschrauben der Reihe nach – von 1 bis 10 – mit Drehmomentschlüssel und **25 Nm** festziehen. In der **2. Stufe alle Schrauben von 1–10 mit 80 Nm** festziehen. Mindestens **2 Minuten warten,** damit die Schrauben sich setzen können. In der **3. Stufe** alle Schrauben von 1–10 mit **starrem Schlüssel eine viertel Umdrehung (90°)** ohne abzusetzen weiterdrehen. Winkel von 90° vorher abschätzen, gegebenenfalls mit Kreide eine Markierung am Zylinderkopf anbringen.
- Zahnriemen auflegen und spannen, siehe Seite 94.
- Neue Dichtung in Zylinderkopfdeckel einlegen und auf der Zahnriemenseite mit handelsüblichem Dichtmittel oder FORD A70SX19554-BA ca. 3 cm lang in der Mitte ankleben, um richtigen Sitz zu gewährleisten.
- Zylinderkopfdeckel auf Zylinderkopf aufsetzen und ganz leicht mit 7 Nm anschrauben. Belüftungsschlauch am Stutzen des Motorblocks befestigen. Beim 1600 RSi-Motor überstehende Laschen der Dichtung abschneiden.
- Zahnriemen-Abdeckung einbauen, siehe Seite 92.
- Zündkabel in der Mitte der Verteilerkappe aufstecken.

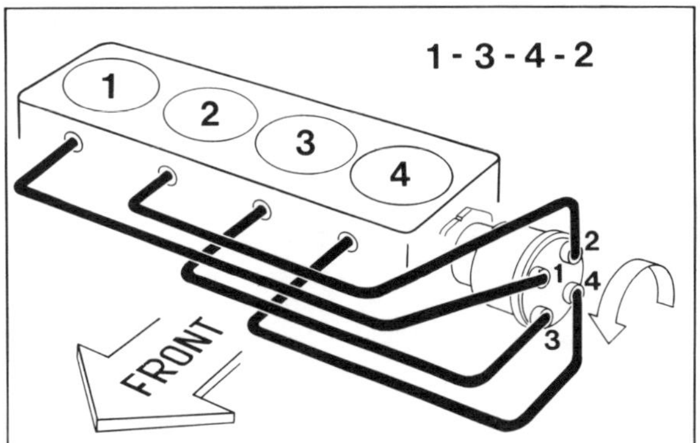

ER21-56

- Zündkerzen mit 15 Nm einschrauben und Zündkabel in richtiger Reihenfolge aufstecken.
- Keilriemen einbauen und spannen, siehe Seite 193.
- Vorderes Abgasrohr an Krümmer anschrauben und mit 40 Nm festziehen. Beim 1,3-l-, 1,4-l- und 1,6-l-Motor eine neue Dichtung und beim 1,1-l-Motor 2 neue Schrauben verwenden.

- **1,1-l-Motor:** Vorwärmblech anschrauben.
- Sämtliche elektrische Leitungen entsprechend der Kennzeichnung anklemmen, siehe unter „Ausbau".
- Unterdruckleitung für Bremskraftverstärker am Ansaugkrümmer anschrauben.
- Kraftstoffleitung auf Kraftstoffpumpe aufstecken.
- Kraftstoffleitungen aufschrauben an Warmlaufregler, Kaltstartventil und Mengenteiler.
- Gaszug einhängen und Halter anschrauben. Gaszug einstellen, siehe Seite 58, 84.
- Heizungsschläuche an Thermostatgehäuse und Startautomatik anschließen und mit Schellen sichern.
- Oberen Kühlmittelschlauch sowie Verbindungsschlauch zum Ausgleichbehälter auf Thermostatgehäuse aufstecken und mit Schellen sichern.
- Kühlmittelschlauch am Zwischenflansch für die Einspritzventile aufschieben und mit Schelle sichern.
- Kühlmittel auffüllen, siehe Seite 48.
- Luftfilter mit Vorwärmung einbauen, siehe Seite 71, 41.
- Luftschlauch zwischen Mengenteiler und Drosselklappenstutzen einbauen. Unterdruckschlauch am Schubabschaltventil aufstecken. Schläuche für Kurbelgehäusebelüftung aufschieben.
- Batterie-Massekabel anklemmen.
- Ölstand im Motor kontrollieren. Wenn die Zylinderkopfdichtung defekt war, Ölwechsel durchführen, siehe Seite 39.
- Zündzeitpunkt überprüfen, siehe Seite 206.
- Leerlaufeinstellung überprüfen, siehe Seite 57, 66, 82.
- Nach Probefahrt Motor auf Dichtigkeit – Öl, Kühlflüssigkeit – überprüfen.

Nockenwelle aus- und einbauen

Achtung: Werden Teile der Ventilsteuerung wieder verwendet müssen diese an gleicher Stelle wieder eingebaut werden. Damit keine Verwechselungen vorkommen, empfiehlt es sich, ein entsprechendes Ablagebrett anzufertigen.

Ausbau

- Massekabel von Batterie abklemmen.
- Luftfilter ausbauen, siehe Seite 71.
- **Einspritzmotor:** Luftschlauch zwischen Kraftstoff-Mengenteiler und Drosselklappenstutzen ausbauen.
- Falls vorhanden, Behälter für Scheibenwaschanlage ausbauen.
- Zündkerzenstecker abziehen und mit Verteilerkappe herausnehmen.
- Kurbelwelle an der Riemenscheibe verdrehen, bis die Kerbe auf der Riemenscheibe mit der OT-Markierung auf der Zahnriemen-Abdeckung übereinstimmt, siehe auch Seite 23.
- Zündverteiler an den Langlöchern abschrauben und herausnehmen, siehe Seite 202.
- Kraftstoffpumpe ausbauen, siehe Seite 73.
- Gaszug aushängen und mit Halter abschrauben, siehe Seite 58, 84.
- Zahnriemen-Abdeckung ausbauen, siehe Seite 22.
- Zylinderkopfdeckel abschrauben und Belüftungsschlauch am Motorblock-Stutzen abziehen.
- Schwinghebel abschrauben und mit Führungsstück und Distanzplatte herausnehmen, siehe Seite 30.

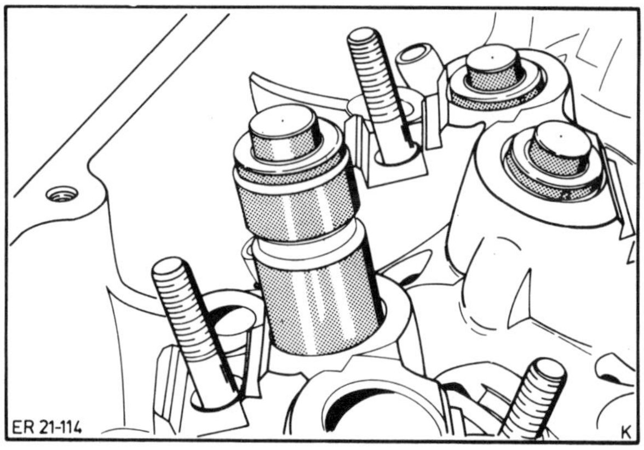

- Hydraulische Ventilspielausgleicher aus den Bohrungen herausziehen.
- Keilriemen ausbauen, siehe Seite 193.
- Zahnriemen entspannen und vom Nockenwellenrad abnehmen, siehe Seite 23.

- Nockenwellen-Zahnrad abschrauben, dabei mit einem Schraubendreher gegenhalten.

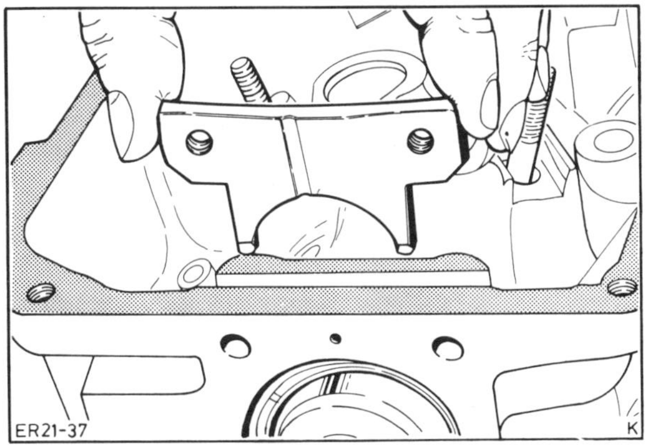

- Halteplatte für Nockenwelle abschrauben (2 Schrauben/ Zahnriemenseite) herausnehmen.

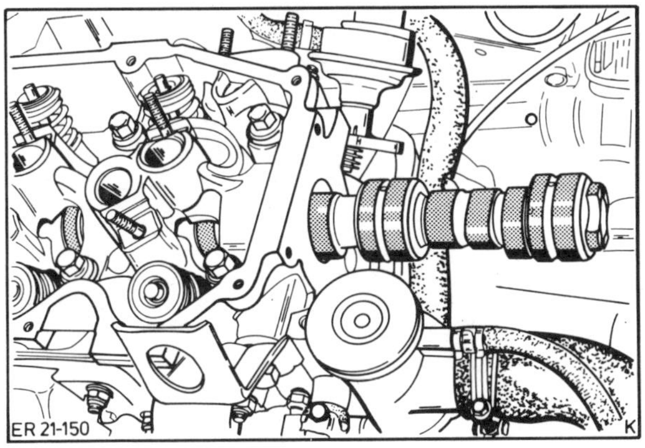

- Nockenwelle vorsichtig durch Zündverteileröffnung herausziehen.
- Wellendichtring auf der Zahnriemenseite vorsichtig aus Zylinderkopf heraushebeln.

Einbau

Vor dem Einbau kann die Nockenwelle gegebenenfalls von der Werkstatt auf Schlag geprüft werden.

- Sämtliche Einbauteile sorgfältig mit Waschbenzin reinigen, Dichtflächen säubern.
- Nockenwelle, Nockenwellenlager sowie Halteplatte leicht einölen. Nockenwelle vorsichtig vom hinteren Lager her einsetzen und mit Halteplatte befestigen (12 Nm).

Achtung: Dabei darf die Lagerlauffläche nicht beschädigt werden, sonst muß der Zylinderkopf ausgetauscht werden.

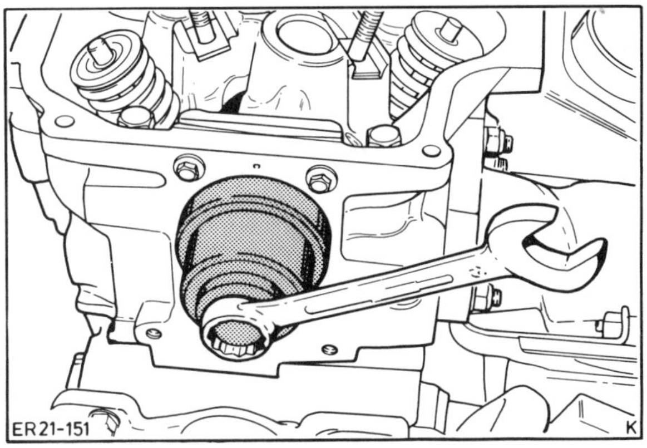

- Neuen Wellendichtring an der Dichtlippe leicht einölen, in das Werkzeug 21-094 einsetzen und mit der Zahnrad-Befestigungsschraube bis zum Anschlag eindrücken.
  Steht das Spezialwerkzeug nicht zur Verfügung kann man sich mit einem kurzen Rohr behelfen, wobei Innen- und Außendurchmesser dem des Dichtrings entsprechen müssen. Dichtring und Rohr ansetzen, Nockenwellen-Zahnrad auf Zapfen aufschieben und mit Befestigungsschraube langsam anschrauben und dadurch Dichtring bis zum Anschlag eintreiben.
- Werkzeug entfernen, Zahnrad aufschieben und mit **55 Nm** festziehen. Dabei mit Schraubendreher gegenhalten.
- Zahnriemen auflegen und spannen, Zahnriemen-Abdeckblech einbauen, siehe Seite 23.
- Keilriemen einbauen und spannen, siehe Seite 193.
- Hydraulische Ventilstößel mit Hypoid-Öl (Getriebeöl) einölen und einsetzen. **Achtung:** Die Stößel müssen wieder an der gleichen Stelle eingebaut werden.
- Schwinghebel einbauen, siehe Seite 30.
- Zylinderkopfdeckel mit neuer Dichtung aufsetzen. Dazu Dichtung auf der Zahnriemenseite mit Dichtmittel FORD A70SX19554-BA an Deckel ankleben. Befestigungsschrauben gleichmäßig mit 7 Nm festziehen. Belüftungsschlauch am Motorblock-Stutzen aufstecken.
- Zahnriemen-Abdeckung einbauen, siehe Seite 22.
- Gaszug einhängen, Halter am Vergaser befestigen und Gaszug einstellen, siehe Seite 58, 84.
- Kraftstoffpumpe einbauen, siehe Seite 73.

- Zündverteiler mit neuem O-Ring einbauen, siehe Seite 202.
- Verteilerkappe aufsetzen und Kerzenstecker in richtiger Reihenfolge aufstecken, siehe Seite 33.
- Scheibenwasch-Behälter einbauen.
- Batterie-Massekabel anklemmen.
- Luftschlauch zwischen Mengenteiler und Drosselklappenstutzen einbauen.
- Luftfilter einbauen, siehe Seite 71.
- Ölstand im Motor kontrollieren.
- Motor warmlaufen lassen.
- Zündzeitpunkt überprüfen, siehe Seite 206.
- Leerlauf kontrollieren, siehe Seite 57, 66, 82.
- Nach Probefahrt Zylinderkopfdeckel und Nockenwellendichtung auf Dichtheit überprüfen.

Ventile aus- und einbauen

Ausbau

- Zylinderkopf ausbauen und auf 2 Holzleisten auflegen, siehe Seite 25.

Achtung: Werden Teile der Ventilsteuerung wieder verwendet, müssen diese an gleicher Stelle wieder eingebaut werden. Damit keine Verwechslungen vorkommen, empfiehlt es sich, ein entsprechendes Ablagebrett anzufertigen.

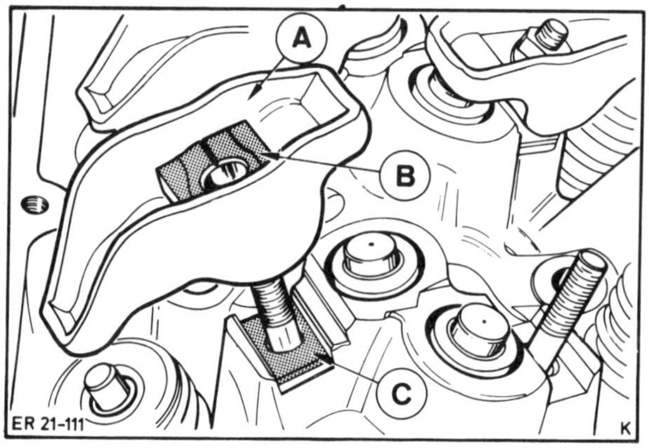

- Schwinghebel – A – abschrauben und mit Führungsstück – B – und Distanzplatte – C – abnehmen.

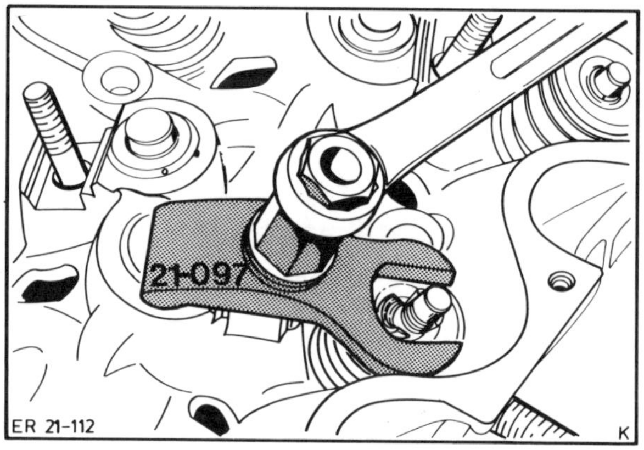

- Ventilfeder mit Spezialwerkzeug 21-097 zusammendrükken und Ventilkegelstücke herausnehmen. Man kann auch eine handelsübliche Ventilfederzange benutzen, gegebenenfalls Ansaug- und Abgaskrümmer abschrauben. Die Ventilfederteller lassen sich auch mit Hilfe von 2 Schraubendrehern herunterdrücken. **Achtung:** Dabei Ventilschaft nicht beschädigen, da sonst eine sichere Abdichtung nicht mehr gewährleistet ist. Die Folge wäre, daß der Motor mehr Öl verbraucht und die Ventilführung schneller verschleißt. Um ein Durchfallen der Ventile zu verhindern, sollte in den jeweiligen Brennraum des Zylinderkopfes ein Lappen gelegt werden.
- Ventilfederteller und Ventilfeder abnehmen, Ventil herausziehen.

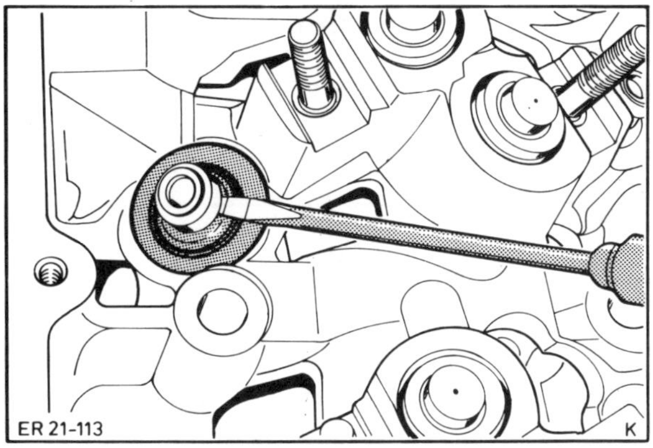

- Ventilschaftabdichtungen mit Schraubendreher abhebeln und unteren Federteller herausnehmen.

Einbau

Vor Einbau der Ventile, Ventilführungen prüfen und eventuell Ventilsitze nacharbeiten, siehe Seite 32.

Achtung: Ventilfederteller sind an der Unterkante der Bohrung für die Kegelstücke vereinzelt sehr scharfkantig. Dadurch können die Ventilschäfte beschädigt werden (Riefen, etc.). Beschädigte Ventile sind zu ersetzen, Ventilfederteller vor dem Einbau ggf. zu entgraten.

- Unteren Ventilfederteller einsetzen.
- Ventilschaft an den Anlageflächen der Ventilkegelstücke entgraten.
- Aus Sicherheitsgründen Ventilschaftabdichtungen grundsätzlich erneuern.
- Ventilschaft mit Hypoid-Öl SAE 90 (Getriebeöl) leicht einölen und Ventil einsetzen.
- Ventilschaft an den Anlageflächen der Ventilkegelstücke mit Klebeband abkleben, damit die Ventilschaftabdichtung beim Einbauen nicht beschädigt wird.

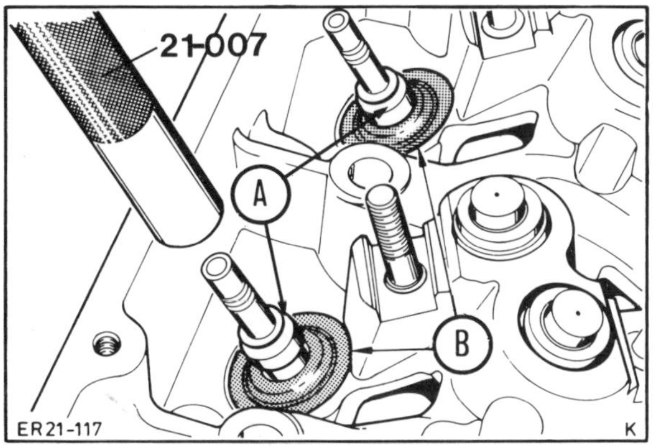

- Ventilschaftabdichtung – A – leicht einölen und mit Treibdorn 21-007 vorsichtig aufschieben. Anschließend Klebeband entfernen. B = Ventilfederteller unten.
- Ventilfedern und Ventilteller oben einsetzen.

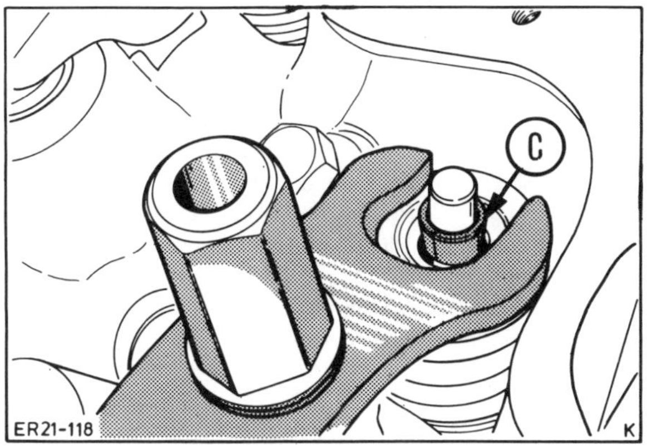

- Ventilfeder zusammendrücken und Ventilkegelstücke – C – richtig einsetzen, Ventilfeder entspannen und nächstes Ventil einsetzen. Dabei Ein- und Auslaßventile nicht verwechseln.

Achtung: Bevor der Schwinghebel aufgesetzt wird, Nockenwelle so verdrehen, daß der jeweilige hydraulische Ventilstößel seine tiefste Stellung einnimmt. Gegebenenfalls Stößel runterdrücken.

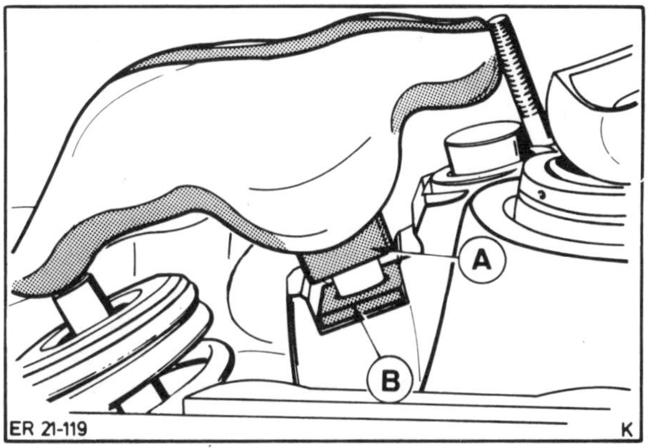

- Distanzplatten – B – auflegen, Schwinghebel sowie Führungsstücke – A – einsetzen und **neue Muttern** mit **25 Nm** festschrauben.

Achtung: Muß der Stehbolzen für Schwinghebel erneuert werden, ist folgendes zu beachten:

- Stehbolzen mit Mutter und Kontermutter oder mit Rohrzange abschrauben. Kann der alte Stehbolzen nicht mit weniger als 35 Nm gelöst werden, oberen Teil des Bolzens mit Lötflamme vorsichtig erwärmen. **Achtung:** Vergaser dabei mit geeignetem Blech abschirmen
- Das Gewinde neuer Stehbolzen ist mit Klebstoff beschichtet, der während des Einschraubens bereits mit der Aushärtung beginnt. Daher Bolzen sofort vollständig (ohne Unterbrechung) einschrauben.
- Vorher Gewinde mit M 10 Gewindebohrer reinigen. Das Gewinde darf weder geölt noch gefettet sein.
- Erst 30 Minuten nach Einbau des neuen Bolzens den dazugehörigen Schwinghebel anschrauben (Klebstoffaushärtung).
- Zylinderkopf mit neuer Zylinderkopf-Dichtung einbauen, siehe Seite 25.

Ventilführungen prüfen

Bei Instandsetzungsarbeiten von Zylinderköpfen mit undichten Ventilen genügt es nicht, die Ventile und Ventilsitze zu bearbeiten beziehungsweise zu erneuern. Es ist außerdem dringend erforderlich, die Ventilführungen auf Verschleiß zu prüfen. Besonders wichtig ist die Prüfung an Motoren mit längerer Laufzeit. Verschlissene Ventilführungen gewährleisten keinen zentrischen Ventilsitz und führen zu hohem Ölverbrauch. Ist der Verschleiß zu groß, sind entweder die Ventilführungen aufzureiben oder zu erneuern (Werkstattarbeit).

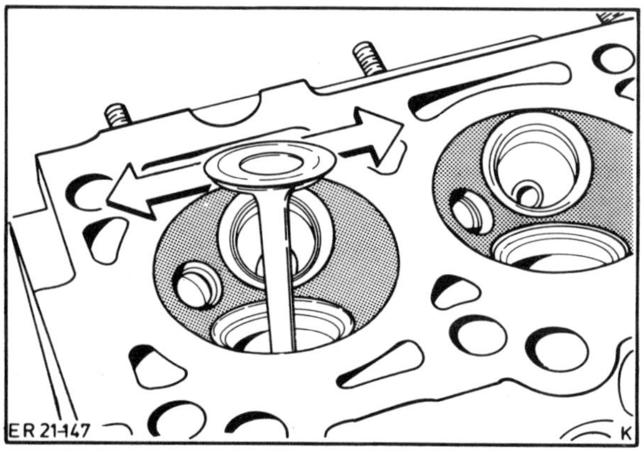

- Ventil in Ventilführung stecken und Spiel durch seitliches Hin- und Herbewegen des Ventils prüfen. Die Ventilführung darf dabei kein spürbares Spiel aufweisen.

Ventilführung, Zulässiges Spiel mm	Einlaßventil	Auslaßventil
Benzinmotor	0,020–0,063	0,046–0,089
Dieselmotor	0,02–0,04	0,04–0,06

Zum Vergleich: Ein Blatt Schreibmaschinenpapier hat eine Dicke von ca. 0,1 mm.

- Spiel behelfsmäßig messen: Stahlwinkel an Zylinderkopf und Ventil anlegen, Ventil hin- und herbewegen und Spiel mit Fühlerblattlehre messen.
- Ventilführung mit entsprechender Reibahle auf nächste Übergröße von Werkstatt aufreiben lassen, dabei grundsätzlich von der Brennraumseite her beginnen.

Achtung: Wurden die Ventilführungen aufgerieben, müssen in jedem Fall Ventile mit Übermaß am Schaft eingebaut werden.

Ventilsitz im Zylinderkopf nacharbeiten

Ventilsitze mit Verschleiß- oder Verbrennungsspuren können nachgearbeitet werden, solange die Korrekturwinkel und Sitzbreiten eingehalten werden. Andernfalls muß der Zylinderkopf ersetzt werden. Ventilsitzringe können mit den üblichen Werkstattmitteln erneuert werden (Werkstattarbeit!) Für das Nacharbeiten werden Reibahlen benötigt. Die Arbeiten sollte man von einer Werkstatt durchführen lassen.

Ventilsitz einschleifen

Bei einwandfrei bearbeiteten Ventilsitzringen und neuen Ventilen ist das Einschleifen der Ventilsitze im Zylinderkopf nicht unbedingt erforderlich.

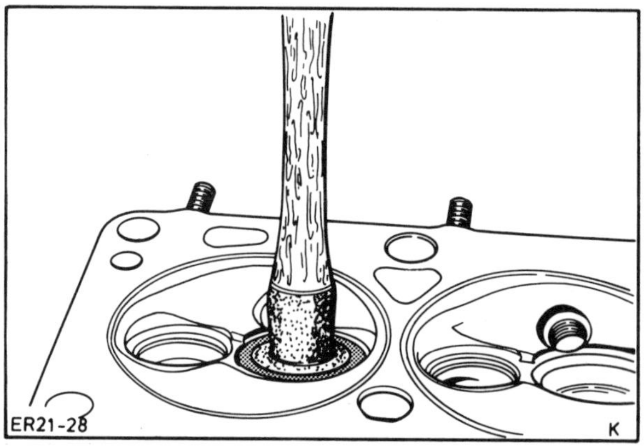

- Die Ventile dürfen nur mit feinkörniger Schleifpaste eingeschliffen werden. Für die notwendigen Drehbewegungen wird ein Gummisauger auf den Ventilteller gesetzt. Rillenbildung auf den Sitzflächen beim Einschleifen läßt sich durch häufiges Anheben und gleichmäßiges Weiterdrehen des Ventils während des Schleifvorgangs vermeiden.

Achtung: Die Schleifpaste ist nach dem Einschleifen sorgfältig zu entfernen.

- Geprüft werden kann der Schleifvorgang am Tragbild sowie mit Kraftstoff; Ventil lose einsetzen, Kraftstoff in Brennraum einfüllen, Kraftstoff darf nicht aus der Ventilführung auslaufen. Sonst Schleifvorgang wiederholen.

Wartung am Motor

Sichtprüfung auf Ölverlust

Bei ölverschmiertem Motor und hohem Ölverbrauch überprüfen, wo das Öl austritt. Dazu folgende Stellen überprüfen:

- Öleinfülldeckel abziehen und Dichtung auf Porösität oder Beschädigung prüfen.
- Belüftungsschläuche vom Zylinderkopfdeckel zum Motorblock-Stutzen bzw. zum Ansaugkrümmer auf festen Sitz prüfen.
- Zylinderkopfdeckel-Dichtungen
- Zylinderkopf-Dichtung
- Trennstelle Zündverteilerflansch
- Ölfilterdichtung: Ölfilterflansch an Motorblock sowie Ölfilter an Ölfilterflansch
- Öldruckschalter (Kupferdichtring)
- Ölablaßschraube (Kupferdichtring)
- Ölwannendichtung
- Trennstelle zwischen Motor und Getriebe bzw. Kupplungsabdeckblech (Dichtung an Schwungrad oder Getriebewelle).
- Wellendichtringe für Nockenwelle und Kurbelwelle (Zahnriemenseite des Motors).

Da sich bei Undichtigkeiten das Öl meistens über eine größere Motorfläche verteilt, ist der Austritt des Öls nicht auf den ersten Blick zu erkennen. Bei der Suche geht man zweckmäßigerweise wie folgt vor:

- Motorwäsche durchführen. Motor mit handelsüblichem Kaltreiniger einsprühen und nach einer kurzen Einwirkungszeit mit Wasser abspritzen. Vorher Zündverteiler und Generator mit Plastiktüte abdecken.
- Trennstellen und Dichtungen am Motor von außen mit Kalk oder Talkumpuder bestäuben.
- Ölstand kontrollieren, ggf. auffüllen.
- Probefahrt durchführen. Da das Öl bei heißem Motor dünnflüssig wird und dadurch schneller an den Leckstellen austreten kann, sollte die Probefahrt über eine Strecke von ca. 30 km auf einer Schnellstraße durchgeführt werden.
- Anschließend Motor mit Lampe absuchen, undichte Stelle lokalisieren und Fehler beheben.

Kompression prüfen

Benzinmotoren

Die Kompressionsprüfung erlaubt Rückschlüsse über den Zustand des Motors. Und zwar läßt sich bei der Prüfung feststellen, ob die Ventile oder die Kolben (Kolbenringe) in Ordnung bzw. verschlissen sind. Außerdem zeigen die Prüfwerte an, ob der Motor austauschreif ist bzw. komplett überholt werden muß. Für die Prüfung wird ein Kompressionsdruckprüfer benötigt, der recht preiswert in Fachgeschäften angeboten wird.

Der Druckunterschied zwischen den einzelnen Zylindern darf maximal 3,0 bar (atü) betragen. Falls ein oder mehrere Zylinder gegenüber den anderen einen Druckunterschied von mehr als 3,0 bar (atü) haben, ist dies ein Hinweis auf defekte Ventile, verschlissene Kolbenringe bzw. Zylinderlaufbahnen. Ist die Verschleißgrenze erreicht, muß der Motor überholt bzw. ausgetauscht werden.

Der Kompressionsdruck soll zwischen 9,5–14,8 bar (atü) liegen. Die Verschleißgrenze ist bei 8,5 bar (atü) erreicht.

- Zur Prüfung des Kompressionsdruckes soll der Motor betriebswarm sein. Sämtliche Zündkerzen rausdrehen. Kompressionsdruckprüfer nach Bedienungsanleitung anschließen.
- Niederspannungskabel (Klemme 15) von der Zündspule abziehen.
- Von zweitem Mann Gaspedal durchtreten lassen, Gaspedal während der ganzen Prüfung mit Fuß festhalten.
- Motor starten, bis der Prüfwert seinen Höchstwert erreicht hat.
- Nacheinander sämtliche Zylinder prüfen, mit Sollwert vergleichen.
- Zündkerzen von Hand bis zur Anlage am Zylinderkopf einschrauben und anschließend beim **OHV-Motor mit 15 Nm (CVH: 30 Nm)** festziehen. **Achtung:** Zündkerzen nicht verkantet ansetzen. Bei Schwergängigkeit in den ersten Gewindegängen, Kerze sofort wieder herausschrauben und Gewinde prüfen, gegebenenfalls reinigen.

OHV-Motor

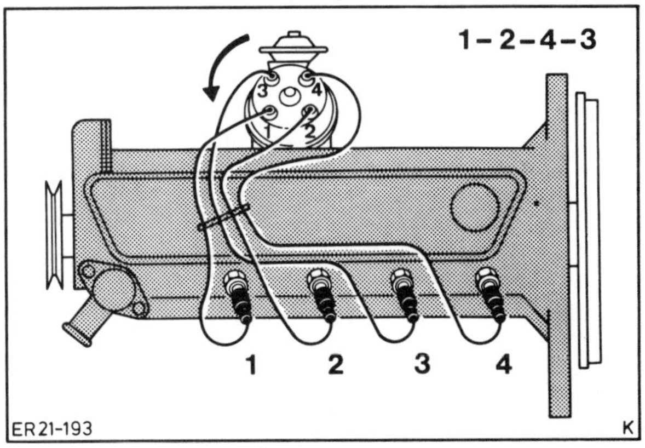

CVH-Motor

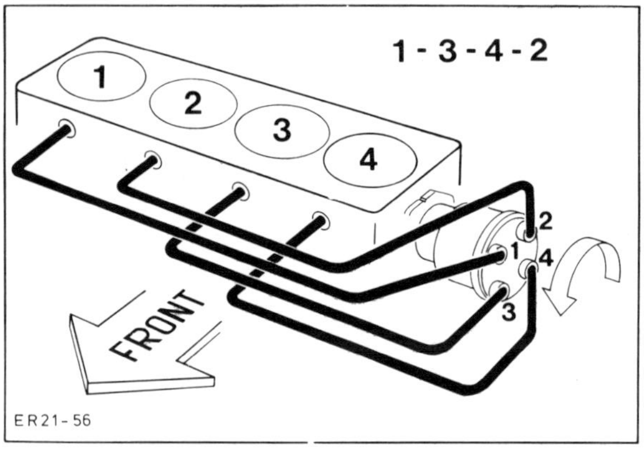

- Zündkabel in Zündfolge auf die Kerzen stecken. Festen Sitz der Kerzenstecker prüfen.
- Niederspannungskabel an der Zündspule aufstecken.

Ventilspiel prüfen/einstellen

Nur OHV-Benzinmotor

Um unterschiedliche Wärmeausdehnungen im Ventiltrieb zu kompensieren, muß in der Regel ein gewisses Ventilspiel vorhanden sein.

Bei zu geringem Spiel verändern sich die Steuerzeiten, die Verdichtung ist schlecht, die Motorleistung nimmt ab, der Motorlauf ist unregelmäßig. In extremen Fällen können sich die Ventile verziehen oder die Ventile bzw. Ventilsitze verbrennen.

Bei zu großem Spiel stellen sich starke mechanische Geräusche ein, die Steuerzeiten verändern sich, der Motor gibt wegen mangelhafter Zylinderfüllung weniger Leistung ab, der Motorlauf ist unregelmäßig.

Das Einstellen der Ventile hat nur dann den gewünschten Erfolg, wenn die Ventile einwandfrei abdichten, diese kein unzulässiges Spiel in den Ventilführungen haben und am Schaftende nicht eingeschlagen sind.

Das Ventilspiel ist im Rahmen der Wartung alle 20 000 km zu überprüfen, gegebenenfalls zu berichtigen.

Das Ventilspiel wird bei kaltem, stehendem Motor geprüft, beziehungsweise eingestellt.

Motor	50, 55, 60 PS – OHV	
Ventilspiel in mm	Prüfwert	Einstellwert
Einlaßventil Auslaßventil	0,20–0,25 0,56–0,61	0,20 0,60

Beim **CVH-Motor** (außer 1600 RSi) braucht das Ventilspiel **nicht** eingestellt zu werden, da dieser automatische Ventilspielausgleicher besitzt. Hierbei handelt es sich um hydraulische Bauteile, die zwischen Nockenwelle und Kipphebel eingebaut sind. Sie füllen sich vor jeder Ventilbewegung neu mit Motoröl und gleichen dadurch jegliches Ventilspiel aus. Die Ventilspielausgleicher sind wartungsfrei.

Achtung: Nach längerer Standzeit des Motors können sich die hydraulischen Ventilstößel entleeren, was beim Starten zu Klappergeräuschen führt. Für den Motor ist das völlig unschädlich. Sobald sich die Stößel wieder mit Öl gefüllt haben, verschwindet dieses Geräusch.

Prüfen/Einstellen

- Luftfilter ausbauen, siehe Seite 71.
- Zündkerzenstecker abziehen. Dabei nur am Stecker, **nicht** am Kabel ziehen.
- Zylinderkopfdeckel abnehmen, dazu 4 Schrauben herausdrehen.

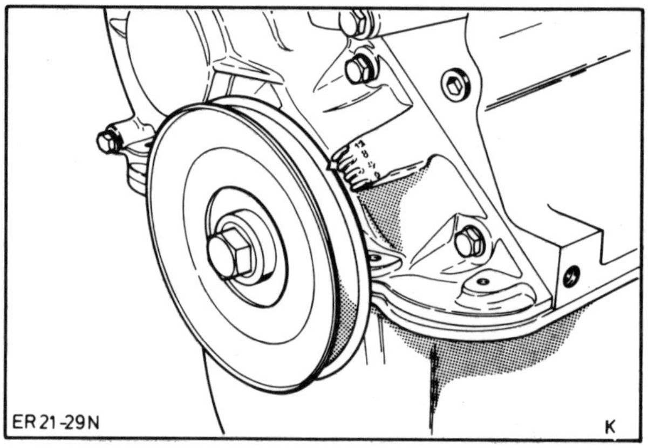

- Kurbelwellen-Riemenscheibe in Motordrehrichtung, also im Uhrzeigersinn, drehen, bis die Kerbe auf der Riemenscheibe der **„O"-Marke** am Stirnraddeckel gegenübersteht. **Achtung:** In der Abbildung steht die Riemenscheibe auf 10° Frühzündung. Um die Kurbelwelle zu drehen, gibt es 2 Möglichkeiten: 1. Getriebe in Leerlaufstellung bringen, Handbremse anziehen und Stecknuß mit Umschaltknarre an der Zentralschraube der Riemenscheibe ansetzen. 2. Fahrzeug vorn anheben, bis die Räder frei sind. Ersten Gang einlegen und rechtes Vorderrad von Hand verdrehen.

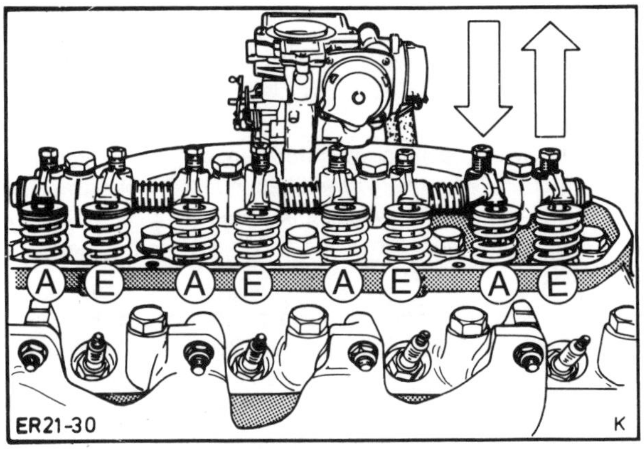

- Riemenscheibe etwas hin- und herdrehen, dabei müssen sich entweder am 1. oder am 4. Zylinder die Ventile überschneiden. Das heißt, während sich ein Kipphebel nach oben bewegt, beginnt der andere Kipphebel sich nach unten zu bewegen, und sobald sich beide Kipphebel auf gleicher Höhe befinden, überschneiden sich die Ventile. Wenn sich zum Beispiel die Ventile des 4. Zylinders überschneiden –Pfeile–, dann kann das Ventilspiel des 1. Zylinders geprüft oder eingestellt werden. **A = Auslaßventil, E = Einlaßventil.**

Achtung: Die obige Abbildung zeigt die Reihenfolge der Ventile bei allen OHV-Motoren außer dem 1,3-l-Motor seit 9/88. Die Ventilanordnung beim 1,3-Liter-Motor seit 9/88 ist (von links nach rechts): AE AE EA EA (A = Auslaß-, E = Einlaßventil).

- Anschließend Riemenscheibe eine halbe Umdrehung weiterdrehen und nächstes Ventil entsprechend der Zündfolge 1–2–4–3 prüfen und einstellen. **Achtung:** Die 180°-Kerbe befindet sich auf der gegenüberliegenden Kante der Riemenscheibe.

Ventile des:	Ventile des:
4. Zylinders überschneiden –	1. Zylinders einstellen
3. Zylinders überschneiden –	2. Zylinders einstellen
1. Zylinders überschneiden –	4. Zylinders einstellen
2. Zylinders überschneiden –	3. Zylinders einstellen

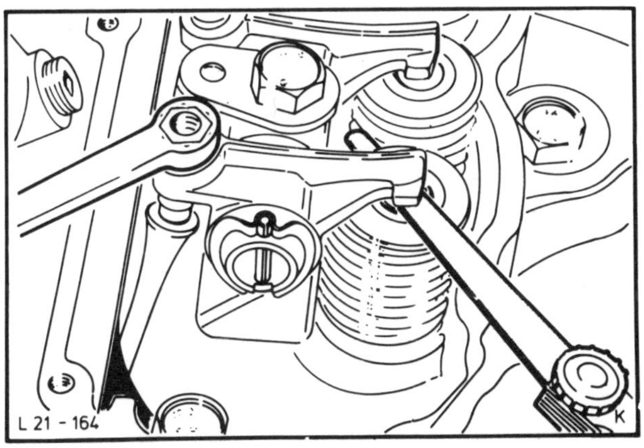

- Ventilspiel mit Fühlerblattlehre prüfen. Liegt der Wert innerhalb der Prüftoleranz, braucht das Ventilspiel nicht eingestellt zu werden.

- Andernfalls Einstellschraube so verdrehen, daß sich die Fühlerblattlehre (Einstellwert) gerade noch bewegen läßt.
- Ventile für nächsten Zylinder in Zündreihenfolge prüfen und einstellen.
- Zylinderkopfdeckel mit neuer Dichtung aufsetzen und Schrauben gleichmäßig ganz leicht mit 5 Nm anziehen.
- Zündkerzenstecker entsprechend Zündfolge aufstecken, siehe Seite 33.
- Luftfilter einbauen, siehe Seite 71.

1600 RSi

Ventilspiel alle 20000 km prüfen beziehungsweise einstellen. Zum Einstellen der Ventile ist FORD-Spezialwerkzeug erforderlich.

Das Einstellen der Ventile hat nur dann den gewünschten Erfolg, wenn die Ventile einwandfrei abdichten, diese kein unzulässiges Spiel in den Ventilführungen haben und am Schaftende nicht eingeschlagen sind. Das Ventilspiel wird bei kaltem Motor (Umgebungstemperatur) geprüft und eingestellt.

Spiel für Einlaßventile (Ansaugseite): 0,15 mm
Spiel für Auslaßventile (Auspuffseite): 0,20 mm

- Deckel für Zylinderkopf ausbauen, siehe Seite 26.
- Zum Einstellen der Ventile muß der jeweilige Kolben im OT stehen, weil dann Ein- und Auslaßventile geschlossen sind.

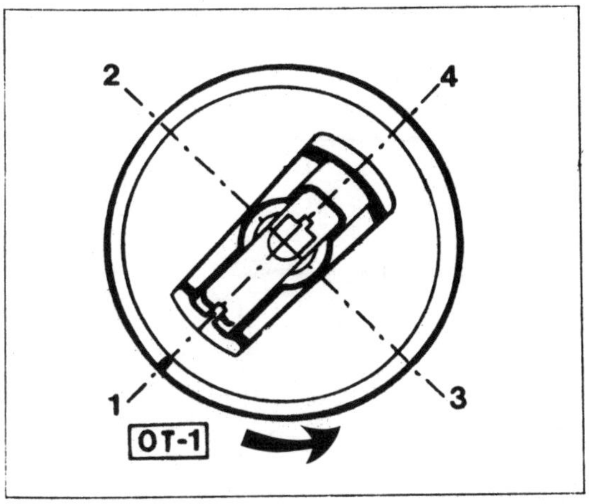

- Kolben des 1. Zylinders auf OT stellen. Dazu Verteilerkappe abschrauben, Verteilerläufer abziehen, Staubkappe abnehmen und Läufer wieder aufstecken. 4. Gang einlegen und Fahrzeug verschieben, bis die Kerbe am Verteilerläufer über der Kerbe am Rand des Verteilers steht.
- Das Fahrzeug kann auch vorn aufgebockt werden, anschließend bei eingelegtem 4. Gang das Vorderrad verdrehen, bis die Kerbe am Verteilerfinger mit der Kerbe am Verteilerrand übereinstimmt.

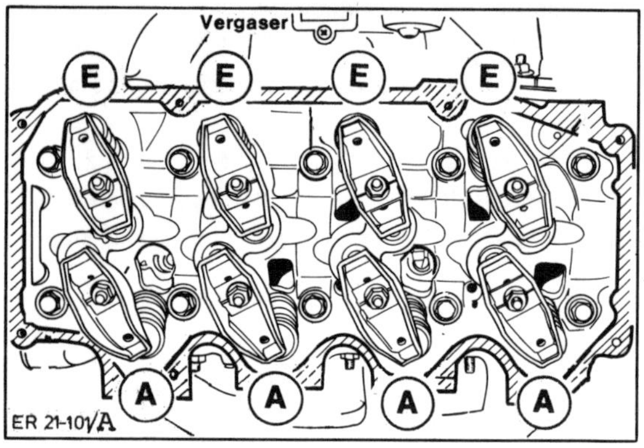

- Ventilspiel an Ein- und Auslaßventil des 1. Zylinders messen. Der 1. Zylinder liegt an der Zahnriemenseite, also gegenüber dem Schwundgrad. Das Einlaßventil ist das 1. Ventil vom Zahnriemen her auf der Vergaserseite des Zylinderkopfes. Das Auslaßventil ist das 1. Ventil auf der Auspuffseite des Zylinderkopfes.
- Fühlerblattlehre zwischen Schwinghebel und Ventilstößel für Zylinder 1 (Zahnriemenseite) schieben und Ventilspiel messen. Die Fühlerblattlehre muß sich saugend hin- und herbewegen lassen.
- Falls das Ventilspiel zu groß oder zu klein ist, Ventilspiel an der Einstellschraube einstellen.

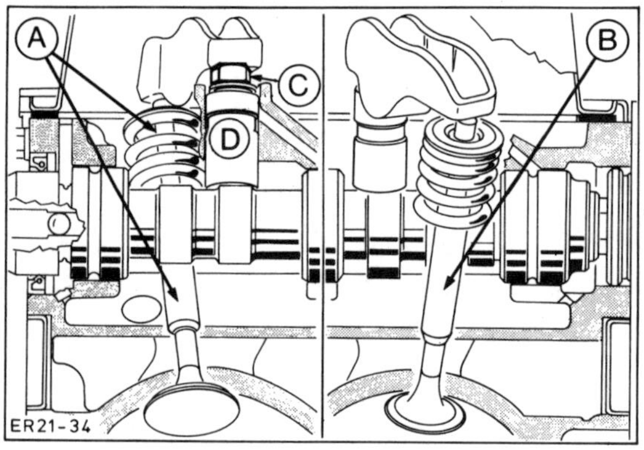

A – Einlaßventil 1. Zylinder, B – Auslaßventil 4. Zylinder, C – Ventilspiel-Einstellschraube, D – Stößel

- Eingestellt wird das Ventilspiel an der Einstellschraube – C – im Stößel. Da sich beim Einstellen der selbstsichernden Schraube der Stößel – D – verdreht, muß er mit dem FORD-Spezialwerkzeug gehalten werden. Dazu befinden sich oben im Stößel 2 Bohrungen, in die der Halter eingesetzt wird. Mit einem abgewinkelten Maulschlüssel läßt sich dann die Einstellschraube – C – entsprechend verdrehen.
- Kurbelwelle weiterdrehen, bis sich der Verteilerläufer um 90° weitergedreht hat. Zur Erleichterung auf dem Rand des Verteilers vorher 90°-Markierungen mit Filzstift anbringen, siehe Abb. OT1.
- Ventilspiel an Ein- und Auslaßventilen von Zylinder 3 messen.
- Anschließend Kurbelwelle weiterdrehen, bis sich der Verteilerfinger um weitere 90° gedreht hat und Ventilspiel an Ein- und Auslaßventilen für Zylinder 4 prüfen, gegebenenfalls einstellen.
- Kurbelwelle nochmals weiterdrehen, bis sich der Verteilerfinger um 90° weitergedreht hat und Ventilspiel zwischen Ventilstößel und Schwinghebel an den Ein- und Auslaßventilen von Zylinder 2 messen und gegebenenfalls korrigieren.
- Verteilerläufer abnehmen, Staubkappe einsetzen, Läufer wieder aufstecken und einrasten. Durch leichtes Hin- und Herdrehen richtigen Sitz des Verteilerläufers prüfen. Verteilerkappe anschrauben.
- Zylinderkopfdeckel mit neuer Dichtung einbauen, siehe Seite 26.

Störungstabelle Motor

Wenn der Motor nicht anspringt, Fehler systematisch einkreisen. Damit der Motor überhaupt anspringen kann, müssen immer zwei Grundvoraussetzungen erfüllt sein: Das Kraftstoff-Luftgemisch muß bis in die Zylinder gelangen, der Zündfunke muß an den Zündkerzen vorhanden sein. Als erstes ist deshalb immer zu prüfen, ob überhaupt Kraftstoff gefördert wird. Wie man dabei vorgeht, steht in der Störungstabelle „Vergaser".

Um festzustellen, ob ein Zündfunke vorhanden ist, Hochspannungskabel aus der Mitte der Zündverteilerkappe herausziehen und im Abstand von etwa 10 mm gegen Masse (Motor) legen. **Achtung:** Kabel **nicht** mit der Hand festhalten. Zündkabel entweder mit isolierter Zange halten oder mit Tesaband entsprechend befestigen. Von Hilfsperson Motor starten lassen. Wenn ein Zündfunke überspringt, Zündkerzen herausschrauben, in Zündkerzenstecker stecken und einzeln gegen Masse legen. Von Hilfsperson Motor starten lassen. Wenn kein Zündfunke überspringt, Fehler nach Tabelle aufspüren, siehe Seite 38.

Achtung: Beim Aufstecken der Zündkabel Zündreihenfolge beachten, siehe Seite 33.

Beim Messen der Spannung an Klemme 15 der Zündspule mit einem Voltmeter ist zur Vermeidung von Hochspannungsüberschlägen folgendermaßen vorzugehen (siehe auch Hinweise „Sicherheitsmaßnahmen bei der elektronischen Zündanlage“).

- Voltmeter an Klemme 15 der Zündspule und an Masse anschließen.
- Zusätzliche Leitung von Klemme 1 der Zündspule an Masse legen.
- Anlasser betätigen und Eingangsspannung während des Startvorgangs mit Voltmeter messen.
- Die Spannung muß mindestens 9 Volt betragen.
- Zur Überprüfung des Verteilerläufers mit Entstörteil für Radioempfang wird ein Ohmmeter benötigt.

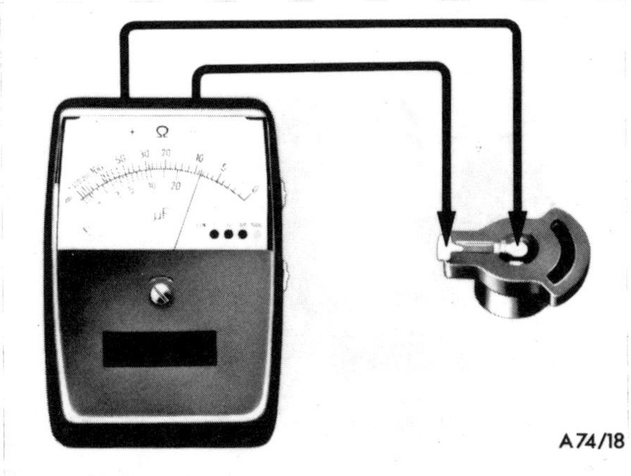

A74/18

- Ohmmeter nach der Abbildung anschließen. Der Widerstand darf maximal 5 ± 1,0 kΩ betragen. Auf die gleiche Art wird der Widerstand des Zündkabels einschließlich des Zündkerzensteckers geprüft, siehe Seite 208.

Starthilfe

Bei der Starthilfe mit einem Startkabel sind einige Punkte zu beachten.

- Handbremse anziehen. Mechanisches Getriebe in Leerlauf, automatisches Getriebe in Parkstellung schalten.
- Alle Stromverbraucher ausschalten.
- Fahrzeuge so weit auseinander stellen, daß kein metallischer Kontakt besteht.
- Eine entladene Batterie kann bereits bei –10 °C gefrieren. Vor Anschluß der Starthilfekabel muß eine gefrorene Batterie unbedingt aufgetaut werden.
- Die entladene Batterie muß ordnungsgemäß am Bordnetz angeklemmt sein.
- Motor des stromgebenden Fahrzeuges laufen lassen.
- Ein Ende des Starthilfekabels an den Pluspol der entladenen Batterie anschließen. Das andere Ende dieses Kabels an den Pluspol der stromgebenden Batterie anklemmen. Wegen des hohen Belastungsstromes Starthilfekabel sorgfältig anschließen.
- Ein Ende des zweiten Starthilfekabels am Minuspol der Spender-Batterie anschließen. Das andere Ende am Minuspol der Empfängerbatterie (leere Batterie) anschließen.
- **Nach der Starthilfe** Kabel in umgekehrter Reihenfolge wieder abklemmen.

Achtung: Werden die vorgeschriebenen Anschlußhinweise nicht genau eingehalten, besteht die Gefahr der Verätzung durch austretende Batteriesäure, Verletzung oder Schäden durch Batterieexplosion und Beschädigung der elektrischen Anlagen an beiden Fahrzeugen.

Achtung: Zwischen Hauptkabelstrang und Pluspol der Batterie ist eine ca. 10 cm lange Leitungssicherung angebracht (Schmelzpunkt: ca. 55 A). Wird ein Pol der Batterie falsch angeschlossen, oder entsteht ein Kurzschluß im Hauptkabelstrang, so verglüht diese Sicherung. Dadurch wird die gesamte elektrische Anlage funktionslos. In diesem Fall Batterie richtig anschließen und Sicherung ersetzen.

Störung: Der Motor springt schlecht oder gar nicht an

Ursache	Abhilfe
Bedienungsfehler beim Starten	**Vergasermotor:** ■ **Bei kaltem Motor:** Bei Fahrzeugen mit VV-Vergaser vor und während des Startvorgangs **keinesfalls** Gaspedal treten ■ Bei Fahrzeugen mit Choke, Starterzug ganz herausziehen. Nachdem der Motor angesprungen ist, Starterzug bis zur ersten Raste hineinschieben. ■ Bei Fahrzeugen mit 2V-Vergaser vor dem Starten Gaspedal zweimal langsam durchtreten und loslassen ■ Während des Startens Gaspedal nicht pumpen. Springt der Motor nach drei Startversuchen nicht an, Vorgang wie „Bei heißem Motor" beschrieben wiederholen ■ **Bei warmem Motor:** Gaspedal halb durchtreten und in dieser Stellung Motor starten. Nach dem Anspringen Gaspedal loslassen. Springt der Motor nach 3maligem Starten nicht an, Vorgang wie „Bei kaltem Motor" beschrieben wiederholen ■ **Bei heißem Motor:** Gaspedal ganz niedertreten und in Vollgas-Stellung halten – nicht pumpen. Nach dem Anspringen des Motors Gaspedal mit steigender Drehzahl langsam entlasten **Einspritzmotor:** ■ Gaspedal etwas niederdrücken und festhalten. Kupplung durchtreten ■ Zündschlüssel drehen und starten, bis der Motor anspringt. Dann erst Zündschlüssel loslassen
Kein Zündfunke vorhanden. Verteilerkappe feucht, verschmutzt	■ Verteilerkappe reinigen und trocknen, innen mit Zündspray einsprühen
Risse in der Verteilerkappe, Brandkanäle	■ Verteilerkappe ersetzen
Schleifkohle in der Zündverteilerkappe abgenutzt	■ Schleifkohle erneuern
Verteilerläufer defekt	■ Verteilerläufer erneuern
Widerstand des Verteilerläufers zu hoch	■ Verteilerläufer auswechseln
Widerstand in Zündkerzenleitung/Zündkerzenstecker zu hoch	■ Zündleitung/Zündkerzenstecker prüfen, erneuern
Zündkerzenstecker in falscher Reihenfolge aufgesteckt	■ Zündkerzenstecker nach richtiger Zündfolge aufstecken
Zündkerzen wegen zu vieler Startversuche naß	■ Zündkerzen ausbauen und trocknen
Zündkerzen außen feucht und verschmutzt	■ Zündkerzen reinigen, trocknen, Silikonschutzkappe auf Zündkerze und Stecker schieben
Leistung der Zündspule zu gering	■ Elektrische Leitungen an der Zündspule auf festen Sitz und guten Kontakt prüfen
Zu geringe Spannung an Klemme 15 der Zündspule (mindestens 9 Volt)	■ Batterie laden, gute Masseverbindung zwischen Batterie und Aufbau bzw. Getriebe und Aufbau herstellen. Spannungsverlust zwischen Batterie, Lichtschalter, Zündanlaßschloß bzw. Klemme 15 beseitigen
Zündspule gerissen, Brandkanäle	■ Zündspule erneuern
Spannungsverlust durch Berührung elektrischer Anschlüsse bzw. Leitungen mit Schläuchen des Motors	■ Elektrische Leitungen richtig führen
Zündzeitpunkt grob verstellt	■ Zündzeitpunkt korrigieren
Anlasser dreht zu langsam	■ Batterie laden, in der kalten Jahreszeit Winteröl bzw. Mehrbereichsöl einfüllen, Anlasser überprüfen
Kompression schlecht	■ Motor überholen

Motor-Schmierung

Bei allem Bemühen, den FORD ESCORT/ORION durch konstruktive und fertigungstechnische Maßnahmen mehr und mehr zu vervollkommnen und seine Lebensdauer, Betriebssicherheit und Wirtschaftlichkeit zu erhöhen, bleibt die regelmäßige Schmierung und Wartung des Fahrzeugs nach dem FORD-Wartungs-System unerläßlich.

Aufgabe des Motoröls

Je nach den Betriebsbedingungen unterliegen die Motorenöle recht wechselnden Beanspruchungen. Es ist deshalb sehr schwierig, die verschiedenen Betriebsbedingungen in ihrer Auswirkung auf das Schmiermittel genau festzulegen. Motoren, die lange Zeit mit hoher Drehzahl oder mit Vollast laufen, erreichen hohe Öltemperaturen. Unter Einwirkung hoher Temperaturen und des Luftsauerstoffes beginnt das Öl zu oxydieren. Die Oxydationsprodukte verdicken das Öl und können sich als lackartige Überzüge an den oberen Kolbenpartien, in den Kolbenringnuten und an den Ventilschäften ablagern. Dies kann zu einer Verkokung der Ventilteller führen.

Erhalten die Zylinder ein kraftstoffüberreiches Gemisch, werden von einem Motor nur selten oder nie Höchstleistungen verlangt oder wird mit unterkühltem Motor gefahren (Stadtverkehr), so ist eine unvollkommene Verbrennung die Folge. Ruß, Ölkohle und andere Produkte, der unverbrannte Kraftstoff selbst und die Kondensation von Feuchtigkeit führen zur Bildung von Schlamm, Säure und Asphalt. Der unverbrannte Kraftstoff schlägt sich an den kalten Zylinderwänden nieder und läuft in das Kurbelgehäuse, wobei der Ölfilm an Zylinder und Kolben abgewaschen wird. Die Folge ist eine verminderte Schmierung der Kolbenlaufbahn und eine Ölverdünnung, welche die Schmiereigenschaften des Öles je nach Kraftstoffgehalt beeinträchtigen.

Bei zu hoher Ölverdünnung ist eventuell ein vorzeitiger Ölwechsel vorzunehmen. Da bei scharfer Fahrt (heißer Motor) die Benzinanteile im Öl verflüchtigen, ist vor allem im Winter (viele Kaltstarts – hoher Benzinanteil im Öl) öfters der Ölstand zu kontrollieren.

Viskosität des Motoröls

Viskosität nennt man die Zähflüssigkeit des Öls. In Abhängigkeit von der Temperatur neigt jedes Öl dazu, seine Zähflüssigkeit zu vermindern. Mit zunehmender Wärme wird es dünnflüssig. Dadurch wird die Haftfähigkeit und Druckfestigkeit des Schmierfilms beeinträchtigt. Bei Kälte wird es dick und zähflüssig, wobei das Fließvermögen träge und der innere Reibungswiderstand vergrößert wird. Diese Eigenschaft erfordert die Verwendung eines Motoröles von einer Zähflüssigkeit, die sich bei wechselnden Temperaturen möglichst wenig verändert.

Bei kaltem Motor soll es noch dünnflüssig genug sein, um die Arbeit des Anlassers nicht übermäßig zu erschweren und um vom Startbeginn an zu allen Schmierstellen möglichst schnell fließen zu können.

Die Zähflüssigkeit oder Viskosität ist gleichbedeutend mit der inneren Reibung eines Öles und wird nach dem SAE-System (Society of Automotive Engineers) gekennzeichnet, wie zum Beispiel SAE 30, SAE 10 usw. Hohe SAE-Zahlen weisen auf dikke, niedrige auf dünne Öle hin. Die Viskosität gibt aber keinen Aufschluß über die Schmiereigenschaften eines Öles.

Das Mehrbereichsöl

Für die ESCORT/ORION-Motoren sollen Mehrbereichsöle verwendet werden. Mehrbereichsöle haben den Vorteil, daß sie sich den Temperaturverhältnissen (Sommer/Winter) anpassen. Mehrbereichsöle bauen auf einem dünnflüssigen Einbereichsöl (z. B. 10 W) auf. Durch sogenannte Verdickerer wird das Öl im heißen Zustand stabilisiert, so daß für jeden Betriebszustand die richtige Schmierfähigkeit gegeben ist. Wird ein Mehrbereichsöl verwendet, sollte man zu den modernen Ölen greifen, die eine hohe Viskositätsspanne haben (z. B. 10 W-40, 15 W-50).
Das „W" in der SAE-Bezeichnung weist das Öl als wintertauglich aus.

Das Leichtlauföl

Bei Leichtlaufölen handelt es sich um Mehrbereichsöle, denen unter anderem Reibwertverminderer zugesetzt wurden, so daß eine Kraftstoffeinsparung von bis zu 2 Prozent möglich ist. Leichtlauföle haben eine niedrige Viskosität (z. B. 10 W 30). Sie erfordern unkonventionelle Grundöle (Synthetiköle).

Anwendungsbereich/Viskositätsklassen

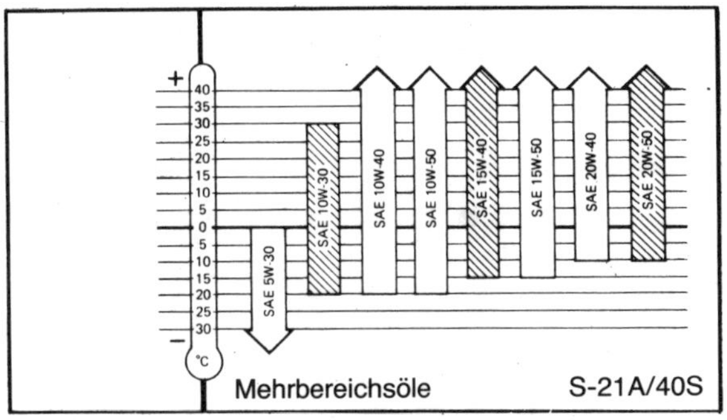

Da die Einsatzbereiche benachbarter SAE-Klassen sich überschneiden, können kurzfristige Temperaturschwankungen unberücksichtigt bleiben. Es ist zulässig, Öle verschiedener Viskositätsklassen miteinander zu mischen, wenn einmal Öl nachgefüllt werden muß und die Außentemperaturen nicht mehr der Viskositätsklasse des im Motor befindlichen Öles entsprechen.

Bei Dauer-Außentemperaturen unter –20° C (arktische Gebiete) empfiehlt es sich, SAE 5 W-20 zu fahren.

Zusatzschmiermittel – gleich welcher Art – sollen weder dem Kraftstoff noch den Schmierölen beigemischt werden.

Spezifikation des Motoröls

Grundsätzlich sind nur HD-Öle für die modernen Motoren zugelassen. HD-Öle sind legierte Öle, deren Schmiereigenschaften durch Zusatz verschiedener chemischer Wirkstoffe erheblich verbessert sind. Diese Zusätze bewirken einen besseren Korrosionsschutz, ein günstigeres Verhalten gegen Oxydationserscheinungen, insbesondere eine geringere Neigung zur Schlammbildung im Kurbelgehäuse, ein besseres Viskositätsverhalten, reinigende und lösende Eigenschaften. Die reinigenden und lösenden Zusätze verringern nicht nur die Rückstandsbildung im Motor, sondern besitzen zugleich die Fähigkeit, Rückstände zu lösen und sie und alle anderen Verunreinigungen im Motoröl fein verteilt und ständig in der Schwebe zu halten, so daß beim Ölwechsel die Verunreinigungen mit abfließen.

Die Qualität eines HD-Motoröls wird durch das API-System gekennzeichnet (API: American Petroleum Institut). Europäische Hersteller richten sich ebenfalls nach diesem System.

Die Kennzeichnung erfolgt durch jeweils zwei Buchstaben. Der erste Buchstabe gibt den Anwendungsbereich an: S = Service, für Ottomotoren geeignet; C = Commercial, für Dieselmotoren geeignet.

Der zweite Buchstabe gibt die Qualität in alphabetischer Reihenfolge an.

Von höchster Qualität sind Öle der API-Spezifikation **SG** für Ottomotoren und **CD** für Dieselmotoren. **Achtung:** CD-Motorenöle, die vom Öl-Hersteller ausdrücklich als Öle für Diesel-Motoren bezeichnet werden, sind für Otto-Motoren nicht geeignet. Es gibt Öle, die sowohl für den Otto- wie auch für den Diesel-Motor geeignet sind. In diesem Fall sind beide Spezifikationen (Beispiel SG/CD) auf der Öldose vermerkt.

Für den FORD ESCORT/ORION sind Motoröle der Spezifikation **API-SG/CD** geeignet.

Ölverbrauch

Bei einem Verbrennungsmotor versteht man unter dem Ölverbrauch diejenige Ölmenge, die als Folge des Verbrennungsvorganges verbraucht wird. Auf keinen Fall ist Ölverbrauch mit Ölverlust gleichzusetzen, wie er durch Undichtigkeiten an Ölwanne, Zylinderkopfdeckel usw. auftritt.

Normaler Ölverbrauch entsteht durch Verbrennung jeweils kleiner Mengen im Zylinder; durch Abführen von Verbrennungsrückständen und Abrieb-Partikeln. Zudem verschleißt das Öl durch die hohen Temperaturen und die hohen Drücke, denen es im Motor fortwährend ausgesetzt ist.

Ferner haben auch äußere Betriebsverhältnisse, Fahrweise sowie Fertigungstoleranzen einen Einfluß auf den Ölverbrauch. Im Normalfall ist dieser Verbrauch so gering, daß zwischen den vorgeschriebenen Ölwechselintervallen kein oder nur ein geringfügiges Nachfüllen erforderlich ist.

Unbedingt muß Öl nachgefüllt werden, wenn die „Nachfüll"-Markierung erreicht ist (Nachfüllmenge dann max. 1,0 l).

Der Ölkreislauf

CVH-Motor

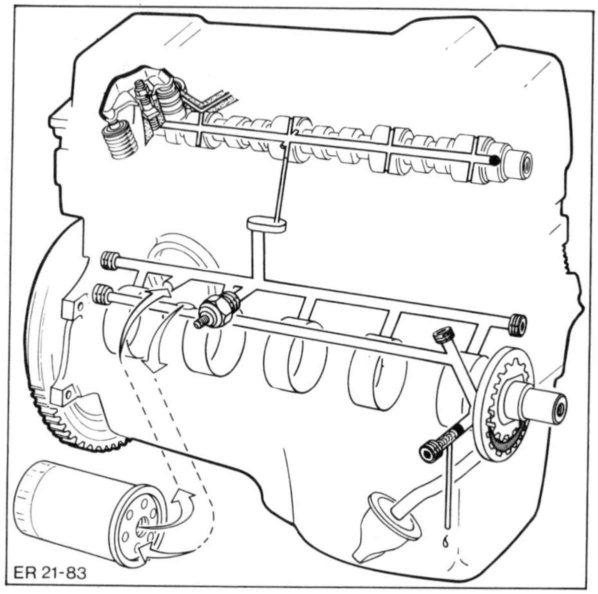

OHV-Motor

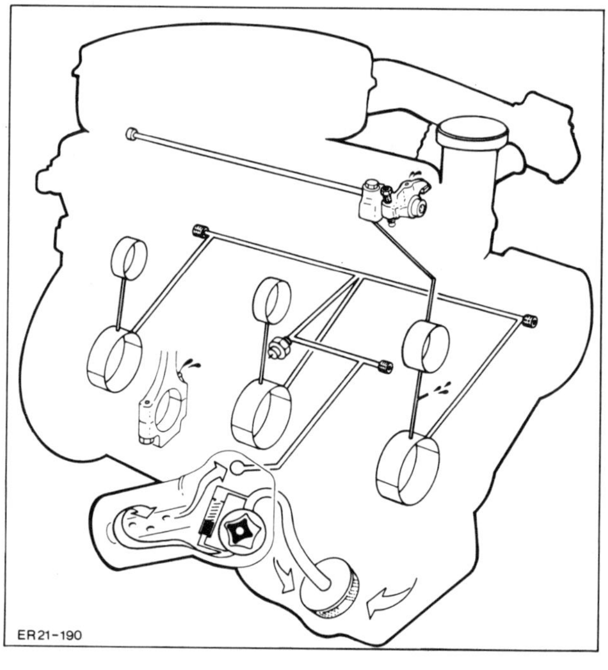

Die Ölpumpe saugt das Motoröl aus der Ölwanne an und drückt es in den Hauptstromölfilter. Ein im Ölpumpengehäuse untergebrachtes Überdruckventil (Öldruckregelventil) regelt den Öldruck. Bei zu hohem Druck öffnet das Ventil, und ein Teil des Öls kann in die Ölwanne zurückfließen.

Durch die Mittelachse der Filterpatrone gelangt das gefilterte Öl in den Hauptölkanal. Bei verstopftem Ölfilter leitet ein Kurzschlußventil das Öl direkt und ungefiltert in den Hauptölkanal. Beim Einspritzmotor befindet sich zwischen Motorblock und Ölfilter ein Ölkühler.

Vom Hauptölkanal zweigen 5 Kanäle ab zur Schmierung der Kurbelwellenlager. Durch schräge Bohrungen in der Kurbelwelle wird das Öl an die Pleuellager geleitet und von dort gegen Kolbenbolzen und Zylinder gespritzt.

Beim OHV-Motor werden die Steuerkette und die Stirnräder durch eine Spritzbohrung in der vorderen Steigleitung geölt.

Gleichzeitig gelangt Motoröl über Steigleitungen von den Kurbelwellenlagern zu den Nockenwellenlagern. Vom vorderen Lagerzapfen der Nockenwelle wird über eine Bohrung in Zylinderblock und Zylinderkopf Motoröl schubweise zur Kipphebelachse gefördert. Von dort werden die Kipphebel und die Ventilschaft-Enden geschmiert.

Beim CVH-Motor gelangt gleichzeitig Motoröl über eine Steigleitung vom Hauptölkanal zu den mittleren Nockenwellen-Lagerzapfen und verteilt sich durch eine Bohrung innerhalb der Nockenwelle auf die übrigen Lagerzapfen. Von dort führen Nuten und kleine Kanäle zu den hydraulischen Ventilstößeln, wobei über eine Bohrung in den Stößelkolben ebenfalls die Schwinghebel und Ventilschaftenden geschmiert werden.

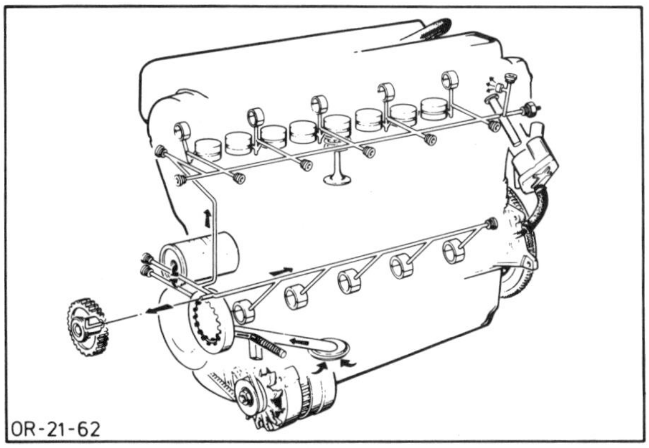
OR-21-62

Beim 1,6-l-Dieselmotor ist das Ölüberdruckventil im Saugrohr integriert und kann nicht ausgebaut und zerlegt werden. Falls erforderlich, muß das Saugrohr ausgewechselt werden.

Öldruck überprüfen

- Wagen warmfahren, die Öltemperatur soll ca. 80 °C betragen. Ölstand kontrollieren.

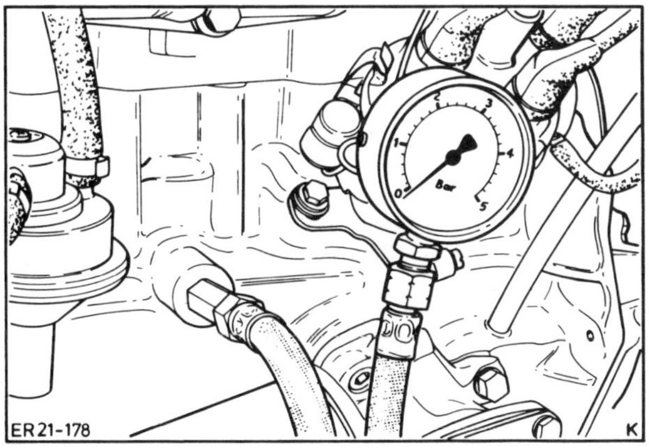
ER 21-178

- Öldruckschalter ausbauen. Der Öldruckschalter befindet sich beim OHV-Motor über der Ölpumpe, beim CVH-Motor rechts neben dem Ölfilter, beim Diesel-Motor links neben dem Kraftstoffilter.
- Anstelle des Öldruckschalters geeignetes Manometer in den Motorblock einschrauben.
- Motor starten und im Leerlauf belassen. Der Öldruck soll beim OHV-Motor mindestens 0,6 bar (CVH-Motor: 1,0 bar, Diesel-Motor: 1,3 bar) betragen.
- Drehzahl langsam auf 2000/min erhöhen. Der Öldruck muß nun mindestens 1,5 bar (CVH-Motor: 2,8 bar, Diesel-Motor: 3,0 bar) betragen.
- Öldruckschalter mit neuem Dichtring einsetzen und mit 15 Nm festziehen.
- Falls der Öldruck vom Sollwert abweicht, siehe „Störungstabelle Ölkreislauf".

Die Motordurchlüftung

Die Motordurchlüftung ist erforderlich, damit im Kurbelgehäuse kein schädlicher Überdruck entstehen kann.

Da die Kolbenringe nicht vollständig abdichten können, gelangen Verbrennungsgase in das Kurbelgehäuse. Vermischt mit heißen Öl- und Kraftstoffdämpfen kann sich dadurch ein für den Kurbeltrieb schädlicher Überdruck aufbauen. Um dies zu vermeiden, werden die Gase über einen Verbindungsschlauch vom Motor angesaugt und verbrannt.

OHV-Motor

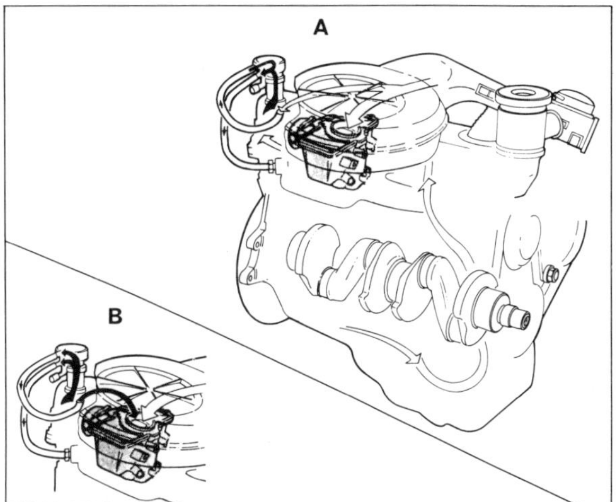

ER 21-172/A

Zur Verbesserung der Durchlüftung im Leerlauf und bei halbgeöffneter Drosselklappe –A– kann Frischluft über ein Stahlwollefilter im Oberteil des Öleinfülldeckels eindringen. Dort vermischt sich die Luft mit den Dämpfen aus dem Kurbelgehäuse und wird über einen zweiten Schlauch vom Motor über den Ansaugkrümmer angesaugt und verbrannt. Bei Vollgas (Drosselklappe voll geöffnet) –B– werden die Verbrennungsdämpfe sowohl über das Ansaugrohr als auch den Vergaser angesaugt. Reguliert wird der Gasfluß dadurch, daß die Öffnungen in der Öleinfüllkappe einen auf den Motor abgestimmten Durchmesser haben.

Achtung: Bei älteren Modellen sind alle 3 Anschlüsse an der Öleinfüllkappe belegt, wobei der untere Anschluß zusätzlich Frischluft in das Kurbelgehäuse leitet.
Das Stahlwollefilter in der Öleinfüllkappe ist alle 20000 km in Kraftstoff zu reinigen.

Diesel-Motor

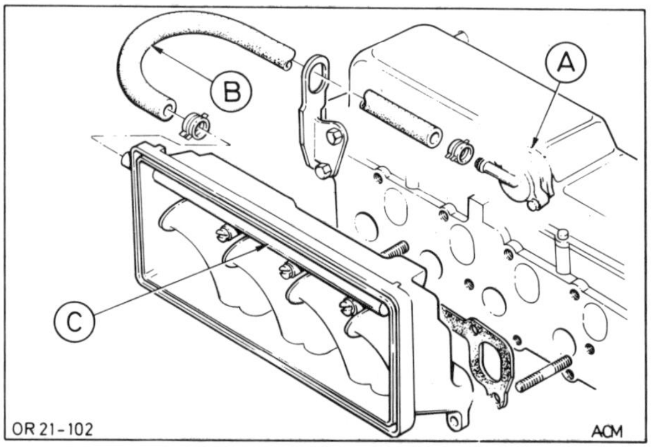

Ansaugkrümmer und Zylinderkopfhaube sind über ein Rückschlagventil –A– und einen Schlauch miteinander verbunden. Im Anschluß an den Schlauch befindet sich im Ansaugkrümmergehäuse ein Rohr, das oberhalb der Öffnungen der 4 gekrümmten Ansaugkanäle je eine genau kalibrierte Bohrung besitzt. Durch diese Bohrungen werden die Kurbelgehäusedämpfe angesaugt. Sie stellen die Schmierung der Einlaßventile sicher.

CVH-Vergaser-Motor

Die Motordurchlüftung erfolgt über ein Ventil, welches an der Unterseite des Luftfilters angebracht ist. Es muß alle 40000 km ersetzt werden.

1,6-l-Einspritz-Motor

Die Kurbelgehäuseentlüftung hat eine direkte Verbindung zum Ansaugkrümmer. Alle 40000 km ist das Belüftungsventil am Kurbelgehäuse, auf dem der Schlauch zum Ansaugkrümmer steckt, auszutauschen.

Ölwanne aus- und einbauen

Benzin-Motor

Ausbau

- Batterie-Massekabel abklemmen.
- Motoröl ablassen.
- Fahrzeug aufbocken.
- Anlasser ausbauen, siehe Seite 198.
- Kupplungsabdeckblech vom Kupplungsgehäuse abschrauben, siehe Seite 111.
- 18 Befestigungsschrauben der Ölwanne herausdrehen.
- Ölwanne abnehmen, gegebenenfalls mit Schraubendreher abhebeln.

Einbau

- Dichtflächen von Ölwanne und Motorblock reinigen. Eventuell verbogene Dichtflächen an der Ölwanne vorsichtig richten.

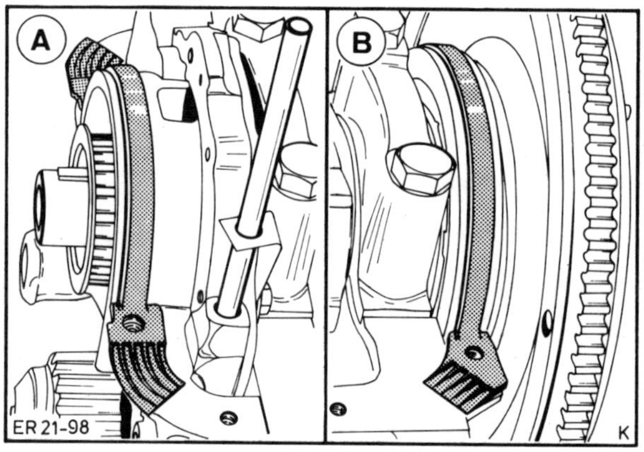

- Neue Gummidichtungen in die Nut des Ölpumpengehäuses – A – und des hinteren Dichtungsträgers – B – einsetzen.
- Neue Korkdichtungen mit Fett an den Motorblock ankleben. **Achtung:** Richtigen Sitz der Dichtungen prüfen.
- Ölwanne ansetzen und Schrauben handfest anziehen. Anschließend alle Schrauben mit **10 Nm** festziehen.
- Öl auffüllen. Auf dem Ölpeilstab befinden sich zwei Markierungen. Die Markierungen weisen auf die Ölmenge im Motor hin. Die Mengendifferenz – min.-max. – beträgt 1 Liter.
- Kupplungsabdeckblech anschrauben.
- Anlasser einbauen, siehe Seite 198.
- Batterie-Massekabel anklemmen.
- Nach Probefahrt Ölwanne auf Dichtigkeit prüfen, eventuell alle Schrauben vorsichtig nachziehen.

Diesel-Motor

Ausbau

- Batterie-Massekabel abklemmen.
- Motoröl ablassen.
- Fahrzeug aufbocken.
- Anlasser ausbauen, siehe Seite 198.
- Abdeckblech der Kupplung vom Kupplungsgehäuse abschrauben.
- 16 Befestigungsschrauben an der Ölwanne herausdrehen.
- Ölwanne abnehmen, gegebenenfalls mit Schraubendreher abhebeln.

Einbau

- Dichtflächen an Motorblock und Ölpumpe reinigen.

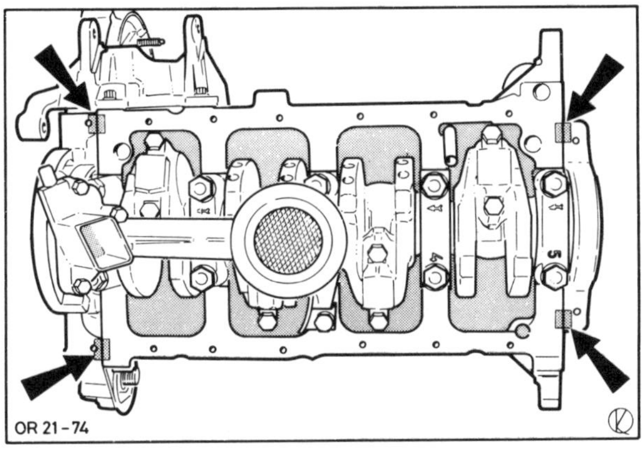

- Markierte Flächen mit Dichtungsmittel, zum Beispiel SM-4G-4640-AB von FORD, dünn bestreichen.
- Ölwanne ansetzen und Eckschrauben (Pfeile) handfest anziehen. Anschließend alle anderen Schrauben mit 8 Nm anziehen.
- Eckschrauben mit 8 Nm anziehen.
- Kupplungsabdeckblech anschrauben.
- Anlasser einbauen, siehe Seite 198.
- Ölablaßschraube mit neuer Dichtung 25 Nm einschrauben.
- Fahrzeug abbocken.
- Motoröl auffüllen.
- Batterie-Massekabel anklemmen.
- Nach Probefahrt Ölwanne auf Dichtigkeit prüfen, eventuell alle Schrauben vorsichtig nachziehen.

Ölpumpe aus- und einbauen

CVH-Motor

Ausbau

- Motoröl ablassen.
- Fahrzeug aufbocken.
- Keilriemen ausbauen, siehe Seite 193.
- Zahnriemen ausbauen, siehe Seite 22.

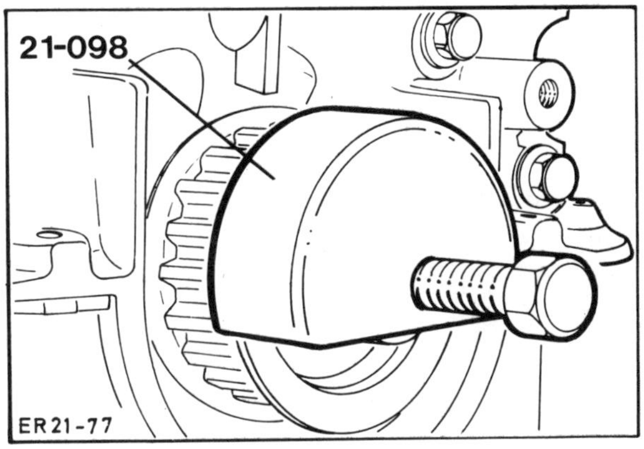

- Zahnriemenrad mit Werkzeug 21-098 von der Kurbelwelle abziehen und mit Anlaufscheibe abnehmen.
- Wellendichtring mit einem passenden Spitzdorn in der Mitte des Dichtrings lochen. Geeignete Blechschraube eindrehen und Wellendichtring mit Zange aus dem Sitz herausziehen.
- Ölwanne ausbauen.

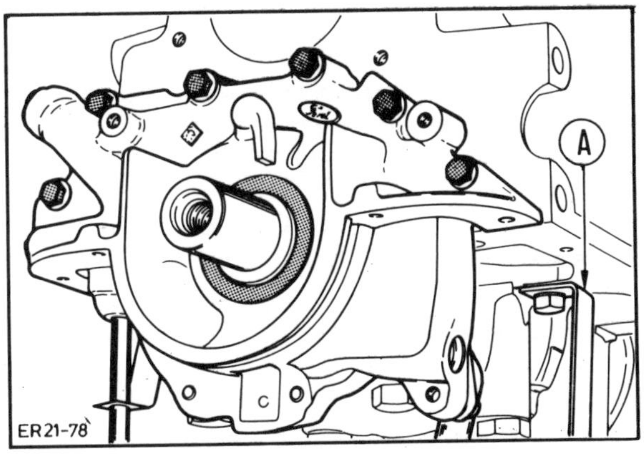

- Halter für Saugglocke – A – abschrauben.
- Ölpumpengehäuse vom Motorblock abschrauben und Ölpumpe komplett mit Saugglocke herausnehmen.

Einbau

- Ölpumpe komplett mit Saugglocke und neuer Dichtung auf den Mitnehmerzapfen (– A – in Abbildung ER 21–41) der Kurbelwelle aufschieben und Schrauben mit 10 Nm festziehen.

Achtung: Wird eine überholte oder eine neue Ölpumpe eingebaut, Pumpe vor dem Einbau mit Motoröl füllen und von Hand durchdrehen.

- Halter für Saugglocke anschrauben.

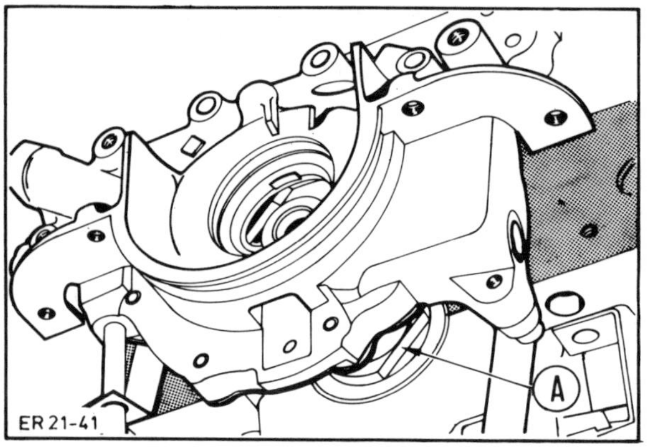

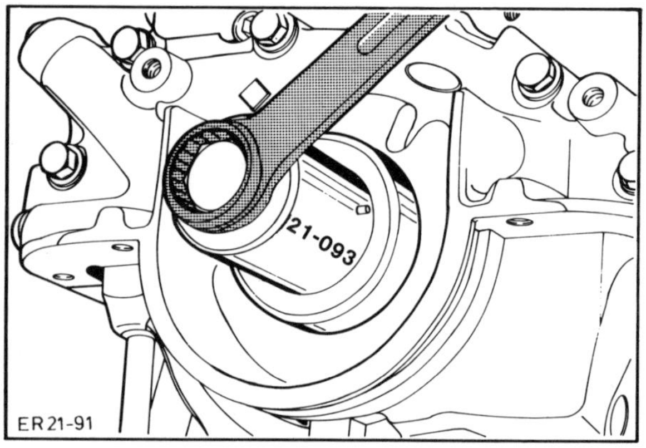

- Neuen Wellendichtring an der Dichtlippe leicht einölen, in das Werkzeug 21-093 einsetzen und mit der Riemenscheiben-Befestigungsschraube bis zum Anschlag eindrücken.
  Steht das Spezialwerkzeug nicht zur Verfügung kann man sich mit einem kurzen Rohr behelfen, wobei Innen- und Außendurchmesser dem des Dichtrings entsprechen müssen. Dichtring und Rohr ansetzen, Riemenscheibe mit Befestigungsschraube langsam anschrauben und dadurch Dichtring bis zum Anschlag eintreiben.
- Werkzeug entfernen und Kurbelwellenzapfen mit Mehrzweckfett leicht einfetten, um ein Festrosten des Zahnrades zu verhindern.
- Anlaufscheibe mit der gewölbten Seite nach außen aufschieben.
- Zahnrad auf Kurbelwellen-Zapfen aufschieben (Anlaufring zeigt nach außen) und mit Riemenscheibe und Befestigungsschraube aufziehen.
- Riemenscheibe lösen und Zahnriemen einbauen, siehe Seite 22.
- Ölwanne einbauen.
- Keilriemen einbauen, siehe Seite 193.
- Motoröl auffüllen.
- Nach Probefahrt Ölpumpe und Ölwanne auf Dichtigkeit prüfen.

Wartung an der Motor-Schmierung

W

Motorölwechsel

Der Ölwechsel ist alle 10 000 km oder, falls sehr wenig gefahren wird, einmal im Jahr durchzuführen. Dabei wird gleichzeitig die Filterpatrone gewechselt.

Bei erschwerten Einsatzbedingungen wie Kurzstreckenverkehr, häufiger Kaltstart und staubige Straßenverhältnisse sollten Motoröl und Filter in kürzeren Abständen gewechselt werden. Das Motoröl darf auch mittels einer Sonde abgesaugt werden.

Achtung: Das Altöl und der Ölfilter müssen auf jeden Fall bei den Altöl-Sammelstellen abgegeben werden. Die Verkaufsstellen für neues Motoröl sind verpflichtet, das beim Ölwechsel anfallende Altöl kostenlos entgegenzunehmen. Außerdem informieren Gemeinde- und Stadtverwaltungen darüber, wo sich die nächste Altöl-Sammelstelle befindet. **Keinesfalls darf Altöl einfach weggeschüttet oder dem Hausmüll mitgegeben werden.** Größere Umweltschäden wie beispielsweise Grundwasserverseuchung wären sonst unvermeidbar.

Ausbau

- Motor auf Betriebstemperatur bringen (Öltemperatur 60 °C).
- Gefäß zum Auffangen des Altöls unterstellen.
- Ölablaßschraube herausdrehen und Altöl ganz ablassen. Die Ablaßschraube befindet sich, in Fahrtrichtung gesehen, hinten an der Ölwanne.

Achtung: Werden im Motoröl Metallspäne und Abrieb in größeren Mengen festgestellt, deutet dies auf Freßschäden hin, zum Beispiel Kurbelwellen- oder Pleuellagerschäden. Um Folgeschäden zu vermeiden, ist nach erfolgter Reparatur die sorgfältige Reinigung von Ölkanälen und Ölschläuchen unerläßlich. Zusätzlich soll der Ölkühler, falls vorhanden, erneuert werden.

- Anschließend Ölablaßschraube mit neuem Dichtring einschrauben und fest, aber nicht mit zu großer Gewalt anziehen. Anzugsdrehmoment 30 Nm.
- Ölfilter ausbauen. Die Werkstätten benutzen hierzu ein spezielles Werkzeug. Steht dieses nicht zur Verfügung, kann auch ein Lederriemen genommen werden. Man kann auch einen spitzen Schraubendreher seitlich in den Ölfilter eintreiben. Beim Drehen läuft dann allerdings Öl aus – Gefäß unterstellen.
- Der Ölkühler beim Einspritzmotor braucht nicht ausgebaut zu werden. Beim Abschrauben des Ölfilters Ölkühler am Sechskant gegenhalten.

Einbau

- Beim Einbau Hinweise auf dem Ölfilter beachten.
- Ölfilterflansch mit Kraftstoff reinigen.
- Gummidichtring am Ölfilter leicht einölen.
- Neuen Ölfilter nur handfest anschrauben.
- Neues Öl am Einfüllstutzen des Zylinderkopfdeckels einfüllen.

Füllmengen in Liter

	bis 6/82	seit 7/82*	nur XR3i, Turbo RS	OHV-Motoren 1,1 l/, 50, 55 PS 1,3 l/60 PS	Diesel-Motoren
ohne Filterwechsel	3,50	3,25	3,60	2,75	4,50
mit Filterwechsel	3,75	3,50	3,85	3,25	5,00

* Farbkennzeichnung am Ölmeßstab
Standard-Meßstab: weiß
Meßstab mit Fühler: grün

Die Mengendifferenz zwischen der Min.- und Max.-Markierung am Ölpeilstab beträgt 1 Liter.

- Nach Probefahrt Dichtigkeit der Ablaßschraube und des Ölfilters überprüfen, gegebenenfalls vorsichtig nachziehen.
- Um die Betriebsverhältnisse des Motors besser überwachen zu können, soll beim Ölwechsel immer ein Öl gleichen Typs und möglichst auch gleicher Marke verwendet werden. Daher ist es zweckmäßig, bei jedem Ölwechsel ein Hinweisschild am Motor zu befestigen, auf dem Marke und Viskosität des Öles vermerkt sind.
- Wahllos abwechselnder Gebrauch verschiedener Öltypen ist ungünstig. Motorenöle gleichen Typs, aber verschiedener Marken sollen möglichst nicht gemischt werden. Motorenöle gleichen Typs und gleicher Marke, aber verschiedener Viskosität können im Bedarfsfall während jahreszeitlicher Überschneidung ohne weiteres nachgefüllt werden.

Motordurchlüftung prüfen

- Im Rahmen der Wartung alle 20 000 km Öleinfüllkappe vom Zylinderkopfdeckel abziehen und in Benzin reinigen, siehe Seite 41.
- Regulierventil beim CVH-Motor jeweils nach 40 000 km ersetzen.

Störungstabelle Ölkreislauf

Störung	Ursache	Abhilfe
Kontrollicht leuchtet nicht nach Einschalten der Zündung	■ Öldruckschalter defekt	Zündung einschalten, Leitung vom Öldruckschalter abziehen und gegen Masse halten Wenn die Lampe aufleuchtet, Schalter ersetzen
	■ Strom zum Schalter unterbrochen, Kontakte korrodiert	Elektrische Leitung und Anschlüsse prüfen
	■ Kontrollampe defekt	Kontrollampe ersetzen
Kontrollicht verlischt nicht nach Anspringen des Motors	■ Öl sehr warm	Unbedenklich, wenn Kontrollicht beim Gasgeben verlischt
Kontrollicht verlischt nicht beim Gasgeben bzw. leuchtet während der Fahrt	■ Öldruck zu gering	Ölstand prüfen, ggf. auffüllen; Öldruck nach Vorschrift prüfen
	■ Elektrische Leitung zum Öldruckschalter hat Kurzschluß gegenüber Masse	Kabel am Schalter abziehen und isoliert ablegen (nicht gegen Masse legen), Zündung einschalten. Wenn die Kontrollampe aufleuchtet, Leitung überprüfen
	■ Öldruckschalter defekt	Schalter auswechseln
Zu niedriger Öldruck im gesamten Drehzahlbereich	■ Zu wenig Öl im Motor	Motoröl nachfüllen
	■ Ansaugsieb in der Saugglocke verschmutzt	Ölwanne ausbauen, Ansaugsieb reinigen
	■ Saugrohr lose oder gebrochen	Ölwanne ausbauen, Saugrohr überprüfen
	■ Ölpumpe verschlissen	Ölpumpe ausbauen und prüfen, gegebenenfalls ersetzen
	■ Lagerschaden	Motor demontieren
Zu niedriger Öldruck im unteren Drehzahlbereich	■ Öldruckregelventil klemmt in offenem Zustand durch Verschmutzung	Ventil ausbauen und prüfen
Zu hoher Öldruck bei Drehzahlen über 2000/min (ca. 5,5 bar)	■ Öldruckregelventil öffnet nicht durch Verschmutzung	Ventil ausbauen und prüfen

Achtung Escort RS Turbo: Bei Ölverlust am Ölmeßstabrohr und schlechten Leerlaufeigenschaften kann ein verbesserter Ölmeßstab eingebaut werden. Der Ölmeßstab der neuen Ausführung besitzt einen mit Kunststoff ummantelten Griff (Ford-Nr. 1 652 489).

Motor-Kühlung

Der Kühlmittelkreislauf wird thermostatisch geregelt. Solange der Motor kalt ist, zirkuliert das Kühlmittel nur im Motorblock und – bei geöffneter Heizung – im Wärmetauscher. Mit zunehmender Erwärmung öffnet der Thermostat den großen Kühlmittelkreislauf. Das Kühlmittel wird von der ständig im Einsatz befindlichen Kühlmittelpumpe über den Kühler geleitet.

Ein im Thermostatgehäuse befindlicher Thermoschalter schaltet bei den CVH-Motoren je nach Bedarf den Elektrolüfter zu. Beim 1,1/1,3-l-OHV-Motor läuft der Lüfter dauernd mit.

Während die Modelle mit 1,1/1,3-l-Motor ein herkömmliches „Halb-unter-Druck" stehendes Kühlsystem besitzen, sind die Modelle mit CVH-Motor mit einem Überdrucksystem ausgerüstet, wodurch der Siedepunkt auf 110–115 °C erhöht werden kann.

Achtung: Bei Arbeiten im Motorraum daran denken, daß bei warmem Motor und eingeschalteter Zündung der Lüfter für das Kühlmittel anlaufen kann. Verletzungsgefahr!

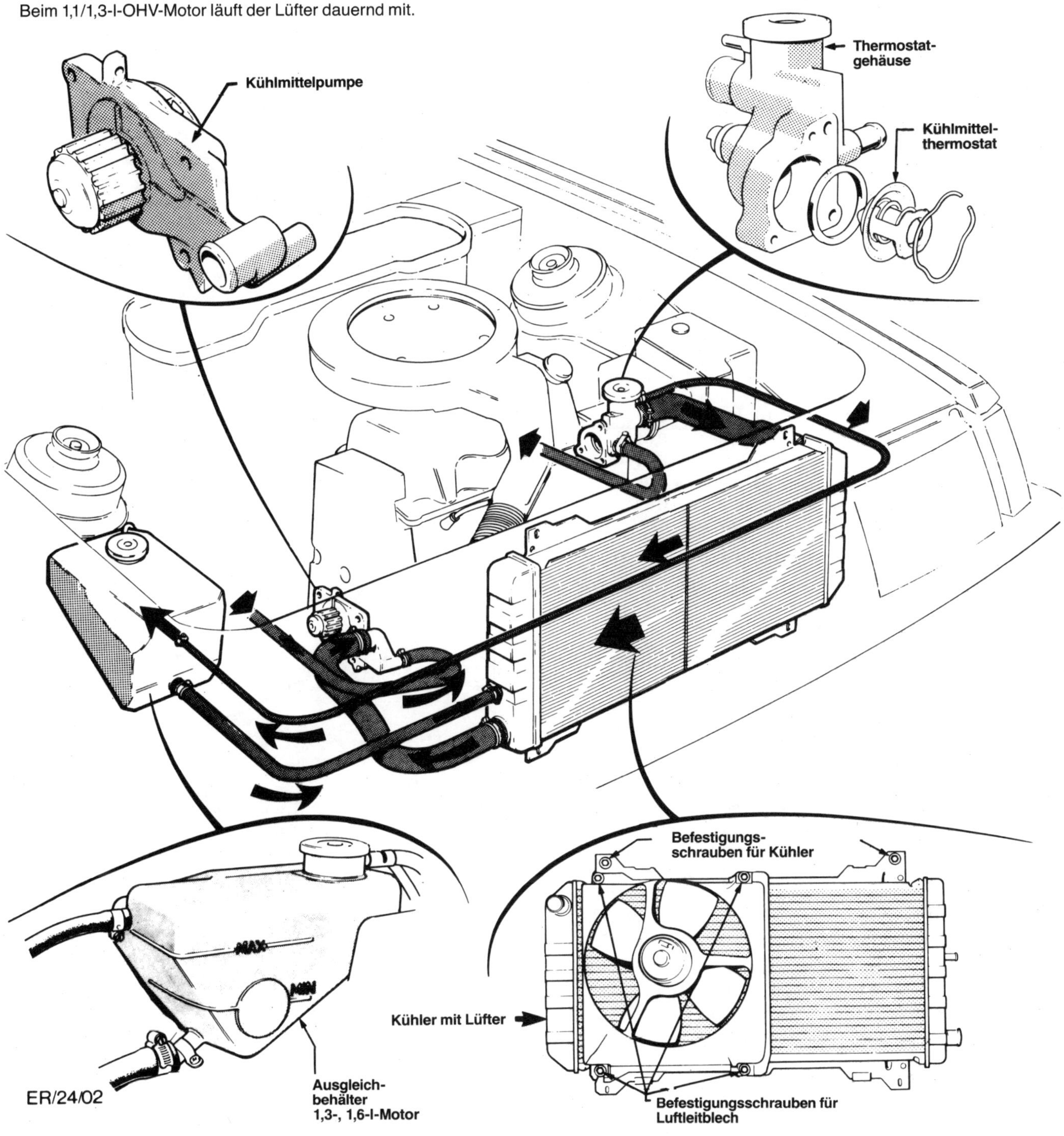

Kühler-Frostschutzmittel

Die Kühlanlage wird vom Werk mit einer Mischung aus Wasser und FORD-Kühlerfrost- und Korrosions-Schutzmittel aufgefüllt. Das Kühlkonzentrat verhindert Frost- und Korrosionsschäden und hebt außerdem die Siedetemperatur des Wassers an. Deshalb muß das Kühlsystem unbedingt ganzjährig mit Kühlerfrost- und Korrosionsschutzmittel gefüllt sein.

Achtung: Für den ESCORT/ORION-Motor (CVH) nur das rosa Kühlkonzentrat-Extra von FORD mit der Spezifikation SSM-97B-9103-A verwenden. Dieses Kühlkonzentrat ist speziell auf den Aluminium-Zylinderkopf abgestimmt. Bei Verwendung eines anderen Frostschutzmittels sollte die FORD-Spezifikation erfüllt sein.

Inhalt des Kühlsystems

1,1 l CVH mit kleinem Kühler	6,2 l
1,1 l CVH mit großem Kühler	7,2 l*
1,3 l CVH, 1,3 l OHV	7,1 l
1,4 l CVH	7,6 l
1,6 l CVH	7,9 l
1,6-, 1,8-l-Diesel	9,3 l

*) Nur bei Hängerbetrieb

Mischungsverhältnisse bei einem Frostschutz bis −30° C.

Motor	FORD-Kühlkonzentrat	Wasser
1,1 l mit kleinem Kühler	3,1 l	3,1 l
1,1 l mit großem Kühler	3,6 l	3,6 l
1,3 l	3,55 l	3,55 l
1,4 l	3,8 l	3,8 l
1,6 l	3,95 l	3,95 l
1,6-, 1,8-l-Diesel	4,65 l	4,65 l

Da der Korrosionsschutz-Anteil in der Kühlflüssigkeit nach einiger Zeit an Wirkung verliert, sollte die Kühlflüssigkeit alle 2 Jahre gewechselt werden.

Kühlmittel ablassen und auffüllen

Da die Kühlflüssigkeit ein Frost- und Korrosionsschutzmittel enthält, sollte sie zur Wiederverwendung aufgefangen werden.

Falls bei Reparaturen der Zylinderkopf, die Zylinderkopfdichtung, der Kühler, der Wärmetauscher oder der Motor ersetzt werden, muß die Kühlflüssigkeit auf jeden Fall ersetzt werden. Das ist erforderlich, weil sich die Korrosionsschutzanteile in der Einlaufphase an den neuen Leichtmetallteilen absetzen und somit eine dauerhafte Korrosionsschutzschicht bilden. Bei gebrauchter Kühlflüssigkeit ist der Korrosionsschutzanteil in der Regel nicht mehr groß genug, um eine ausreichende Schutzschicht an den neuen Teilen zu bilden.

Achtung: Kühlflüssigkeit ist giftig und darf nicht einfach weggeschüttet oder dem Hausmüll mitgegeben werden. Gemeinde- und Stadtverwaltungen informieren darüber, wo sich die nächste Sondermüll-Sammelstelle befindet.

Ablassen

- Batterie-Massekabel abklemmen.

Achtung: Bei heißem Motor Verschlußdeckel vorsichtig öffnen. Vorher dicken Lappen über den Deckel legen, um Verbrühungen durch heiße Kühlflüssigkeit oder Dampf zu vermeiden.

- Verschlußdeckel um 90° nach links drehen und Überdruck entweichen lassen.
- Anschließend Deckel weiterdrehen und abnehmen. Der Verschlußdeckel des Ausgleichbehälters oder Kühlers wird abgenommen, damit die Kühlflüssigkeit schneller abfließen kann.
- Sauberes Auffanggefäß unter den Kühler stellen.

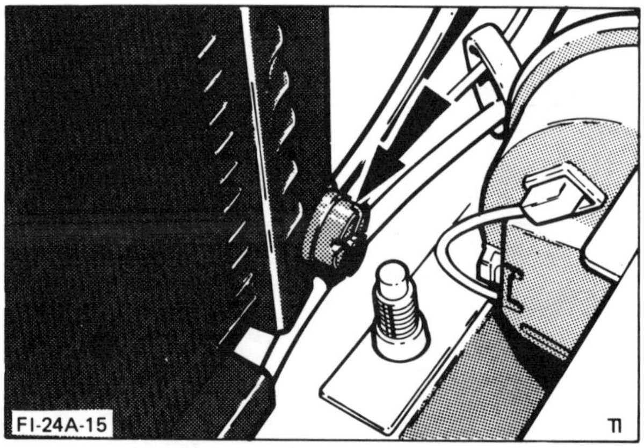

- Ablaßschraube −Pfeil− am Kühler lösen und Kühlmittel ablassen. Beim CVH-Motor zum Ablassen unteren Kühlmittelschlauch vom Kühler abziehen. Vorher Schelle ganz öffnen und zurückschieben.

OHV-Motor

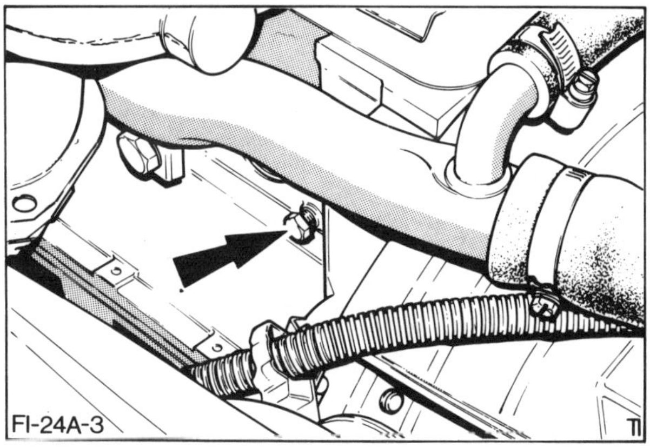

CVH-Motor

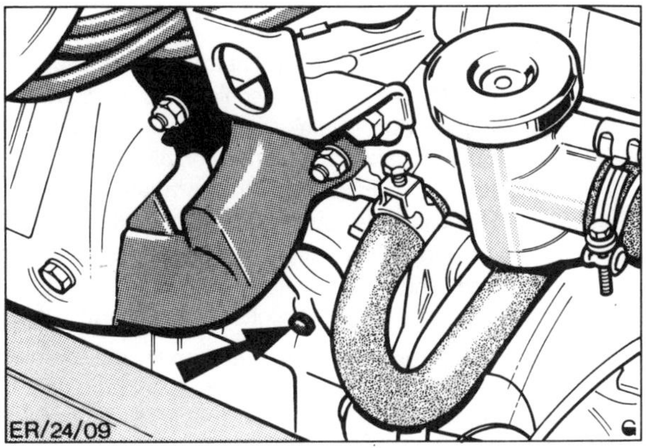

Diesel-Motor

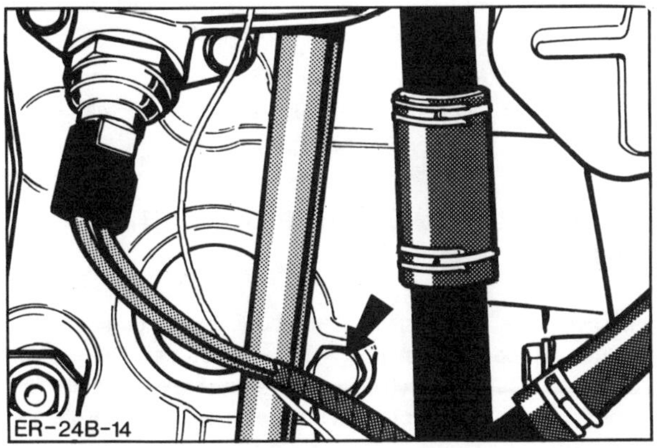

- Anschließend Auffanggefäß unter den Motor stellen. Ablaßschraube –Pfeil– herausdrehen und restliche Kühlflüssigkeit ablassen.
- Beim OHV- und Diesel-Motor Ablaßschraube am Kühler ganz leicht mit 1 bis 2 Nm festziehen.
- Ablaßschraube am Motorblock mit neuem Dichtring mit 1 bis 2 Nm anziehen.
- Auffanggefäß entfernen.

Auffüllen

Benzin-Motor

- Beim OHV-Motor Kühlmittel über den Einfüllstutzen am Ausgleichbehälter, beziehungsweise Kühler bis zur Max.-Markierung einfüllen. Beim CVH-Motor Kühlmittel über den Einfüllstutzen am Thermostatgehäuse bis zum oberen Rand auffüllen, und zwar so lange, bis keine Luftblasen mehr entweichen. Thermostatgehäuse verschließen und Ausgleichbehälter bis zur Max-Markierung auffüllen.
- Kühlsystem verschließen.
- Massekabel an Batterie anklemmen.
- Motor starten und im Leerlauf drehen lassen. Das Kühlsystem entlüftet sich automatisch.
- Kühlsystem auf Dichtheit überprüfen. Kühlmittelstand prüfen, gegebenenfalls Kühlflüssigkeit nachfüllen.

Diesel-Motor

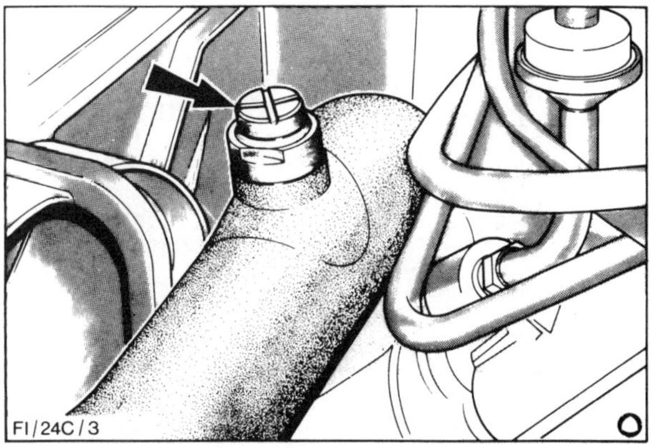

- Beim Diesel-Motor Entlüftungsschraube im oberen Kühlmittelschlauch lösen, damit die Luft entweichen kann.
- Über den Ausgleichbehälter Kühlmittel einfüllen, bis Kühlmittel an der Entlüftungsschraube austritt.
- Entlüftungsschraube wieder mit 1 bis 2 Nm festziehen.
- Kühlmittel am Ausgleichbehälter weiter bis zur Max.-Markierung auffüllen.
- Kühlsystem verschließen.
- Massekabel anklemmen.
- Kühlsystem auf Dichtheit prüfen.

Lüftermotor aus- und einbauen

Ausbau

- Massekabel von der Batterie abklemmen.
- Elektrische Leitung am Lüftermotor abziehen und Kabelstrang vom Luftleitblech lösen.
- Untere Befestigungsschrauben (2 Stück) für Luftleitblech lösen, nicht herausschrauben. Obere Schrauben (2 Stück) herausdrehen, siehe auch Abbildung ER/24/02 auf Seite 47.
- Lüftermotor komplett mit Luftleitblech nach oben herausheben.
- Gegebenenfalls Sprengring von der Motorwelle abhebeln, Unterlegscheibe abnehmen und Lüftermotor abziehen.

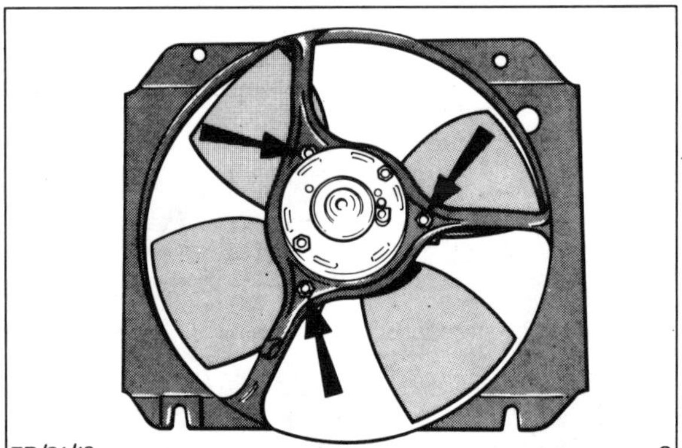

ER/24/13

- Befestigungsmuttern – Pfeile – des Lüftermotors abschrauben und Motor aus Luftleitblech herausnehmen.

Einbau

- Lüftermotor in Luftleitblech einsetzen und mit 3 Muttern und 9 Nm befestigen.
- Lüfterrotor auf Motorwelle aufschieben und mit Unterlegscheibe sowie neuem Sprengring sichern.
- Motor mit Luftleitblech auf die unteren Befestigungsschrauben schieben.
- Obere Schrauben einsetzen und alle Schrauben mit 8 Nm festziehen.
- Elektrische Leitung für Lüftermotor anschließen und Kabelstrang am Luftleitblech festklemmen.
- Massekabel an Batterie anklemmen.
- Lüfter auf Funktion prüfen:
  1,1-l-Motor: Wenn die Zündung eingeschaltet wird, muß der Lüfter anlaufen.
  1,3-, 1,4- und 1,6-l-Motor: Zündung einschalten, Stecker vom Thermoschalter am Thermostatgehäuse abziehen und die Anschlüsse mit kurzer Prüfleitung verbinden. Der Lüfter muß anlaufen. Anschließend Kabel wieder aufstekken.

Thermoschalter prüfen

1,3/1,4/1,6-l-Motor

Der Thermoschalter befindet sich am Thermostatgehäuse unterhalb vom Anschluß des Kühlmittelschlauches. Er schaltet den Lüfter zu, wenn die Kühlflüssigkeit eine bestimmte Temperatur erreicht. Der Schalter ist zu prüfen, wenn bei heißem Motor der Elektrolüfter nicht einschaltet. **Prüfvoraussetzungen:** Thermostat und Druckausgleichventil im Verschlußdeckel des Ausgleichbehälters sind in Ordnung. Bei einem Defekt an diesen Teilen kann der Thermoschalter den Lüfter nicht zuschalten, weil er selbst durch die Kühlflüssigkeit nicht erwärmt wird.

- Motor warmfahren und im Leerlauf drehen lassen, bis die Temperaturanzeige im roten Bereich steht. Der Lüfter muß nun einschalten.
- Wenn nicht, Motor abstellen und bei eingeschalteter Zündung Stecker vom Thermoschalter abziehen.
- Klemmen der beiden Leitungen mit kurzer Prüfleitung verbinden. Wenn der Elektrolüfter nun anläuft, Thermoschalter auswechseln.
- Andernfalls elektrische Leitungen gemäß Schaltplan überprüfen.

Thermostat aus- und einbauen/ prüfen

Der Thermostat öffnet mit zunehmender Erwärmung des Motors den großen Kühlmittelkreislauf. Bleibt der Thermostat durch einen Defekt geschlossen, wird der Motor zu heiß. Erkennbar ist das an einer im roten Bereich stehenden Kühlmittel-Temperaturanzeige, während gleichzeitig der Kühler kalt bleibt. Ein defekter Thermostat kann aber auch nach dem Abkühlen der Kühlflüssigkeit weiterhin geöffnet bleiben. Dies erkennt man daran, daß der Motor nicht mehr seine Betriebstemperatur erreicht bzw. daß der Zeiger der Kühlmittel-Temperaturanzeige langsamer ansteigt als bisher oder im Winter die Heizleistung nachläßt.

Ausbau

- Massekabel von der Batterie abklemmen.
- Kühlmittel ablassen und auffangen.
- Heizungs- und Kühlmittelschläuche vom Thermostatgehäuse abziehen.
- Kabel von Thermoschalter abklemmen.

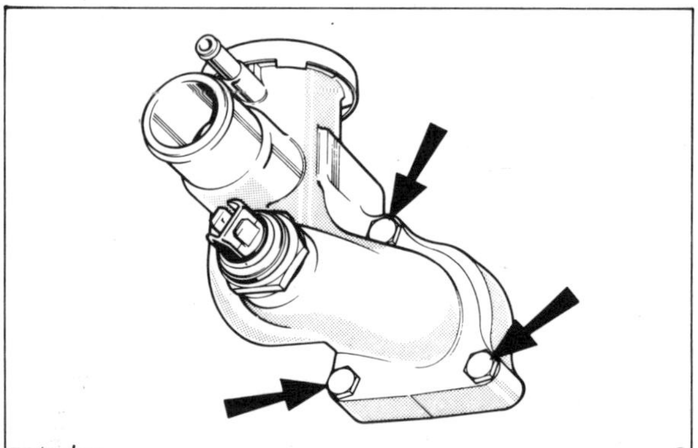

ER/24/28

- Thermostatgehäuse vom Zylinderkopf abschrauben.

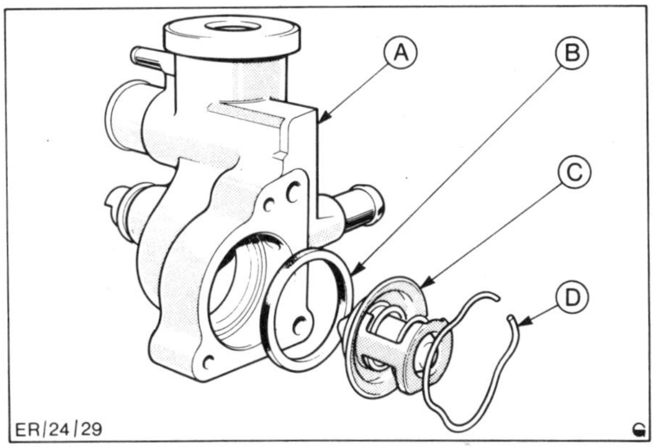

ER/24/29

- Sicherungsring – D – mit Schraubendreher heraushebeln. Thermostat – C – mit Dichtring – B – aus dem Gehäuse – A – herausnehmen.

B/24/13

Prüfen

- Thermostat in Kühlmittelflüssigkeit langsam erwärmen. Dabei darf der Thermostat nicht die Wände des Behälters berühren.
- Der Thermostat öffnet bei +89° bis +93° C und ist bei einer Temperatur von +99° bis +102° C voll geöffnet.

Achtung: Bei einem gebrauchten Thermostaten ist eine Toleranz von ± 3° C zulässig.

- Bei fehlerhafter Funktion Thermostat ersetzen.

Einbau

- Dichtflächen am Thermostatgehäuse und am Zylinderkopf reinigen.
- Thermostat mit neuem Dichtring in Gehäuse einsetzen und mit Sicherungsring sichern.
- Gehäuse mit neuer Dichtung an Zylinderkopf ansetzen und mit 18 Nm festziehen.

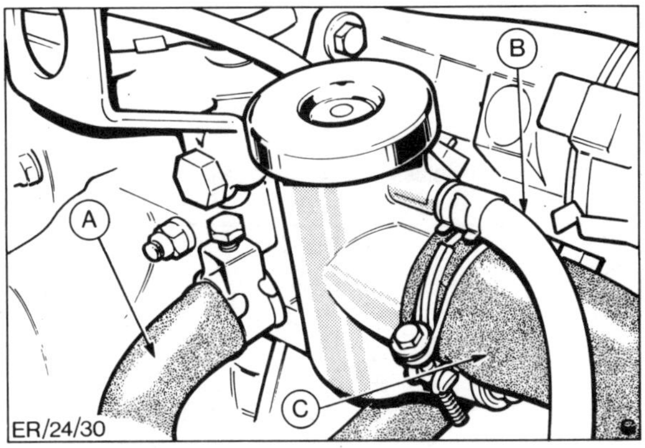

ER/24/30

- Heizungsschlauch – A –, Verbindungsschlauch/Ausgleichbehälter – B –, sowie oberen Kühlmittelschlauch – C – an Thermostatgehäuse anschließen und mit Schellen sichern.
- Kühlmittel auffüllen.
- Massekabel an Batterie anschließen.
- Motor warmlaufen lassen, bis der obere Kühlmittelschlauch handwarm ist. Schlauchanschlüsse und Ablaßschraube auf Dichtheit überprüfen.

Kühlmittelpumpe aus- und einbauen

Ausbau

- Batterie-Massekabel abklemmen.
- Kühlflüssigkeit ablassen und auffangen, siehe Seite 48.

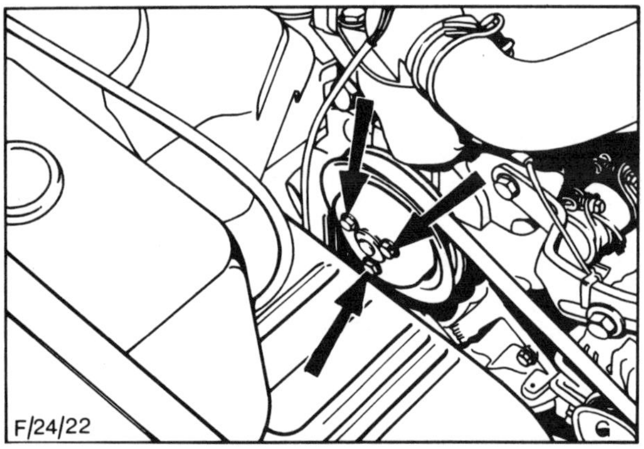

- Beim OHV- und Diesel-Motor Schrauben –Pfeile– für Keilriemenscheibe lösen.
- Keilriemen ausbauen, siehe Seite 193.
- Beim Diesel- und CVH-Motor Zahnriemen ausbauen, siehe Seite 22, 92.

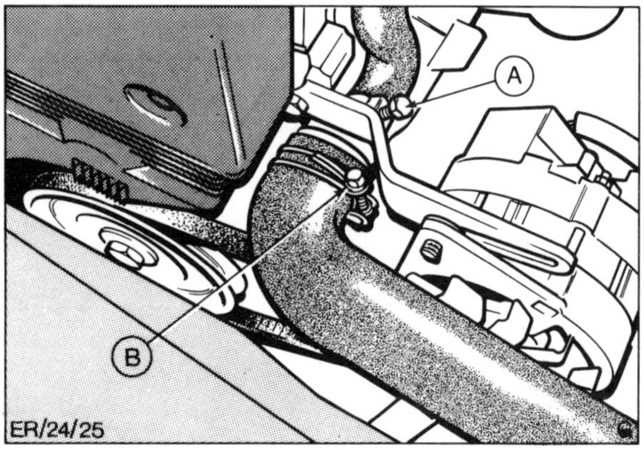

- Heizungsschlauch – A – und Kühlmittelschlauch – B – von der Kühlmittelpumpe abziehen. Das Bild zeigt den CVH-Motor. Beim OHV-Motor Kühlmittelschlauch von der Pumpe abziehen. Vorher Schelle ganz öffnen und zurückschieben.

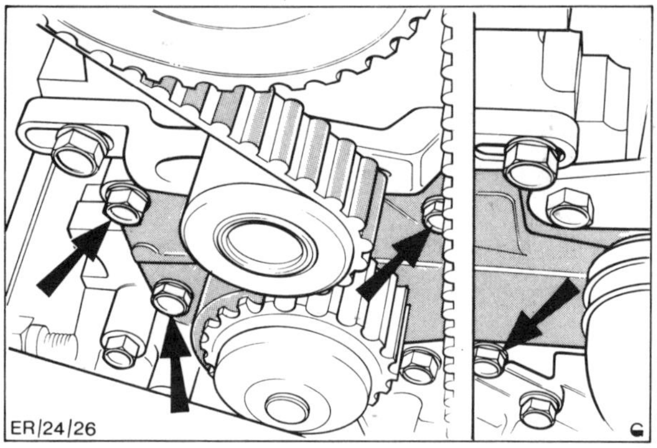

- CVH-Motor: Zahnriemenspanner abschrauben.
- OHV- und Diesel-Motor: Keilriemenscheibe von der Kühlmittelpumpe abschrauben und abnehmen.

Diesel-Motor

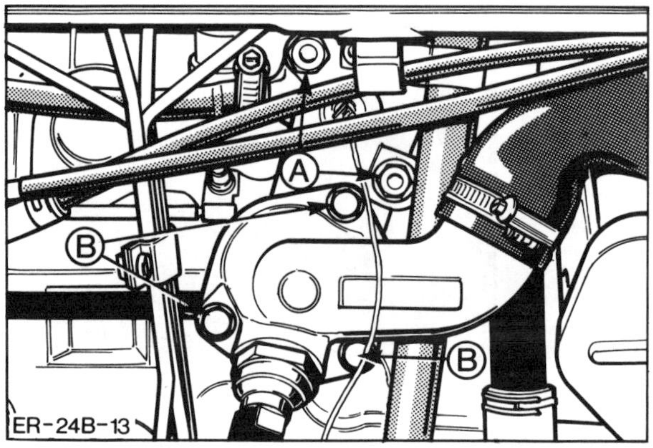

- 2 Befestigungsschrauben von Wasserauslaßstutzen – A – am Zylinderkopf herausdrehen.
- Gehäuse vom Thermostat – Schrauben B – vom Zylinderkopf abschrauben und Verbindungsrohr und Dichtungen entfernen.
- 2 Schläuche vom Kühlwassereinlauf entfernen und Heizungsschlauch von der Kühlmittelpumpe entfernen.
- Motor abstützen, vorderen Motorträger ausbauen.
- Luftfilter ausbauen (geclipst).
- Motor soweit anheben, daß die Kühlmittelpumpe ausgebaut werden kann.

Achtung: Eventuell muß der Ölfilter ausgebaut werden, siehe Seite 45.

- Kühlmittelpumpe beim OHV- und Diesel-Motor mit 3, beim CVH-Motor mit 4 Schrauben abschrauben und Pumpe vom Motorblock abnehmen.

Einbau

- Welle der Kühlmittelpumpe auf leichten Lauf prüfen, von Hand drehen.
- Mit geeignetem Schaber Dichtungsreste von Kühlmittelpumpe und Motorblock vollständig entfernen.
- Pumpe mit neuer Dichtung am Motorblock ansetzen.
- Schrauben reindrehen und mit 9 Nm bei den Benzin-Motoren, beim Diesel-Motor mit 30 Nm festziehen.
- Beim CVH-Motor Zahnriemenspanner einbauen.
- CVH- und Diesel-Motor: Zahnriemen einbauen und spannen, siehe Seite 22, 92.
- Keilriemenscheibe beim OHV- und Diesel-Motor anschrauben mit 9 Nm.

Diesel-Motor

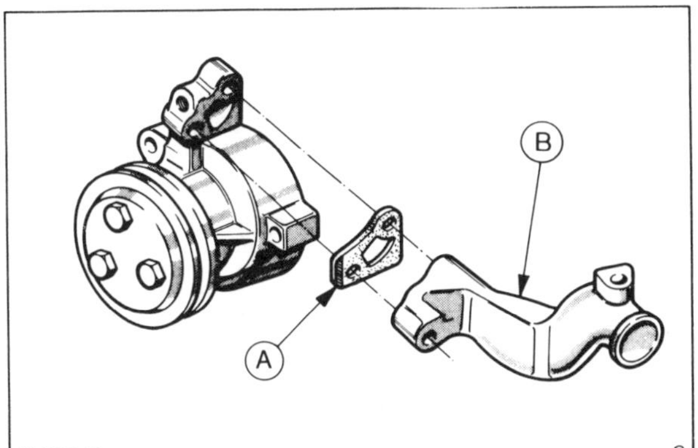

FI-24C-12

- Kühlwassereinlauf – B – mit neuer Dichtung einsetzen und an der Kühlmittelpumpe anschrauben. Die Farbmarkierung der Dichtung muß zum Verbindungsstück zeigen.
- Verbindungsstück vom Heizungsschlauch anbringen.
- Motor absenken und vorderen Motorträger anbauen.
- Luftfilter anbauen.
- Wasserauslaßstutzen- und Kühlwassereinlaufgehäuse mit neuen Dichtungen versehen, Verbindungsrohr anbringen.
- Wasserauslaßstutzen mit neuer Dichtung an Zylinderkopf anschrauben. Die Farbmarkierung der Dichtung muß zum Verbindungsstück zeigen.

- Keilriemen auflegen und spannen, siehe Seite 193.
- Heizungs- und Kühlmittelschlauch an die Kühlmittelpumpe anschließen und mit Schellen sichern.
- Kühlflüssigkeit auffüllen, siehe Seite 48.
- Zahnriemenabdeckung beim CVH- und Diesel-Motor einbauen.
- Batterie anklemmen.
- Motor warmlaufen lassen und Schlauchanschlüsse, Ablaßschraube und Kühlmittelpumpe auf Dichtheit überprüfen.

Kühler aus- und einbauen

Ausbau

- Massekabel von der Batterie abklemmen.
- Turbo-RS-Motor: Abgasturbolader ausbauen.
- Kühlmittel ablassen und auffangen.

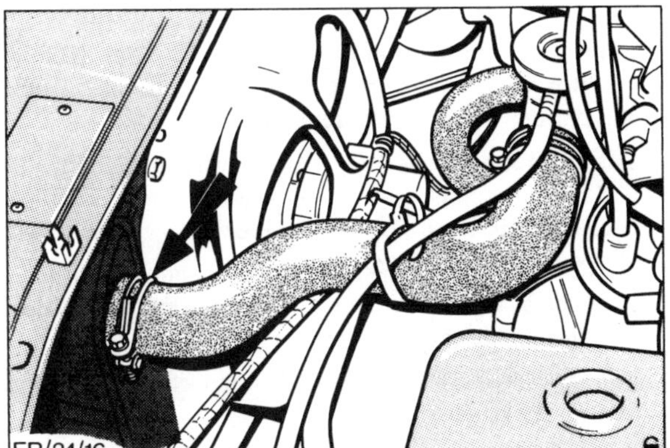

ER/24/16

- Oberen Kühlmittelschlauch ausbauen, dabei Schellen ganz lösen und zurückschieben. **1,3-, 1,4- und 1,6-l-Motor:** Verbindungsschlauch zum Ausgleichbehälter vom Kühler abziehen.
- Steckverbindung für Lüftermotor trennen und Kabelstrang am Luftleitblech aushängen.
- Luftfilter komplett mit Vorwärmstutzen ausbauen, siehe Seite 71.
- Haubenzug am Entriegelungshebel abbauen und zur Seite legen, siehe Seite 174.
- 2 Befestigungsschrauben für Kühler oben herausdrehen und Kühler mit Lüfter herausheben.

Einbau

- Gummizwischenlagen der unteren Kühlerbefestigung auf richtigen Sitz prüfen.
- Kühler komplett mit Lüfter in die unteren Haltenasen einsetzen und mit 2 Schrauben oben an die Karosserie mit 8 Nm anschrauben.
- Haubenzug einbauen, siehe Seite 174.
- Elektrische Leitung für Lüftermotor anschließen und Kabelstrang am Luftleitblech befestigen.
- Sämtliche Kühlmittelschläuche aufstecken und mit Schellen sichern.
- Kühlmittel auffüllen.
- Luftfilter einbauen, siehe Seite 71.
- Gegebenenfalls Turbolader einbauen.
- Massekabel an Batterie anschließen.
- Motor warmlaufen lassen und Ablaßschraube sowie alle Schlauchanschlüsse auf Dichtheit überprüfen.
- Kühlmittelstand kontrollieren.

W Wartung an der Motor-Kühlung

Kühlmittelstand prüfen

- Der Kühlmittelstand sollte in regelmäßigen Abständen – etwa alle vier Wochen – geprüft werden, zumindest aber vor jeder größeren Fahrt.

Achtung: Verschlußdeckel für Ausgleichbehälter bei heißem Motor vorsichtig öffnen. Verbrühungsgefahr! Beim Öffnen Lappen über den Verschlußdeckel legen.

- Das Kühlmittel muß bei kaltem Motor zwischen den „min.“- und „max.“-Marken stehen. Bei warmem Motor kann es auch etwas über die „max.“-Marke reichen.
- Zur Kontrolle des Kühlmittelstandes nicht den Deckel vom Thermostatgehäuse abnehmen. Kühlmittel immer über den Ausgleichbehälter nachfüllen.
- **Kaltes** Kühlmittel nur bei **kaltem Motor** nachfüllen, um Motorschäden zu vermeiden.
- Zum Nachfüllen – auch in der warmen Jahreszeit – nur eine Mischung von Original-FORD-Kühlerfrostschutz (rosa) und sauberem, kalkarmem Wasser verwenden.
- Sichtprüfung auf Dichtheit durchführen, wenn der Kühlmittelstand häufig unterhalb der Min.-Markierung steht.

Frostschutz prüfen

Vor Beginn der kühleren Jahreszeit sollte die Konzentration des Frostschutzmittels geprüft werden.

- Motor warmfahren, bis Kühlmittel im Ausgleichbehälter ca. handwarm ist.
- Verschlußdeckel des Ausgleichbehälters vorsichtig öffnen, siehe unter „Kühlmittel ablassen“.
- Mit Meßspindel Kühlflüssigkeit ansaugen und am Schwimmer Kühlmitteldichte ablesen. Bei FORD-Kühlmittel beträgt sie 1,069. Der Frostschutz sollte in unseren Breiten bis ca. –25°C reichen.

FORD-Kühlkonzentrat ergänzen

Beispiel: Die Frostschutz-Messung mit der Spindel ergibt einen Frostschutz bis –10° C. In diesem Fall aus dem Kühlsystem 2 l Kühlflüssigkeit ablassen und dafür 2 l reines Frostschutzkonzentrat auffüllen.

Gemessener Wert in °C	Differenzmenge in Liter
0	3,0
–5	2,5
–10	2,0
–15	1,5
–20	1,0
–25	0,5

- Verschlußdeckel für Ausgleichbehälter verschließen und nach Probefahrt Frostschutz erneut überprüfen.

Sichtprüfung auf Dichtheit

- Kühlmittelschläuche durch Zusammendrücken und Verbiegen auf poröse Stellen untersuchen.
- Die Schläuche dürfen nicht zu kurz auf den Anschlußstutzen sitzen.
- Festen Sitz der Schlauchschellen kontrollieren.
- Dichtung des Verschlußdeckels von Thermostatgehäuse bzw. Ausgleichbehälter auf Beschädigungen überprüfen.
- Motor warmlaufen lassen, bis Lüfter für Kühler einschaltet. Darauf achten, ob Kühlflüssigkeit im Bereich der Kühlmittelpumpe austritt.

Mitunter ist es schwierig, die Leckstelle ausfindig zu machen. Dann empfiehlt sich eine Druckprüfung (Spezialgerät erforderlich) durch die Werkstatt. Hierbei kann ebenfalls das Überdruckventil des Verschlußdeckels geprüft werden.

Störungstabelle Kühlmitteltemperatur

Störung: Die Kühlmitteltemperatur-Anzeige steht im roten Bereich

Ursache	Abhilfe
Zu wenig Kühlmittel im Kreislauf	■ Ausgleichbehälter muß bis zur Markierung voll sein
Thermostat öffnet nicht	■ Prüfen, ob oberer Kühlmittelschlauch warm wird. Wenn nicht, Thermostat ersetzen
Thermoschalter für Elektrolüfter defekt	■ Thermoschalter prüfen, ggf. ersetzen
Kühlmittelpumpe defekt	■ Kühlmittelpumpe ausbauen und überprüfen
Geber für Kühlmitteltemperaturanzeiger defekt	■ Geber überprüfen lassen
Kühlmitteltemperaturanzeige defekt	■ Anzeigegerät überprüfen lassen

Die Kraftstoffanlage

Zur Kraftstoffanlage gehören der Kraftstoffbehälter, die Kraftstoffleitungen, der Kraftstoff-Filter, die Kraftstoffpumpe und der Vergaser mit Luftfilter bzw. die Einspritzanlage.

Der Kraftstoffbehälter liegt hinten unter den Fondsitzen. Der jeweilige Kraftstoffvorrat wird dem Fahrer durch eine Kraftstoffvorratsanzeige angezeigt. Über ein Entlüftungssystem wird der Tank belüftet.

Damit **unverbleiter Kraftstoff** getankt werden kann, müssen folgende Voraussetzungen erfüllt sein. 1. Die Ventilsitzringe im Zylinderkopf müssen aus gehärtetem Material sein, da sonst die Ventilsitze schneller verschleißen. Ein nachträglicher Einbau der gehärteten Ventilsitzringe lohnt sich wegen des hohen Aufwandes nicht. 2. Da Euro-Superbenzin lediglich eine Oktanzahl von 95 ROZ besitzt (verbleites Superbenzin: 98 ROZ), müßte je nach Modell die Zündung in Richtung »spät« verstellt werden, um ein Klopfen des Motors zu verhindern. Die Folge sind Leistungseinbuße und höherer Verbrauch. Um dies zu vermeiden empfiehlt es sich, stattdessen bleifreies Super-Plus mit 98 ROZ zu tanken.

Alle Fahrzeuge (außer RS1600i, Turbo), die seit 2/86 gebaut wurden, dürfen mit bleifreiem Kraftstoff betrieben werden. Der 1,3-l/69 PS-Motor und die 1,6-l-Motoren mit 79 und 105 PS dürfen schon seit 9/84 mit bleifreiem Kraftstoff betankt werden. Soll bei älteren Modellen bleifrei getankt werden, muß in der Regel bei etwa jeder 4. Tankfüllung verbleites Benzin getankt werden, um einen erhöhten Verschleiß der Ventilsitze zu verhindern. Außerdem ist es beim OHV-Motor wichtig, daß das Ventilspiel genau eingehalten wird. Gegebenenfalls die Prüfintervalle für das Ventilspiel verkürzen.

Es empfiehlt sich, beim FORD-Kundendienst nachzufragen, inwieweit die Zündung verstellt werden muß.

Vergaser/Einspritzanlage

Die ESCORT/ORION-Modelle sind mit unterschiedlichen Vergasern/Einspritzanlagen bestückt. Da einige Arbeitsanweisungen für die verschiedenen Vergaser gleich sind, werden diese nur beim FORD-VV-Vergaser beschrieben.

Motorleistung PS	Vergaser	
	Ford-VV	Weber 2 V
50, 55, 59, 60 (bis 8/88), 69, 79	X	–
60 (seit 9/88), 63, 73*, 75, 88, 90*, 96	–	X

*) ohne geregelten Katalysator

Achtung: Motoren mit geregeltem Katalysator sowie der 1,6-l-Motor mit 115 PS sind mit einer BOSCH- oder FORD-Einspritzanlage ausgestattet, die praktisch wartungsfrei arbeitet.

Vergasereinstellung

Jeder Vergaser wird im Werk geprüft und auf Markenbenzin eingestellt. An dieser Einstellung sollte nichts verändert werden. Sehr hoher Kraftstoffverbrauch und schlechte Motorleistung haben nämlich fast immer andere Ursachen, wobei Fahrweise und Verkehrsbedingungen eine besonders große Rolle spielen. Man kann sich für gewöhnlich auf ein sorgfältiges Einstellen des Leerlaufs beschränken. Eine korrekte Leerlaufeinstellung ist wichtiger als man gemeinhin glaubt, denn sie beeinflußt noch bis zu mittleren Drehzahlen hinauf den Übergang des Motors.

Achtung: Bei Fahrzeugen, die mit einer elektronischen Zündanlage ausgestattet sind, müssen verschiedene Punkte beachtet werden, um Verletzungen von Personen bzw. die Zerstörung der Zündanlage zu vermeiden, siehe Seite 200.

Hinweis: Seit September 76 müssen die Schrauben am Vergaser, mit denen die Abgaszusammensetzung verändert werden kann, aufgrund gesetzlicher Bestimmungen eingriffsicher gemacht werden. Die Lage und Anzahl der Einstellschrauben ist vom Vergasertyp abhängig.

Die Sicherungskappen lassen sich mit einer Zange oder einem Schraubenzieher entfernen. Sie werden dabei zerstört. Nach einer Einstellung müssen die Einstellschrauben mit neuen Kappen (Ersatzteil) gesichert werden.

Sofern die Abgas-Werte nicht den gesetzlichen Vorschriften entsprechen, erlischt die ABE (Allgemeine Betriebserlaubnis). Fehlen am Vergaser die Sicherungskappen, kann dies bei einer polizeilichen Überprüfung des Fahrzeugs zu einem Bußgeldverfahren führen.

Störungen in der Kraftstoffzufuhr

Bei Störungen in der Kraftstoffzufuhr ist die Anlage in folgender Reihenfolge zu prüfen:

- Prüfen, ob Kraftstoff im Behälter ist.
- Kraftstoffschlauch von Benzinpumpe am Vergaser lösen. Motor mit dem Anlasser kurz durchdrehen und beobachten, ob aus dem Schlauch stoßweise Kraftstoff austritt (Vorsicht, Brandgefahr!).

Wird Kraftstoff gefördert:

- Erweist sich das Schwimmergehäuse als leer: Schwimmernadelventil auf freien Durchgang sowie Druck der Kraftstoffpumpe prüfen.

Wird kein Kraftstoff gefördert:

- Zuleitung zur Kraftstoffpumpe lösen.
- Läuft dort Kraftstoff heraus, Kraftstoffpumpe auf Dichtigkeit prüfen, eventuell ausbauen und untersuchen.
- Läuft kein Kraftstoff heraus, Kraftstoffleitung durchblasen, Kraftstoffbehälter ausbauen und reinigen.

Motorcraft VV-Vergaser

Je nach Modell ist der VV-Vergaser mit einer Startautomatik oder einem Starterhebel (Choke) ausgerüstet.

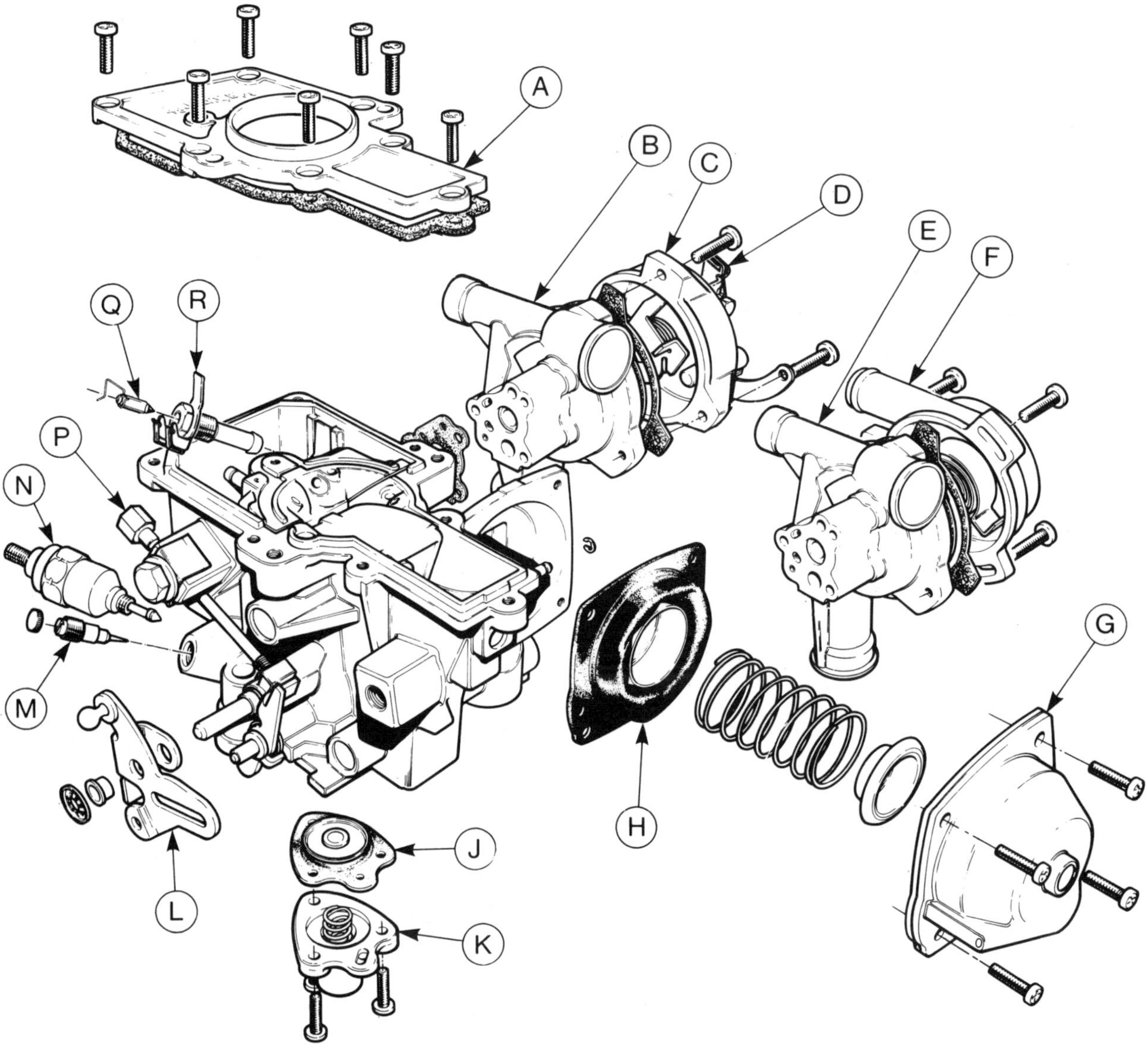

OR-23V-01 TI

A – Vergaserdeckel
B – Startergehäuse
C – Starterdeckel
D – Halter für Starterzug
E – Feder
F – Führungskappe
G – Membrandeckel
H – Steuermembran. Beim Einbau auf Übereinstimmung der Unterdrucköffnung achten.
J – Membran für Beschleunigerpumpe
K – Deckel für Beschleunigerpumpe
L – Drosselklappenhebel
M – CO-Einstellschraube
N – Leerlaufabschaltventil
P – Leerlaufdrehzahl-Einstellschraube
Q – Schwimmernadelventil
R – Federklammer für Schwimmerachse

Vergaser aus- und einbauen

Ausbau

- Batterie-Massekabel abklemmen.
- Luftfilter ausbauen, siehe Seite 71.
- Verschlußdeckel für Ausgleichbehälter öffnen.

Achtung: Bei warmem Motor vorher Überdruck aus Kühlsystem entweichen lassen. Verbrühungsgefahr! Verschlußdeckel vorsichtig öffnen, siehe Seite 48.

- Falls vorhanden, Schläuche von der Startautomatik abziehen und so aufhängen, daß keine Kühlflüssigkeit herausläuft oder mit geeignetem Stopfen verschließen.
- Falls vorhanden, Starterzug am Vergaser ausbauen, siehe Seite 62.
- Kabel vom Leerlaufabschaltventil abziehen.
- Unterdruckleitung abziehen.
- Gaszug aushängen und mit Widerlager abschrauben.
- Leerlauf-Einstellschraube ausbauen.

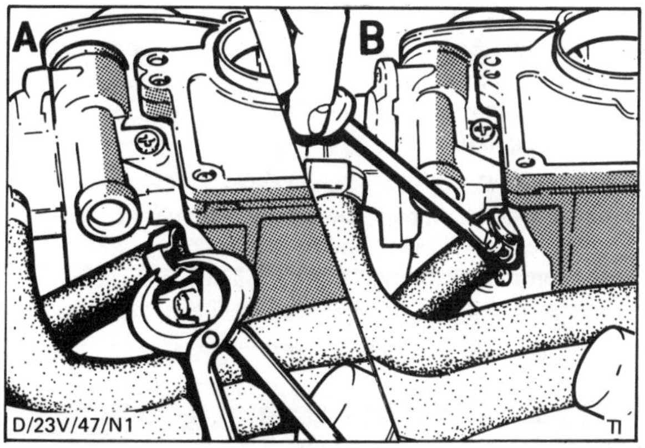

- Kraftstoffschläuche vom Vergaser abziehen.

Achtung: Ist eine Klemmschelle – A – montiert, diese durchkneifen und beim Einbau statt dessen eine Schraubschelle – B – verwenden.

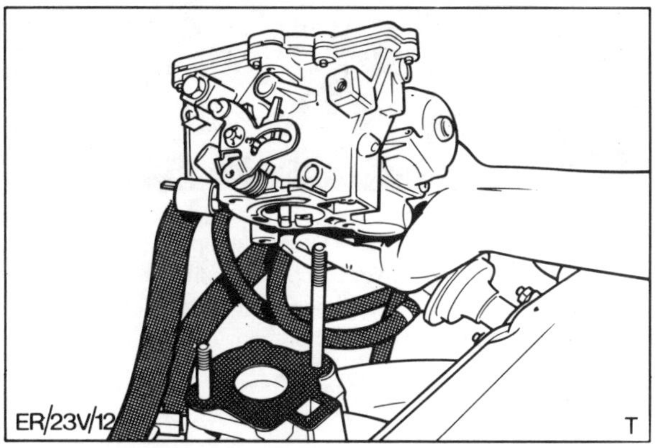

- Zwei Muttern abschrauben, Unterlegscheiben abnehmen und Vergaser herausheben.
- Ansaugrohr mit sauberem Tuch abdecken.

Einbau

- Dichtflächen von Vergaser und Ansaugkrümmer reinigen.

Achtung: Die Dichtungsreste dürfen nicht in das Saugrohr fallen.

- Vergaser mit neuer Dichtung anschrauben.
- Unterdruckleitung am Vergaser aufstecken.
- Kraftstoffschlauch aufstecken und mit Schelle sichern.
- Gaszug anbauen und einstellen, siehe Seite 58.
- Leerlauf-Einstellschraube einschrauben.
- Elektrische Leitung für Leerlaufabschaltventil aufschieben.
- Kühlmittelschläuche an Startautomatik anschließen und mit Schellen sichern.
- Starterzug einbauen, gegebenenfalls einstellen.
- Batterie-Massekabel anklemmen.
- Luftfilter einbauen, siehe Seite 71.
- Leerlauf und CO-Wert einstellen.

Leerlaufdrehzahl und CO-Wert prüfen/einstellen

- Motor warmfahren, Öltemperatur muß mindestens +60° C betragen.
- Automatikfahrzeuge: Gaszugeinstellung muß in Ordnung sein.
- Elektrische Verbraucher (Radio, Scheinwerfer usw.) ausschalten.
- Zündzeitpunkteinstellung überprüfen, siehe Seite 206.
- Drehzahlmesser und CO-Meßgerät nach Vorschrift anschließen; Luftfilter aufgeschraubt lassen.
- Motor etwa eine halbe Minute mit 3000/min, anschließend mit Leerlaufdrehzahl laufen lassen.
- Sobald sich die Anzeigen der Meßgeräte stabilisiert haben, Meßwerte ablesen und mit Sollwerten vergleichen, siehe Seite 70.

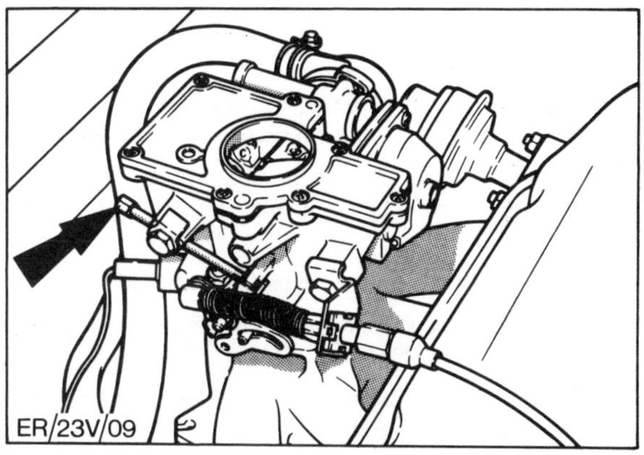

- Bei Abweichung der Leerlaufdrehzahl, Einstellschraube – Pfeil – verdrehen, bis der Sollwert erreicht wird. Sollwert siehe Seite 70.

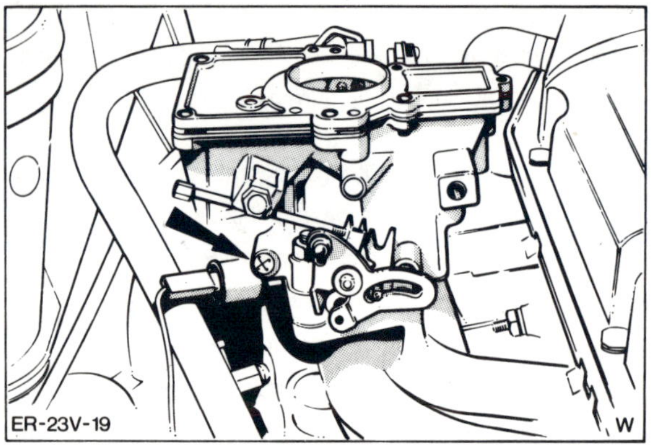

- Bei Abweichung des CO-Wertes, Sicherungskappe von der CO-Einstellschraube – Pfeil – entfernen. Dazu Plastikkappe in der Mitte lochen, geeignete Schraube eindrehen und Schraube mitsamt der Sicherungskappe herausziehen. Wenn nötig, Luftfilter abnehmen und anschließend wieder aufsetzen.
- Motor etwa eine halbe Minute mit 3000/min drehen lassen. Anschließend im Leerlauf abwarten, bis sich die Anzeigen der Meßgeräte stabilisieren.
- CO-Gehalt durch Verdrehen der CO-Einstellschraube – B – auf Sollwert einstellen. Gegebenenfalls Drehzahl an der Leerlaufdrehzahl-Einstellschraube korrigieren.

Achtung: Die Einstellung muß innerhalb von 30 Sekunden nach Stabilisierung der Anzeigegeräte vorgenommen werden. Andernfalls Einstellungsvorgang wiederholen.

- Leerlaufdrehzahl und CO-Wert nochmals überprüfen.
- Neue Sicherungskappe anbringen.

Leerlaufabschaltventil prüfen

Das Leerlaufabschaltventil verschließt beim Abschalten der Zündung den Zulauf des Leerlauf- und Zusatzgemisches in die Mischkammer. Dadurch wird verhindert, daß der abgeschaltete Motor aufgrund von Glühzündungen nachläuft. Bei einem Defekt des Ventils springt der Motor nicht an.

Prüfen

- Zündung einschalten und elektrische Zuleitung zum Ventil mehrmals abziehen und aufstecken. Dabei muß das Ventil hörbar klicken.

Das Ventil kann auch in ausgebautem Zustand überprüft werden:

- Ventil abschrauben und an Masse legen (auf Motor).
- Von Batterie-Pluspol Leitung an die Klemme für Leerlaufabschaltventil anschließen.
- Vorn am Ventil den Stift ca. 3 bis 4 mm einschieben. Dabei muß der Kern angezogen werden, sonst Ventil auswechseln bzw. elektrische Zuleitung überprüfen.

Gaszug aus- und einbauen/einstellen

Ausbau

- Batterie-Massekabel abklemmen.
- Abdeckung unter Instrumententafel ausbauen.

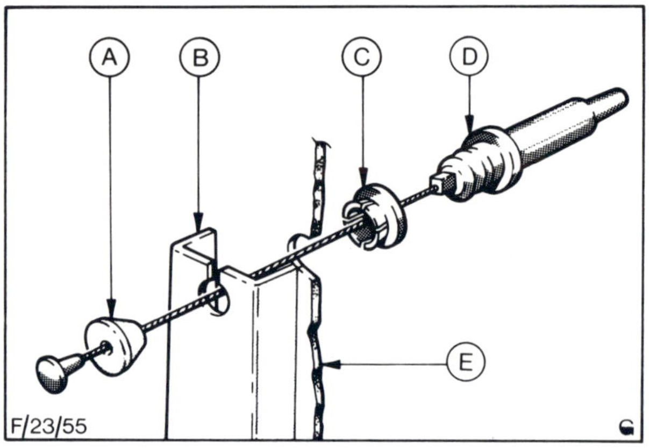

- Gaszug am Gaspedal aushängen. Dazu Gaspedal unten etwas vom Bodenblech wegziehen und dadurch Gaszug lockern. Gummitülle –A– aus der Öffnung herausziehen und Seilzug nach oben aus dem Schlitz des Pedalhebels –B– herausziehen.
- Zughülle –D– aus dem Führungsstück –C– ziehen, Führungsstück vom Innenraum durch die Stirnwand –E– herausdrücken. Gaszug vom Motorraum aus herausziehen. **Achtung:** Die Führung –C– wird beim Ausbau beschädigt und kann nicht wiederverwendet oder ersetzt werden.
- Luftfilter ausbauen, siehe Seite 71.

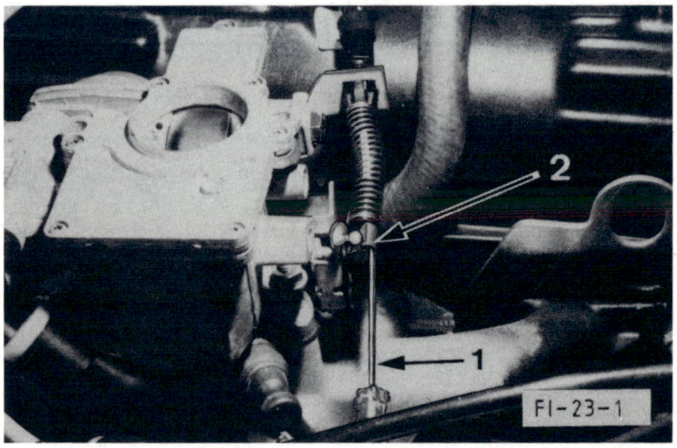

- Gaszug am Kugelkopf des Drosselklappenhebels aushängen. Dazu mit schmalem Schraubendreher –1– Sicherungsklammer –2– etwas anheben und Kugelpfanne seitlich abnehmen. Klammer abnehmen.

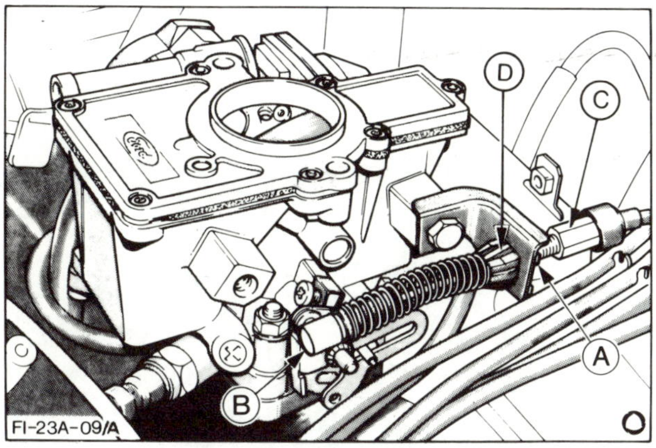

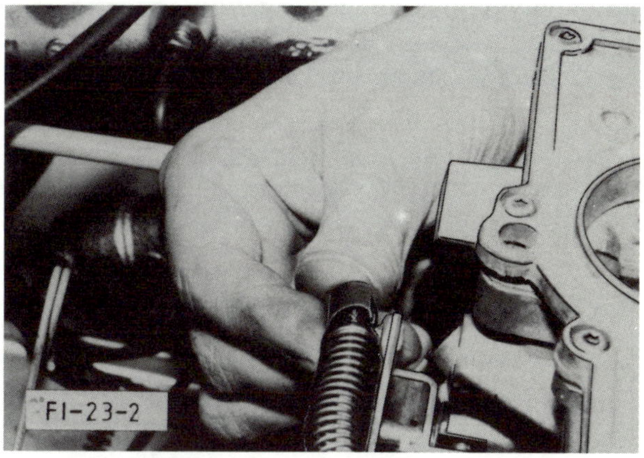

- Gaszug am Halter aushängen. Dazu Blechklammer –A– mit Schraubendreher abhebeln und herausziehen.

Achtung: Unter Umständen muß die Einstellschraube –C– etwas zurückgedreht werden, damit die Blechklammer vollständig herausgezogen werden kann. Falls derselbe Gaszug wieder eingebaut wird, zur Erleichterung beim Einstellen des Gaszuges oben auf der Einstellschraube eine Markierung anbringen und Umdrehungen beim Herausschrauben zählen und notieren.

- 4 Haltezungen –D– am Widerlager mit schmalem Schraubendreher nacheinander eindrücken. Gleichzeitig Widerlager gegen den Halter drücken und schließlich durch die Öffnung im Halter herausziehen.
- Gaszug herausnehmen. Dazu, falls erforderlich, Schlauchbinder am Öleinfüllstutzen des Zylinderkopfdeckels durchschneiden.

Einbau

Achtung: Der Gaszug ist sehr knickempfindlich und somit beim Einbau besonders sorgfältig zu behandeln. Ein einziger leichter Knick kann zum späteren Bruch im Fahrbetrieb führen. Züge, die geknickt wurden, dürfen daher **nicht** eingebaut werden.

- Neuen Gaszug durch die Spritzwand einführen, Führungsstück in die Öffnung eindrücken.
- Gaszug am Gaspedal einhängen und mit Gummiführung sichern. Seilzughülle in das Führungsstück schieben.
- Gaszug durch den Halter am Vergaser einschieben und einrasten. Widerlager mit Blechklammer sichern.
- Einstellschraube mit genauso viel Umdrehungen wie beim Ausbau hineinschrauben. **Achtung:** Bei einem neuen Zug Einstellschraube ganz hineindrehen.
- Kugelpfanne aufdrücken und mit Sicherungsklammer von der Stirnseite her sichern.

Einstellen

- Gaspedal ganz durchdrücken (Vollgasstellung) und in dieser Stellung festklemmen. Dazu geeignetes Brett zwischen Sitz und Pedal klemmen.
- Einstellschraube so weit zurückdrehen, bis das Vergasergestänge die Vollgasstellung gerade erreicht.
- Gaspedal loslassen, dann durchtreten und prüfen, ob die Vollgasstellung der Drosselklappe erreicht wird. Gegebenenfalls Einstellung korrigieren.
- Gaszug am Öleinfüllstutzen mit neuem Schlauchbinder befestigen.
- Luftfilter einbauen, siehe Seite 71.
- Untere Abdeckung im Innenraum einbauen.
- Batterie-Massekabel anklemmen.

Startautomatik aus- und einbauen

In der Startautomatik zieht sich die Bimetallfeder bei niedrigen Temperaturen zusammen. Dadurch öffnet sich das Steuerventil und sorgt für eine Anreicherung des Kraftstoff-/Luftgemisches. Dieses fettere Gemisch wird benötigt, damit der kalte Motor rundläuft. Bei warmem Motor wird die Bimetallfeder durch die Kühlflüssigkeit beheizt. Die Feder dehnt sich aus und schließt das Steuerventil. Die Gemischzusammensetzung im Leerlauf normalisiert sich wieder.

- Batterie-Massekabel abklemmen.
- Luftfilter ausbauen.
- Verschlußdeckel für Ausgleichbehälter öffnen.

Achtung: Bei warmem Motor vorher Überdruck aus Kühlsystem entweichen lassen. Verbrühungsgefahr! Verschlußdeckel vorsichtig öffnen, siehe Seite 48.

- Deckel für Startautomatik mit 3 Schrauben in den Langlöchern abschrauben und mit Draht so aufhängen, daß keine Kühlflüssigkeit ausläuft.

- Startautomatik mit 3 Schrauben – Pfeile – vom Vergaser abschrauben.

Einbau

- Startautomatik mit neuer Dichtung einsetzen und festschrauben.
- Startautomatik prüfen und einstellen.
- Dichtung anbringen und Bimetallfeder in den mittleren Schlitz am Mitnehmerhebel – A – einsetzen.
- Starterdeckel ansetzen und mit 3 Schrauben lose anschrauben. Dabei untere Schraube zuerst einsetzen.

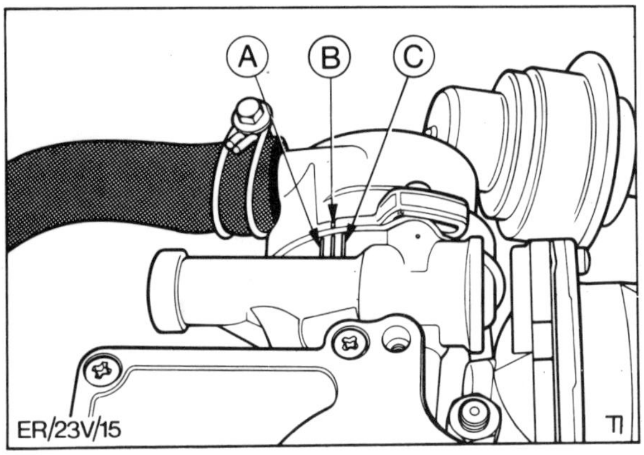

- Starterdeckel so ausrichten, daß die Markierung – B – mit der mittleren Markierung auf dem Gehäuse übereinstimmt. Eine Übereinstimmung mit Markierung – A – führt zu einem mageren Gemisch, bei – C – wird ein fetteres Gemisch erreicht.
- Luftfilter einbauen, siehe Seite 71.
- Deckel für Ausgleichbehälter verschließen.
- Batterie-Massekabel anklemmen.
- Falls die Startautomatik zu früh abschaltet (Motor bleibt während der Warmlaufphase stehen), kann der Starterdeckel nach – A – verstellt werden.
- Falls die Startautomatik früher abschalten soll, Starterdeckel nach – C – verdrehen.

Startautomatik prüfen/einstellen

- Starterdeckel ausbauen, siehe unter „Startautomatik aus- und einbauen".

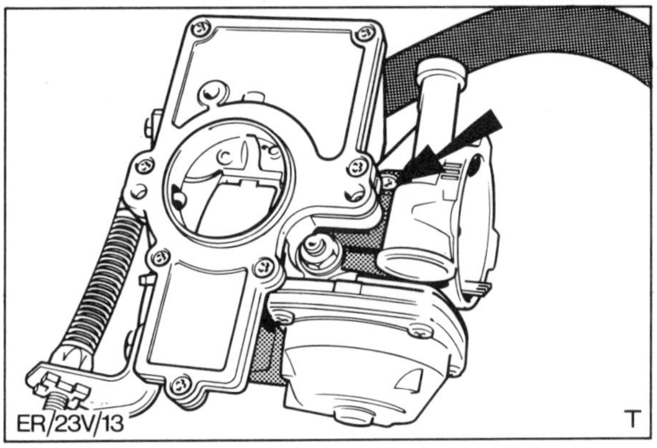

- Sicherungskappe – Pfeil – vorsichtig mit Schraubendreher heraushebeln.

Grundeinstellung

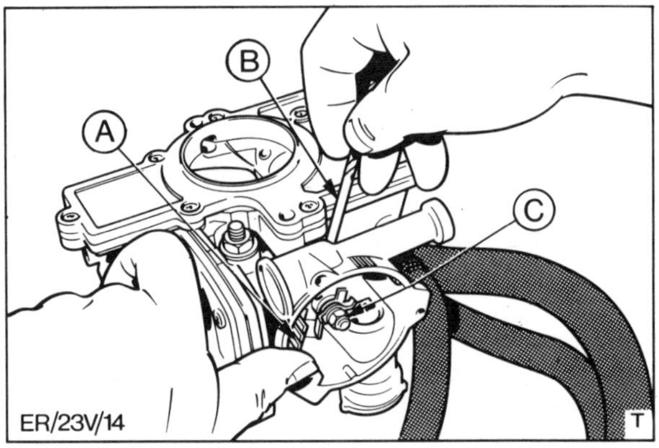

- Mitnehmerhebel – A – im Uhrzeigersinn verdrehen, bis die Bohrung in der Messingbuchse mit der Öffnung im Vergasergehäuse, von oben gesehen, übereinstimmt.
- Entsprechenden Bohrer – B – in beide Bohrungen einsetzen. Bohrer-Durchmesser siehe unter „Vergaserdaten". 3,4 mm

Achtung: Der Bohrerschaft muß fest in der Bohrung der Messingbuchse sitzen.

- Mutter – C – lösen.
- Mitnehmerhebel – A – bis zum Anschlag im Uhrzeigersinn drehen und Mutter – C – festziehen. Dabei Mutter nicht überdrehen.

Drehzahlüberhöhung prüfen/einstellen

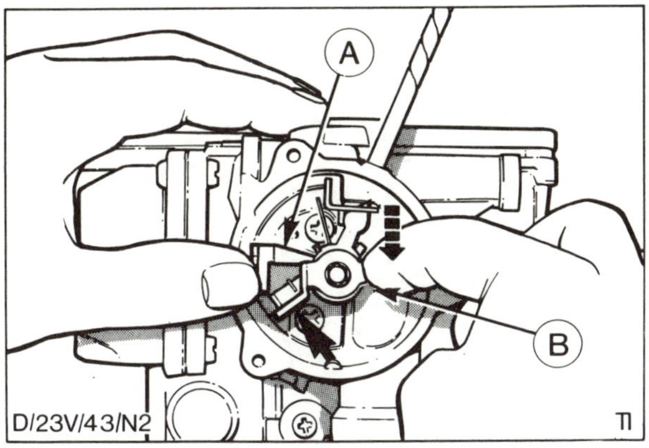

- Mitnehmerhebel – A – im Uhrzeigersinn drehen, bis die Bohrung in der Messingbuchse mit der Öffnung im Vergasergehäuse übereinstimmt.
- Entsprechenden Bohrer in die Öffnungen einsetzen. **Achtung:** Anderer Bohrer-Durchmesser als bei der Grundeinstellung, siehe „Vergaserdaten". 4,4 mm
- Unterdruckkolben – B – bis zum Anschlag nach unten drücken.

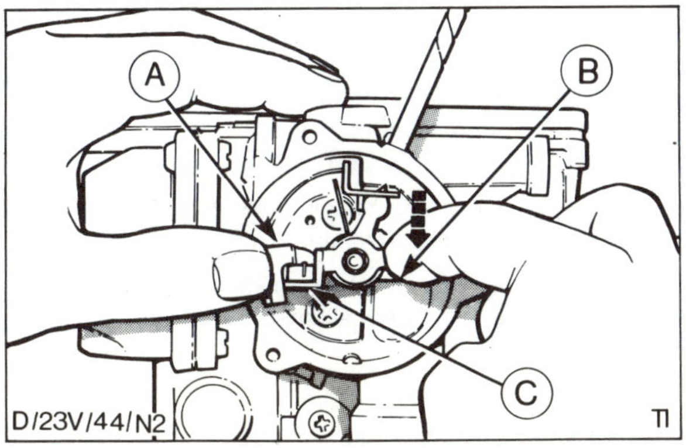

- Mitnehmerhebel – A – bis zum Anschlag verdrehen. **Achtung:** Die Drehrichtung ist je nach Modell unterschiedlich, siehe „Vergaserdaten".
- In dieser Stellung – C – müssen sich beide Hebel gerade berühren. Gegebenenfalls Unterdruckkolbenhebel etwas verbiegen, siehe Abb. D/23V/43/N2 – unterer Pfeil –.
- Einstellung nochmals überprüfen.
- Bohrer entfernen und Öffnung mit Sicherheitskappe verschließen.
- Starterdeckel einbauen.

Düsennadel aus- und einbauen

Die Düsennadel bestimmt die Kraftstoffmenge, die der Motor im jeweiligen Betriebszustand durch den Vergaser erhält. Ist die Düsennadel eingeschlagen oder verbogen, verändert sich dadurch das Kraftstoff-/Luftverhältnis. Als Folge läuft der Motor im Leerlauf nicht mehr rund und ruckelt beim Übergang zu mittleren Drehzahlen.

Ausbau

- Massekabel von Batterie abklemmen.
- Luftfilter ausbauen, siehe Seite 71.
- Vergaserdeckel abnehmen, dazu 7 Torxschrauben herausdrehen, SW T 20.
- Verschlußstopfen gegenüber der Düsennadel von innen nach außen aus dem Vergasergehäuse herausdrücken.

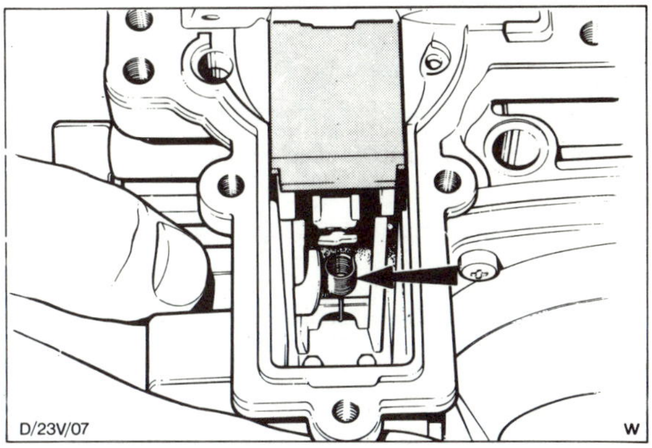

- Feder – Pfeil – aushängen.

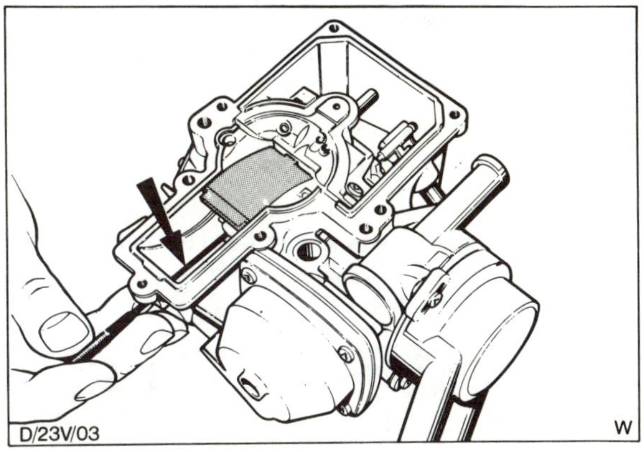

- Mit Schraubendreher – Pfeil – durch Öffnung im Vergasergehäuse Düsennadel vorsichtig herausschrauben.
- Verbogene und eingeschlagene Düsennadel ersetzen.

Einbau

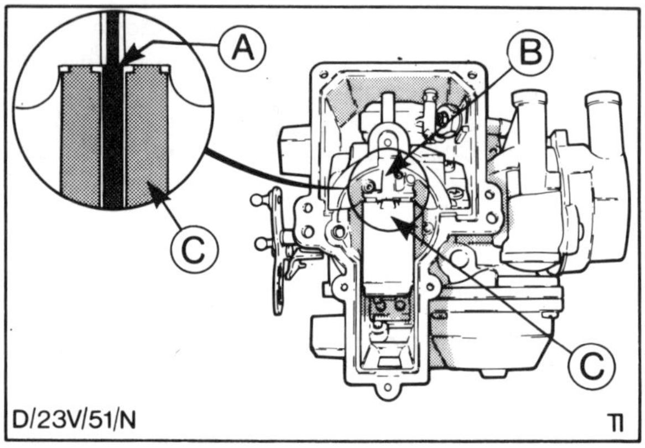

- Düsennadel vorsichtig in das Lufttrichterventil einführen. Die Bezugskante – A – muß mit der Stirnseite des Lufttrichterventils – C – übereinstimmen. In dieser Stellung Düsennadel einschrauben. B = Düsenträger.
- Feder für Düsennadel-Lufttrichterventil einhängen.
- Neuen Verschlußstopfen in das Vergasergehäuse einsetzen.
- Vergaserdeckel mit neuer Dichtung anschrauben.
- Luftfilter einbauen.
- Massekabel an Batterie anschließen.

Starterzug aus- und einbauen/einstellen

Achtung: Der Starterzug ist sehr knickempfindlich und somit beim Einbau besonders sorgfältig zu behandeln. Ein einziger leichter Knick kann zum späteren Bruch führen. Züge, die geknickt wurden, dürfen daher **nicht** eingebaut werden.

- Batterie-Massekabel abklemmen.
- Luftfilter ausbauen, siehe Seite 71.

Achtung: Um den Einbau zu erleichtern, Einbaulage des Starterzuges am Vergaser kennzeichnen. Dazu Seilzug neben der Klemmutter und Seilzughülle neben der Halteklammer mit Filzstift oder Tesaband markieren.

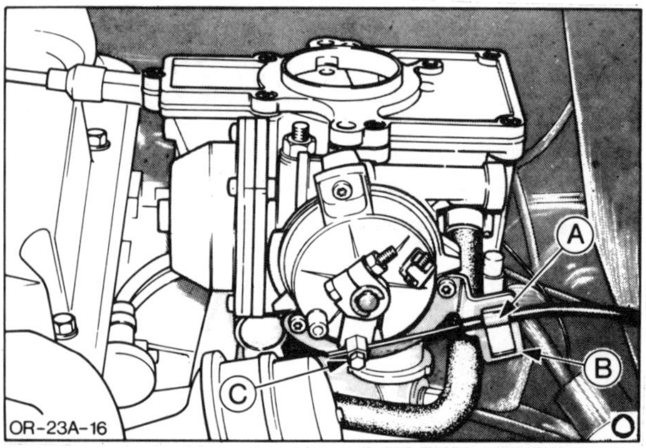

- Klemmschraube –C– lösen, dabei am Klemmstück gegenhalten.
- Halteklammer –A– ausclipsen, Klammer unten aus dem Halter herausdrücken –B–. **Achtung:** Die Klammer kann leicht wegspringen.

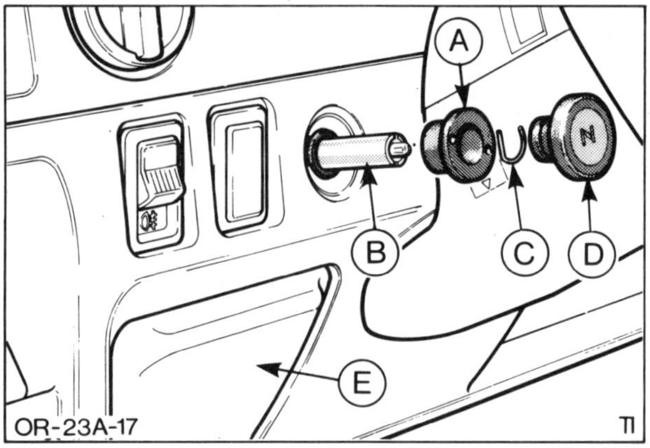

- Parkmünzfach –E– abnehmen.
- Drahtklammer –C– mit kleinem Schraubendreher herausdrücken und Knopf –D– abziehen.
- Haltescheibe –A– abdrehen.
- Starterzug nach hinten und durch die Öffnung im Parkmünzfach herausschieben. Anschließend Zug nach oben durch die Spritzwand hindurch herausziehen.

Einbau

- Starterzug durch die Spritzwand in den Motorraum einführen und bis zum Vergaser verlegen. Gummitülle in der Spritzwand auf festen Sitz prüfen.
- Starterzug im Innenraum in die Abdeckung einführen und mit der Haltescheibe arretieren.
- Drahtklammer in den Betätigungsknopf einsetzen, Knopf auf den Hebel –B– aufschieben und einrasten.

Einstellen

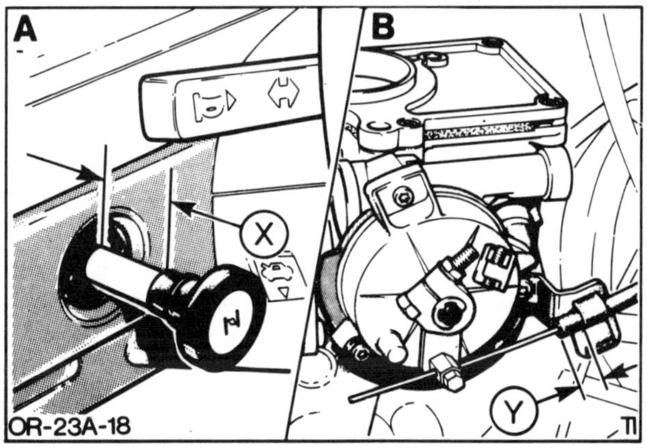

- Knopf um das Maß X = 34 mm herausziehen –A–.
- Seilzughülle am Halter so ansetzen, daß das Ende nicht mehr als Y = 4,5 mm übersteht –B–. Halteklammer oben einhängen, unten gegen den Halter drücken und einrasten.

- Seilzug in die Klemmutter einführen. Starterhebel entgegen dem Uhrzeigersinn drehen und gegen den Endanschlag drücken. In dieser Stellung Klemmschraube festziehen, dabei an der Mutter gegenhalten, damit der Zug nicht verbogen wird.
- Starterzug ganz einschieben. In dieser Stellung sollte ein kleiner Spalt (ca. 1 mm) zwischen Starterhebel und dem linken Anschlag vorhanden sein.
- Parkmünzfach in die Instrumententafel einsetzen.
- Luftfilter einbauen, siehe Seite 71.
- Batterie-Massekabel anklemmen.

Schwimmernadelventil aus- und einbauen

VV- und 2V-Vergaser

Das Schwimmernadelventil reguliert die Kraftstoffmenge in der Schwimmerkammer. Bleibt das Ventil durch Verschmutzung in offenem Zustand hängen, steigt der Kraftstoffspiegel in der Schwimmerkammer an, was zwangsläufig zu höherem Verbrauch führt. Wenn das Ventil nicht mehr öffnet, saugt der Motor die Schwimmerkammer leer und bleibt stehen. Ursachen für Funktionsstörungen des Schwimmernadelventils sind in der Regel Verschmutzung durch unsauberen Kraftstoff oder eine eingeschlagene Ventilspitze.

Ausbau

- Massekabel von Batterie abklemmen.
- Luftfilter ausbauen, siehe Seite 71.
- Vergaserdeckel, beziehungsweise beim 2V-Vergaser Vergaseroberteil ausbauen.

VV-Vergaser

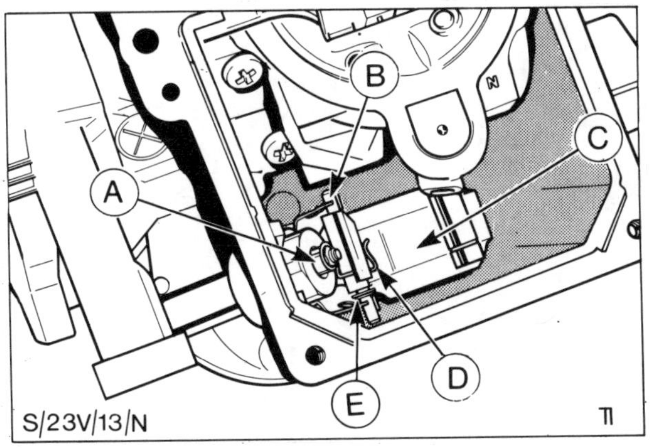

S/23V/13/N

- Schwimmerachse –B– aus den Federklammern herausdrücken. Schwimmer –C– im Gehäuse absenken.
- Schwimmernadelventil –A– mit Spitzzange vorsichtig herausziehen. Dabei darf das Schwimmernadelventil nicht in die Schwimmerkammer fallen.

2V-Vergaser

- Schwimmerachse heraustreiben und Schwimmer abnehmen.
- Schwimmernadelventil herausziehen.
- Gehäuse für Schwimmernadelventil herausschrauben.

Einbau beim VV-Vergaser

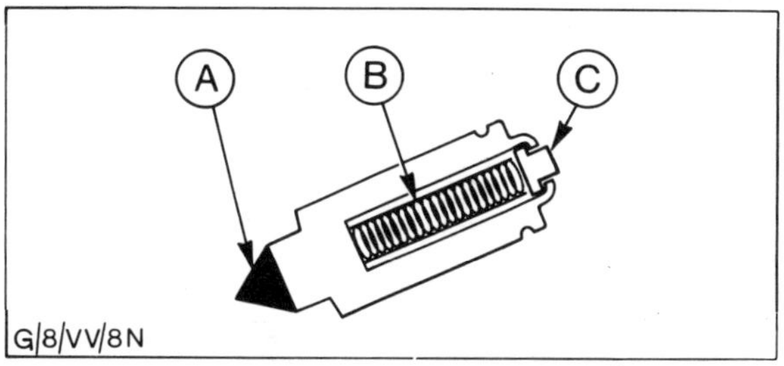

G/8/VV/8N

- Vor dem Einbau die gummibeschichtete Spitze des Nadelventils auf Beschädigungen überprüfen. Ventilsitz reinigen.

Achtung: Der Kolben –C– des Ventils muß am Schwimmer anliegen, sobald Kraftstoff in die Schwimmerkammer fließt. B = Feder.

- Schwimmernadelventil vorsichtig einsetzen.
- Ventil in den Ausschnitt des Schwimmers einhängen und Schwimmerachse in die Federklammern drücken. **Achtung:** Die Abstandsscheibe – E in Abbildung S/23V/13/N – muß sich dabei zwischen Schwimmer und Federklammer befinden.
- Schwimmer mehrmals hin- und herbewegen, um die Leichtgängigkeit zu prüfen.
- **Neue** Vergaserdeckel-Dichtung auflegen, Vergaserdeckel ganz leicht mit 2 Nm über Kreuz anziehen.
- Luftfilter einbauen, siehe Seite 71.
- Leerlauf und CO-Gehalt einstellen.

Einbau beim 2V-Vergaser

- Vor dem Einbau Ventilspitze auf einwandfreie Oberfläche überprüfen. Schwimmerkammer und Ventilgehäuse mit einem sauberen, kraftstoffgetränkten Lappen auswischen.
- Gehäuse für Nadelventil mit neuem Kupferdichtring einschrauben.
- Erst Nadelventil, dann Schwimmer mit Schwimmerachse einsetzen.

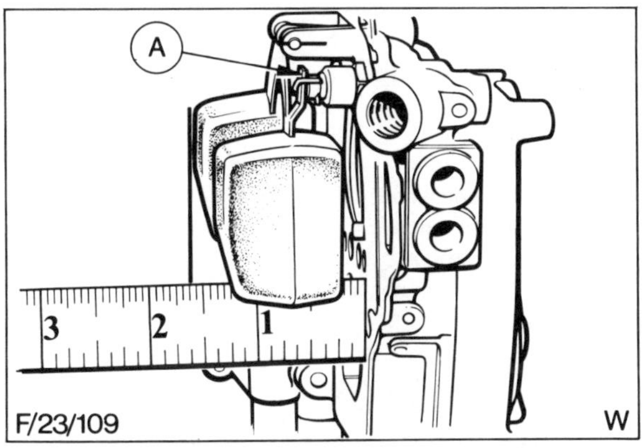

F/23/109

- Vergaseroberteil senkrecht halten, damit das Nadelventil geschlossen wird. **Achtung:** Die Nadelventilkugel darf nicht eingedrückt sein.
- Abstand von der Dichtung des Vergaseroberteils bis zum Schwimmerboden messen, Sollwert siehe Seite 70.
- Gegebenenfalls Anschlagzunge –A– am Schwimmer entsprechend verbiegen.
- Vergaseroberteil einbauen, siehe Seite 65.

Weber 2V-Vergaser

Je nach Modell ist der 2 V-Vergaser mit einer Startautomatik oder einem Starterhebel (Choke) ausgerüstet.

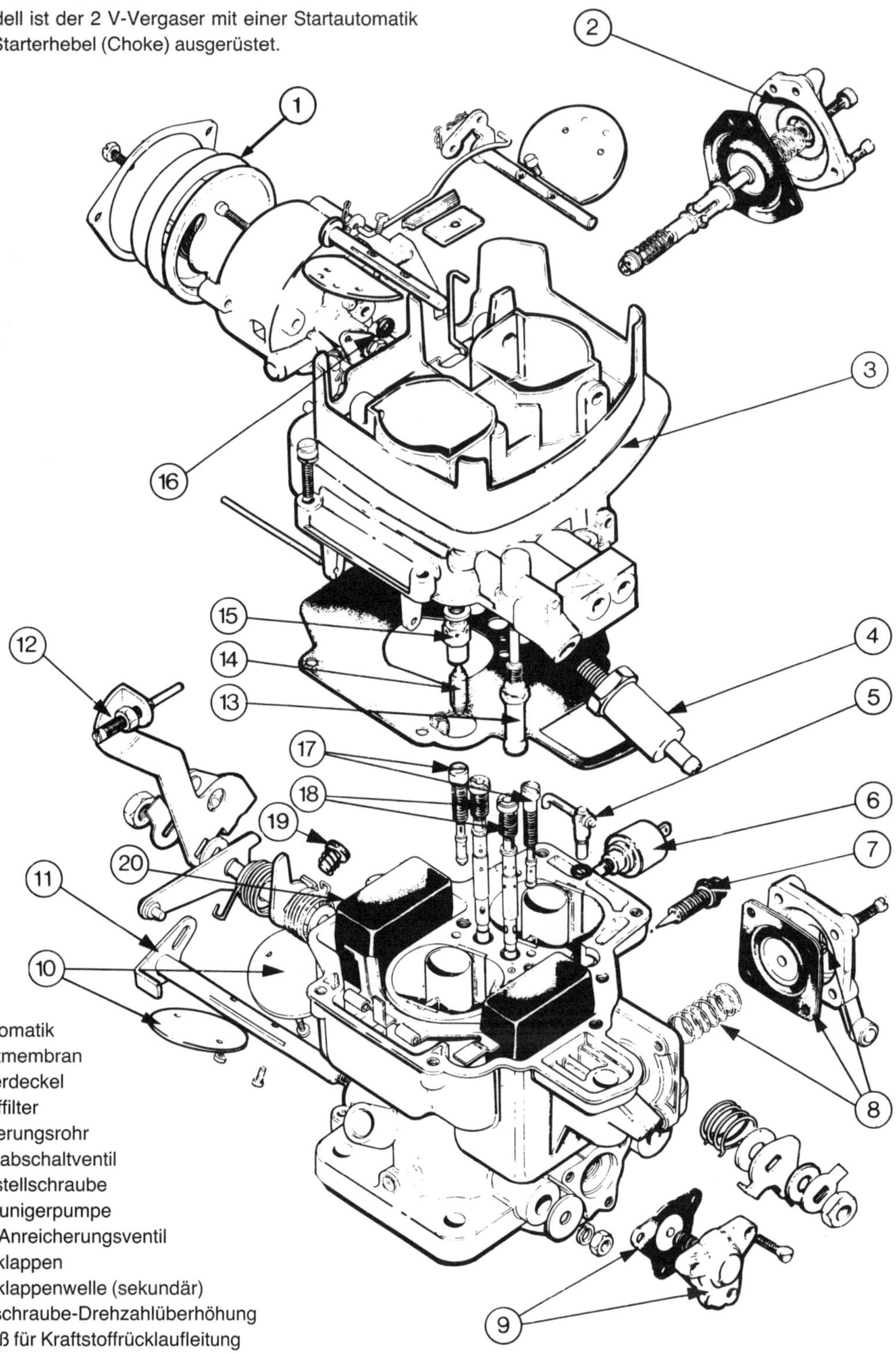

1=Startautomatik
2=Kaltstartmembran
3=Vergaserdeckel
4=Kraftstoffilter
5=Anreicherungsrohr
6=Leerlaufabschaltventil
7=CO-Einstellschraube
8=Beschleunigerpumpe
9=Teillast-Anreicherungsventil
10=Drosselklappen
11=Drosselklappenwelle (sekundär)
12=Einstellschraube-Drehzahlüberhöhung
13=Anschluß für Kraftstoffrücklaufleitung
14=Schwimmernadelventil
15=Gehäuse für Schwimmernadelventil
16=Gummidichtung (O-Ring)
17=Leerlaufdüsen
18=Mischrohr, Luftkorrektur- und Hauptdüsen
19=Leerlauf-Einstellschraube
20=Schwimmer

Vergaser aus- und einbauen

Ausbau

- Batterie-Massekabel abklemmen.
- Luftfilter ausbauen, siehe Seite 71.

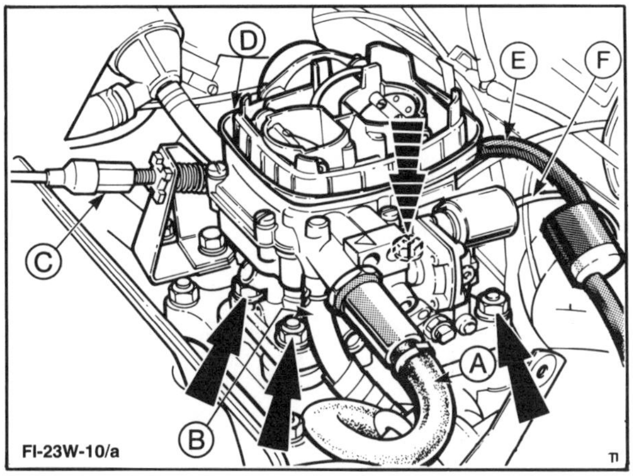

- Elektrische Leitungen von Startautomatik –D– sowie Leerlaufabschaltventil –F– abklemmen.
- Beim 1,4-l-Motor ist anstelle der Startautomatik ein Handchoke eingebaut. Betätigungszug am Vergaser aushängen, siehe Seite 62.
- Unterdruckleitung –E– zum Zündverteiler am Vergaser abziehen. Beim 1,4-l-Motor sind sämtliche Unterdruckanschlüsse außer am Ventil für Schnelleerlauf durch Farbmarkierungen gekennzeichnet. Gegebenenfalls Anschlüsse vor dem Ausbau mit Tesaband markieren, Unterdruckschläuche abziehen.
- Gaszug –C– am Drosselklapppenhebel aushängen, siehe Seite 58.
- Kraftstoffvorlaufleitung –A– und Rücklaufleitung –B– mit Tesaband kennzeichnen und abziehen. Falls erforderlich, Klemmschellen durchkneifen und beim Einbau Schraubschellen verwenden.
- 4 Befestigungsmuttern –Pfeile– abschrauben, Unterlegscheiben abnehmen und Vergaser herausheben.
- Ansaugrohr mit sauberem Tuch abdecken.

Einbau

- Tuch abnehmen. Dichtflächen von Vergaser und Ansaugkrümmer sorgfältig reinigen. **Achtung:** Es dürfen keine Dichtungsreste in das Saugrohr fallen.
- Unterdruckleitung –E– zum Zündverteiler am Vergaser aufstecken.
- Vergaser mit **neuer** Dichtung anschrauben.
- Kraftstoffschläuche gemäß Markierung aufschieben und mit Schraubschellen sichern. **Achtung:** Der Schraubenkopf der Zufuhrleitung darf nicht oben liegen, die Schrauben dürfen nicht mit umliegenden Teilen in Berührung kommen.
- Gaszug einhängen und einstellen, siehe Seite 58.
- Kabel für Startautomatik und Leerlaufabschaltventil anklemmen.
- Luftfilter einbauen.
- Batterie-Massekabel anklemmen.
- Leerlaufdrehzahl und CO-Wert einstellen.
- Beim 1,4-l-Motor Handchokezug am Vergaser einhängen, siehe Seite 62.

Vergaseroberteil aus- und einbauen

Falls nur das Vergaseroberteil abgebaut werden muß, verbleibt der Vergaser am Motor.

Ausbau

- Batterie-Massekabel abklemmen.
- Luftfilter ausbauen, siehe Seite 71.
- Elektrische Leitung von Startautomatik abklemmen.
- Kraftstoffzu- und rücklaufleitungen mit Tesaband kennzeichnen und vom Vergaser abziehen. **Achtung:** Gegebenenfalls Klemmschelle durchkneifen und beim Einbau statt dessen eine Schraubschelle verwenden.
- 6 Schrauben für Vergaserdeckel herausdrehen, Betätigungshebel von der Startautomatik wegdrücken und Vergaseroberteil abnehmen.

Einbau

- Neue Dichtung auf Vergaserunterteil auflegen.
- Vergaseroberteil aufsetzen und mit 6 Befestigungsschrauben gleichmäßig anschrauben.
- Kraftstoffschläuche entsprechend den angebrachten Markierungen aufstecken. **Achtung:** Zu- und Rücklauf nicht verwechseln.
- Kabel an Startautomatik anklemmen.
- Luftfilter einbauen.
- Batterie-Massekabel anklemmen.
- Leerlaufdrehzahl und CO-Gehalt einstellen.

Leerlaufdrehzahl und CO-Wert prüfen/einstellen

- Motor warmfahren, Öltemperatur muß mindestens +60° C betragen, Kühllüfter muß zugeschaltet haben.
- Elektrische Verbraucher (Radio, Scheinwerfer usw.) ausschalten.
- Stecker vom Thermoschalter des Kühllüfters abziehen und beide Pole mit einem Kabel verbinden. Der Kühler läuft während der Einstellung ständig mit.
- Zündzeitpunkteinstellung überprüfen, siehe Seite 206.
- Drehzahlmesser anschließen. **Achtung:** Prüfgerät nur bei ausgeschalteter Zündung anschließen.

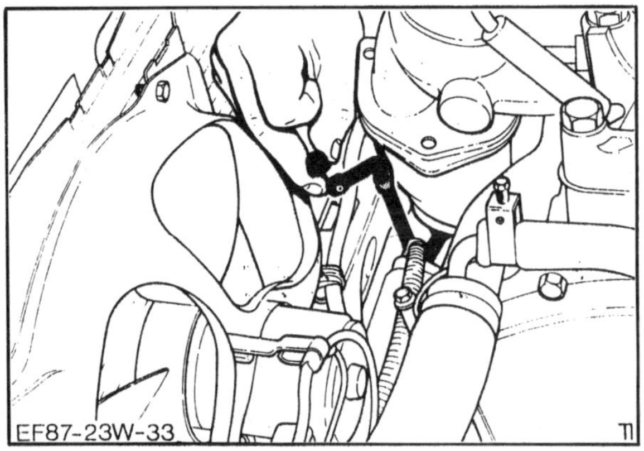
EF87-23W-33 TI

- CO-Meßgerät nach Herstellervorschrift anschließen. Beim 1,3-l-Motor mit ungeregeltem Katalysator CO-Meßgerät am CO-Entnahmerohr im Motorraum anschließen. Das Entnahmerohr befindet sich am Abgaskrümmer und ist mit einem Stopfen verschlossen. **Achtung:** Schlauch des Meßgerätes fest auf das Meßrohr schieben. Darauf achten, daß keine Abgasundichtigkeit entstehen kann.
- Motor etwa eine halbe Minute mit 3000/min, anschließend mit Leerlaufdrehzahl laufen lassen.
- Sobald sich die Anzeigen der Meßgeräte stabilisiert haben, Meßwerte ablesen und mit Sollwerten vergleichen, siehe Seite 70.

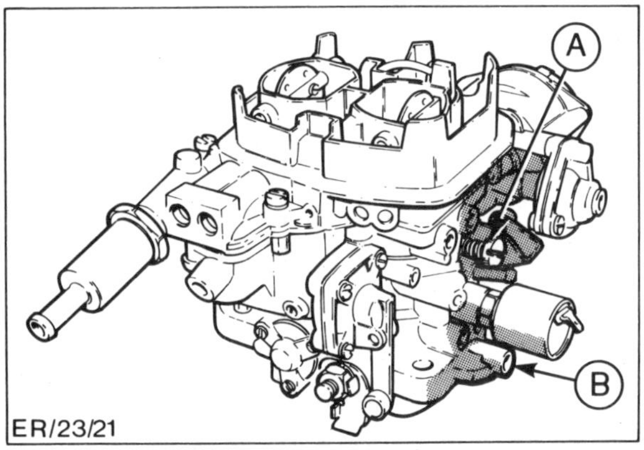

ER/23/21

- Bei Abweichung der Leerlaufdrehzahl, Einstellschraube –A– verdrehen, bis der Sollwert erreicht wird. Sollwert siehe Seite 70.
- Bei Abweichung des CO-Wertes, Sicherungskappe von der CO-Einstellschraube –B– entfernen. Dazu Plastikkappe in der Mitte lochen, geeignete Schraube eindrehen und Schraube mitsamt der Sicherungskappe herausziehen. Wenn nötig, Luftfilter abbauen und anschließend wieder aufsetzen. Dabei aber den Unterdruckschlauch vom Luftfilter zum Ansaugkrümmer angeschlossen lassen.
- Motor etwa eine halbe Minute mit 3000/min drehen lassen. Anschließend im Leerlauf abwarten, bis sich die Anzeigen der Meßgeräte stabilisieren.
- CO-Gehalt durch Verdrehen der CO-Einstellschraube –B– auf Sollwert einstellen. Gegebenenfalls Drehzahl an der Leerlaufdrehzahl-Einstellschraube korrigieren.

Achtung: Die Einstellung muß innerhalb von 30 Sekunden nach Stabilisierung der Anzeigen vorgenommen werden. Andernfalls Einstellungsvorgang wiederholen.

- Leerlaufdrehzahl und CO-Wert nochmals überprüfen.
- Neue Sicherungskappe anbringen.
- Kabelbrücke vom Stecker des Thermoschalters entfernen, Kühllüfter-Stecker einstecken.

Die Startautomatik

Hinweis: Der 1,4-l-CVH-Motor besitzt einen Handchoke, siehe Seite 62.

Die Startautomatik wird elektrisch beheizt. Die Grundeinstellung sollte nur, wenn unbedingt erforderlich, verändert werden.

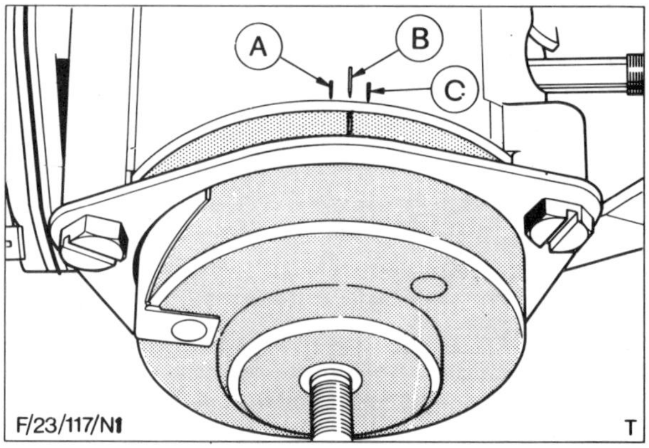

F/23/117/N1 T

- Die Markierung am Starterdeckel muß mit der mittleren Markierung –B– des Gehäuses fluchten.
- Eine Übereinstimmung mit der Markierung –A– führt zu fettem Gemisch, die Einstellung auf –C– ergibt ein mageres Gemisch.
- Falls die Startautomatik zu früh abschaltet (Motor bleibt während der Warmlaufphase stehen), kann der Starterdekkel auf die Markierung –A– eingestellt werden.
- Falls die Startautomatik früher abschalten soll, Starterdekkel auf Position –C– stellen.
- Zum Einstellen des Starterdeckels die drei Schrauben am Klemmring etwas lösen, Starterdeckel verdrehen und Schrauben wieder anziehen.

Startautomatik prüfen

- Luftfilter von Vergaser abbauen, siehe Seite 71.
- Gaspedal einmal langsam durchtreten, Luftklappe (obere Klappe im Vergaser) muß geschlossen sein.
- Zündung einschalten, Motor starten.
- Je nach Außentemperatur muß sich die Luftklappe nach etwa 5 Minuten geöffnet haben. Sonst Bimetallfeder auf Bruch untersuchen bzw. Stromanschluß bei Startautomatik oder Thermoschalter überprüfen.

Startautomatik aus- und einbauen

Ausbau

- Vergaseroberteil ausbauen, siehe Seite 65.
- Drei Schrauben am Klemmring des Starterdeckels herausdrehen und Deckel abnehmen.
- Abschirmscheibe herausnehmen.

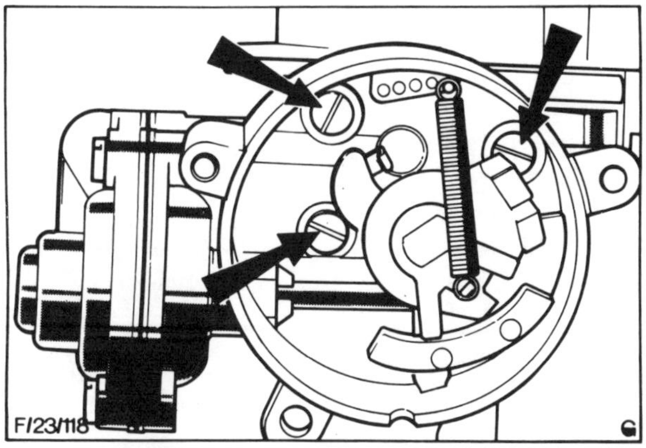

F/23/118

- Drei Befestigungsschrauben –Pfeile– für Startautomatik herausdrehen.

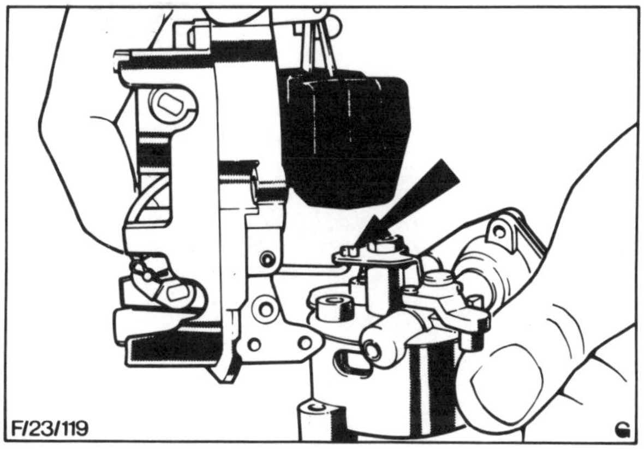

F/23/119

- Starterklappenwelle aushängen –Pfeil– und Startautomatik abnehmen. **Achtung:** O-Ring vom Unterdruckrohr nicht verlieren. Der Unterdruckanschluß sitzt zwischen den Löchern für die Befestigungsschrauben.

Einbau

- Verbindungsstange einhängen und sichern.
- Vor dem Ansetzen der Startautomatik O-Ring auf den Unterdruckanschluß aufstecken.
- Startautomatik anschrauben.
- Vergaseroberteil aufsetzen und anschrauben.
- Starterklappen-Spaltmaß einstellen.
- Abschirmscheibe so einsetzen, daß der Führungsstift der Scheibe in den Schlitz des Startautomatik-Gehäuses einrastet.
- Starterdeckel mit Bimetallfeder so einsetzen, daß die Feder in den Mitnehmerhebel der Startautomatik greift.
- Starterdeckel mit Spannring aufsetzen und mit 3 Schrauben lose anschrauben.
- Starterdeckel verdrehen, bis die Strichmarkierungen auf Deckel und Gehäuse übereinstimmen.
- Kabel für Startautomatik anklemmen.
- Batterie-Massekabel anklemmen.
- Drehzahlüberhöhung prüfen.
- Luftfilter einbauen.

Starterklappenspalt prüfen/einstellen

Der Starterklappenspalt ist nach einer vollständigen Vergaserüberholung und nach Ausbau des Vergaseroberteils einzustellen oder wenn der Motor schlecht Gas annimmt, beziehungsweise Warmlaufschwierigkeiten vorhanden sind.

- Batterie-Massekabel abklemmen.
- Luftfilter ausbauen, siehe Seite 71.
- Starterdeckel ausbauen und Abschirmscheibe herausnehmen.

Spaltmaß einstellen bei Unterdruckverstellung

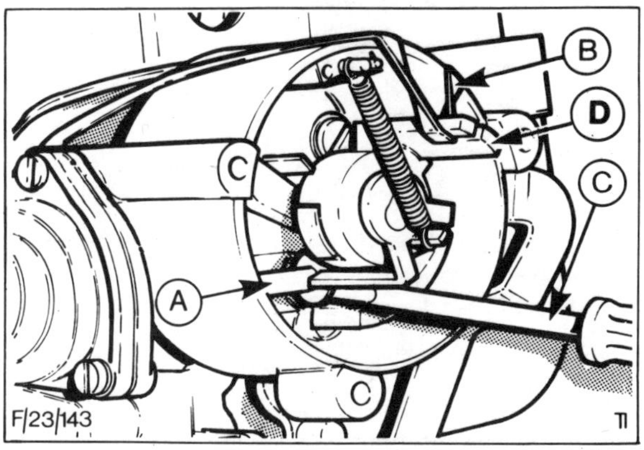

F/23/143

- Drosselklappenhebel (–C– in Abbildung F/23/114) auf Vollgas stellen, das heißt, den Hebel bis zum Anschlag bewegen und festhalten.
- Mitnehmerhebel –D– der Startautomatik nach oben drücken und dadurch die Starterklappen schließen.

- Drosselklappenhebel loslassen.
- Mitnehmerhebel –D– in oberer Stellung mit Gummiband –B– fixieren.
- Mit Schraubendreher –C– Membranstange –A– bis zum Anschlag reindrücken.

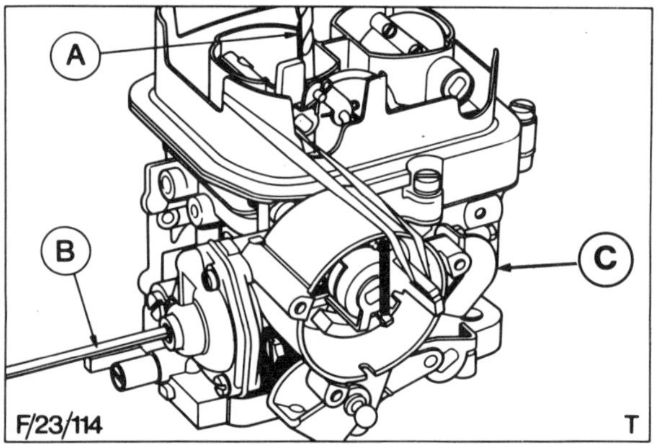

- Spaltmaß mit geeignetem Bohrer –A– messen. Sollwert siehe Seite 70.
- Gegebenenfalls Sicherungskappe vom Deckel der Unterdruckmembrane entfernen und Einstellschraube mit Schraubendreher –B– hinein- bzw. herausschrauben, bis der Sollwert erreicht wird.
- Sicherungskappe in Membrandeckel einschrauben und Gummiband entfernen.

Spaltmaß einstellen in der Zwischenstufe

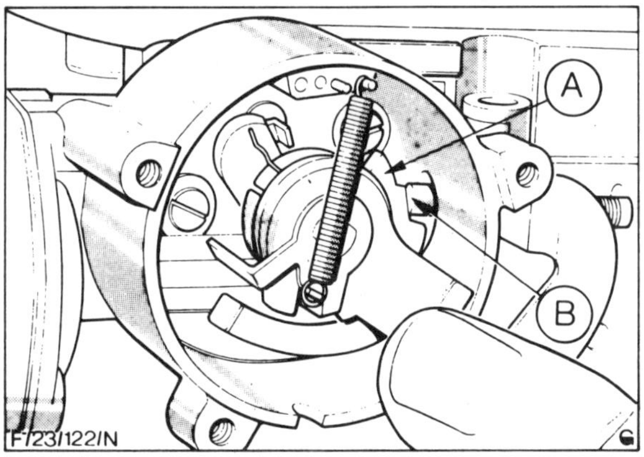

- Drosselklappenhebel etwas zurückdrehen und Stufenscheibe –A– so verdrehen, daß die obere Bogenkante an der Einstellschraube –B– anliegt.
- Drosselklappenhebel loslassen und dadurch Stufenscheibe fixieren.
- Spaltmaß der Starterklappe mit entsprechendem Bohrer messen, Sollwert siehe Seite 70.

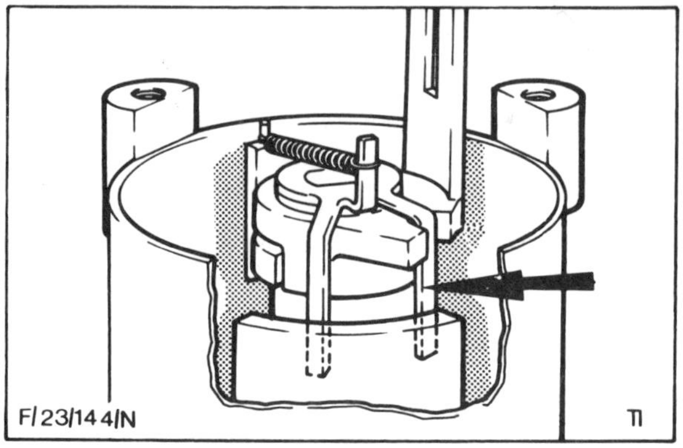

- Zur Korrektur des Spaltmaßes Anschlagzunge –Pfeil– entsprechend verbiegen.
- Abschirmscheibe einsetzen.
- Starterdeckel anbauen.
- Luftfilter einbauen, siehe Seite 71.
- Batterie-Massekabel anklemmen.

Drehzahlüberhöhung prüfen/einstellen

Die Drehzahlüberhöhung ist nach einer vollständigen Vergaserüberholung oder nach Ausbau von Startautomatik oder Handchoke einzustellen.

- Motor auf Betriebstemperatur bringen, Öltemperatur ca. 60 °C, Kühler handwarm.
- Motor abstellen.
- Luftfilter ausbauen, siehe Seite 71.
- CO-Prüfgerät und Drehzahlmesser nach Vorschrift anschließen.

1,3-l, 1,6-l CVH-Motor

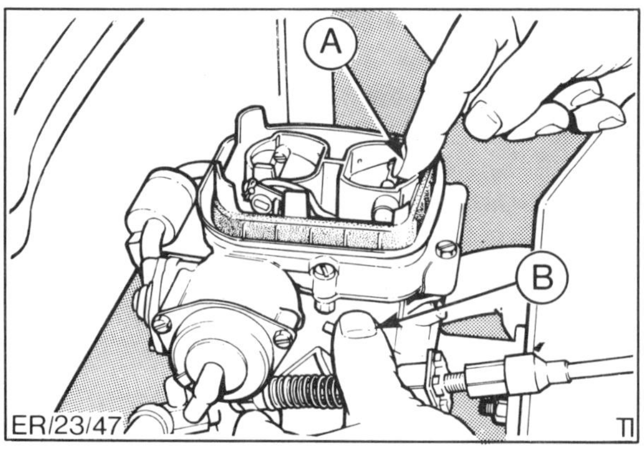

- Drosselklappenhebel zurückdrücken –B– und Starterklappen schließen –A–.

- Drosselklappenhebel loslassen, dadurch wird die Stufenscheibe in der Startautomatik auf der obersten Stufe festgehalten.
- Starterklappe loslassen.

Achtung: Starterklappen müssen nun in die voll geöffnete Stellung zurückspringen. Wenn nicht, ist der Motor noch nicht genügend warm oder die Startautomatik funktioniert nicht einwandfrei.

- Motor starten, ohne das Gaspedal zu betätigen, und Drehzahl prüfen. Sollwert siehe Seite 70.

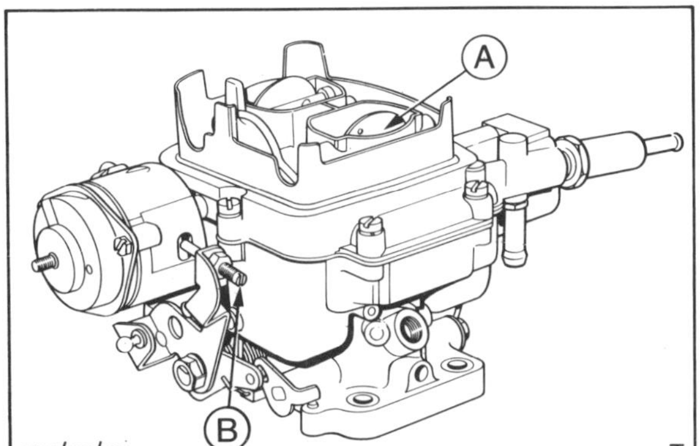

ER/23/25 T

- Falls der Prüfwert abweicht, Mutter an der Einstellschraube –B– lösen und Drehzahl durch Hinein- oder Herausdrehen der Einstellschraube einstellen.
- Einstellschraube kontern.
- Luftfilter einbauen, siehe Seite 71.

1,4-l CVH-Motor, mit Handchoke

- Choke ganz herausziehen und Starterklappe ganz geöffnet halten.
- Motor starten, ohne das Gaspedal zu betätigen, und Drehzahl prüfen. Sollwert, siehe Seite 70.
- Falls der Meßwert abweicht, Drehzahl an der Einstellschraube –unterhalb vom Chokezug– einregulieren.

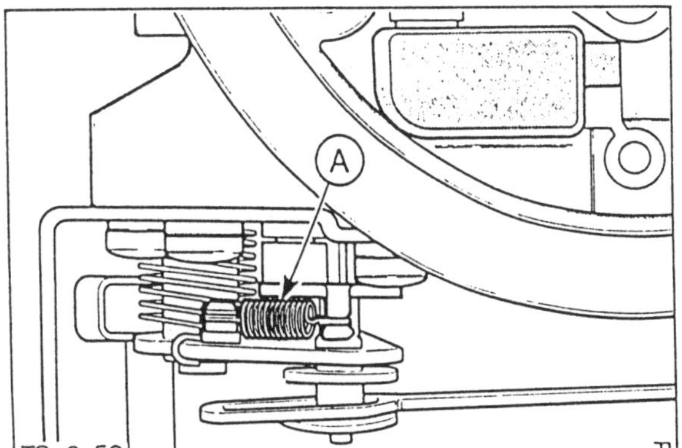

TS-8-56 Tl

- Seit 10/87 wurde der Chokemechanismus durch die Zugfeder –A– verbessert. Bei schlechtem Kaltstartverhalten prüfen, ob die Feder –A– vorhanden und richtig eingehängt ist. Die Feder, Bestellnummer 6 159 403, kann auch in ältere Fahrzeuge nachträglich eingebaut werden.
- Luftfilter einbauen, siehe Seite 71.

Vergaserdaten

Vergaser-Typ		Motorcraft VV			Weber 2V	Weber 2V DFTM	Weber 2V TLD	Weber 2V TLDM
Motor-Kennzeichnung	GLB, JLA, GSG[a]	GMA/GPA	JPA	LPA	LUA	FUA	LUC	JBB, JBA
Leistung kW (PS)	40 (55) 44 (60) 37 (50)	40 (55) 43 (59)	51 (69)	58 (79)	71 (96) 65 (88)	55 (75)	66 (90)	44 (60) 46 (63)
Kennummer	81SF9510KMA[b]	81SF9510KAA	81SF9510KCA	81SF9510KFA	81SF9510AA	86SF9510FA	86SF-9510-AA/BA	89BF9510GA(BA)
Bestückung								
Drosselklappe ∅ in mm	–	–	–	–	32/34	32/32	32/34	
Lufttrichter ∅ in mm	–	–	–	–	24/25	21/23	21/23	26/28
Hauptdüse	–	–	–	–	112*/125	102/125	117/127[d]	90/122
Luftkorrekturdüse	–	–	–	–	160/150	200/165	185/125	185/130
Mischrohr	–	–	–	–	F30/F30	F22/F60	F105/F71	F113/F75
Leerlaufdüse	–	–	–	–	50/60	42/60	50/60	
					* oder 115			
Einstellung								
Leerlaufdrehzahl min^{-1}	800 ± 50		800 ± 50[c]		800 ± 25	800 ± 50	800 ± 50[c]	750 ± 50
CO-Gehalt Vol. %	1,5 ± 0,5		1,5 ± 0,5		1,25 ± 0,25	1,5 ± 0,25	1,5 ± 0,25	1,0 ± 0,5
Kennzeichnung der Düsennadel	FCH	FDA	FDK	FCX	–	–	–	–
Bohrerdurchmesser/ Startautomatik einstellen ∅ in mm	3,0		3,4		–	–	–	–
Bohrerdurchm./Drehzahlüberh. ∅ in mm	3,3	4,4		3,5	–	–	–	–
Drehrichtung des Mitnehmerhebels	im Uhrzeigersinn	entgegen dem Uhrzeigersinn		im Uhrzeigers.	–	–	–	–
Drehzahlüberhöhung min^{-1}	–	–	–	–	2700 ± 100	2700 ± 100	1900	2500
Starterklappenspalt – bei Unterdruckverstellung mm – in der Zwischenstufe mm	– –	– –	– –	– –	5,5 ± 0,3 2,0 ± 0,5	2,7–3,2 –	max. 4,5 ± 0,5	– (1400/min) –
Schwimmereinstellung mm	–	–	–	–	35 ± 0,5	8,0 ± 0,5	29 ± 0,5	29 ± 1
Ansprechtemp. f. Thermostat i. Luftfilter °C	20 ± 2		28 ± 2		28 ± 2	28 ± 2	28	28

[a] OHV-Motor, [b] Modelle JLA (44 kW/60 PS) und GSG (37 kW/50 PS) haben die Vergaser-Kennummern 86BF9510KAA (JLA) bzw. 84BF9510KFC (GSG),
[c] Automatik-Getriebe: 900 ± 50/min, [d] Automatik-Getriebe: 115/130

Luftfilter aus- und einbauen

Ausbau

- Massekabel von der Batterie abklemmen.

1,1-, 1,3-l-Motor

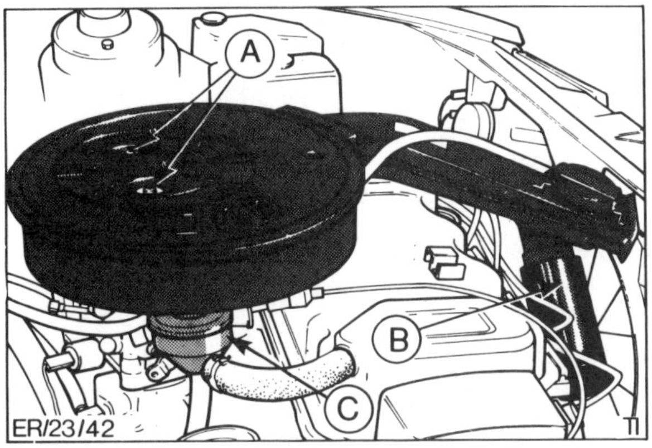

- Ventil für Kurbelgehäusebelüftung – C – vom Unterteil des Luftfilters herausziehen.

1,6-l-Motor

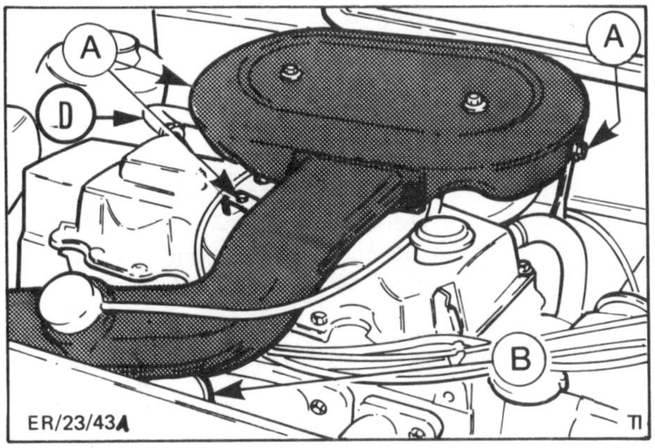

- Beim 1,3- und 1,6-l-CVH-Motor Vorwärmstutzen von der Kaltlufthutze trennen, dazu Schraubklemme ganz lösen.

  B = Vorwärmanschluß

1,4-l-Motor

- Befestigungsschrauben – A – herausdrehen.

- Gaszug, Zündkabel und, falls vorhanden, Starterzug –Pfeile– unten und oben an der Lufthutze ausclipsen.
- Vorn an der Lufthutze Klemme von Luftansaugschlauch –E– entriegeln, Schlauch abziehen.
- Falls vorhanden, gelb-schwarze Unterdruckleitung aus dem Halter am Luftfilter aushängen.
- Schlauch –D– für Kurbelgehäusebelüftung am Ventildeckel abziehen. Klemmschelle dabei mit Flachzange zusammendrücken.
- Luftfilter mit Vorwärmstutzen vom Vergaser abnehmen und unter dem Gaszug hervorziehen.

Einbau

- Luftfilter auf den Vergaser setzen und Vorwärmstutzen mit dem Vorwärmanschluß vom Abgaskrümmer verbinden. Beim 1,4-l-Motor ist der Vorwärmanschluß nur aufgesteckt.
- Unterdruckschlauch mit Rückschlagventil, falls vorhanden, am Ansaugkrümmer einhängen.
- Luftfilter festschrauben. Unterlegscheiben und Gummiabdichtungen nicht vergessen.
- Kaltlufthutze beim 1,3-l- und 1,6-l-Motor aufstecken und mit Schraubschelle befestigen.
- Ventil für Kurbelgehäusebelüftung unten am Luftfilter aufstecken, Schlauch –D– am Ventildeckel aufstecken und mit Klemmschelle befestigen.
- 3 Zündkabel unten an der Lufthutze einclipsen. Gaszug und, wo vorhanden, Startzug oben an der Lufthutze einclipsen.
- Luftansaugschlauch auf Lufthutze aufschieben und anklemmen.
- Massekabel an die Batterie anklemmen.

Ansaugluftvorwärmung prüfen

Bei neueren Motoren wird die Ansaugluftvorwärmung automatisch geregelt. Falls die Ansaugluftvorwärmung defekt ist, können verschiedene Beanstandungen auftreten.

- Schlechter Leerlauf in der Warmlaufphase.
- Übergangsstörungen.
- Schlechte Leistung, Höchstgeschwindigkeit wird nicht erreicht.
- Hoher Kraftstoffverbrauch.

Stellung des Klappenventils prüfen

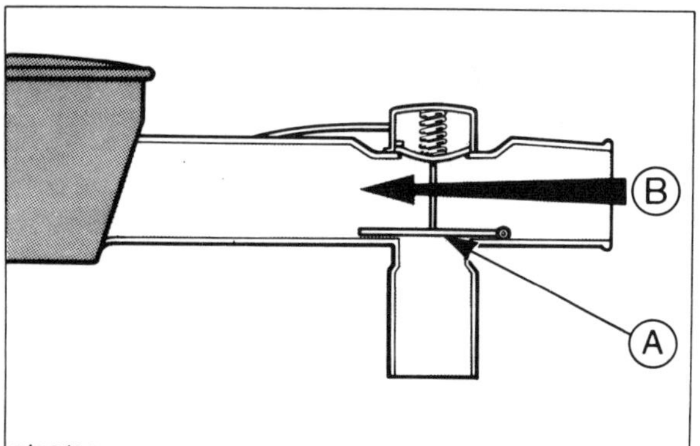

F/23/64

- Das Klappenventil – A – muß bei ausgeschaltetem Motor ganz geschlossen sein.
- Von vorn durch den Ansaugstutzen des Luftfilters schauen und Ventilstellung überprüfen. Dazu bei den CVH-Motoren die Lufthutze vom Ansaugstutzen abziehen.
- Motor anlassen.

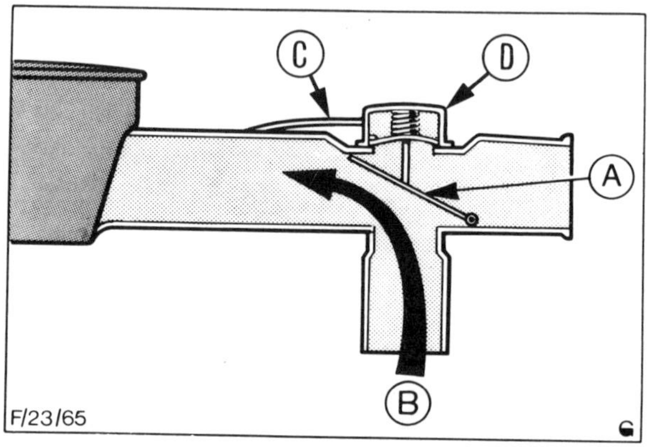

F/23/65

- Im Leerlauf muß das Klappenventil – A – ganz geöffnet sein, damit Warmluft – B – vom Abgaskrümmer in den Luftfilter geleitet wird.

Achtung: Diese Prüfung unbedingt bei kaltem Motor durchführen. Die Temperatur am Abgaskrümmer (bei kaltem Motor die Umgebungstemperatur) muß unter der Ansprech-Temperatur des Thermostats liegen, siehe Seite 70.

- Bleibt das Ventil geschlossen, so sind die Membrandose – D – und der Thermostat zu überprüfen.

Membrandose und Thermostat prüfen

- Unterdruckschläuche von der Membrandose zum Thermostat und vom Thermostat zum Ansaugkrümmer auf festen Sitz überprüfen.
- Schläuche durch Verbiegen auf Beschädigung und Porosität untersuchen, gegebenenfalls auswechseln.
- Schlauch – C – von der Membrandose unten am Luftfilter vom Thermostat abziehen und durch Saugen mit dem Mund Funktion des Klappenventils überprüfen. Wenn sich jetzt das Ventil öffnet, ist der Thermostat defekt und muß erneuert werden.
- Bleibt das Klappenventil geschlossen, Membrandose komplett auswechseln.
- Die Werkstatt verwendet zum Prüfen der Membrandose eine Vakuumpumpe mit angeschlossenem Manometer. Die Pumpe wird an den Schlauch – C – angeschlossen und die Membrandose mit einem Unterdruck von mehr als 100 mm Hg (Quecksilbersäule) beaufschlagt. In diesem Zustand muß das Klappenventil voll geöffnet sein. Bei einem Unterdruck von weniger als 50 mm Hg sollte das Ventil ganz geschlossen sein.

Kraftstoffpumpe aus- und einbauen/ prüfen

Die Kraftstoffpumpe wird von der Nockenwelle angetrieben.

Ausbau

Achtung: Kein offenes Feuer, Brandgefahr!

- Massekabel von der Batterie abklemmen.
- Luftfilter ausbauen.
- Kraftstoffschläuche mit Tesaband markieren, von der Pumpe abziehen und verschließen.

Achtung: Sind die Schläuche mit Klemmschellen gesichert, diese durchkneifen und beim Einbau statt dessen geeignete Schraubschellen verwenden.

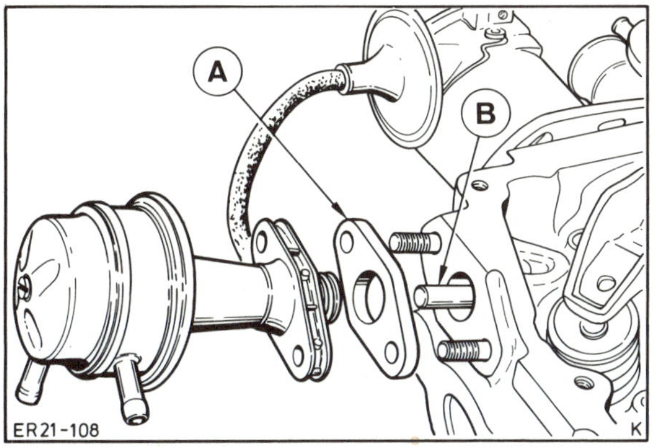

ER21-108

- 2 Muttern am Pumpenflansch lösen und Kraftstoffpumpe komplett mit Dichtung – A – und Pumpenstößel – B – herausnehmen.

Prüfen

- Stößel in die Pumpe einsetzen und in kurzen Abständen reindrücken, dabei muß ein deutliches Sauggeräusch entstehen.
- Durch Auflegen eines Fingers auf die Anschlußstellen der Kraftstoffschläuche und gleichzeitigem Hin- und Herbewegen des Stößels kann die Saug- oder Druckwirkung der Pumpe geprüft werden.
- Die Werkstatt kann den Förderdruck der Pumpe messen. Er soll 0,22 bis 0,35 bar betragen.
- Die Pumpe kann nicht repariert werden, bei einem Defekt ist sie komplett zu ersetzen.

Einbau

- Dichtflächen von Kraftstoffpumpe und Zylinderkopf reinigen.
- Pumpenstößel leicht einölen und in die Bohrung schieben.
- Kraftstoffpumpe mit neuer Dichtung ansetzen und mit 16 Nm festschrauben. Vorher Dichtung mit Dichtungsmittel einstreichen.
- Kraftstoffschläuche entsprechend der Kennzeichnung aufstecken und mit Schraubschellen sichern. Die Leitung vom Tank führt in den Pumpendeckel.
- Luftfilter einbauen, Batterie-Massekabel anklemmen.
- Um zu prüfen, ob die Kraftstoffpumpe fördert, Schlauch vom Pumpengehäuse am Vergaser abziehen. Lappen unterlegen oder Schlauch in ein Gefäß halten und kurz starten. Während des Startvorgangs muß der Kraftstoff stoßweise austreten.

Achtung: Kein offenes Feuer, Brandgefahr!

- Bei laufendem Motor Pumpenflansch und Schlauchanschlüsse auf Dichtheit überprüfen.

Kraftstoffvorratsbehälter aus- und einbauen

Achtung: Kraftstoffbehälter nur ausbauen, wenn geeignete Pumpe zum Absaugen des Kraftstoffs vorhanden ist. Kraftstoff nicht mit dem Mund ansaugen. In der Nähe dürfen sich keine offene Flamme oder eingeschaltete elektrische Geräte befinden. Behälter nur im Freien ausbauen.

Ausbau

- Massekabel von der Batterie abklemmen.
- Kraftstoffbehälter entleeren.
- Fahrzeug hinten aufbocken, siehe Seite 233.

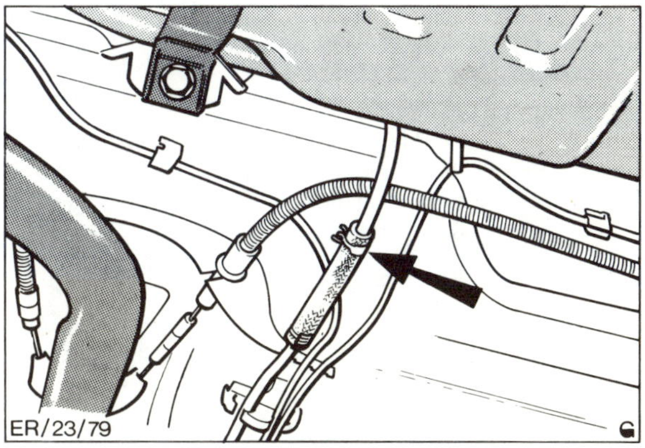
ER/23/79

- Kraftstoffsaugleitung – Pfeil – und, wo vorhanden, Rücklaufleitung vom Anschlußstutzen des Behälters trennen.
- Kabel vom Tankgeber abziehen.

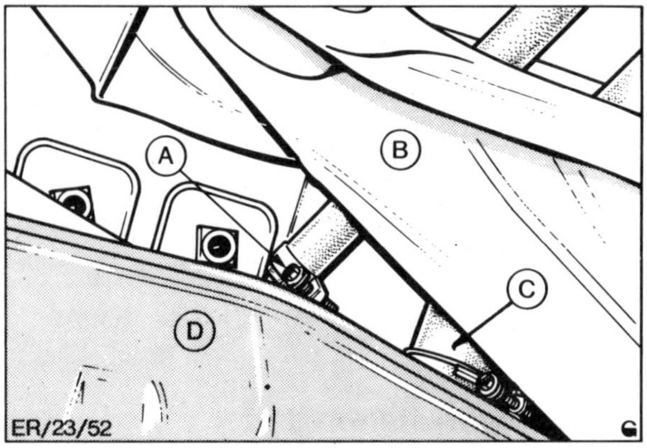

- Entlüftungsleitung – A – sowie Einfüllstutzen – C – vom Kraftstoffbehälter – D – abziehen, dazu Schellen ganz öffnen und zurückschieben. B – unterer Querlenker der Radaufhängung.
- Kraftstoffbehälter mit der Hand oder mit einem Wagenheber und einer Holzzwischenlage abstützen.
- Befestigungsschrauben und Halteband lösen.
- Kraftstoffbehälter absenken und mit einem Rollbrett unter dem Fahrzeug hervorziehen. Der Einfüllstutzen wird nicht herausgenommen.
- Kraftstoffleitungen vom Tankgeber trennen und an der Oberseite des Behälters aus den Halteklammern ausclipsen.
- Tankgeber mit geeigneter Rohrzange ausbauen, oder mit Hartholzstab entgegen dem Uhrzeigersinn losschlagen.

Achtung: Zum Losschlagen keinen Metallgegenstand verwenden, da sonst Funken entstehen können. Die Werkstatt benutzt hierfür einen Spezialschlüssel.

Einbau

- Tankgeber mit neuer Dichtung einbauen.
- Kraftstoffleitung und, wo vorhanden, Rücklaufleitung an Geber anschließen und am Kraftstoffbehälter einclipsen.
- Kraftstoffbehälter ansetzen und mit Halteband und Schraube befestigen.
- Einfüllstutzen und Entlüftungsleitung aufstecken und mit Schellen sichern.
- Kabel an Geber anschließen.
- Kraftstoffleitung bzw. Rücklaufleitung anschließen und mit Schellen sichern.
- Fahrzeug ablassen.
- Kraftstoffbehälter auffüllen und Anschlüsse auf Dichtheit überprüfen.
- Massekabel an Batterie anklemmen.

Wartung an der Kraftstoffanlage

W

Luftfiltereinsatz reinigen/erneuern

Alle 40000 km Luftfiltereinsatz erneuern, alle 10000 km ausklopfen. Bei stärkerem Staubanfall Filtereinsatz in kürzeren Abständen reinigen bzw. erneuern. **Achtung:** Filtereinsatz weder mit Benzin reinigen noch mit Öl benetzen.

Ausbau

- Je nach Modell, 2 oder 3 Schrauben herausdrehen und Luftfilterdeckel ausknöpfen. Beim 1,4-l-Motor nur die Schnappverschlüsse von Hand lösen und Deckel abnehmen.
- Luftfiltereinsatz herausnehmen.
- Filtergehäuse sorgfältig auswischen, dabei Ansaugöffnung des Vergasers abdecken.
- Filtereinsatz mit der Schmutzseite nach unten vorsichtig ausklopfen, bzw. Einsatz erneuern.

Einbau

- Filtereinsatz einlegen, Deckel aufdrücken und Befestigungsschrauben reindrehen, beziehungsweise Schnappverschlüsse einrasten.
- Schrauben gefühlvoll festziehen.

Sieb der Kraftstoffpumpe reinigen

Um das Kraftstoffsieb zu reinigen, muß die Pumpe nicht ausgebaut werden.

- Massekabel von der Batterie abklemmen.
- Luftfilter ausbauen.
- Kraftstoffpumpe äußerlich mit Benzin reinigen. **Achtung:** Kein offenes Feuer. Brandgefahr!
- Kreuzschlitzschraube am Deckel herausschrauben und Deckel abnehmen.
- Sieb mit Dichtring aus dem Deckel herausnehmen, in Benzin reinigen und möglichst mit Preßluft ausblasen.
- Kraftstoffsieb mit neuem Dichtring in Deckel legen.
- Deckel auf Pumpe aufsetzen und anschrauben.
- Batterie anklemmen und bei laufendem Motor prüfen, ob die Pumpe dicht ist.

Vergaser prüfen

Am Vergaser ist lediglich die Leerlaufeinstellung von Zeit zu Zeit zu überprüfen und eventuell zu berichtigen, um Leerlauf und Übergang des Motors der wechselnden Witterung oder den örtlichen Verhältnissen (Höhenlage) anzupassen.

Änderungen an der vom Werk vorgesehenen Grundeinstellung des Vergasers durch Auswechseln von Düsen usw. bringen fast immer nur Nachteile und sollten auch im Hinblick auf die Abgasgesetzgebung unterbleiben.

- Vergasergestänge etwas fetten.
- Kraftstoffilter am Einlaßstutzen des Vergasers reinigen. Dazu Messingmutter abschrauben und Filter herausnehmen. **Achtung:** Auslaufenden Kraftstoff mit saugfähigem Lappen auffangen.
- Filterelement in Kraftstoff reinigen.
- Vertiefung der Messingmutter reinigen.
- Filterelement einsetzen und Verschlußmutter anziehen.

Störungstabelle Vergaser

Voraussetzungen für das Abstellen von Fehlern anhand dieser Tabelle sind eine einwandfreie Einstellung und Funktion des Motors, aller Nebenaggregate sowie ein dichtes Saugrohr und eine korrekte Steuerung der Vorwärmung im Luftfilter. Außerdem ist zu prüfen, ob Kraftstoff mit dem vorgesehenen Druck zum Vergaser gefördert wird.

Störung	Mögliche Ursache	Abhilfe
1. Der kalte Motor springt nicht an	1. Starterklappen schließen nicht	
	a) Starterdeckel steht nicht auf Markierung	Auf Markierung stellen
	b) Starterklappen schwergängig	Gangbarmachen
	c) Bimetallfeder defekt oder ausgehängt	Erneuern oder einhängen
2. Motor bleibt nach dem Kaltstart stehen	1. Starterklappen öffnen nicht	
	a) Starterklappe schwergängig	Gangbarmachen
	b) Starterklappenspalt zu groß/zu klein	Einstellen
	c) Startermembrane oder Schlauch zur Membrane defekt	Erneuern
	2. Starterklappen öffnen zu weit	Einstellen
	3. Nicht genügend Kraftstoff in der Schwimmerkammer durch Ausdampfen bei heiß abgestelltem Motor	Durchstarten, Gaspedal mehrmals durchtreten, dann bei niedergetretenem Pedal starten
3. Motor bleibt vor Erreichen der Betriebstemperatur stehen	1. Wie unter 2. 1–3	Wie unter 2. 1–3
	2. Leerlaufeinstellung nicht wie vorgesehen	Drehzahl und CO-Vol.-% einstellen
	3. Starterklappe öffnet, bzw. Steuerventil schließt zu schnell/zu langsam	
	a) Starterdeckel nicht auf Markierung	Auf Markierung stellen
	b) Keine Beheizung	Anschluß wieder herstellen, evtl. Starterdeckel erneuern
	c) Bimetallfeder defekt oder ausgehängt	Starterdeckel erneuern oder Feder einhängen
	4. Vereisung durch hohe Luftfeuchtigkeit	Kraftstoffzusatz-Vorwärmung überprüfen

Störung	Mögliche Ursache	Abhilfe
4. Heißstart schwierig	Überfetten durch Ausdampfen und Tropfen von Kraftstoff infolge des Hitzestaus	Mit Vollgas starten (Gaspedal festhalten)
5. Leerlauf unregelmäßig – Motor bleibt stehen (Motor warm)	1. Leerlaufeinstellung	
	a) Drehzahl zu niedrig	Einstellen
	b) CO-Wert zu niedrig/zu hoch	Einstellen
	2. Leerlaufdüsendurchgang zu gering	
	a) Düsen verschmutzt	Reinigen
	b) Düsen beschädigt	Erneuern
	c) Düsennadel verbogen	Düsennadel ersetzen
	3. Undichtigkeiten	
	a) Am Saugrohr	Dichtungen bzw. Zwischenflansch erneuern
	b) Am Zwischenflansch	Dichtungen bzw. Zwischenflansch erneuern
	c) Am Vergaser	Dichtungen bzw. Zwischenflansch erneuern
	4. Kraftstoffniveau zu hoch	
	a) Schwimmernadelventil undicht	Reinigen, evtl. erneuern
	b) Schwimmer zu schwer	Erneuern
	5. Leerlaufabschaltventil	Ventil prüfen
	a) Öffnet nicht	Erneuern
	b) Schließt zeitweise	Für einwandfreien elektrischen Anschluß sorgen
	6. Starterdeckel defekt	
	a) Keine Beheizung	Anschluß herstellen
	b) Bimetallfeder defekt oder ausgehängt	Erneuern bzw. Feder einhängen
	c) Heizwendel defekt	Erneuern
6. Ruckeln bei konstanter Fahrt (Teillast)	1. Wie unter 5. 2. + 3.	
	a) Spritzrichtung falsch	Einstellen
7. Übergangsfehler beim Beschleunigen	1. Wie unter 5. 2. + 3.	
	2. Beschleunigungspumpe	
	a) Einspritzmenge zu groß/zu klein	Einstellen
	b) Pumpensaughebel oder Druckventil klebt	Reinigen
	c) Einspritzrohr verschmutzt	Reinigen
	d) Spritzrichtung falsch	Einstellen

Störung	Mögliche Ursache	Abhilfe
	3. Drosselklappe schwergängig	
	a) Klappe ist nicht angestellt	Einstellen
	b) Gaszug hakt	Gangbarmachen bzw. erneuern
	c) Drosselklappenwellenlager ausgeschlagen	Vergaser austauschen
8. Endleistung wird nicht erreicht	1. Kraftstoff-Luftgemisch zu mager oder viel zu fett	
	a) Kraftstoff-Filter verschmutzt	Erneuern
	b) Kraftstoffzufluß mit Rücklauf verwechselt (nur 2V-Vergaser)	Anschluß korrigieren
	c) Düsenbestückung nicht nach Vorschrift	Düsen nach Tabelle einbauen
	d) Düsen verschmutzt	Reinigen
	e) Kraftstoffniveau zu tief/zu hoch	Schwimmer prüfen, evtl. erneuern
	f) Tankbelüftung zu	Reinigen
	2. Luftdurchsatz zu klein	
	a) Starterklappen öffnen nicht vollständig (nur 2V-Vergaser)	Beheizung prüfen Bimetallfeder prüfen, evtl. erneuern
	b) Vollgasstellung wird nicht erreicht	Gaszug einstellen
	c) Steuermembran undicht	Membran ersetzen
	d) Luftfiltereinsatz verschmutzt	Erneuern
9. Motor läuft nach	1. Leerlaufabschaltventil defekt	Erneuern
	2. Anstellung der Drosselklappe zu groß	Einstellen
10. Knallen im Auspuff beim Schieben	Gemisch zu mager Wie unter 5. 1–3 + 5.5	Wie 5. 1–3 + 5.5
11. Verbrauch zu hoch. Der Kraftstoffverbrauch wird ganz entscheidend von den Einsatzbedingungen des Fahrzeugs, der Verkehrsdichte und dem Fahrstil des Fahrers beeinflußt und kann, ohne daß ein Fehler am Fahrzeug vorliegt, mehr als den doppelten Normverbrauch erreichen.	1. Leerlaufgemisch zu fett	
	a) CO-Einstellung falsch	Einstellen
	b) Leerlauf- und Zusatzluftdüsen	Reinigen und einstellen
	2. Einspritzmenge zu groß	Einstellen
	3. Kraftstoffniveau zu hoch	
	a) Schwimmer zu schwer	Schwimmer und Dichtring prüfen, evtl. erneuern
	b) Schwimmernadelventil hängt	Ventil reinigen, ggf. ersetzen
	4. Starterklappe öffnet nicht ganz	Wie unter 1.1 c) oder 3.3 b)
	5. Düsenbestückung falsch	Düsen nach Tabelle einbauen
	6. Luftfilter verschmutzt, verölt	Erneuern
	7. Ansaugluftvorwärmung defekt	Vorwärmung überprüfen

Die Einspritzanlage

Je nach Motorleistung und Ausstattung besitzen die Motoren des ESCORT/ORION statt eines Vergasers eine Benzin-Einspritzanlage. Dabei kommen die BOSCH-Anlagen K-Jetronic und KE-Jetronic, eine Zentraleinspritzung (CFI) und eine elektronische Einspritzanlage beim 102-PS-Motor zum Einsatz. Abgebildet ist ein ESCORT XR3i mit K-Jetronic.

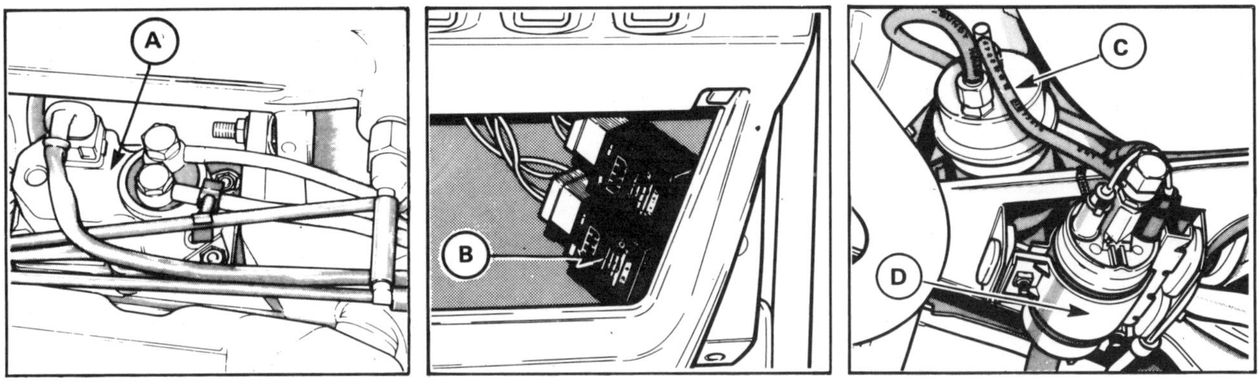

A – Warmlaufregler

B – Drehzahl- und Sicherheitskontrollrelais

C – Kraftstoffspeicher
D – Kraftstoffpumpe

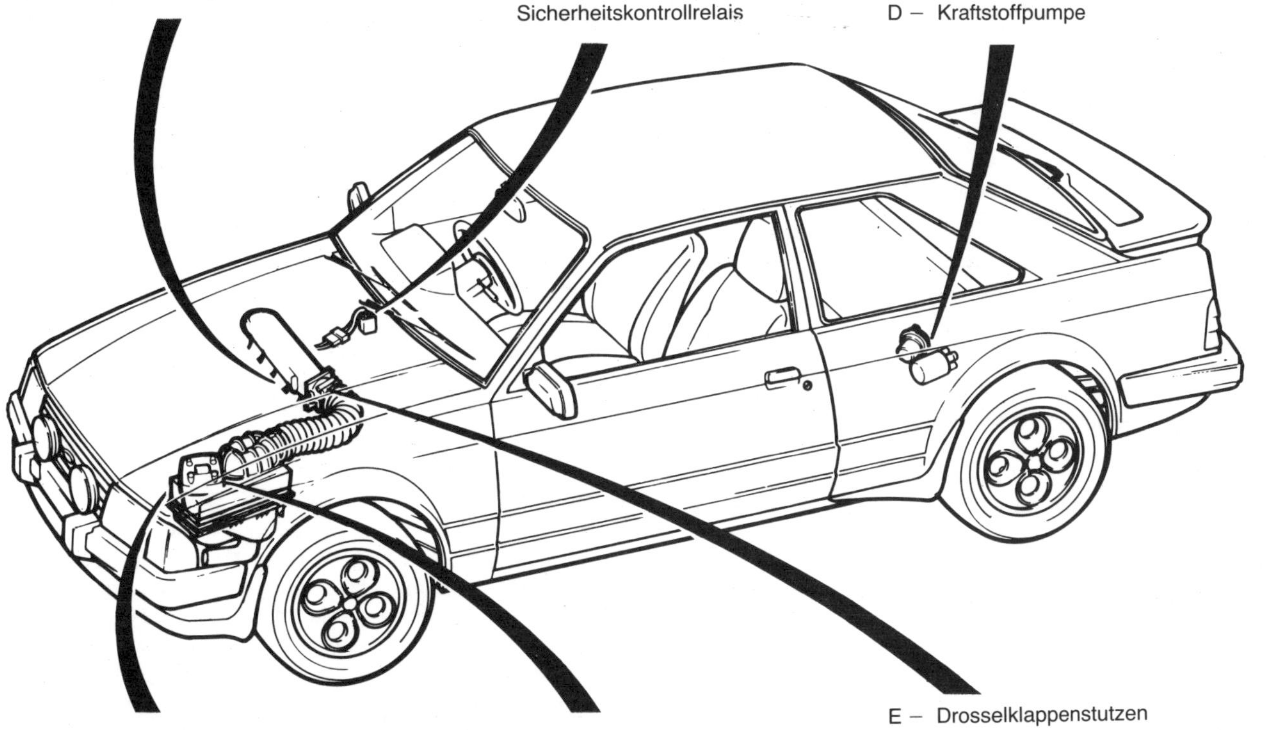

E – Drosselklappenstutzen
F – Kaltstartventil

G – Gemischregler

H – Kraftstoffilter

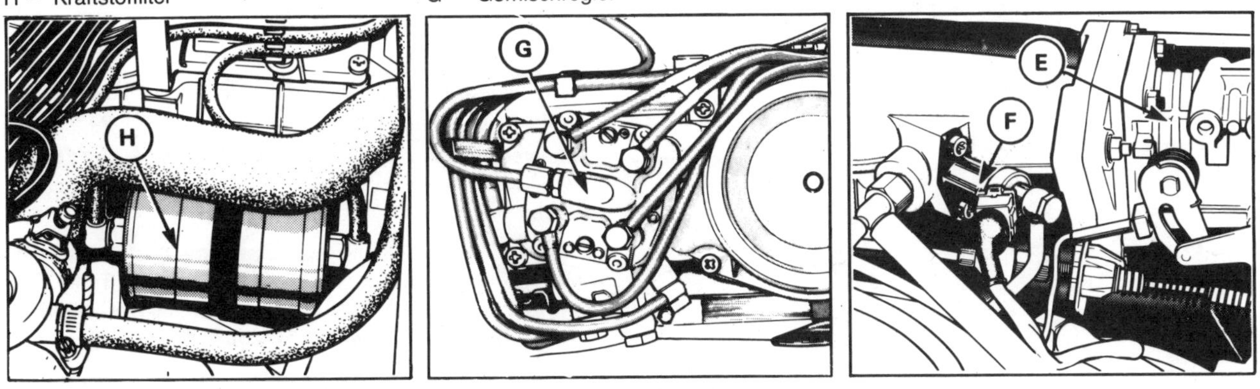

ER/23B/100

Funktion der Einspritzanlage

K-Jetronic

Die K-Jetronic ist eine mechanische Benzineinspritzung, die den Kraftstoff kontinuierlich in das Ansaugrohr vor die Einlaßventile einspritzt.

Der Kraftstoff wird aus dem Kraftstoffbehälter von der elektrischen Kraftstoffpumpe angesaugt und über Kraftstoffspeicher und -Filter zum Kraftstoffmengenteiler gefördert. Die Luftmenge wird vom Motor über das Sammelsaugrohr angesaugt und vom Luftmengenmesser gemessen. Der Kraftstoffmengenteiler teilt entsprechend der gemessenen Luftmenge den einzelnen Zylindern über das jeweilige Einspritzventil die Kraftstoffmenge zu. Zusätzliche Fühler und Geber sorgen auch in extremen Temperatur- und Fahrsituationen für die richtig bemessene Kraftstoffmenge.

Zur Senkung des Kraftstoffverbrauchs im Schiebebetrieb besitzt die Einspritzanlage eine automatische Schubabschaltung. Das Schubabschaltventil sperrt die Kraftstoffzufuhr beim XR3i (1600 RSi), wenn die Kühlmitteltemperatur mehr als 35 °C (55 °C) beträgt, die Drehzahl über 1600/min (1630/min) liegt und die Drosselklappe geschlossen ist. Fällt anschließend die Drehzahl unter 1400/min (1460/min), so wird das Ventil durch ein Drehzahlrelais wieder ausgeschaltet.

- Der Kraftstoffspeicher hält den Kraftstoff auch nach Abschalten des Motors über einen längeren Zeitraum unter Druck. Dadurch verhindert man Dampfblasenbildung und verbessert das Heißstartverhalten.
- Der elektrischbeheizte Zusatzluftschieber stabilisiert während der Warmlaufphase die Motordrehzahl.
- Der Warmlaufregler fettet während der Warmlaufphase das Gemisch an.
- Das Kaltstartventil, gesteuert von einem elektrischbeheizten Thermozeitschalter, spritzt zusätzlich Kraftstoff in das Sammelsaugrohr.

Achtung: Bei Arbeiten an der Einspritzanlage ist auf peinliche Sauberkeit zu achten. Vor der Demontage sind die entsprechenden Teile mit Benzin zu säubern. **Die Anlage steht unter hohem Druck. Deshalb ist vor dem Auswechseln von Teilen die Zulaufleitung zum Warmlaufregler zu lösen.**

KE-Jetronic

Die KE-Jetronic ist eine mechanische Einspritzanlage, die, im Gegensatz zur K-Jetronic, elektronisch gesteuert wird. Dabei sorgt das mechanische Grundsystem für ausreichende Notlaufeigenschaften bei Ausfall der Elektronik.

Durch die Elektronik können für die Steuerung der Einspritzmenge über zusätzliche Geber mehr Daten herangezogen und schneller verarbeitet werden. Außerdem wird die Lambda-Regelung für den Katalysatorbetrieb erleichtert.

Das elektronische Steuergerät regelt die Zumessung des Kraftstoffes im Kraftstoffmengenteiler über ein elektrohydraulisches Stellglied. Warmlaufregler, Aufstoßventil und Systemdruckregler werden bei der KE-Jetronic nicht benötigt.

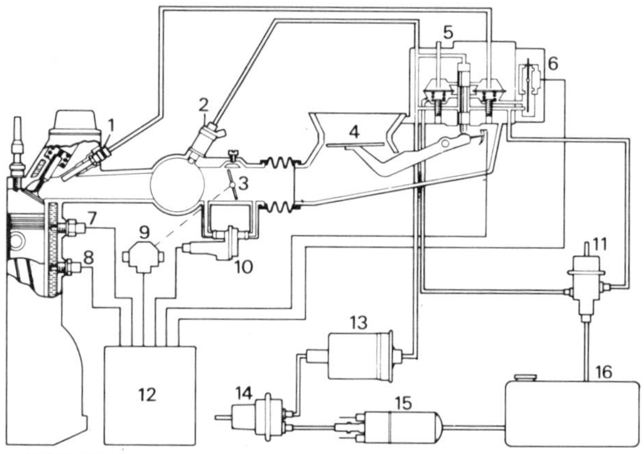

ERT/23K/1

1–Einspritzventil, 2–Kaltstartventil, 3–Drosselklappe, 4–Luftmengenmesser, 5–Kraftstoffmengenteiler, 6–Elektrohydraulisches Stellglied, 7–Thermozeitschalter, 8–Temperaturfühler, 9–Drosselklappenschalter, 10–Zusatzluftschieber, 11–Membrandruckregler, 12–Elektronisches Steuergerät, 13–Kraftstoffilter, 14–Kraftstoffspeicher, 15–Kraftstoffpumpe, 16–Kraftstoffbehälter.

- Das elektrohydraulische Stellglied sitzt am Kraftstoffmengenteiler und regelt die zu den Einspritzventilen fließende Kraftstoffmenge in Abhängigkeit vom Betriebszustand des Motors. Das heißt, es sorgt für die Gemischanfettung beim Kaltstart und Warmlauf, für die Beschleunigungs- und die Vollastanreicherung. Zusätzlich verschließt es die Kraftstoffzufuhr im Schiebebetrieb oberhalb von ca. 1500/min.
- Der Membrandruckregler regelt den Systemdruck auf 5,65 bis 6,0 bar.

Kaltstartventil prüfen

Das Kaltstartventil spritzt bei kaltem Motor während der Starterbetätigung zusätzlich Kraftstoff in das Sammelsaugrohr.

Ein defektes Kaltstartventil verursacht Startschwierigkeiten (kalt und warm), Übergangsstörungen und hohen Kraftstoffverbrauch.

Achtung: Seit 7/88 gibt es eine verbesserte Ausführung vom Kaltstartventil sowie Thermozeitschalter für den RS Turbo. Bei Kaltstartschwierigkeiten ggf. neue Teile einbauen (FORD-Bestellnummer 6165239 und 1651725).

- Prüfung nur bei kaltem Motor durchführen.

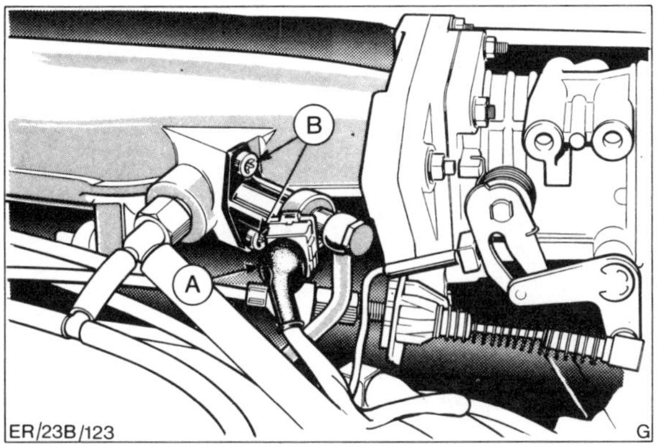

- Stecker – A – vom Ventil abziehen.
- 2 Torxschrauben – B – herausdrehen und Ventil abnehmen. Die Kraftstoffleitung bleibt dabei angeschlossen.
- Stecker des Zusatzluftschiebers an das Kaltstartventil anschließen.

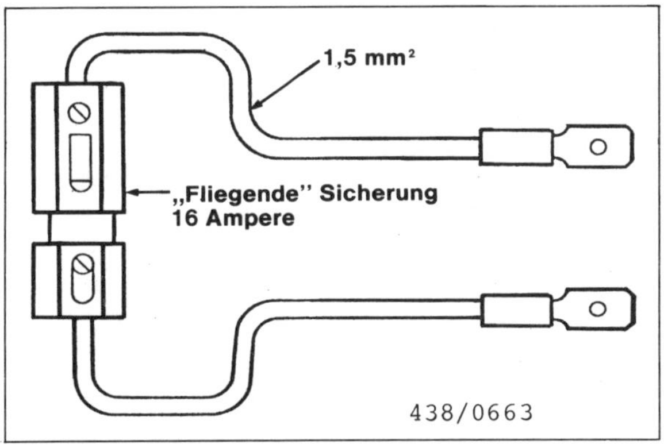

- Sicherheitsschaltung des Drehzahlrelais überbrücken. Hierzu Hilfsleitung mit zwischengeschalteter 16-A-Sicherung anfertigen. Drehzahlrelais von der Konsole abziehen und die Klemmen 30 und 87 mit der Hilfsleitung überbrücken.

  1600 RSi: Im Bereich des Wischermotors befindet sich eine freie, rote, elektrische Leitung mit Rundstecker. Diese Leitung über die Hilfsleitung an Klemme 15 (roter Anschluß) von einer der beiden Zündspulen anschließen.
- Kaltstartventil in ein Glasgefäß (Meßzylinder) halten.
- Durch Helfer Zündung ca. 3 Sekunden einschalten lassen. Das Ventil muß nun öffnen und abspritzen.
- Zündung ausschalten, Stecker abziehen und am Zusatzluftschieber anschließen.
- Stecker an Kaltstartventil anschließen und Zündung 10 Sekunden einschalten lassen.
- Zündung ausschalten und Ventil an der Düse abtrocknen. Ventil 1 Minute beobachten, dabei darf kein Kraftstoff austreten. Auch beim Schütteln oder Klopfen muß das Kaltstartventil dicht sein. Andernfalls Ventil auswechseln.
- Ventil einsetzen und mit 4 Nm anschrauben. Vorher Schraubgewinde mit Sicherungsmittel bestreichen.
- Hilfsleitung entfernen und Drehzahlrelais aufstecken.
- Wurde das Ventil ausgewechselt, Leerlauf bei betriebswarmem Motor einstellen.

Thermozeitschalter prüfen

Der Thermozeitschalter schließt und öffnet den Stromkreis zum Kaltstartventil in Abhängigkeit von der Motortemperatur. Das Kaltstartventil sitzt im Sammelsaugrohr und spritzt während der kalten Warmlaufphase zusätzlich Kraftstoff ein. Ein defekter Thermozeitschalter verursacht Kaltstart-Schwierigkeiten.

Der Thermozeitschalter ist unterhalb des Sammelsaugrohres beim Flansch für den Lufteinlaß von Zylinder 2 am Zylinderkopf angeschraubt.

Prüfen bei eingebautem Schalter

- Der Motor muß bei der Prüfung kalt sein.
- Stecker am **Kaltstartventil** (sitzt im Sammelsaugrohr) abziehen und Prüflampe anschließen.
- Hochspannungsleitung aus der Mitte der Zündspule herausziehen und fest gegen Masse legen.
- Anlasser betätigen.
- Prüflampe muß bei **kaltem** Motor für ca. 1 bis 8 Sekunden leuchten. Ist dieses nicht der Fall, Thermozeitschalter erneuern.

Prüfen bei ausgebautem Schalter

- Stecker abziehen und Thermozeitschalter herausschrauben. **Achtung:** Dabei kann Kühlflüssigkeit austreten, deshalb Schalter möglichst bei kaltem Motor ausbauen.

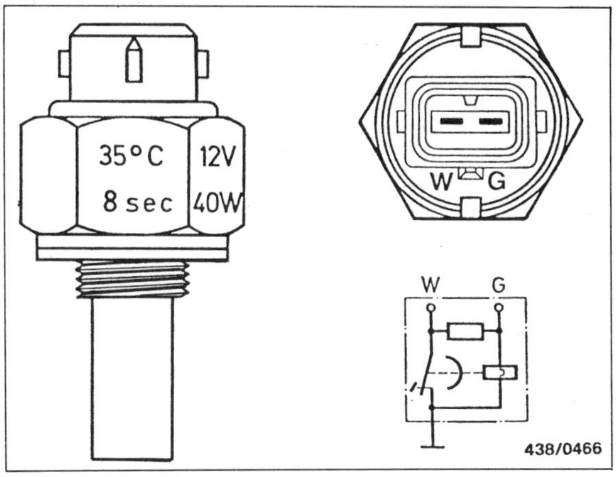

- Am Sechskant des Schalters ist die Schalttemperatur von + 35 °C und die Schaltzeit von 8 Sekunden bei – 20° C eingeprägt.
- Ohmmeter an die Kontakte anschließen und Widerstand messen.

	Widerstandsmessung zwischen		
Temperatur	Klemme „G" und Masse (Gehäuse)	Klemme „W" und Masse (Gehäuse)	Klemme „G" und Klemme „W"
unter + 30° C	25 bis 50 Ω	0 Ω	25 bis 40 Ω
über + 40° C	50 bis 80 Ω	100 bis 160 Ω	50 bis 80 Ω

Die Temperierung des Schalters kann im Wasserbad erfolgen.

Leerlaufdrehzahl einstellen

- Motor warmfahren. Die Öltemperatur soll ca. +80 °C betragen.

Achtung: Leerlauf nicht bei zu heißem Motor, zum Beispiel nach scharfer Fahrt, einstellen.

- Drehzahlmesser nach Vorschrift anschließen.
- Alle Stromverbraucher ausschalten. Beim XR3i soll der Lüfter für den Kühler laufen. Dazu Stecker vom Thermoschalter am Thermostatgehäuse abziehen und die beiden Klemmen des Steckers mit kurzer Prüfleitung verbinden.

Achtung: Sicherheitsmaßnahmen zur TSZ-Anlage beachten, siehe Seite 202.

- Zündeinstellung überprüfen, siehe Seite 206.
- Motor ca. 30 Sekunden mit 3000/min, dann im Leerlauf drehen lassen.
- Wurden Einspritzleitungen gelöst, Motor unter Belastung warmfahren, damit die Einspritzleitungen entlüftet werden.
- **Turbo RS:** Stecker vom elektrohydraulischen Stellglied abziehen.

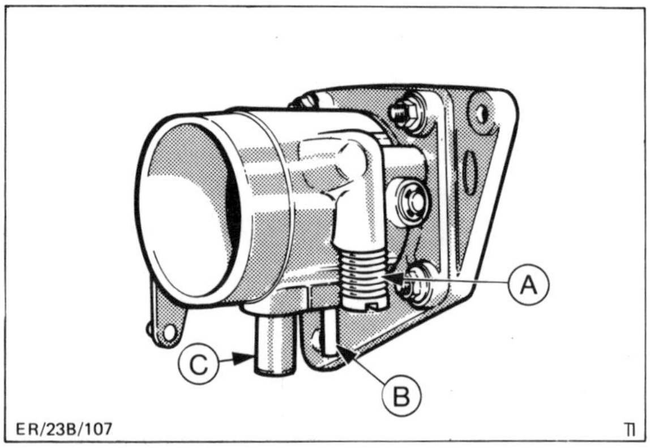

- Drehzahl mit Leerlaufeinstellschraube – A – am Drosselklappenstutzen einstellen.
  Einstellwert für XR3i/ORIONi: 800 ± 50/min, **1600 RSi:** 950 ± 50/min, **1,6-l-Katalysator-Motor:** 900 ± 25/min, **Turbo RS:** 850 ± 50/min.
  B – Unterdruckanschluß für Zündverteiler, C – Anschluß für Luftschlauch des Zusatzluftschiebers.

Achtung: Ist die Leerlaufdrehzahl zu hoch und läßt sich nicht einstellen, dann schließt der Zusatzluftschieber nicht mehr. Zusatzluftschieber überprüfen, siehe Seite 83.

- Drehzahlmesser entfernen, gegebenenfalls Stecker auf Thermoschalter schieben.
- Falls abgezogen, Stecker am elektrohydraulischen Stellglied aufstecken.

CO-Gehalt prüfen/einstellen

- Motor warmfahren. Die Öltemperatur soll ca. +80 °C betragen.

Achtung: Leerlauf nicht bei zu heißem Motor, zum Beispiel nach scharfer Fahrt, einstellen.

- Drehzahlmesser und CO-Meßgerät nach Vorschrift anschließen.
- Alle Stromverbraucher ausschalten. Beim XR3i soll der Lüfter für den Kühler laufen. Dazu Stecker vom Thermoschalter am Thermostatgehäuse abziehen und die beiden Klemmen des Steckers mit kurzer Prüfleitung verbinden.

Achtung: Sicherheitsmaßnahmen zur TSZ-Anlage beachten, siehe Seite 202.

- Zündeinstellung überprüfen, siehe Seite 206.
- Motor ca. 30 Sekunden mit 3000/min, dann im Leerlauf drehen lassen.
- Wurden Einspritzleitungen gelöst, Motor unter Belastung warmfahren, damit die Einspritzleitungen entlüftet werden.
- **Turbo RS:** Stecker vom elektrohydraulischen Stellglied abziehen.
- Leerlaufdrehzahl prüfen, gegebenenfalls einstellen.
- CO-Gehalt prüfen, **Sollwert XR3i/ORIONi:** 1,0 bis 1,5 Vol. %, **1600 RSi:** 0,4 bis 0,8 Vol. %, **Turbo RS:** 0,25–0,75 Vol. %, **1,6-l-Katalysator-Motor:** 0 Vol. %.

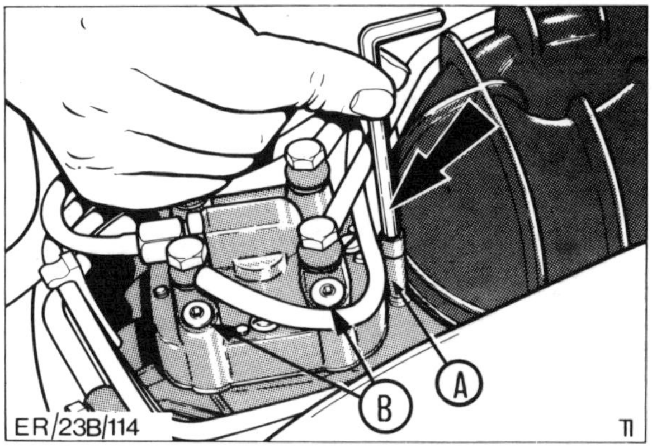

- Sicherungskappe von der CO-Einstellschraube – A – entfernen und CO-Gehalt mit 3 mm Innensechskantschlüssel – Pfeil – auf Sollwert einstellen. Wird der Sollwert beim Katalysatorfahrzeug nicht erreicht, Lambdaregelung überprüfen.

Achtung: Die Einstellung muß innerhalb von 30 Sekunden erfolgen, andernfalls Motor erneut mit 3000/min laufen lassen und Einstellung wiederholen.

- Neue Sicherungskappe anbringen.

Achtung: Die 4 Schrauben – B – (in der Abbildung sind nur 2 sichtbar) neben den Anschlüssen der Einspritzleitungen dürfen **nicht** verstellt werden.

- Meßgeräte abklemmen, gegebenenfalls Stecker auf Thermoschalter schieben.
- Falls abgezogen, Stecker am elektrohydraulischen Stellglied aufstecken.

Warmlaufregler prüfen/ aus- und einbauen

Nur K-Jetronic

Prüfen

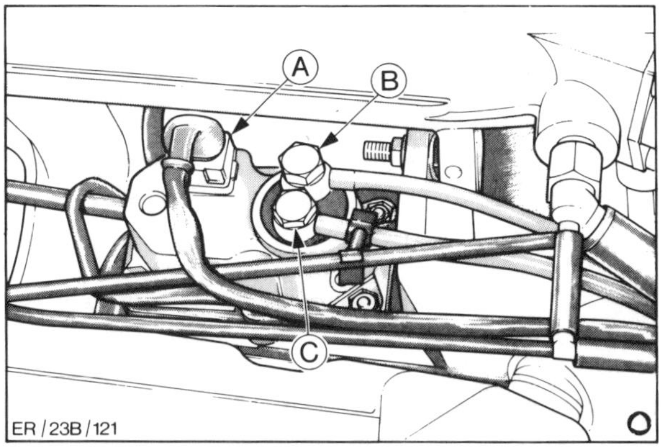

- Stecker – A – abziehen.
- Zündung einschalten und mit Voltmeter Spannung zwischen den beiden Anschlüssen im Stecker messen. Die Spannung muß mindestens 11,5 Volt betragen.
- Zündung ausschalten.
- Mit Ohmmeter Widerstand zwischen den Anschlüssen am Regler prüfen. Zeigt das Meßgerät als Widerstand unendlich (∞) an, dann ist die Heizwicklung des Bimetallstreifens defekt. In diesem Fall Warmlaufregler ersetzen.
- Stecker aufschieben.

Ausbau

- Massekabel von der Batterie abklemmen.
- Stecker – A – abziehen.
- Kraftstoffleitungen äußerlich reinigen.
- Hohlschraube für Kraftstoffzulauf – B – langsam abschrauben, damit der Druck entweichen kann. Vorher saugfähigen Lappen um den Anschluß legen und austretenden Kraftstoff auffangen – Spritzgefahr.
- Leitung für Kraftstoffrücklauf – C – abschrauben.

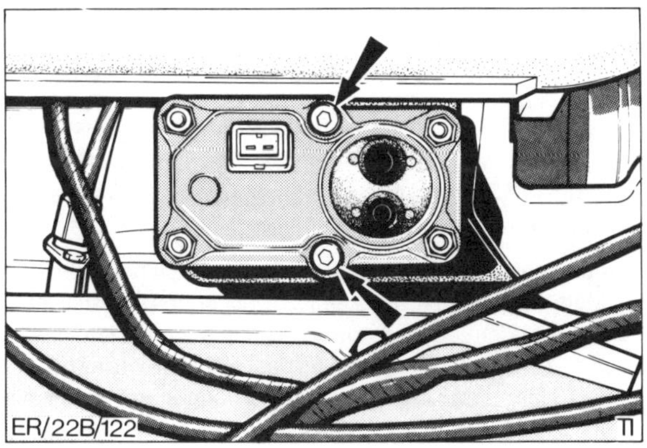

- 2 Torxschrauben herausdrehen und Warmlaufregler abnehmen.

Einbau

- Leitungsanschlüsse reinigen, Regler einsetzen und mit 2 Torxschrauben befestigen. Gewinde der Schrauben vorher mit Sicherungsmittel bestreichen.
- Kraftstoffleitungen mit neuen Dichtscheiben, je eine oben und unten, anschließen. Hohlschrauben für Zulauf mit 13 Nm, für Rücklauf mit 7 Nm anziehen.
- Stecker am Warmlaufregler aufschieben, Batterie-Massekabel anschließen.

Zusatzluftschieber prüfen

Während der Warmlaufphase wird dem Motor eine größere Menge Kraftstoff-Luftgemisch zugeführt, als es der Drosselklappenstellung entspricht. Man erreicht dies durch Umgehung der Drosselklappe mittels eines Zusatzluftschiebers. In betriebswarmem Zustand muß der Zusatzquerschnitt geschlossen sein.

Ein defekter Zusatzluftschieber verursacht Stehenbleiben des Motors bzw. unrunden Lauf während der Warmlaufphase bzw. eine zu hohe Leerlaufdrehzahl.

Prüfen

- Motor muß zur Prüfung kalt sein, unter 30 °C.

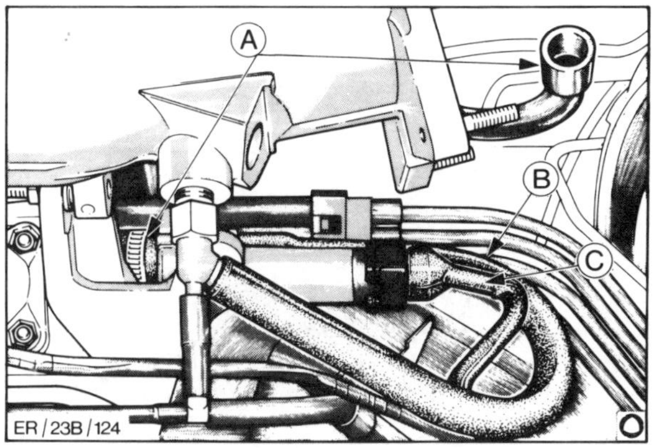

- Motor starten.
- Stecker – C – abziehen und mit Prüflampe prüfen, ob am Stecker Spannung anliegt. Andernfalls Sicherheitskontrollrelais und elektrische Zuleitung gemäß Schaltplan überprüfen.
- Stecker wieder aufschieben.
- Schlauch – A – vom Drosselklappenstutzen zusammenklemmen. Die Drehzahl muß abfallen. Nach etwa 10 Minuten Laufzeit, bei warmem Motor, darf sich die Drehzahl nicht mehr verändern, wenn der Schlauch abgeklemmt wird.
- Motor abstellen, Zündung ausschalten.
- Stecker – C – abziehen.
- Mit Ohmmeter Widerstand zwischen den Anschlüssen am Zusatzluftschieber prüfen. Zeigt das Meßgerät als Widerstand unendlich (∞) an, dann ist die Heizwicklung des Bimetallstreifens defekt. In diesem Fall Zusatzluftschieber ersetzen.
- Stecker aufschieben.

Kraftstoffpumpe aus- und einbauen

Achtung: Brandgefahr – keine offene Flamme in der Nähe!

Ausbau

- Batterie-Massekabel abklemmen.
- Kraftstoff-Zulaufleitung am Warmlaufregler langsam lösen, um den Druck im System abzubauen, siehe Seite 83.
- Fahrzeug hinten aufbocken, siehe Seite 233.

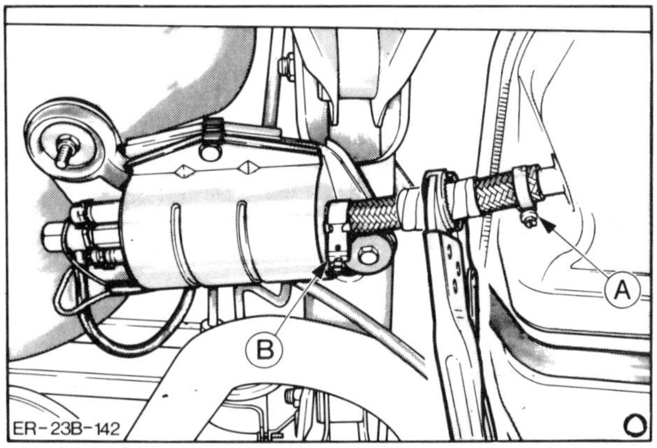

- Kraftstoff-Zulaufleitung mit geeigneter Klammer abklemmen, damit kein Kraftstoff vom Tank her auslaufen kann.

Achtung: Leitung hierbei nicht beschädigen.

- Auffanggefäß unter Kraftstoffpumpe stellen und Zulaufleitung an der Pumpe – A – abschrauben. Leitung mit geeignetem Stopfen verschließen.

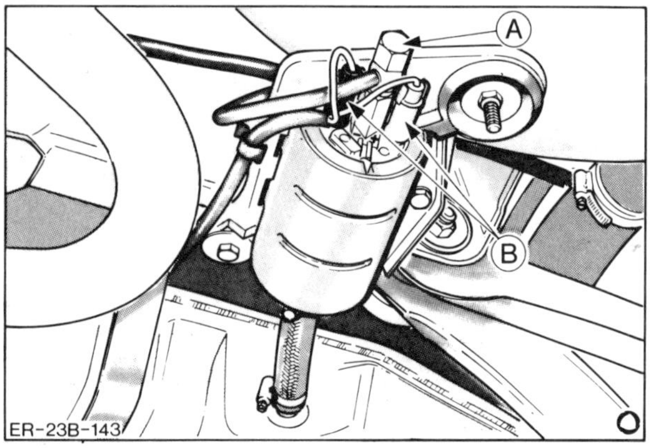

- Ablaufleitung – A – abschrauben.
- 2 Kabel – B – von der Pumpe abziehen.
- Befestigungsmutter lösen und Pumpe aus der Halterung herausziehen.

Einbau

- Leitungs- und Kabelanschlüsse reinigen.
- Kraftstoffpumpe einsetzen, dabei auf richtigen Sitz der Gummizwischenlage achten. Befestigungsmutter anschrauben.
- Ablaufleitung mit 18 Nm anschrauben und Kabel aufstekken.
- Zulaufleitung aufstecken und mit Schelle sichern, Klammer abnehmen.
- Kraftstoff-Zulaufleitung am Warmlaufregler mit 13 Nm festschrauben.
- Batterie-Massekabel anklemmen.
- Motor starten und Kraftstoffanschlüsse an Pumpe und Regler auf Dichtheit überprüfen.
- Fahrzeug ablassen.

Gaszug einstellen

Achtung: Der Gaszug ist sehr knickempfindlich und somit beim Einbau besonders sorgfältig zu behandeln.

- Ein einziger leichter Knick kann zum späteren Bruch im Fahrbetrieb führen. Züge, die geknickt wurden, dürfen daher **nicht** eingebaut werden.
- Beim Einbau ist darauf zu achten, daß der Gaszug zwischen seinen Stützlagern und den Zugbefestigungspunkten fluchtet.
- Bei Vollgasstellung des Gaspedals darf zwischen Drosselklappenhebel und Anschlag kein Spiel vorhanden sein.

Der Abgasturbolader

Der 132-PS-Motor des FORD ESCORT ist mit einem Abgasturbolader ausgestattet.

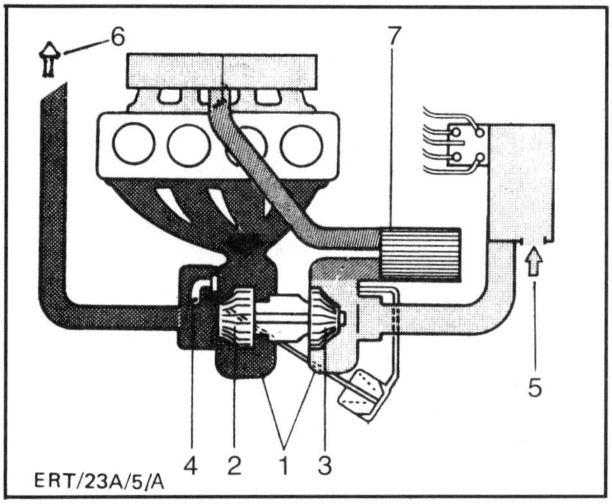

Beim Turbolader –1– sitzen auf einer Welle zwei Turbinenräder –2/3–, die in zwei voneinander getrennten Gehäusen untergebracht sind. Für den Antrieb der Turbinenräder sorgen die ohnehin vorhandenen Abgase –6–. Sie bringen die Laderwelle auf bis zu 120000 Umdrehungen in der Minute. Und da Abgasrotor –2– und Frischluftrotor –3– auf der gleichen Welle sitzen, wird mit gleicher Drehzahl Frischluft –5– in die Zylinder gedrückt.

Aufgrund des guten Füllungsgrades lassen sich bei vorhandenen Motoren erhebliche Leistungszuwachsraten verwirklichen. Abhängig ist der Leistungszuwachs unter anderem vom Ladedruck, der zwischen 0,45 und 0,55 bar liegt (Reifenfülldruck ca. 1,8 bar). Nähert sich der Ladedruck bei höherer Belastung des Motors der oberen Grenze des Sollwertes, öffnet das Ladedruckregelventil –4– und leitet einen Teil der Abgase über einen separaten Kanal am Turbinen-Antriebsrad –2– vorbei. Sobald sich die Belastung vermindert, schließt das Regelventil wieder.

Um die Füllung der Zylinder mit Kraftstoff/Luft-Gemisch noch weiter zu verbessern und damit die Leistung zu erhöhen, befindet sich im Ansaugtrakt ein Ladeluftkühler –7–, der die Temperatur der angesaugten Frischluft reduziert.

Achtung: Der vorgeschriebene Höchst-Ladedruck darf unter keinen Umständen überschritten werden, da sonst erhebliche Motorschäden auftreten können. Aus diesem Grund sind die entsprechenden Schrauben mit Lack gesichert.

Neben der Motorleistung steigt bei der Verwendung eines Turboladers auch das Drehmoment, was vor allem im Hinblick auf einen elastischen Motorlauf wünschenswert ist. Voraussetzung ist allerdings, daß die Laderwelle mit ausreichender Drehzahl rotiert und somit einen ordentlichen Füllungsgrad garantiert. Damit ein spürbarer Ladedruck einsetzt, muß der Motor mit rund 2500/min drehen.

Der Turbolader ist ein äußerst präzise hergestelltes Bauteil und praktisch wartungsfrei. Es empfiehlt sich deshalb im Falle einer Reparatur, diese nur von einem Fachmann ausführen zu lassen.

Turbolader aus- und einbauen

Ausbau

- Befestigungsmuttern an Abgas-Krümmer und -Rohr mit Rostlöser einsprühen und einwirken lassen.
- Batterie-Massekabel abklemmen.

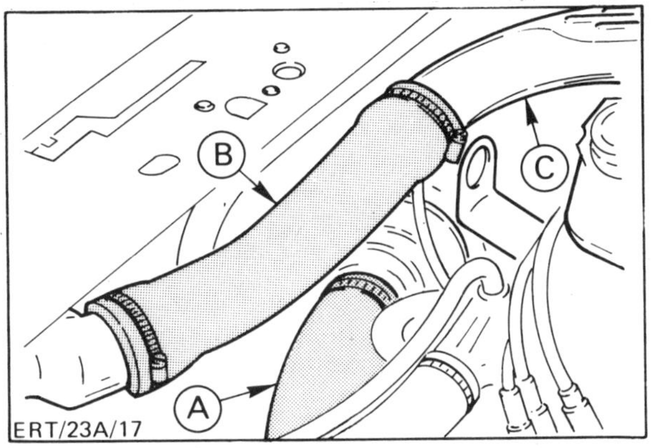

- Druckschlauch –B– und Saugschlauch –A– abziehen, vorher Schlauchschellen ganz lösen und zurückschieben. C–Druckleitung.

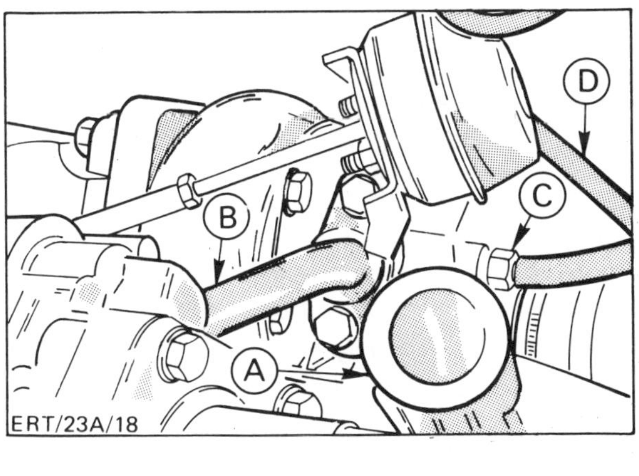

- Verbindungsschläuche –C– und –D– zum Magnetventil mit Tesaband markieren und abschrauben, beziehungsweise abziehen.
- Abgasrohr vom Krümmer des Turboladers abschrauben. Vorher Abgasrohr mit Draht aufhängen und dadurch gegen Herunterfallen sichern.
- Öl-Rücklaufleitung –B– vom Lader abziehen. Eventuell auslaufendes Öl mit Lappen auffangen.

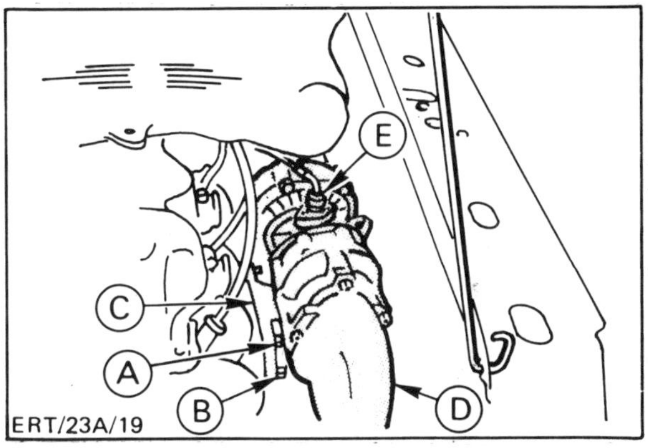

- Öl-Druckleitung –E– abschrauben. Ausfließendes Öl auffangen.
- Sicherungsbleche –A– aufbiegen und Muttern –B– am Flansch zum Abgaskrümmer –C– abschrauben.
- Abgasturbolader –D– herausheben.

Einbau

- Turbolader mit **neuer** Dichtung, **neuen** Sicherungsblechen und **neuen** Muttern an den Abgaskrümmer anschrauben. Muttern mit 25 Nm festziehen, Sicherungsbleche umbiegen.
- Öl-Rücklaufleitung aufschieben.
- Turbolader über den Anschluß der Öl-Druckleitung mit Motoröl füllen. Druckleitung mit Überwurfmutter anschrauben.
- Abgasrohr mit **neuen** Muttern und 40 Nm am Laderkrümmer anschrauben.
- Druck- und Saugschläuche aufschieben und mit Schellen sichern.
- Batterie-Massekabel anklemmen.
- Zündkabel Klemme 4 aus der Mitte des Verteilers herausziehen und mit geeigneter Hilfsleitung an Masse legen.
- Motor mit Anlasser so lange drehen lassen, bis die Öldruck-Kontrolleuchte erlischt. Dadurch wird eine ausreichende Ölversorgung des Turboladers sichergestellt.
- Zündkabel aufschieben.

Lambda-Sonde aus- und einbauen/prüfen

Die Lambda-Sonde (Sauerstoffsensor) mißt bei Fahrzeugen mit geregeltem Katalysator den Sauerstoffgehalt im Abgasstrom und schickt entsprechende Spannungssignale an das Steuergerät. Daraufhin verändert das Steuergerät das angesaugte Kraftstoff-/Luftverhältnis, so daß die Abgase im Katalysator optimal nachverbrannt werden.

Zur Prüfung werden eine Prüfleitung, FORD-Nr. 23-022, zum Anschluß an den Selbsttesttstecker, ein handelsüblicher LED-Spannungsprüfer und ein Voltmeter mit Zeiger benötigt.

Ausbau

- Batterie-Massekabel abklemmen.
- Fahrzeug aufbocken, siehe Seite 233.

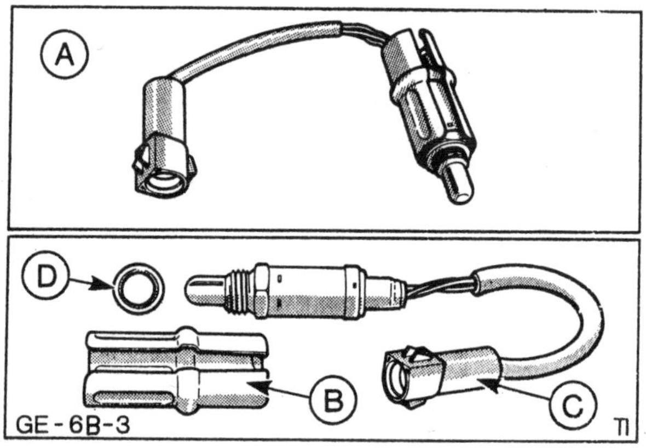

- Mehrfachstecker –C– von der Lambda-Sonde im vorderen Abgasrohr abziehen.
- Hitzeschild –B– mit Schraubendreher von der Lambda-Sonde abhebeln.
- Sonde mit Ringschlüssel aus dem Abgasrohr herausdrehen und vorsichtig mit dem Dichtring herausnehmen. **Achtung:** Kopf der Lambda-Sonde nicht anfassen oder reinigen.

Einbau

- Gegebenenfalls Gewinde im Abgasrohr reinigen oder nachschneiden.
- Gewinde der Lambda-Sonde mit einer Hochtemperaturpaste, zum Beispiel Liqui Moly LM-508-ASC, bestreichen, damit die Sonde sich später leichter lösen läßt.
- Sonde mit Dichtscheibe –D– und 60 Nm festschrauben.
- Hitzeschild wieder aufklemmen.
- Mehrfachstecker aufstecken.
- Fahrzeug ablassen.
- Batterie-Massekabel anklemmen.
- Motor starten und Dichtigkeit der Abgasanlage kontrollieren.

Prüfen

- Motor auf Betriebstemperatur bringen, Öltemperatur muß +80° C betragen.
- LED-Spannungsprüfer und Analogvoltmeter nach Bedienungsanleitung an den Selbsttestanschluß im Motorraum anschließen. Der Selbsttestanschluß befindet sich links im Motorraum am Kabelstrang oberhalb vom Stehblech.
- Pendelt der Zeiger um einen Wert von 4,5 Volt, so ist die Lambdaregelung in Ordnung.
- Pendelt der Zeiger um einen anderen Wert, muß der CO-Wert neu eingestellt werden.
- Pendelt der Zeiger nicht, ist die Lambdaregelung defekt, Fachwerkstatt aufsuchen.

Achtung: Schlägt der Motor beim Starten zurück, kann dies auf eine Fehlfunktion der Lambda-Sonde zurückzuführen sein. Durch die Abdichtung am Mehrfachstecker kann Wasser eindringen und schlechten elektrischen Kontakt verursachen. Seit 9/87 wird deshalb eine verbesserte Steckerabdichtung eingebaut. Die Abdichtung (FORD-Bestellnummer 1651162) kann auch in seitherige Stecker eingebaut werden.

- Steckverbindung der Lambda-Sonde aus dem Halter ziehen und trennen.

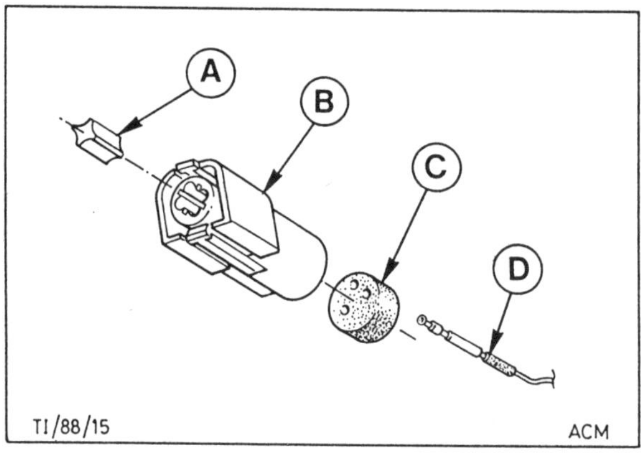

- Mittelteil –A– nach vorn aus dem kabelstrangseitigen Stecker ziehen.
- Haltezungen zurückbiegen und alle 3 Kabel zusammen mit der Abdichtung aus dem Steckergehäuse ziehen. **Achtung:** Kabelanschlüsse am Steckergehäuse und zugehöriges Kabel markieren, damit sie beim Einbau nicht verwechselt werden.
- Abdichtung entfernen. Falls vorhanden, Schrumpfschlauch –D– von den Kabeln entfernen und Kabel reinigen, bis die Oberfläche sauber und glatt ist.
- Steckergehäuse und Kabelenden trocknen. Kabelenden mit einem säurefreien, nicht leitenden Fett (z.B. FORD-Nr.5015969) einfetten.
- 3 Zuleitungskabel in der richtigen Anordnung durch die Abdichtung –C– führen, siehe Abbildung.
- Erst Abdichtung, dann Mittelteil in den Stecker einsetzen.
- Lambda-Sonde anschließen.

Zentraleinspritzeinheit CFI

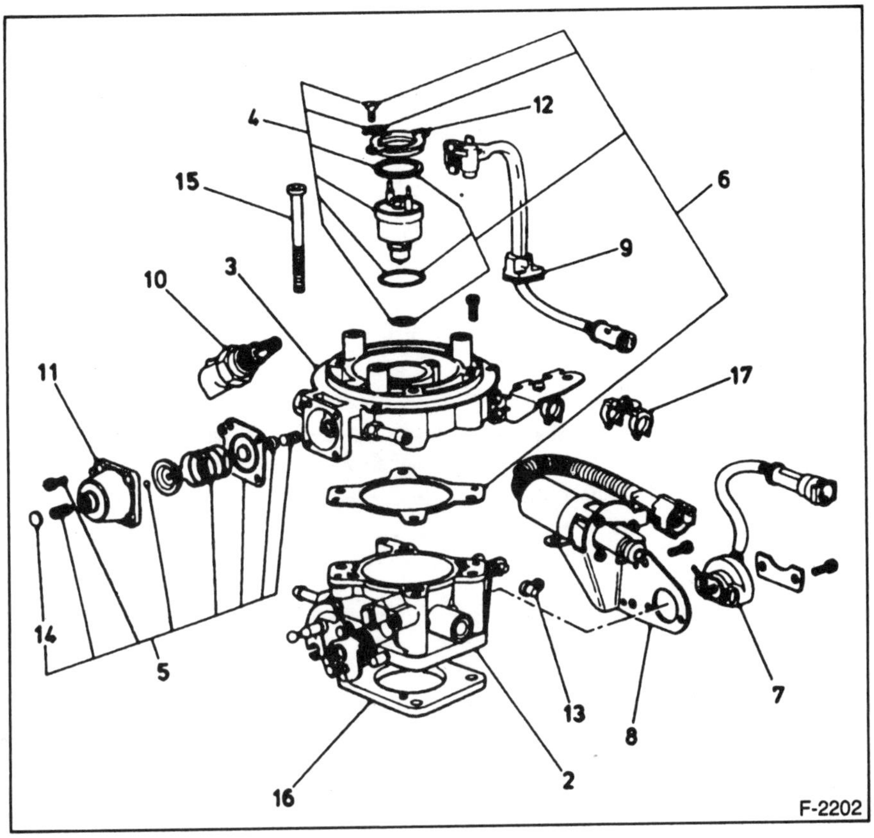

2 – **Oberteil Einspritzeinheit**
3 – **Unterteil Einspritzeinheit**
4 – **Einspritzventil**
5 – **Druckregler**
6 – **Dichtungen**
7 – **Drosselklappensensor**
8 – **Stellmotor** mit Halter Drosselklappe
9 – **Anschlußleitung** für Einspritzventil
10 – **Ansaugluft-Temperatursensor**
11 – **Gehäuse für Druckregler**
12 – **Haltering für Einspritzventil**
13 – **Kappe**
14 – **Stopfen** für Stellschraube am Druckregler
15 – **Linsenkopfschraube**
16 – **Distanzstück**
17 – **Clip**

Technische Daten CFI

Motor			**1,4-l**
Typ der Einspritzanlage			CFI
Leerlaufdrehzahl		1/min	900 ± 50
Leerlaufdrehzahl bei Selbsttest im Code 60		1/min	1200 ± 50
Förderdruck Kraftstoffpumpe		bar	> 3
Regeldruck Kraftstoffsystem		bar	1
Widerstand Kühlmitteltemperaturfühler bei	– 40° C	in kΩ	885
	– 20° C	in kΩ	271
	0° C	in kΩ	95
	20° C	in kΩ	37
	50° C	in kΩ	11
	80° C	in kΩ	4
	100° C	in kΩ	2
Widerstand Ansauglufttemperaturfühler bei	0° C	in kΩ	89 – 102
	20° C	in kΩ	35 – 40
	40° C	in kΩ	15 – 18
	60° C	in kΩ	7 – 8,5
	100° C	in kΩ	2 – 2,5

Kühlmittel-Temperaturfühler prüfen/aus- und einbauen

Der Temperaturfühler mißt die Motortemperatur und gibt sie an das Steuergerät weiter. Der Fühler beinhaltet ein NTC-Element (NTC = Negativer Temperatur-Coeffizient), das seinen Widerstand bei steigender Temperatur verringert. Bei defektem Fühler nimmt das Steuergerät als Ersatzwert eine Kühlmitteltemperatur an, die dem betriebswarmen Motor entspricht. Das führt bei niedrigen Außentemperaturen und kaltem Motor zu Startschwierigkeiten und unruhigem Motorlauf.

Temperaturfühler prüfen

- Mehrfachstecker abziehen. Dabei am Stecker, nicht am Kabel ziehen.
- Ohmmeter an die Kontakte des Fühlers anschließen.
- Widerstand messen und mit Sollwert vergleichen. Entsprechend der Temperatur sind Zwischenwerte möglich. Sollwerte, siehe Seite 87.
- Falls der Widerstand nicht dem Sollwert entspricht, Fühler ausbauen.
- Temperaturfühler mit Draht in Wasserbad hängen, ohne daß er mit der Gefäßwand in Berührung kommt. Wasser mit Eisstücken abkühlen und anschließend auf der Herdplatte erwärmen. Fühler bei den angegebenen Temperaturen herausnehmen und Widerstand zwischen den Kontaktzungen messen. Gegebenenfalls Temperaturfühler ersetzen.
- Ist der Temperaturfühler in Ordnung, Voltmeter zwischen Stecker des Temperaturfühlers und Masse anschließen.
- Zündung einschalten und prüfen, ob Spannung anliegt. Liegt keine Spannung an, Leitung auf Durchgang prüfen.
- Masseleitung auf Durchgang prüfen.
- Wenn Leitungen und Temperaturfühler in Ordnung sind, liegt ein Defekt im Steuergerät vor.

Ausbau

- Batterie-Massekabel abklemmen.

Achtung: Damit beim Ausbau des Fühlers kein Kühlmittel ausläuft, Kühlmittel vorher zum Teil ablassen und auffangen, siehe Seite 48.

- Stecker abziehen.
- Temperaturfühler herausschrauben.

Einbau

- Temperaturfühler mit neuem Dichtring einschrauben und mit 25 Nm anziehen. **Achtung:** Der Fühler darf nicht zu fest angezogen werden.
- Stecker aufschieben und einrasten.
- Kühlmittel auffüllen, siehe Seite 48.
- Kühlsystem entlüften, siehe Seite 48.
- Batterie-Massekabel anklemmen.
- Probefahrt durchführen und Temperaturfühler-Anschluß auf Dichtigkeit überprüfen.

Sicherheitshinweise zur Einspritzanlage

- Motor nicht ohne fest angeschlossene Batterie starten.
- Zum Starten des Motors **keinen** Schnellader verwenden.
- Nie bei laufendem Motor die Batterie vom Bordnetz trennen.
- Beim Schnelladen Batterie vom Bordnetz trennen.
- Bevor eine Prüfung der elektronischen Einspritzanlage erfolgt, muß gewährleistet sein, daß die Zündung in Ordnung ist.
- Bei Temperaturen über +80° C (Trockenofen), Steuergerät ausbauen.
- Auf einwandfreien Sitz der Anschlußstecker achten.
- Mehrfachstecker des Steuergerätes nicht bei eingeschalteter Zündung abziehen oder aufstecken.
- Bei einer Kompressionsdruckprüfung Stromversorgung für Kraftstoffpumpenrelais unterbrechen, dazu Relais abziehen.

Wartung an der Einspritzanlage

Kraftstoff-Filter auswechseln

Das Kraftstoff-Filter ist jeweils nach 40000 km (1600 RSi: 80000 km) zu erneuern.

- Massekabel von der Batterie abklemmen.
- Kraftstoffleitungen äußerlich reinigen.

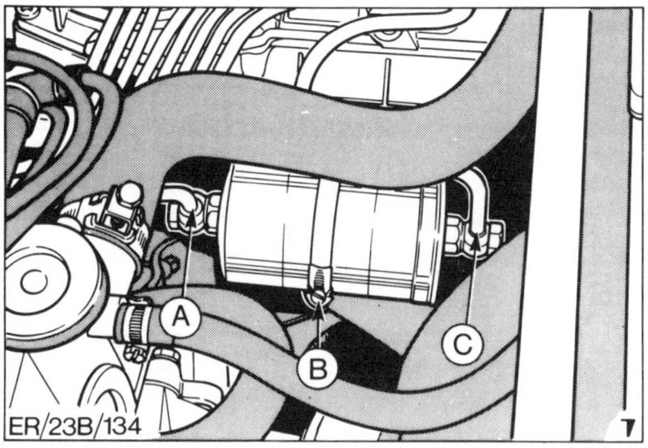

- Kraftstoffzulaufleitung am Warmlaufregler langsam abschrauben, damit der Druck im Kraftstoffsystem abgebaut wird. Dabei saugfähigen Lappen um den Anschluß legen und austretenden Kraftstoff auffangen.
- Auffang-Gefäß unter das Kraftstoff-Filter halten und beide Kraftstoffleitungen abschrauben. A – Zulaufleitung, C – Rücklaufleitung.
- Befestigungsschraube – B – lösen und Filter aus dem Halter herausziehen.
- Kraftstoff-Filter einsetzen und festschrauben.
- Hohlschrauben der Kraftstoffleitungen mit 18 Nm anschrauben.

Achtung: Die Schrauben für Zulauf- und Rücklaufleitung sind von unterschiedlicher Größe, damit sie nicht verwechselt werden können.

- Zulaufleitung für Warmlaufregler mit 13 Nm festschrauben.
- Massekabel an die Batterie anschließen.

Luftfilter aus- und einbauen

Alle 40000 km Filtereinsatz erneuern.

Ausbau

- Massekabel von der Batterie abklemmen.
- Schubabschaltventil aus der Gummitülle am Luftfiltergehäuse herausziehen. Das Ventil sitzt unterhalb des flexiblen Luftansaugschlauchs.
- Schraubschelle am Luftansaugstutzen lösen, Stutzen mit Schubabschaltventil abnehmen und zur Seite legen.

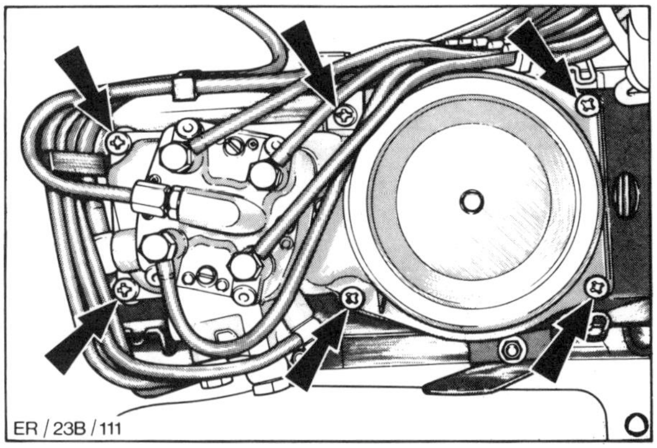

- Gemischregler vom Luftfilter abschrauben – Pfeile –, **nicht** abnehmen.
- Kraftstoff-Filter vom Halter am Luftfilter abschrauben und zur Seite legen, Kraftstoffleitungen **nicht** lösen.

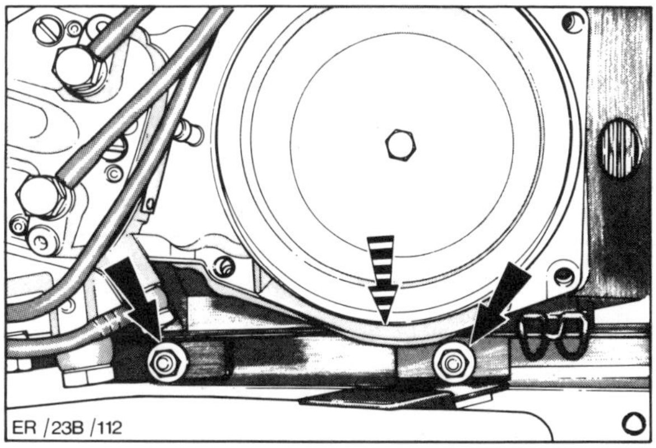

- Luftfilter vom Halter oben mit 2 Muttern abschrauben sowie untere Befestigungsschraube – mittlerer Pfeil – am Stehblech herausdrehen.
- Halteklammern für Luftfilterdeckel lösen, Gemischregler anheben und zur Seite legen. Deckel abnehmen, Filtereinsatz herausnehmen und Luftfiltergehäuse herausheben.

Einbau

- Filtergehäuse auswischen, einsetzen und an Halter sowie Stehblech anschrauben.
- Filterelement einlegen, Deckel aufsetzen und mit Halteklammern befestigen.
- Gemischregler aufsetzen und festschrauben. Dabei auf richtigen Sitz der Dichtung achten.
- Kraftstoff-Filter in Halter einsetzen und anschrauben.
- Luftansaugstutzen aufsetzen und mit Schelle befestigen.
- Schubabschaltventil in die Gummitülle am Luftfilter einsetzen.
- Masseband an Batterie anklemmen.

Störungstabelle Einspritzanlage K-Jetronic

Bevor anhand der Störungstabelle der Fehler aufgespürt wird, müssen folgende Prüfvoraussetzungen erfüllt sein: Bedienungsfehler beim Starten ausgeschlossen: Sowohl für den kalten wie warmen Motor gilt: Gaspedal etwas niederdrücken und während des Startvorgangs festhalten. Bei heißem Motor: Gaspedal vor dem Starten ganz durchtreten und Vollgasstellung beibehalten, bis der Motor anspringt.

Kraftstoff im Tank, Motor mechanisch in Ordnung, Ventilspiel richtig, Batterie geladen, Anlasser dreht mit ausreichender Drehzahl, Zündeinstellung und Zündanlage sind in Ordnung, keine Undichtigkeiten an der Kraftstoffanlage, Verschmutzungen im Kraftstoffsystem ausgeschlossen, Kurbelgehäuse-Entlüftung in Ordnung, elektrische Masseverbindung (Motor – Getriebe – Aufbau) vorhanden. **Achtung:** Wenn Kraftstoffleitungen gelöst werden, müssen diese vorher mit Benzin gesäubert werden.

Störung: Der Motor springt nicht an

Ursache	**Abhilfe**
Elektro-Kraftstoffpumpe läuft nicht bei eingeschalteter Zündung (keine Laufgeräusche hörbar)	Leicht gegen das Gehäuse klopfen, damit sich eine eventuell hängengebliebene Pumpe lösen kann Prüfen, ob Strom an der Pumpe anliegt, dazu beide Kabel abziehen und Prüflampe dazwischenschalten, elektrische Kontakte auf gute Leitfähigkeit überprüfen
Sicherung defekt (25 A, Kennzeichnung JNS)	Sicherung nach Schaltplan überprüfen
Sicherheitskontrollrelais defekt	Relais abziehen, am Stecker Klemme 30 und Klemme 87 mit Prüfleitung (Querschnitt mind. 1,5 mm^2 und zwischengeschaltete 16 Ampère-Sicherung) verbinden, Zündung einschalten, Pumpe muß anlaufen
Thermozeitschalter defekt	Thermozeitschalter nur prüfen, wenn der kalte Motor nicht anspringt
Kaltstartventil defekt	Kaltstartventil überprüfen; nur wenn der kalte Motor nicht anspringt
Warmlaufregler defekt	Warmlaufregler überprüfen, wenn der warme Motor nicht anspringt
Zusatzluftschieber defekt	Zusatzluftschieber überprüfen, wenn der kalte Motor nicht anspringt
Ruhelage der Stauscheibe falsch	Ruhelage der Stauscheibe überprüfen, wenn der Motor überhaupt nicht anspringt
Lambda-Sonde defekt	Lambda-Sonde prüfen

Störung: Der kalte Motor springt schlecht an

CO-Gehalt falsch Thermozeitschalter defekt	CO-Gehalt und Leerlauf prüfen Thermozeitschalter wird vom Zündschloß, Klemme 50, angesteuert. Thermozeitschalter prüfen
Kaltstartventil defekt	Kaltstartventil prüfen. Kraftstoffleitung und elektrische Anschlüsse bleiben angeschlossen
Ruhelage der Stauscheibe falsch	Ruhelage der Stauscheibe überprüfen lassen
Stauscheibe schwergängig	Stauscheibe gangbar machen
Warmlaufregler defekt	Warmlaufregler überprüfen
Zusatzluftschieber defekt	Zusatzluftschieber überprüfen
Luftansaugsystem undicht	Dichtstellen und Anschlüsse im Ansaugsystem prüfen

Störung: Der heiße Motor springt nicht an

Ursache	Abhilfe
CO-Gehalt falsch	CO-Gehalt und Leerlauf einstellen
Thermozeitschalter schaltet nicht ab	Thermozeitschalter erneuern
Kaltstartventil undicht	Kaltstartventil prüfen
Warmlaufregler defekt	Sicherung am Kraftstoffpumpen-Relais prüfen. Warmlaufregler prüfen
Ruhelage der Stauscheibe falsch	Ruhelage der Stauscheibe überprüfen lassen
Kraftstoffsystem undicht	Sichtprüfung an allen Verbindungsstellen im Bereich des Motors und der elektrischen Kraftstoffpumpe. Alle Anschlüsse nachziehen. Gesamtsystem bzw. Einspritzventile undicht
Luftansaugsystem undicht	Dichtstellen und Anschlüsse im Ansaugsystem prüfen

Störung: Motor springt an, bleibt aber nach kurzer Zeit stehen

Leerlauf und CO-Gehalt falsch	Leerlauf und CO-Gehalt prüfen
Warmlaufregler defekt	Warmlaufregler prüfen
Zusatz-Luftschieber defekt	Zusatzluftschieber prüfen, wenn der kalte Motor nicht weiterläuft
Thermozeitschalter defekt	Thermozeitschalter prüfen
Kaltstartventil schließt nicht	Kaltstartventil prüfen
Turbo RS: Ölmeßstab oder Öleinfüllkappe nicht richtig eingesetzt	Sitz prüfen, ggf. korrigieren. (Seit 7/88 verbesserter Ölmeßstab)

Störung: Der Motor setzt aus

Elektrische Verbindungen zur Kraftstoffpumpe zeitweise unterbrochen	Steckverbindungen und Anschlüsse von elektrischen Leitungen an der Kraftstoffpumpe, dem Luftmengenmesser und dem Kraftstoffpumpen-Relais auf feste und widerstandslose Verbindung prüfen. Sicherung und Kontaktstellen am Kraftstoffpumpen-Relais prüfen, Kontakte reinigen bzw. erneuern
Kraftstoff-Filter defekt	Kraftstoff-Filter alle 30000 km erneuern
Kraftstoffpumpe defekt	Kraftstoffpumpen-Fördermenge prüfen
Kraftstoffmengenteiler defekt	Kraftstoffmengenteiler überprüfen lassen
Einspritzventil defekt	Einspritzventile prüfen
Kraftstoffsystem undicht	Sichtprüfung an allen Verbindungsstellen im Bereich des Motors und der elektrischen Kraftstoffpumpe. Alle Anschlüsse nachziehen. Gesamtsystem bzw. Einspritzventile undicht

Der Diesel-Motor

Der FORD-ESCORT/ORION-Dieselmotor ist als wassergekühlter Reihen-Vierzylinder konzipiert, der vorn quer zur Fahrtrichtung eingebaut ist. Die Zylinder sind Bestandteil des Motorblocks und lassen sich nicht auswechseln. Im Bedarfsfall können die Zylinder gehont werden. Nach dem Honen sind in der Regel Kolben mit Übermaß erforderlich (Werkstattarbeit). Der Zylinderkopf ist ebenso wie der Motorblock aus Grauguß.

Die wichtigsten Motordaten

Modellcode		LTB	RTA/RTB
Hubraum	cm	1608	1753
Leistung	kW bei 1/min	54 (40)/4800	60 (44)/4800
Drehmoment	Nm bei 1/min	95/3000	110/2500
Bohrung	mm ∅	80	82,5
Hub	mm	80	82,0
Verdichtung		21,5	21,5
Zulässige Höchstdrehzahl, kurzzeitig	1/min	5350	5350
Dauerbetrieb	1/min	4800	4800
Einspritzfolge		1–3–4–2	1–3–4–2
Verteiler-Einspritz-pumpe	Hersteller	Bosch	Bosch/CAV
Förderbeginn bei OT Zyl. 1		0,92 ± 0,01 mm (Bosch) 1,4 ± 0,07 mm (CAV)	
Einspritzdüsen-Abspritzdruck	bar	120 (CAV) 143 (Bosch)	

Das Diesel-Prinzip

Beim Dieselmotor wird reine Luft angesaugt und sehr hoch verdichtet. Dadurch steigt die Temperatur in den Zylindern über die Zündtemperatur des Dieselöls an. Wenn der Kolben kurz vor dem oberen Totpunkt steht, wird in die hochverdichtete und etwa 600° C heiße Luft Dieselöl eingespritzt. Das Dieselöl zündet von selbst, Zündkerzen sind also nicht erforderlich. Bei kaltem Motor reicht unter Umständen die Temperatur nicht aus, der Motor muß vorgeglüht werden. Dazu befindet sich in jeder Wirbelkammer eine Glühkerze.

Der Kraftstoffdruck wird von einer mechanischen Einspritzpumpe aufgebaut und über Einspritzdüsen in die für jeden Zylinder vorhandene Wirbelkammer eingespritzt. Durch die Form der Wirbelkammer erhält die Luft beim Verdichtungshub eine bestimmte Wirbelbewegung, so daß sich der eingespritzte Kraftstoff optimal mit Luft vermischt.

Der von der Kraftstoffverteilerpumpe über den Kraftstoffilter angesaugte Diesel kann nur dann zu den Einspritzventilen gefördert werden, wenn sich keine Luft in der Kraftstoffanlage befindet. Wurde die Kraftstoffanlage geöffnet, um beispielsweise den Kraftstoffilter zu wechseln, entlüftet sich die Anlage während des Startens selbsttätig.

Der Kraftstoffilter hält Wasser und Verunreinigungen zurück. Daher muß der Filter regelmäßig nach Vorschrift ausgewechselt werden.

Die Einspritzpumpe ist wartungsfrei, angetrieben wird sie von der Kurbelwelle beim 1,6-l-Motor über 3 geradeverzahnte Stirnräder, beziehungsweise beim 1,8-l-Motor über einen zusätzlichen Zahnriemen. Alle beweglichen Teile der Pumpe und der Einspritzventile werden vom Dieselkraftstoff geschmiert. Bei Wartungsarbeiten ist es erforderlich, die Leerlaufdrehzahl und den Einspritzzeitpunkt zu überprüfen und gegebenenfalls einzustellen.

Da der Dieselmotor als Selbstzünder nicht durch Spannungsunterbrechung der Zündanlage abgeschaltet werden kann, besitzt er ein Magnetventil. Durch Ausschalten der Zündung wird die Spannungsversorgung für das Magnetventil unterbrochen und das Ventil verschließt den Kraftstoffkanal. Das Magnetventil wird beim Starten des Motors über den Zünd-Anlaßschalter mit Spannung versorgt und öffnet daraufhin den Kraftstoffkanal.

Seit 11/87 wird der 1,6-l-Dieselmotor mit einem Abgasrückführungssystem ausgerüstet. Hierbei wird ein Teil der Abgase wieder angesaugt und nachverbrannt; dabei wird ein geringerer Schadstoffausstoß erzielt. Verschiedene Ventile sorgen für die richtige Dosierung der Abgasrückführung. Ein Thermoschalter am Kühlmittel-Thermostatgehäuse unterbricht das System bei Kühlmitteltemperaturen unter +60 °C. Das Abgasrückführungssystem ist wartungsfrei. Nur nach dem Ausbau der Einspritzpumpe muß ein Unterdruckregelventil von der Werkstatt einreguliert werden.

Zahnriemen aus- und einbauen

1,6-l-Dieselmotor

Der Zahnriemen wird bei kaltem Motor ausgebaut. Der Motor darf etwa 4 Stunden nicht gelaufen sein.

Ausbau

- Masseband von der Batterie abklemmen.

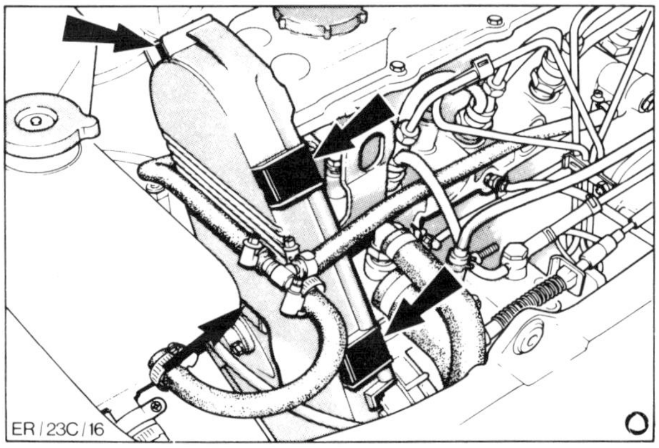

- Zahnriemendeckel abnehmen. Dazu die 4 Clipse mit den Fingern anheben und aushängen, Deckel abnehmen.
- Die Zylinderkopfhaube hat zwei Belüftungsschläuche, vom Kurbelgehäuse und vom Luftfilter. Metallschellen der Schläuche mit Flachzange spreizen und gleichzeitig die Schläuche von der Zylinderkopfhaube abziehen.
- Zylinderkopfhaube abschrauben, 10 Schrauben SW 10.

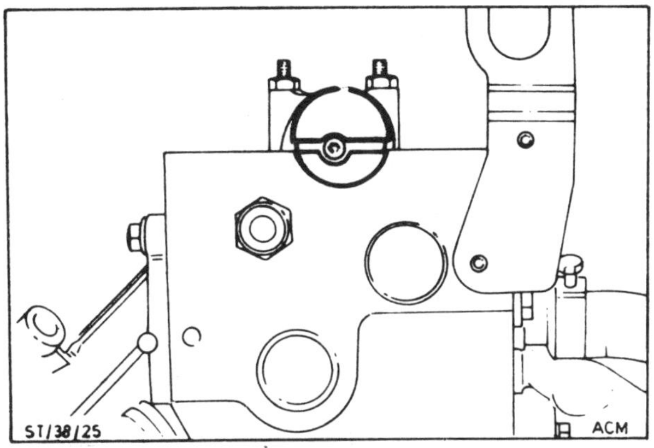

- Kurbelwelle auf OT für Zylinder 1 drehen. Dazu Kurbelwelle mit gekröpftem Ringschlüssel SW 32 im Uhrzeigersinn an der Kurbelwellen-Riemenscheibe verdrehen, oder 4. Gang einlegen und das Fahrzeug verschieben.
- Die Kurbelwelle steht dann auf OT für Zylinder 1, wenn die Nut am Nockenwellenexzenter parallel zur Oberkante vom Zylinderkopf steht. Der größere Halbkreis muß nach oben zeigen.

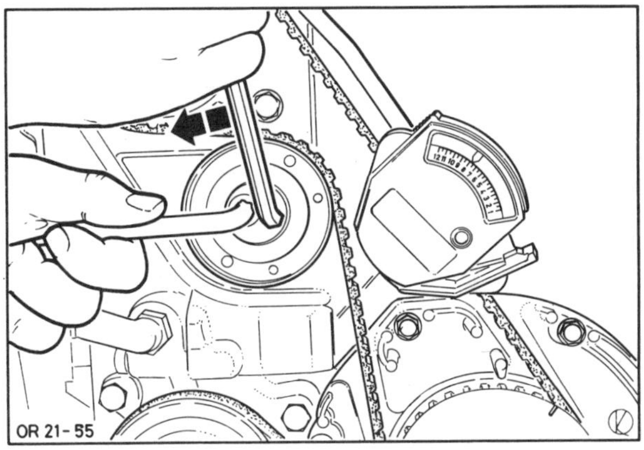

- Riemenspanner lösen. Der Riemenspanner ist mit einer Torxschraube befestigt. Man benötigt den Torxschraubeneinsatz T50.
- Zahnriemen abnehmen.

Achtung: Nach Abnehmen des Zahnriemens darf die Kurbelwelle nicht mehr verdreht werden, da sonst Schäden an Kolben und Ventilen entstehen.

Einbau

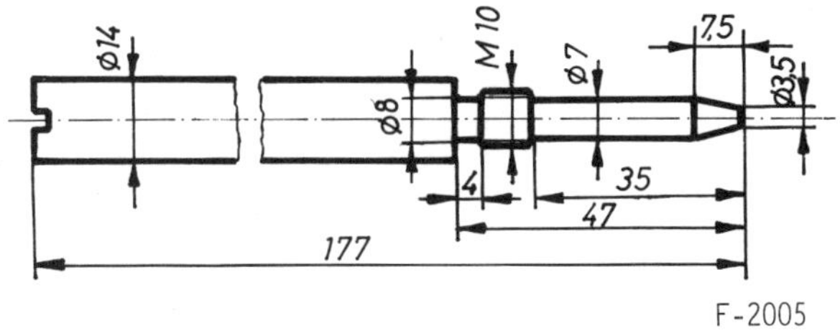

Zur genauen Einstellung wird ein OT-Einstellstift benötigt, FORD-Sonderwerkzeug 21-104. Mit einigem Geschick kann dieser Stift auch selbst hergestellt werden, siehe Zeichnung.

Außerdem wird zur Fixierung der Nockenwelle in OT-Position ein Einstellwinkel benötigt, FORD-Sonderwerkzeug 21-105. Es genügt auch eine genau plane, 5 mm starke Unterlage aus Stahl.

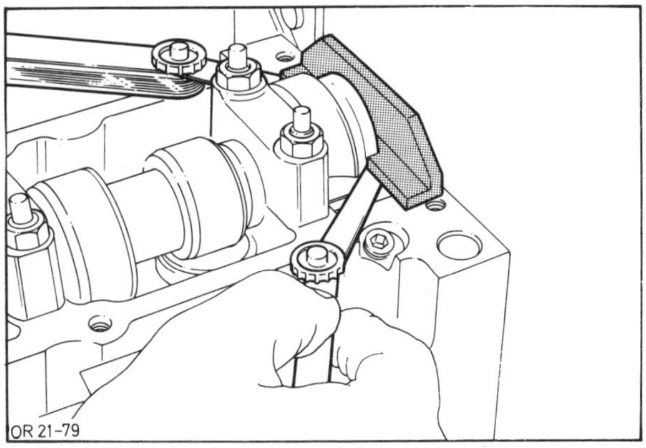

- Spezialwerkzeug 21-105 oder Stahlunterlage in die Nut am Nockenwellenexzenter einsetzen.
- Einstellwinkel ausmitteln. Dazu dreht man die Nockenwelle mit eingeschobenem Einstellwinkel so weit, bis ein Ende des Einstellwinkels am Zylinderkopf anschlägt. Am anderen Ende des Einstellwinkels mit Fühlerlehre das entstandene Spiel messen. Fühlerlehre mit halbiertem Spielmaß zwischen Einstellwinkel und Zylinderkopf einschieben. Nockenwelle nun so drehen, bis das Einstellineal auf der Fühlerlehre aufliegt. Zweite Fühlerlehre mit dem gleichen Maß am anderen Ende zwischen Einstellwinkel und Zylinderkopf einführen.
- Befestigungsschraube vom Zahnriemenrad an der Nockenwelle lösen.
- Zahnriemenrad durch leichte Schläge mit einem Kunststoffhammer vom Konussitz der Nockenwelle lösen. Das Zahnriemenrad muß frei drehbar auf der Nockenwelle sitzen.

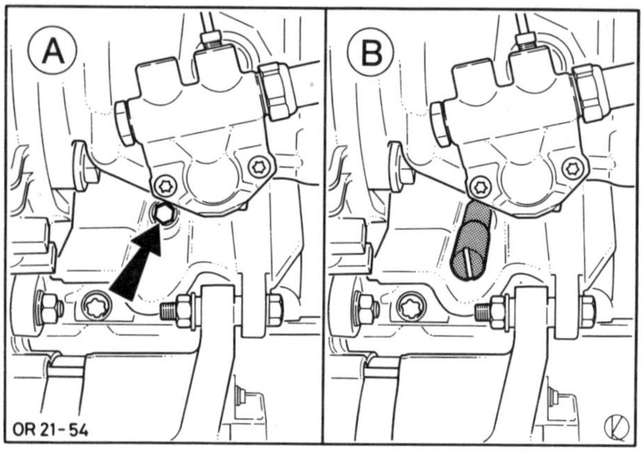

OR 21-54

- Verschlußschraube –Pfeil– am Zylinderblock entfernen. Die Verschlußschraube befindet sich an der Motorvorderseite zwischen Einspritzpumpe und Drehstromgenerator.
- Spezialwerkzeug 21-104 einschrauben.
- Kurbelwelle mit Ringschlüssel im Uhrzeigersinn bis zum Anschlag am Einstellstift drehen. Dadurch wird die Kurbelwelle arretiert.
- Zahnriemen in dieser Stellung auflegen.

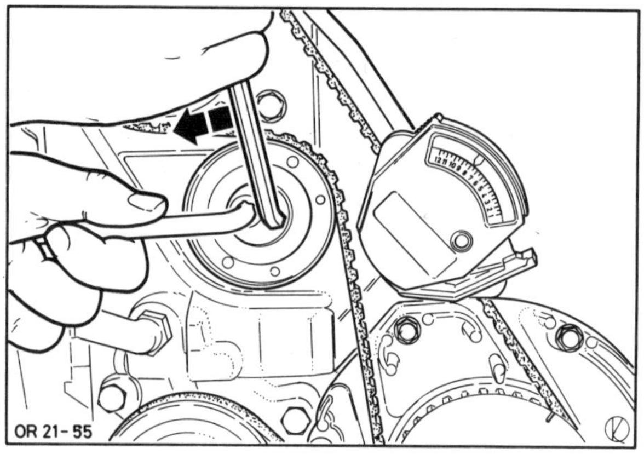

OR 21-55

- Innensechskantschrauben-Schlüssel SW 8 in den Riemenspanner einsetzen und gegen den Uhrzeigersinn verdrehen. Dadurch wird der Zahnriemen gespannt.
- Riemenspanner mit 30 Nm festziehen.
- Zahnriemenrad der Nockenwelle mit 30 Nm festziehen.
- Zahnriemenspannung mit Prüfgerät prüfen.
- Zahnriemendeckel aufsetzen und die 4 Clipse befestigen.
- OT-Einstellstift herausschrauben, statt dessen die Verschlußschraube wieder mit 20 Nm einschrauben.
- Zylinderkopfhaube mit neuer Korkdichtung aufsetzen, Schrauben mit Unterlage einschrauben und über Kreuz mit 10 Nm festziehen.
- 2 Belüftungsschläuche auf die Stutzen der Zylinderkopfhaube aufschieben und mit Schellen sichern.

Zahnriemenspannung prüfen/ einstellen

1,6-l-Dieselmotor

Folgende Spezialwerkzeuge werden benötigt: runde Gradscheibe mit 360°-Einteilung und ein Prüfgerät zur Zahnriemenspannung, z. B. FORD 21-113.

Prüfen

- Batterie-Massekabel abklemmen.

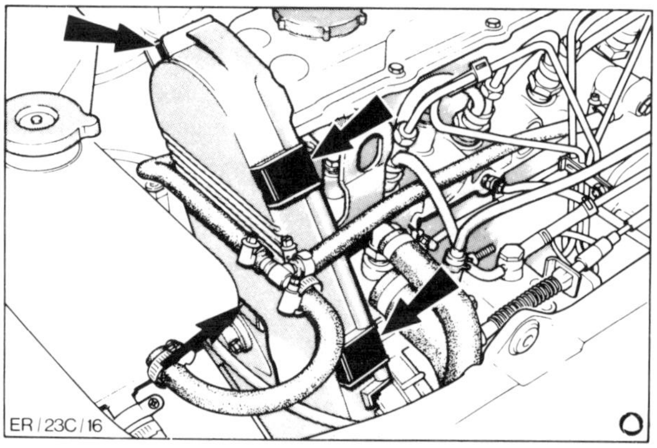

ER/23C/16

- Zahnriemendeckel abnehmen. Die 4 Clipse mit den Fingern lösen.

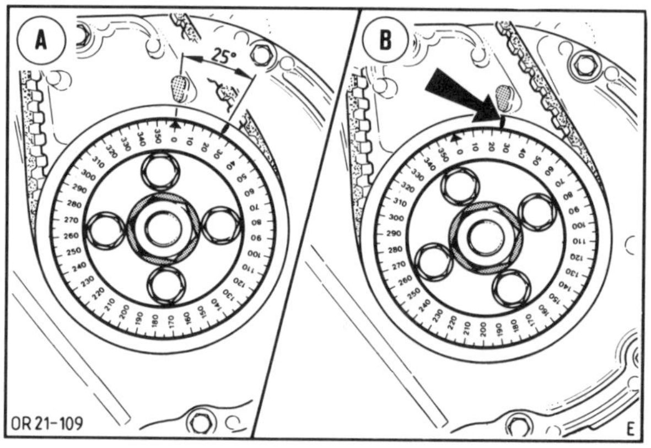

OR 21-109

- Gradscheibe so am Einspritzpumpenrad anbringen, daß die Markierung auf dem Zahnriemenrad an der Einspritzpumpe und die 25° auf der Gradscheibe übereinstimmen.
- Kurbelwelle durch Verdrehen der Zentralschraube mit Ringschlüssel SW 32 oder Verschieben des Fahrzeugs im 4. Gang um mindestens 90° (¼ Umdrehung) im Uhrzeigersinn verdrehen.
- Kurbelwelle weiterdrehen, bis die Markierung vom Zahnriemenrad um 25° versetzt zur Gußnase am Motor steht. Siehe linke Abbildung in Bild OR-21-109.
- Kurbelwelle mit Ringschlüssel um 25° **entgegen** dem Uhrzeigersinn drehen. Sie muß so stehen, wie in der Abbildung OR 21-109 rechts.

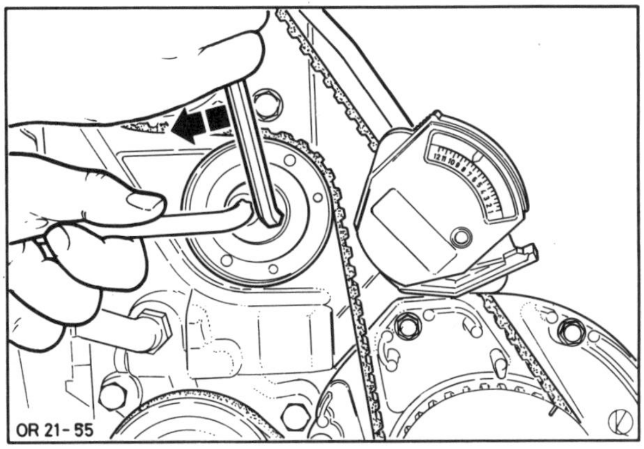

- Prüfgerät einsetzen. Die Zahnriemenspannung wird immer zwischen Einspritzpumpenrad und Nockenwelle gemessen.

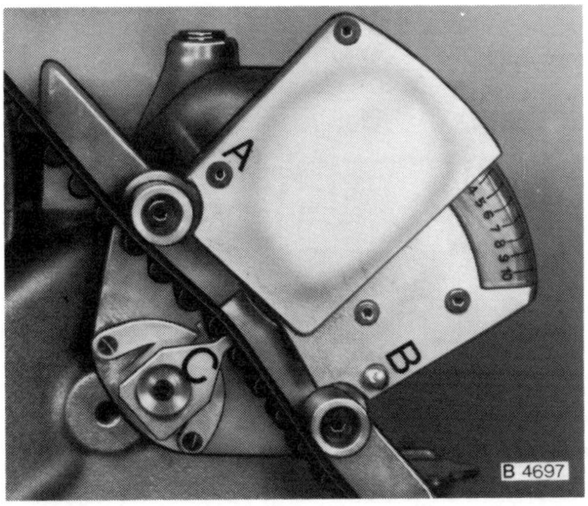

- Zahnriemen zwischen den Punkten A, B und C hindurchführen. Dabei muß der Spanner C in eine Zahnlücke eingreifen.
- Der Zahnriemen ist richtig gespannt, wenn das Prüfgerät einen Wert von 8,5–10,5 anzeigt.
- Liegt der Wert außerhalb dieser Toleranz, Zahnriemen spannen.

Spannen

- Riemenspanner lösen. Dazu wird ein Torxschraubeneinsatz T50 benötigt.
- Prüfgerät für Zahnriemenspannung einsetzen, siehe unter „prüfen".
- Innensechskantschlüssel SW 8 in den Riemenspanner einsetzen und Zahnriemenspannung auf den Wert 8,5–10,5 einregulieren, gleichzeitig Torxschraube wieder anziehen, 30 Nm.
- Zahnriemenspannung erneut prüfen, ggf. Einstellung wiederholen.
- Förderbeginn der Einspritzpumpe überprüfen, siehe Seite 106.
- Gradscheibe abnehmen.
- Zahnriemendeckel aufsetzen, und die 4 Clipse befestigen.

Zahnriemen aus- und einbauen

1,8-l-Dieselmotor

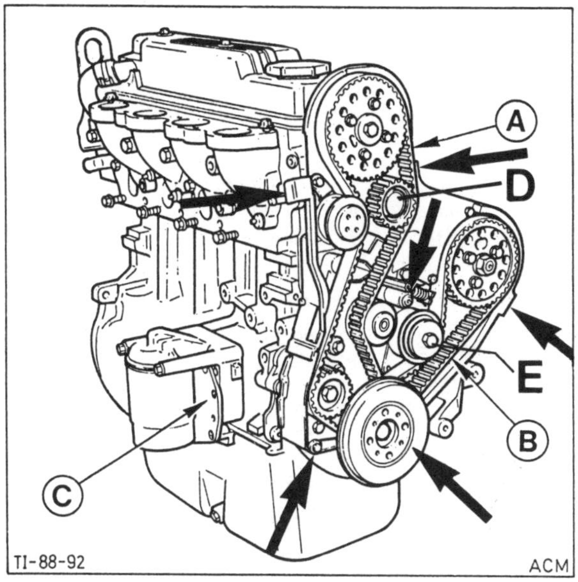

Der 1,8-l-Motor besitzt 2 Zahnriemen. Zum Ausbau des Zahnriemens für die Nockenwelle –A– muß vorher der Zahnriemen –B– für die Einspritzpumpe ausgebaut werden. Damit die Motorsteuerung nach Einbau der Zahnriemen eingestellt werden kann, sind allerdings 3 Einstelldorne von FORD erforderlich, die mit einigem Geschick jedoch auch selbst hergestellt werden können.

Ausbau

- Der Zahnriemenausbau soll bei kaltem Motor erfolgen.
- Batterie-Massekabel abklemmen.
- Keilriemen ausbauen, siehe Seite 193.
- Oberen und unteren Zahnriemendeckel (3 Schrauben/3 Clipse) abnehmen, siehe –breite Pfeile– in der Abbildung. Die untere Abdeckung muß von unten ausgebaut werden.
- Kurbelwelle auf OT (Oberen Totpunkt) für Zylinder 1 oder 4 drehen. Dazu Kurbelwelle mit gekröpften Ringschlüssel SW 32 im Uhrzeigersinn an der Kurbelwellen-Riemenscheibe verdrehen.

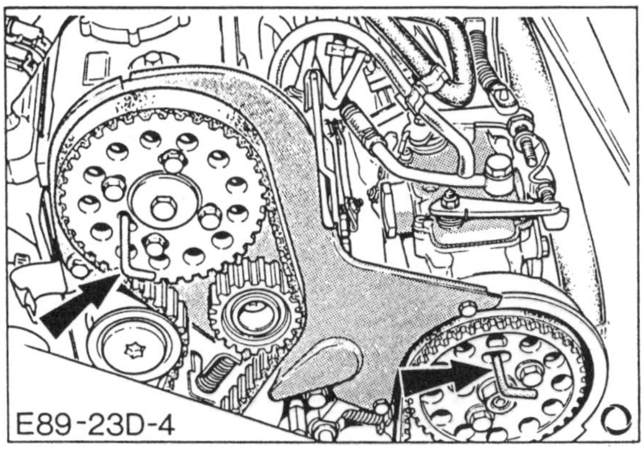

- Die Kurbelwelle steht dann auf OT für Zylinder 1 oder 4, wenn sich die Einstellstifte –Pfeile– einsetzen lassen. Die Einstellstifte für das Nockenwellenrad und das Bosch-Einspritzpumpenrad (FORD-Nr. 23-019) haben einen Durchmesser von 6 mm. Wenn eine CAV-Pumpe eingebaut ist, wird für das Einspritzpumpenrad ein Einstellstift von 9,5 mm ∅ benötigt (FORD-Nr. 23-029). Statt der FORD-Werkzeuge können auch andere Stifte mit diesen Durchmessern verwendet werden.
- Befestigungsschrauben für die Zahnriemenspanner –D– und –E– lösen, siehe Abbildung TI-88-92. **Achtung:** Für den Spanner –D– wird ein Torxschraubeneinsatz T 50 benötigt.
- Zahnriemen abnehmen. Motor nach dem Abnehmen des Zahnriemens nicht mehr verdrehen, da sonst Schäden an Kolben und Ventilen entstehen.

Einbau

- Beide Zahnriemen auflegen, dabei Zahnriemenräder nicht verdrehen. **Achtung:** Die Pfeile auf den Zahnriemen müssen in Drehrichtung des Motors, also in Uhrzeigersinn, weisen. Zahnriemen auf jeden Fall ersetzen, wenn die Zahnflanken abgenutzt sind oder der Zahnriemen verölt ist.
- Beim Auflegen der Zahnriemen von der Kurbelwellen-Riemenscheibe anfangen und Zahnriemen entgegen dem Uhrzeigersinn auflegen. Dadurch kommt die lockere Zahnriemenseite zu den federbelasteten Spannrollen.
- Spannrollen mit Federkraft auf die Zahnriemen schnappen lassen und Schrauben festziehen.
- Anschließend Motorsteuerung einstellen.
- Einstellstifte entfernen.
- Obere und untere Zahnriemenabdeckungen einbauen.
- Keilriemen einbauen, siehe Seite 193.
- Batterie-Massekabel anklemmen.

Motorsteuerung einstellen/ Zahnriemen spannen

1,8-l-Dieselmotor

Der 1,8-l-Motor besitzt 2 Zahnriemen. Nach dem Einbau eines Zahnriemens muß die Motorsteuerung überprüft und der Nockenwellenzahnriemen richtig gespannt werden.
Es sind allerdings 3 Einstelldorne von FORD erforderlich, die mit einigem Geschick jedoch auch selbst hergestellt werden können.

Einstellen

- Vor der Einstellung Kurbelwellenriemenscheibe zweimal ganz durchdrehen.
- Zahnriemendeckel abnehmen, siehe unter »Zahnriemenausbau«.
- Zylinderkopfdeckel ausbauen.
- Kurbelwelle auf OT (Oberen Totpunkt) für Zylinder 1 drehen. Dazu Kurbelwelle mit gekröpften Ringschlüssel SW 32 im Uhrzeigersinn an der Kurbelwellen-Riemenscheibe verdrehen.

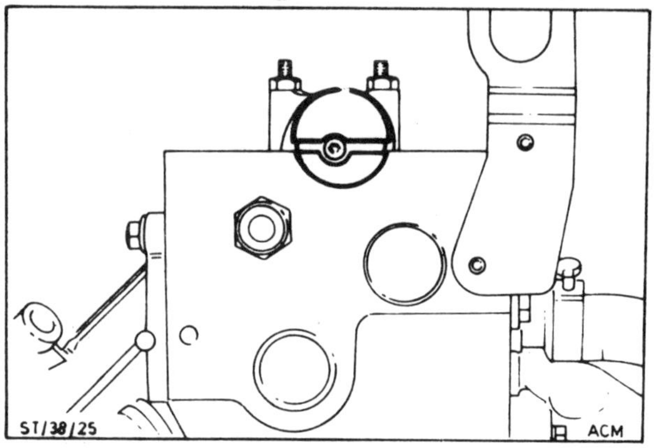

- Die Kurbelwelle steht dann auf OT für Zylinder 1, wenn die Nut am Nockenwellenexzenter parallel zur Oberkante vom Zylinderkopf steht. Der größere Halbkreis muß nach oben zeigen.
- Kurbelwellen-Riemenscheibe ca. 30° gegen den Uhrzeigersinn drehen.

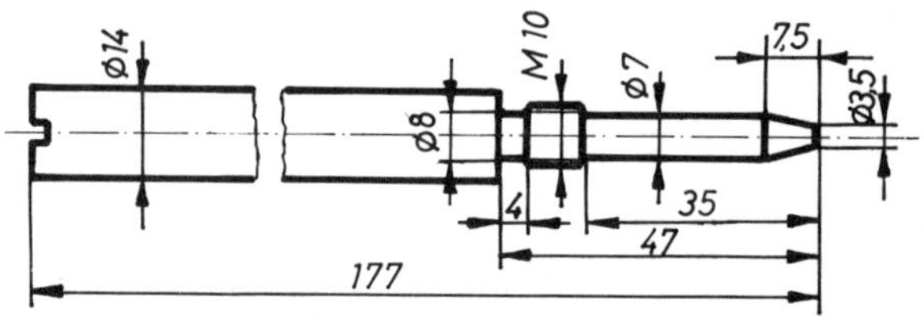

F-2005

- Zur genauen Einstellung wird ein OT-Einstellstift benötigt, FORD-Sonderwerkzeug 21-104. Gegebenenfalls Werkzeug nach Zeichnung selbst herstellen.

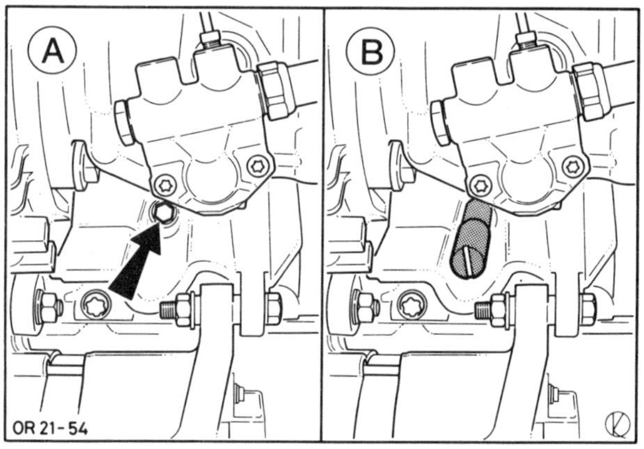

- Verschlußschraube –Pfeil– am Zylinderblock entfernen. Die Verschlußschraube befindet sich an der Motorvorderseite zwischen Einspritzpumpe und Drehstromgenerator.
- Spezialwerkzeug 21-104 einschrauben.
- Kurbelwelle mit Ringschlüssel im Uhrzeigersinn bis zum Anschlag am Einstellstift drehen. Dadurch wird die Kurbelwelle genau auf OT ausgerichtet.
- 4 Befestigungsschrauben vom Zahnriemenrad an der Nockenwelle lösen. Das Zahnriemenrad muß frei drehbar auf der Nockenwelle sitzen.

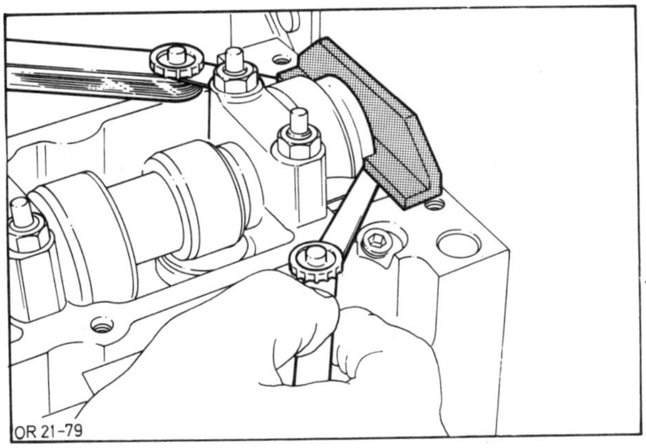

- Spezialwerkzeug 21-105 oder Stahlunterlage mit 5 mm Höhe in die Nut am Nockenwellenexzenter einsetzen.
- Spezialwerkzeug ausmitteln, dazu Motor an der Kurbelwelle verdrehen, bis es parallel zur Oberkante vom Zylinderkopf steht. Gegebenenfalls links und rechts zur Kontrolle Abstand mit Fühlerblattlehre messen.

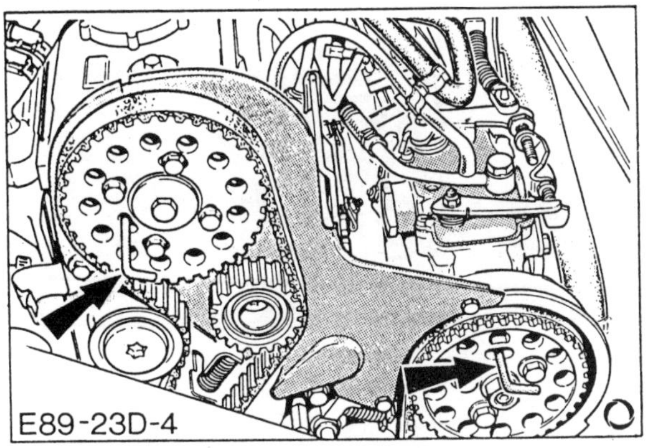

- Einstellstift –linker Pfeil– einsetzen. Der Einstellstift für das Nockenwellenrad (FORD-Nr. 23-019) hat einen Durchmesser von 6 mm. Statt des FORD-Werkzeugs kann auch ein anderer Stift mit diesem Durchmesser verwendet werden.
- Befestigungsschrauben für den Zahnriemenspanner –D– lösen, siehe Abbildung TI-88-92. **Achtung:** Für den Spanner –D– wird ein Torxschraubeneinsatz T 50 benötigt.

- Zahnriemen auf der gegenüberliegenden Seite des Spanners mit dem Finger in Pfeilrichtung andrücken und wieder loslassen. Dadurch wird die Spannung des Zahnriemens gleichmäßig verteilt.
- Nockenwellenrad und Zahnriemenspanner festziehen.
- Einstellstift für Einspritzpumpenrad einsetzen, siehe rechten Pfeil in Abbildung E89-23D-4. Der Einstellstift für die BOSCH-Einspritzpumpe hat 6 mm ∅, für die CAV-Einspritzpumpe beträgt der Durchmesser 9,5 mm.
- Läßt sich der Stift nicht einsetzen, Zahnriemen für Einspritzpumpe entspannen und abnehmen.
- Einspritzpumpen-Zahnrad verdrehen, bis der Stift eingesetzt werden kann.
- Zahnriemen in dieser Stellung auflegen und durch die Federkraft des Zahnriemenspanners spannen lassen.
- Einstellstifte und Stahlunterlage für Nockenwelle entfernen.
- Verschlußstopfen am Motorblock einschrauben.
- Zylinderkopfdeckel einbauen.
- Obere und untere Zahnriemenabdeckungen einbauen.
- Keilriemen einbauen, siehe Seite 193.
- Batterie-Massekabel abklemmen.

Ventilspiel einstellen

Das Ventilspiel muß bei kaltem Motor geprüft werden, das heißt, daß der Motor vor dem Einstellen ungefähr 4 Stunden nicht mehr gelaufen sein soll.

Das Einstellen der Ventile hat nur dann den gewünschten Erfolg, wenn die Ventile einwandfrei abdichten, diese kein unzulässiges Spiel in den Ventilführungen haben und am Schaftende nicht eingeschlagen sind.

Bei zu geringem Spiel verändern sich die Steuerzeiten, die Verdichtung ist schlecht, die Motorleistung nimmt ab, der Motorlauf ist unregelmäßig. In extremen Fällen können sich die Ventile verziehen oder die Ventile bzw. Ventilsitze verbrennen.

Bei zu großem Spiel stellen sich starke mechanische Geräusche ein, die Steuerzeiten verändern sich, der Motor gibt wegen mangelhafter Zylinderfüllung weniger Leistung ab, der Motorlauf ist unregelmäßig.

Zum Einstellen des Ventilspiels stehen als FORD-Ersatzteil Einstellscheiben von 3,00 mm bis 4,75 mm Dicke zur Verfügung, in Abstufungen von 0,05 mm. Die Stärke der Einstellscheiben ist auf der Unterseite eingeätzt. **Beim Einbau ist unbedingt darauf zu achten, daß diese Kennzeichnung nach unten, das heißt in den Tassenstößel zeigt.**

Bereits gelaufene Einstellscheiben können, wenn keine mechanischen Beschädigungen vorliegen, wieder verwendet werden.

Zum Einstellen des Ventilspiels werden benötigt: Ein Niederhalter für die Tassenstößel (FORD-Nr. 21-106 oder von der Firma HAZET, Nr. 3474), und eine Zange zum Auswechseln der Ventileinstellscheiben (FORD-Nr. 21-107 oder HAZET-Nr. 3499).

Einstellen

- Die Zylinderkopfhaube hat zwei Belüftungsschläuche, vom Kurbelgehäuse und vom Luftfilter. Metallschellen der Schläuche mit Flachzange spreizen und gleichzeitig die Schläuche von der Zylinderkopfhaube abziehen.
- Zylinderkopfhaube abschrauben, 10 Schrauben SW 10.

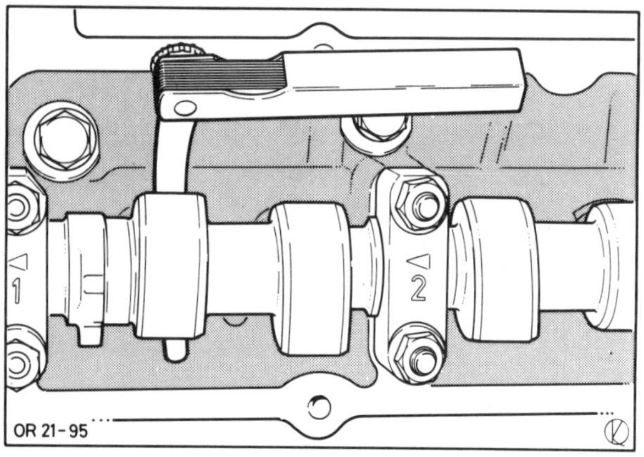

OR 21-95

- Kurbelwelle an der Riemenscheibe mit gekröpftem Ringschlüssel verdrehen, oder 4. Gang einlegen und Fahrzeug verschieben, bis das Nockenpaar des einzustellenden Zylinders gleichmäßig nach oben zeigt. Dabei sind die Nocken schräg versetzt. Das Nockenpaar liegt dann nicht mehr auf den Einstellscheiben auf. Der Kolben steht im OT.

Achtung: Nicht an der Befestigungsschraube für das Nockenwellenrad drehen, da sonst der Zahnriemen überbeansprucht wird.

- Ventilspiel mit Fühlerblattlehre messen.

Achtung: Die Reihenfolge der Ventile, aus Richtung Zahnriemenseite des Motors für alle Zylinder ist: 1. Einlaßventil, 2. Auslaßventil.

Sollwerte Ventilspiel (kalt):

1,6-l-Motor: Einlaßventile 0,30 ± 0,065 mm
Auslaßventile 0,50 ± 0,065 mm

1,8-l-Motor: Einlaßventile 0,35 ± 0,05 mm
Auslaßventile 0,50 ± 0,05 mm

Die entsprechende Fühlerblattlehre muß sich spielfrei zwischen Nocken und Stößel schieben lassen. Gemessenes Ventilspiel notieren.

15-359

- Vor Einsetzen des Niederhalters Tassenstößel so verdrehen, daß nach dem Niederdrücken die Zange in die Aussparungen eingreifen kann.

Achtung: Beim Einstellen des Ventilspiels darf der Kolben **nicht** im OT stehen. Kurbelwelle ca. 1/4 Umdrehung weiterdrehen, damit die Ventile beim Niederdrücken der Tassenstößel nicht auf dem Kolben aufliegen.

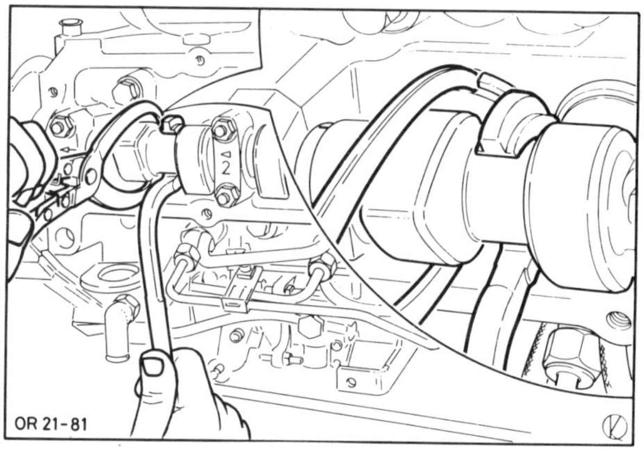

OR 21-81

- Ventilspiel korrigieren. Hierzu benutzen die FORD-Werkstätten das Spezialwerkzeug 21-106 und 21-107, das in ähnlicher Ausführung von verschiedenen Werkzeugfirmen angeboten wird. Ohne diese Werkzeuge ist ein Einstellen der Ventile nicht möglich. Mit dem Niederhalter wird der Tassenstößel nach unten gedrückt. Mit der Zange wird die Einstellscheibe herausgezogen.

- Erforderliche Einstellscheibe einlegen, Beschriftung muß nach unten zeigen.
- Niederhalter entfernen und Nockenwelle weiterdrehen.
- Ventile der folgenden Zylinder genauso einstellen.

Hinweis: Mit zunehmender Laufleistung wird durch Setzen und Einschlagen der Ventile und Sitze das Ventilspiel kleiner, das heißt, die vorhandene Einstellscheibe ist dann zu dick und muß durch eine dünnere ersetzt werden.

Beispiel 1,6-l-Motor:

Ventil	Auslaß	Einlaß
Sollwerte	0,435–0,565 mm	0,235–0,365 mm
gemessene Werte	0,350 mm	0,415 mm
Spiel um	0,085 mm zu klein	0,050 mm zu groß

Liegen die Werte innerhalb der Toleranz, ist ein Auswechseln der Einstellscheiben nicht erforderlich. Wird die Toleranz überschritten, ist beim Einstellen der Mittelwert – z. B. 0,30 mm – anzustreben.

Vorhandene Einstellscheibe	4,05 mm	3,65 mm
Erforderliche Einstellscheibe (um Mittelwert zu erreichen)	3,90 mm	3,75 mm

- Zylinderkopfhaube mit neuer Dichtung aufsetzen, Schrauben mit Unterlagen über Kreuz und mit 10 Nm festziehen.
- 2 Belüftungsschläuche auf die Stutzen der Zylinderkopfhaube aufschieben und mit Metallschellen sichern.

Kompression prüfen

Die Kompressionsprüfung erlaubt Rückschlüsse über den Zustand des Motors. Und zwar läßt sich bei der Prüfung feststellen, ob die Ventile oder die Kolben (Kolbenringe) in Ordnung bzw. verschlissen sind. Außerdem zeigen die Prüfwerte an, ob der Motor austauschreif ist bzw. komplett überholt werden muß. Für die Prüfung wird ein Kompressionsdruckprüfer benötigt, der speziell für den Dieselmotor ausgelegt sein muß. Bei einem neuen Motor soll der Kompressionsdruck 34 bar (atü) betragen. Die Verschleißgrenze liegt bei 28 bar (atü). Der Druckunterschied zwischen den einzelnen Zylindern darf maximal 5 bar (atü) betragen. Falls ein oder mehrere Zylinder gegenüber den anderen einen Druckunterschied von mehr als 5 bar (atü) haben, ist dies ein Hinweis auf defekte Ventile, verschlissene Kolbenringe bzw. Zylinderlaufbahnen.

Prüfvoraussetzungen: Der Motor muß Betriebstemperatur haben (Kühlmitteltemperatur ca. +80° C), das Ventilspiel muß richtig sein.

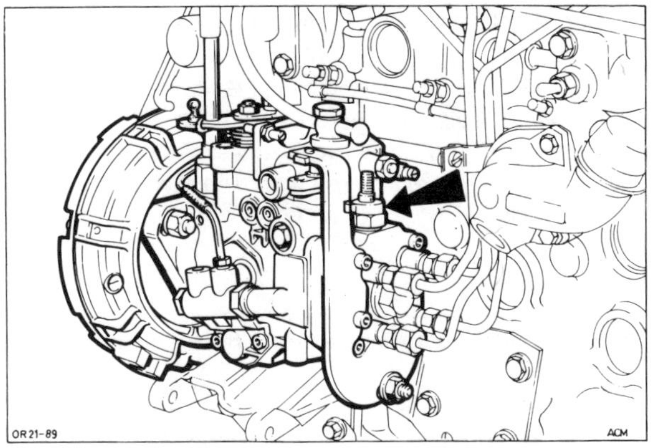

- Kabel vom Vorglührelais (am Stehblech befestigt) und Motorstoppschalter –Pfeil– abklemmen. Anschlüsse zur Isolierung mit Tesaband umwickeln.

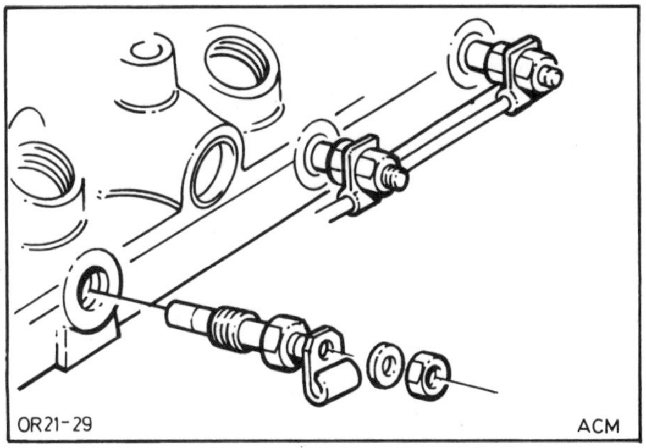

- Kabel von den Glühkerzen abschrauben (Sechskantmuttern) und mit Tesaband isolieren.
- Glühkerzen herausschrauben.
- Kompressionsdruckprüfer anstelle der Glühkerzen einschrauben.
- Von Hilfsperson Anlasser im Leerlauf starten bis kein Druckanstieg mehr erfolgt (ca. 4 Sekunden). Prüfwert des Zylinders aufschreiben und mit Sollwert vergleichen, nacheinander sämtliche Zylinder prüfen.
- Glühkerzen einschrauben und mit 28 Nm festziehen.
- Elektrische Anschlüsse für die Glühkerzen anbringen, Sechskantmuttern mit 4 Nm festziehen.
- Elektrische Kabel für Motorstoppschalter und Vorglührelais abisolieren und wieder anklemmen.

Störungstabelle Dieselmotor

Bevor anhand der Störungstabelle der Fehler aufgespürt wird, müssen verschiedene Voraussetzungen erfüllt sein: Es wurden keine Bedienungsfehler gemacht; Kraftstoff befindet sich im Tank, der Anlasser dreht normal durch (Anlaßdrehzahl mindestens 150/min).

Störung: Der Motor springt schlecht oder gar nicht an

Defekt	Voraussetzung	Abhilfe
Bedienungsfehler beim Starten	Anlassen des kalten Motors	Zündschlüssel auf Vorglühen drehen bis die Kontrollampe erlischt Sofort nach Verlöschen der Kontrolllampe Motor anlassen
	Anlassen des betriebswarmen Motors	Es braucht nicht vorgeglüht zu werden Motor kann sofort angelassen werden
Magnetventil am Stoppschalter erhält keine Spannung	Prüflampe an Ventil anschließen, Zündung einschalten, Prüflampe leuchtet Zündung abwechselnd ein- und ausschalten, Ventil muß dabei hörbar klicken	Magnetventil lose oder defekt. Ventil festziehen Wenn das Magnetventil nicht klickt, ersetzen
	Prüflampe leuchtet nicht auf	Leitungsunterbrechung vom Anlasser-Schalter ersetzen
Vorglühanlage glüht nicht vor	Stromzufuhr überprüfen: Prüflampe zwischen Glühkerze für Zylinder 4 und Masse klemmen	Glühkerze defekt, Glühkerze überprüfen
	Prüflampe leuchtet nicht	Klemme 30 vom Vorglührelais (am Stehblech) erhält keine Spannung. Unterbrechung in der Stromzufuhr suchen
Kraftstoffanlage defekt	Kraftstoff wird nicht gefördert	Kraftstoffleitungen (Saug-, Rücklauf-, Einspritzleitungen) geknickt, verstopft, undicht Kraftstoff-Filter verstopft Nur im Winter: Eis bzw. Wachs in einer Kraftstoffleitung, Tankbelüftung verschlossen
	Kraftstoff wird gefördert	Einspritzleitungen nicht nach Zündfolge (1–3–4–2) angeschraubt. Anschlüsse der Einspritzleitungen überprüfen
Förderbeginn verstellt		Förderbeginn überprüfen
Einspritzdüsen defekt		Einspritzdüsen überprüfen
Einspritzpumpe defekt	Alle Zylinder laufen mit	Einspritzpumpe auswechseln
Relais für Glühkerzen zieht nicht an	Prüflampe an Klemme 86 anschließen Zündschlüssel auf Vorglühen drehen Prüflampe leuchtet	Verbindung von Klemme 85 des Relais nach Masse instand setzen oder Relais ersetzen
	Prüflampe leuchtet nicht	Verbindung von dem Relaisstecker zur Klemme 86 des Relais instand setzen
Motor hat mechanische Fehler		Kompressionsdruck prüfen

Die Diesel-Kraftstoffanlage

Zur Kraftstoffanlage gehören der Kraftstoffbehälter, die Kraftstoffleitungen, die Einspritzpumpe mit den Einspritzventilen und das Kraftstoff-Filter. Der Kraftstoffbehälter liegt hinten unter den Fondsitzen. Der jeweilige Kraftstoffvorrat wird dem Fahrer über eine Kraftstoffuhr angezeigt. Durch ein Belüftungssystem wird der Tank belüftet. Falls der Tank leer gefahren wird, ist ein Entlüften der Anlage nicht erforderlich, da sich diese während des Anlassens automatisch entlüftet.

Achtung: Wenn sich die Kraftstoffanlage nicht automatisch entlüftet, beziehungsweise keine Handpumpe vorhanden ist, dann ist folgendermaßen vorzugehen:

- Einspritzpumpe mit Dieselkraftstoff anfüllen.
- Kraftstoff-Filter mit Diesel anfüllen.
- Fahrzeug anschleppen.

Durch diese Maßnahmen ist eine schnelle Entlüftung sichergestellt.

Achtung: Um bei Startschwierigkeiten zu prüfen, ob Kraftstoff zu den Einspritzventilen gefördert wird, an zwei Einspritzventilen die Überwurfmuttern lösen und den Motor ohne vorzuglühen starten, bis Kraftstoff an den Überwurfmuttern austritt. Überwurfmuttern festziehen und Motor vorschriftsmäßig starten.

Fahren im Winter

Kraftstoffzusätze sollen dem Diesel nicht zugegeben werden, es sei denn im Winter. Mit abnehmenden Außentemperaturen verringert sich das Fließvermögen des Dieselkraftstoffes durch Paraffin-Ausscheidung. Der Dieselkraftstoff wird dick wie Honig. Aus diesem Grund werden von den Mineralölfirmen dem Diesel im Winter Zusätze beigemischt, die das Fließverhalten heraufsetzen und ein Fahren bis etwa −15° C garantieren. Nicht immer reichen jedoch diese Zusätze für einen störungsfreien Betrieb aus, weshalb es mitunter notwendig wird, auch wenn noch „Sommer-Diesel" im Tank ist, dem Diesel Ottokraftstoff beizumischen.

- Die Zumischung sollte möglichst vor Beginn der Paraffin-Ausscheidung erfolgen, da sonst erst Filter und Leitungen von dem dickflüssigen Diesel befreit werden müssen.
- Da das Beimischen von Ottokraftstoff (Normalbenzin) die Motorleistung mindert, sollte grundsätzlich nur die tatsächlich benötigte Menge beigemischt werden (siehe Tabelle).

Achtung: Zum Beimischen nur Normalbenzin, kein Superbenzin verwenden.

- Wegen der leichten Entflammbarkeit von Ottokraftstoff sollte aus Sicherheitsgründen das Beimischen nur im Fahrzeugtank erfolgen. Dabei möglichst zuerst Normalbenzin und dann Dieselkraftstoff einfüllen.

Achtung: Durch das Beimischen von Ottokraftstoff verringert sich die Motorleistung.

Außentemperatur in °C	Mischanteile in Volumen %			
	Sommer-Dieselkraftstoff	Normalbenzin	Winter-Dieselkraftstoff	Normalbenzin
0 bis − 9	80	20	–	–
− 10 bis − 14	70	30	–	–
− 15 bis − 25	50	50	70	30

- Bleibt der Motor bei großer Kälte aufgrund versulzten Dieselkraftstoffs stehen, ist es mitunter sehr schwierig, den Motor wieder zum Laufen zu bringen. Dabei bieten sich folgende Möglichkeiten an:
- Kraftstoffilter ausbauen und im Wasserbad erwärmen, bis der Dieselkraftstoff wieder flüssig wird.
- Kraftstoffilter ausbauen und durch neuen Filter ersetzen.
- Fahrzeug in Garage schieben oder abschleppen und Garage heizen.
- Einspritzanlage mit heißem Wasser abspritzen.

Achtung: Auf keinen Fall dürfen die Einspritzanlage oder der Tank mit einer Lötlampe oder einem vergleichbaren Gerät erhitzt werden. Explosionsgefahr!

Hinweise für Arbeiten an der Kraftstoffeinspritzung

Bei Arbeiten an der Einspritzanlage sind die folgenden Regeln zur Sauberkeit sorgfältig zu beachten:

1 – Verbindungsstellen und deren Umgebung **vor dem Lösen** gründlich reinigen.

2 – Ausgebaute Teile auf einer **sauberen** Unterlage ablegen und abdecken. Folien oder Papier verwenden. Keine fasernden Lappen benutzen!

3 – Geöffnete Bauteile sorgfältig abdecken bzw. verschließen, wenn die Reparatur nicht umgehend ausgeführt wird.

4 – Nur **saubere** Teile einbauen.
- Ersatzteile erst unmittelbar vor dem Einbau aus der Verpackung nehmen.
- Keine Teile verwenden, die unverpackt (z. B. in Werkzeugkästen usw.) aufgehoben wurden.

5 – Bei geöffneter Anlage:
- Möglichst nicht mit Druckluft arbeiten.
- Das Fahrzeug möglichst nicht bewegen.

Außerdem ist darauf zu achten, daß kein Dieselkraftstoff auf die Kühlmittelschläuche läuft. Gegebenenfalls müssen die Schläuche sofort wieder gereinigt werden. Angegriffene Schläuche sind zu ersetzen.

Gaszug aus- und einbauen/einstellen

Ausbau

- Batterie-Massekabel abklemmen.
- Abdeckung unter Instrumententafel ausbauen.

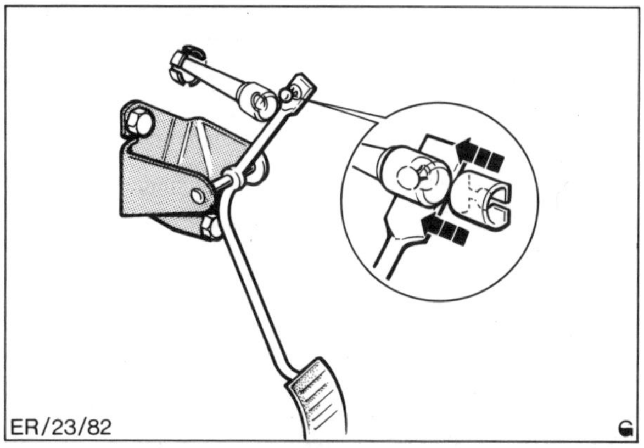

- Gaszug am Gaspedal aushängen. Dazu den Abschlußnippel des Gaszuges festhalten und gleichzeitig das Gaspedal etwas vom Bodenblech wegziehen.
- Führungsstück des Gaszuges in der Spritzwand von innen herausdrücken.
- Gaszug durch die Spritzwand in den Motorraum durchziehen.

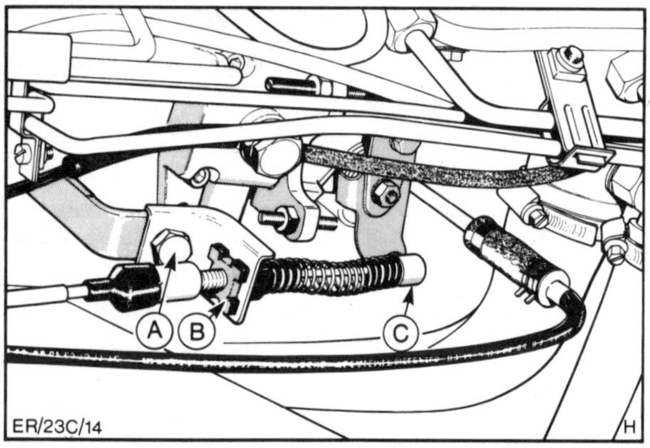

- Gaszugnippel –C– vom Kugelkopf am Gashebel an der Einspritzpumpe aushängen. Dazu mit schmalem Schraubendreher Sicherungsklammer am Kugelkopf etwas anheben und Kugelpfanne nach oben abnehmen. Bei neueren Modellen hat der Gaszug eine Kunststofföse, die vom Gashebel an der Einspritzpumpe nach oben abgezogen wird.
- Einstellclip –B– aus dem Gaszughalter ausbauen. Dazu die 4 Haltezungen des Clips mit schmalem Schraubenzieher nacheinander eindrücken. Gleichzeitig Clip gegen den Halter drücken und schließlich durch die Öffnung im Halter herausziehen. Gaszug herausnehmen.

Einbau

Achtung: Der Gaszug ist sehr knickempfindlich und somit beim Einbau besonders sorgfältig zu behandeln. Ein einziger leichter Knick kann zum späteren Bruch im Fahrbetrieb führen. Züge, die geknickt wurden, dürfen daher **nicht** eingebaut werden.

- Neuen Gaszug durch die Spritzwand einführen, Führungsstück in die Öffnung eindrücken.
- Gaszug am Gaspedal einhängen. Seilzughülle in das Führungsstück schieben.
- Gaszug durch den Halter an der Einspritzpumpe einschieben, bis die Haltezungen des Einstellclips –B– einrasten. Einstellschraube ganz hineindrehen.
- Gaszug am Gashebel der Einspritzpumpe einhängen.
- Gaszug einstellen.

Einstellen

- Gaspedal ganz durchdrücken (Vollgasstellung) und in dieser Stellung festklemmen. Dazu geeignetes Brett zwischen Sitz und Pedal klemmen.
- Einstellschraube so weit zurückdrehen, bis der Hebel an der Einspritzpumpe die Vollgasstellung gerade erreicht.
- Gaspedal loslassen, dann durchtreten und prüfen, ob die Vollgasstellung erreicht wird. Gegebenenfalls Einstellung korrigieren.
- Untere Abdeckung im Innenraum einbauen.
- Batterie-Massekabel anklemmen.

Höchstdrehzahl/ Verzögerungszeit prüfen

1,6-l-Dieselmotor

Zum Prüfen der Drehzahl wird ein für Dieselmotoren geeigneter Drehzahlmesser benötigt, der auf Fotozellenbasis arbeitet. Er ist teuer, so daß sich der Kauf nicht unbedingt empfiehlt.

- Motor warmlaufen lassen, Kühlmitteltemperatur etwa +80° C.
- Drehzahlmesser anschließen.

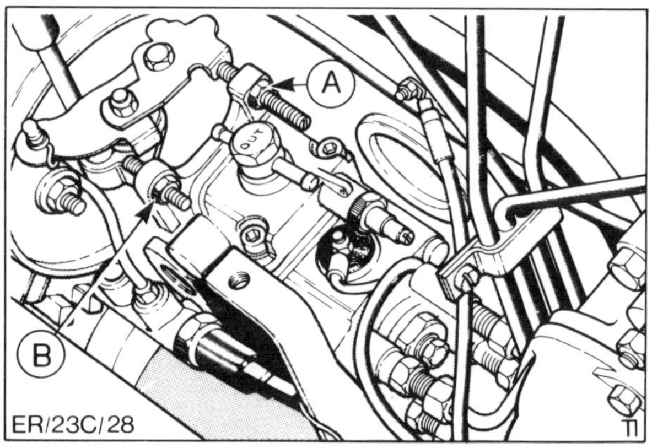

- Am Einspritzpumpenhebel bis Anschlag an Schraube –B– Vollgas geben.

Achtung: Nie länger als 5 Sekunden Vollgas geben!

- Höchstdrehzahl überprüfen. Sollwert 5350 ± 50/min. Falls dieser Wert nicht erreicht wird, ist der BOSCH-Kundendienst zur Fehlersuche aufzusuchen.

Verzögerungszeit prüfen

Die Verzögerungszeit ist die Zeit, die der Motor braucht, um von der Höchstdrehzahl auf die Leerlaufdrehzahl zu kommen.

- Vollgas geben bis zur Höchstdrehzahl, Gashebel loslassen, Zeit mit einer Stoppuhr messen, die der Motor benötigt, um von Höchstdrehzahl auf Leerlaufdrehzahl zu kommen. Sollwert: max. 5 Sekunden.

Verzögerungszeit und Höchstdrehzahl sollen nur vom Bosch-Kundendienst eingestellt werden.

Leerlaufdrehzahl prüfen/einstellen

- Dieselmotordrehzahlmesser anschließen, der Motor muß warmgelaufen sein.
- Leerlaufdrehzahl prüfen. Sollwert: 880 ± 40/min. Wird dieser Wert nicht erreicht, vorgeschriebene Drehzahl an der Schraube –A– in Abbildung ER/23C/28 einregulieren. Kontermutter vor Einstellung lösen, nach der Einstellung wieder festziehen.

Kraftstoffilter entwässern/ersetzen

Für einen störungsfreien Betrieb ist das Kraftstoffilter alle 10000 km zu entwässern. Der Kraftstoffilter befindet sich, von vorn gesehen, am Motorblock rechts.

Entwässern

- Kupplungsgehäuse unter dem Filter abdecken, damit kein Kraftstoff in das Kupplungsgehäuse gelangen kann.
- Gefäß zum Auffangen des Wassersatzes unterstellen.

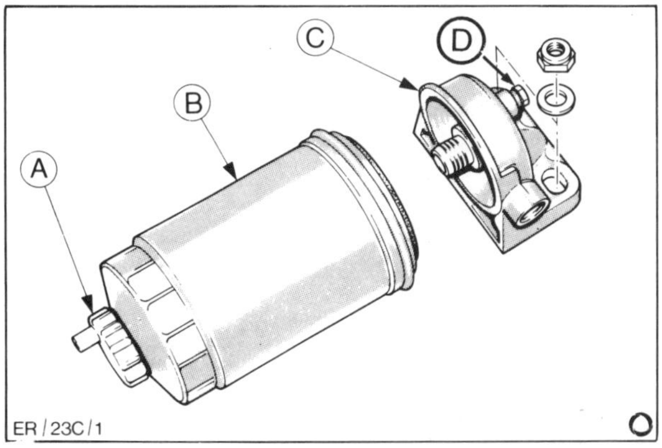

- Ablaßschraube –A– mit der Hand und Belüftungsschraube –D– um eine Umdrehung öffnen.
- Wassersatz ablaufen lassen, bis Kraftstoff ausläuft.
- Belüftungs- und Ablaßschraube schließen.

Ersetzen (BOSCH-Filter)

- Kraftstoffilter wie beim Entwässern entleeren, auch Kraftstoff ganz herauslaufen lassen.
- Filter –B– vom Filterhalter –C– abschrauben. Zum Lösen des Filters Ölfilterschlüssel oder Lederriemen benutzen.
- Äußere Dichtung des neuen Filters leicht mit Dieselkraftstoff einreiben, Filter mit Dieselkraftstoff füllen.
- Neues Filterelement mit der Hand am Filtergehäuse anschrauben.
- Motor starten, mehrmals Gas geben, bis keine Luft mehr im Kraftstoffsystem ist.
- Kraftstoffanlage auf Dichtheit sichtprüfen.

CAV-Kraftstoffilter ersetzen

- Kraftstoffilter wie beim Entwässern entleeren, auch Kraftstoff ganz herauslaufen lassen.

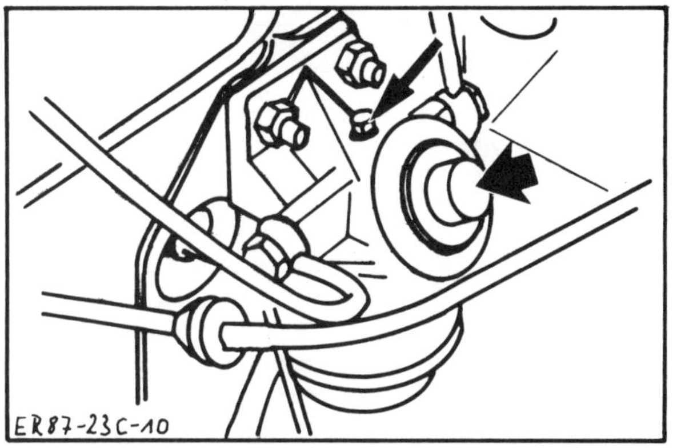

- Befestigungsschraube –linker Pfeil– oben am Kraftstoffilterhalter herausschrauben. Dabei Filtereinsatz festhalten.
- Filtereinsatz nach unten abnehmen.
- O-Dichtringe oben und unten am Filtereinsatz abnehmen.
- Neuen Filtereinsatz mit **neuen** O-Dichtringen einsetzen und festschrauben. Dabei sicherstellen, daß die O-Dichtringe richtig sitzen.
- Kraftstoffrücklaufleitung am Filter lösen.
- Handförderpumpe –rechter Pfeil in der Abbildung– durch Hereindrücken und Herausziehen des Pumpenknopfes so lange betätigen, bis sauberer, blasenfreier Kraftstoff aus der Kraftstoffanschlußleitung austritt.
- Rücklaufleitung festziehen.
- Motor starten und Kraftstoffanlage auf Dichtheit sichtprüfen.

Glühkerzen prüfen

- Anschlußkabel und Stromschiene für Glühkerzen abnehmen.

28-074

- Prüflampe an Batterie + anklemmen und nacheinander an jede Glühkerze anlegen.
- Lampe leuchtet auf: Glühkerze in Ordnung.
- Lampe leuchtet nicht auf: Glühkerze defekt, austauschen. Bei verbrannten Glühstiften Hinweise beachten.

Glühkerzen mit verbrannten Glühstiften

Verbrannte Glühstifte von Glühkerzen sind häufig Folgeschäden von Düsenstörungen. Derartige Schäden sind nicht auf Mängel in oder an der Glühkerze zurückzuführen.

28-251

Werden im Beanstandungsfall derartige Glühkerzen gefunden – Pfeil –, genügt es nicht, diese nur zu ersetzen. Es muß auch eine Überprüfung der Einspritzdüsen auf Strahl, Schnarren, Druck und Dichtigkeit erfolgen (Werkstattarbeit).

Einspritzdüsen aus- und einbauen

Defekte Einspritzdüsen können zu starkem Klopfen (Nageln) des Motors führen und Lagerschäden vermuten lassen. Bei derartigen Beanstandungen Motor im Leerlauf laufen lassen und Einspritzleitungs-Überwurfmuttern der Reihe nach lösen. Verschwindet das Klopfen nach dem Lösen einer Überwurfmutter, so zeigt dies eine defekte Düse an.

Defekte Düsen macht man auch ausfindig, indem man der Reihe nach die Einspritzleitungs-Überwurfmuttern löst, während der Motor in schnellerem Leerlauf dreht. Bleibt die Motordrehzahl nach Lösen einer Überwurfmutter konstant, zeigt dies eine defekte Düse an. Geprüft werden kann die Einspritzdüse mit Hilfe eines Manometers (Werkstattarbeit).

Die ersten Anzeichen von Düsenstörungen treten wie folgt auf:

- Klopfen in einem oder mehreren Zylindern.
- Motor überhitzt.
- Leistungsabfall des Motors.
- Übermäßig starker schwarzer Auspuffqualm.
- Hoher Kraftstoffverbrauch.

Ausbau

- Drehstromgenerator zum Schutz gegen herunterlaufenden Kraftstoff abdecken.
- Einspritzleitungen sorgfältig von außen mit Kraftstoff reinigen.
- Überwurfmuttern der Einspritzleitungen mit einem Gabelschlüssel an Pumpe und Düsen abschrauben, Einspritzleitungen abnehmen.
- Rücklaufleitungen an den Einspritzdüsen abziehen.

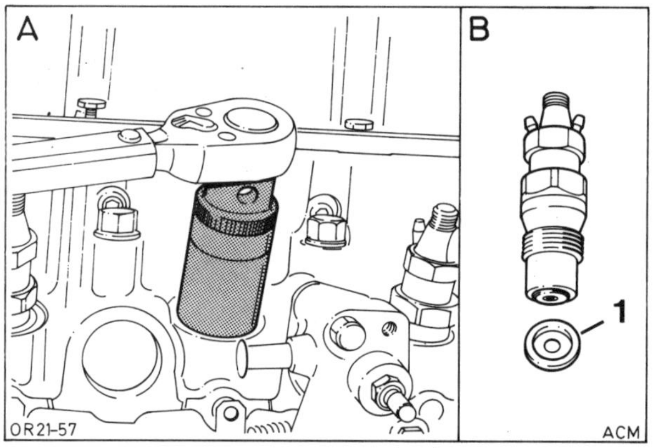

- Düsenhalter herausschrauben. Dazu wird eine verlängerte Stecknuß benötigt, z.B. HAZET 4555 oder Löwener GV-2304.
- Jede Einspritzdüse hat zum Schutz vor Hitzeschäden ein Hitzeschild (–1– in Bild B). Hitzeschilde aus den Bohrungen im Zylinderkopf nehmen.

Hinweis: Beim späteren Einbau der Einspritzdüsen grundsätzlich neue Hitzeschilde verwenden.

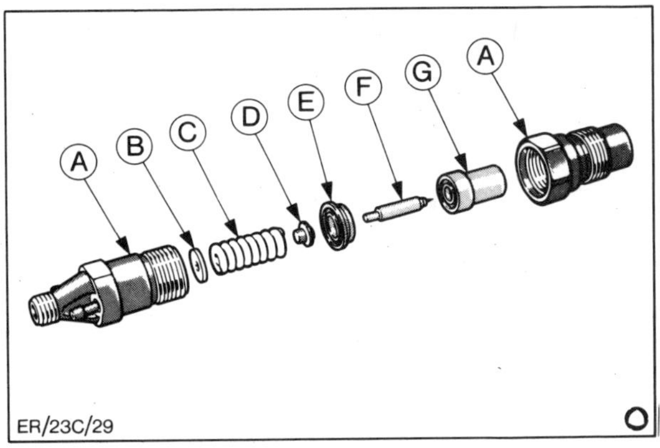

A – Düsenhalter, B – Einstellscheibe, C – Druckfeder, D – Druckbolzen, E – Zwischenscheibe, F – Düsennadel, G – Düsenkörper

- Düsenhalter zwischen Weichmetallbacken in Schraubstock spannen. Einspritzdüse zerlegen.
- Düsennadel auf eingeschlagenen oder rauhen Nadelsitz, auf abgenützte oder beschädigte Spritzzapfen prüfen. Spritzdüse mit einem Holzspachtel entrußen.

Achtung: Keinesfalls Düsen bzw. Düsennadel mit Draht, Feile oder Schmirgelleinen bearbeiten. Einspritzdüsen stets einzeln reinigen, damit Nadeln und Düsen untereinander nicht vertauscht werden können.

- Die Nadel muß allein durch ihr Eigengewicht in die Düse gleiten. Sie muß sich frei bewegen lassen.

Einbau

- Einspritzdüse und Düsenhalter, wie im Bild gezeigt, zusammensetzen.
- **Neue** Hitzeschilde mit der gewölbten Seite nach unten in den Zylinderkopf legen.
- Einspritzdüsen einschrauben und mit 70 Nm festziehen.
- Einspritzleitungen mit Halteklemmen einbauen. Überwurfmuttern mit 20 Nm festziehen.

Störungstabelle Leerlaufstörungen

Defekt	Ursache/Abhilfe
Drehzahl nicht richtig eingestellt	Leerlaufdrehzahl bei betriebswarmem Motor prüfen und einstellen
Schwergängige Gasbetätigung	Gaszug schwergängig bzw. falsch eingestellt
Kraftstoffschlauch zwischen Einspritzpumpe und Kraftstoff-Filter lose	Schlauchanschlüsse mit Schellen befestigen
Stützplatte für Einspritzpumpe (hintere Befestigung) gerissen	Stützplatte auf Risse bzw. Bruch untersuchen, gegebenenfalls austauschen
Kraftstoffversorgung defekt	Kraftstoff-Filter verschmutzt, Kraftstoffrücklauf- und Einspritzleitungen verschmutzt, geknickt oder an den Anschlüssen verengt, Tankbelüftung verstopft
Einspritzdüsen defekt	Einspritzdüsen überprüfen. Wärmeschutzdichtungen unter den Einspritzdüsen defekt
Förderbeginn verstellt	Einstellung des Förderbeginns prüfen
Einspritzpumpe defekt	Versuchsweise neue Pumpe einbauen
Motor hat mechanische Fehler	Motoraufhängung prüfen. Kompression prüfen
Kaltstartanlage defekt	Funktion der Glühkerzen prüfen
Motor kann nicht abgeschaltet werden	Elektromagnetisches Abschaltventil an der Einspritzpumpe defekt. Spannungsversorgung und Ventilfunktion überprüfen

Störungstabelle: Stark nagelnde Motorgeräusche

Defekt	Ursache/Abhilfe
Schmutz im Kraftstoffsystem, dadurch hängende Düsennadel	Einspritzdüse ersetzen, Kraftstoffleitungen durchblasen
Fehlendes oder falsch montiertes Hitzeschild an den Einspritzdüsen. Düsenhalter mit zu hohem Drehmoment festgeschraubt	Defekte Teile ersetzen, auf richtige Montage achten
Glühstift der Glühkerze abgebrochen bzw. abgeschmolzen	Defekte Glühkerze ersetzen
Luft im Kraftstoffsystem (Luftnageln)	Gesamtes Kraftstoffsystem vom Kraftstofftank bis zur Einspritzdüse auf Dichtheit prüfen

Förderbeginn der Einspritzpumpe prüfen/einstellen

1,6-l-Dieselmotor

Zur Prüfung werden eine Meßuhr mit entsprechendem Adapter, FORD-Nr. 23-017, zum Einschrauben in die Pumpe benötigt, und der OT-Einstellstift, siehe Seite 93.

- Masseband von der Batterie abklemmen.
- Zahnriemenabdeckung abbauen. Dazu die 4 Clipse mit den Fingern anheben und aushängen, Deckel abnehmen.
- Drehstromgenerator zum Schutz vor herunterlaufendem Dieselkraftstoff abdecken.
- Einspritzleitungen von der Einspritzpumpe abschrauben. Darauf achten, daß kein Schmutz in die Kraftstoffanlage kommt.

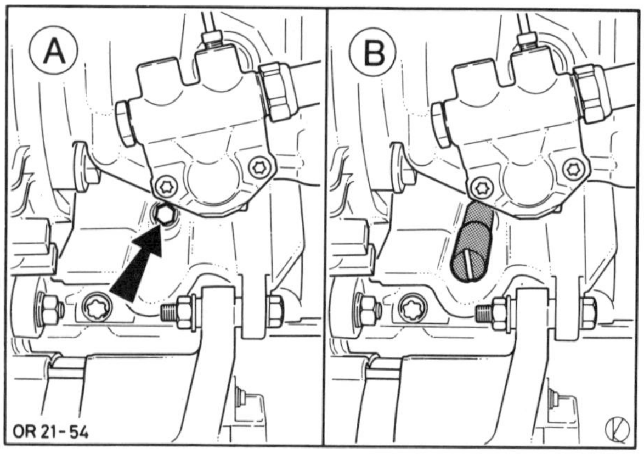

- Verschlußschraube für OT-Einstellstift am Motorblock zwischen Einspritzpumpe und Generator herausschrauben.
- OT-Einstellstift einschrauben.

- Verschlußschraube an der Rückseite der Einspritzpumpe herausdrehen.
- Spezialwerkzeug 23-018 mit Meßuhr einschrauben.
- Kurbelwelle mit gekröpftem Ringschlüssel SW 32 entgegen dem Uhrzeigersinn drehen, bis sich der Zeiger der Meßuhr nicht mehr bewegt. Skala der Meßuhr auf Null stellen.
- Kurbelwelle im Uhrzeigersinn bis zum Anschlag am OT-Stift drehen.

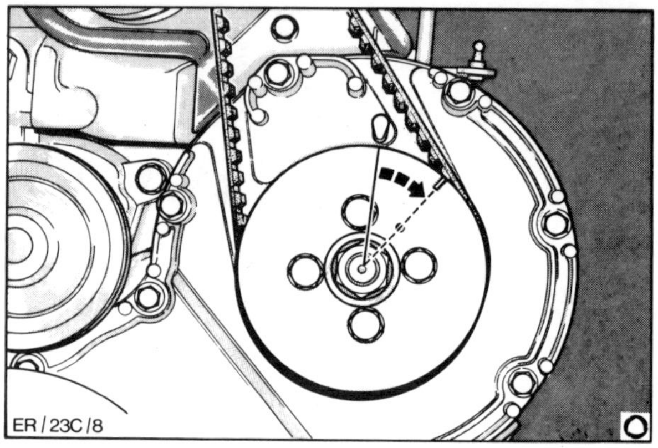

- Die Markierung vom Zahnriemenrad steht jetzt 25° vor dem Gußansatz am Stirnraddeckel. Winkel abschätzen, siehe Zeichnung.
- Die Meßuhr soll einen Wert von 0,92 ± 0,01 mm anzeigen. Andernfalls Einspritzpumpenflansch lösen und Pumpengehäuse in den Langlöchern vorsichtig verdrehen.
- Befestigungsmuttern der Pumpe mit 20 Nm festziehen.
- Prüfung wiederholen, gegebenenfalls Einstellung wiederholen.
- Meßuhrhalter herausschrauben, Verschlußschraube mit 10 Nm anziehen.
- OT-Einstellstift ausbauen und Verschlußschraube mit 25 Nm anziehen.
- Einspritzleitungen mit 20 Nm an die Einspritzpumpe anschließen.
- Zahnriemendeckel ansetzen und die 4 Clipse einrasten.

Luftfiltereinsatz erneuern

Der Papierfiltereinsatz im Luftfilter wird normalerweise nach 40 000 km erneuert. Bei starkem Staubanfall muß der Einsatz in kürzeren Abständen erneuert werden.

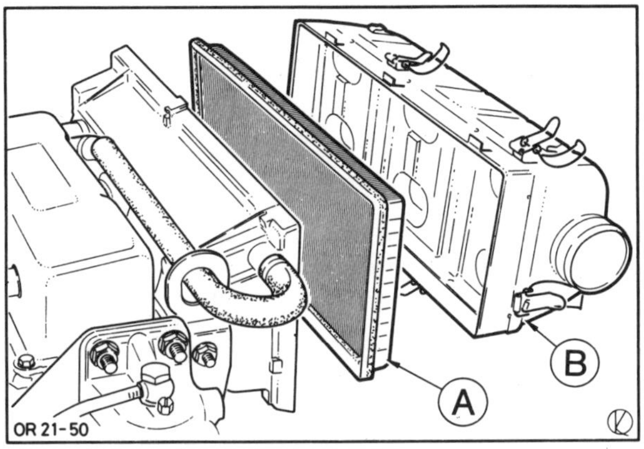

- Luftfiltergehäuse –B– abclipsen und Luftfiltereinsatz –A– herausnehmen. Die Abbildung zeigt den Luftfilter vom 1,6-l-Motor.
- Ansaugöffnung mit sauberem Lappen abdecken. Filtergehäuse gründlich auswischen.
- Neuen Luftfiltereinsatz in Luftfiltergehäuse –B– einsetzen.
- Luftfiltergehäuse zusammensetzen und Clipse befestigen.

Störungstabelle Kraftstoffverbrauch zu hoch

Prüfvoraussetzung: Reifengröße und Reifenart entsprechen der Serienausrüstung, die Räder sind freigängig (Bremsen, Radlager), der Einlaufvorgang ist abgeschlossen (ca. 5000 km). Kraftstoffverbrauch exakt ermitteln.

Defekt	**Ursache/Abhilfe**
Luftfilter verschmutzt, Kraftstoffanlage undicht	Filtereinsatz reinigen bzw. ersetzen. Sichtprüfungen an allen Kraftstoffleitungen (Saug-, Rücklauf-, Einspritzleitungen), Kraftstoff-Filter und Einspritzpumpe durchführen.
Rücklaufleitung verstopft	Rücklaufleitung von Einspritzpumpe zum Kraftstoffbehälter mit Luft durchblasen
Leerlauf- bzw. Höchstdrehzahl zu hoch	Leerlauf- und Höchstdrehzahl prüfen und einstellen
Einspritzdüsen defekt	Einspritzdüsen tropfen, verschmutzt, hängende oder gebrochene Düsennadel. Einspritzdruck falsch. Wärmeschutzdichtung unter den Einspritzdüsen defekt, undicht
Förderbeginn verstellt Einspritzpumpe defekt	Einstellung des Förderbeginns überprüfen Probehalber neue Einspritzpumpe einsetzen
Motor hat mechanische Fehler	Ventil undicht. Zylinder/Kolben verschlissen, Zylinderkopfdichtung undicht. Verengung in der Auspuffanlage, Kompression prüfen

Die Abgasanlage

Die Abgasanlage besteht aus einem durchgehenden vorderen Abgasrohr beim 1,1-l-Motor und einem vorderen Doppelrohr beim 1,3-, 1,4- und 1,6-l-Motor. Daran schließen sich der Hauptschalldämpfer und der Nachschalldämpfer an. Bei Fahrzeugen mit Katalysator sitzt der Katalysator zwischen vorderem und hinterem Abgasrohr. Die für die Regelung des Katalysators erforderliche Lambdasonde ist im vorderen Abgasrohr eingeschraubt. Die Schalldämpfer können einzeln ausgewechselt werden, dazu ist jedoch das Verbindungsrohr an der Trennstelle – Pfeil – durchzusägen. Haupt- und Nachschalldämpfer sind in Gummihalterungen gelagert.

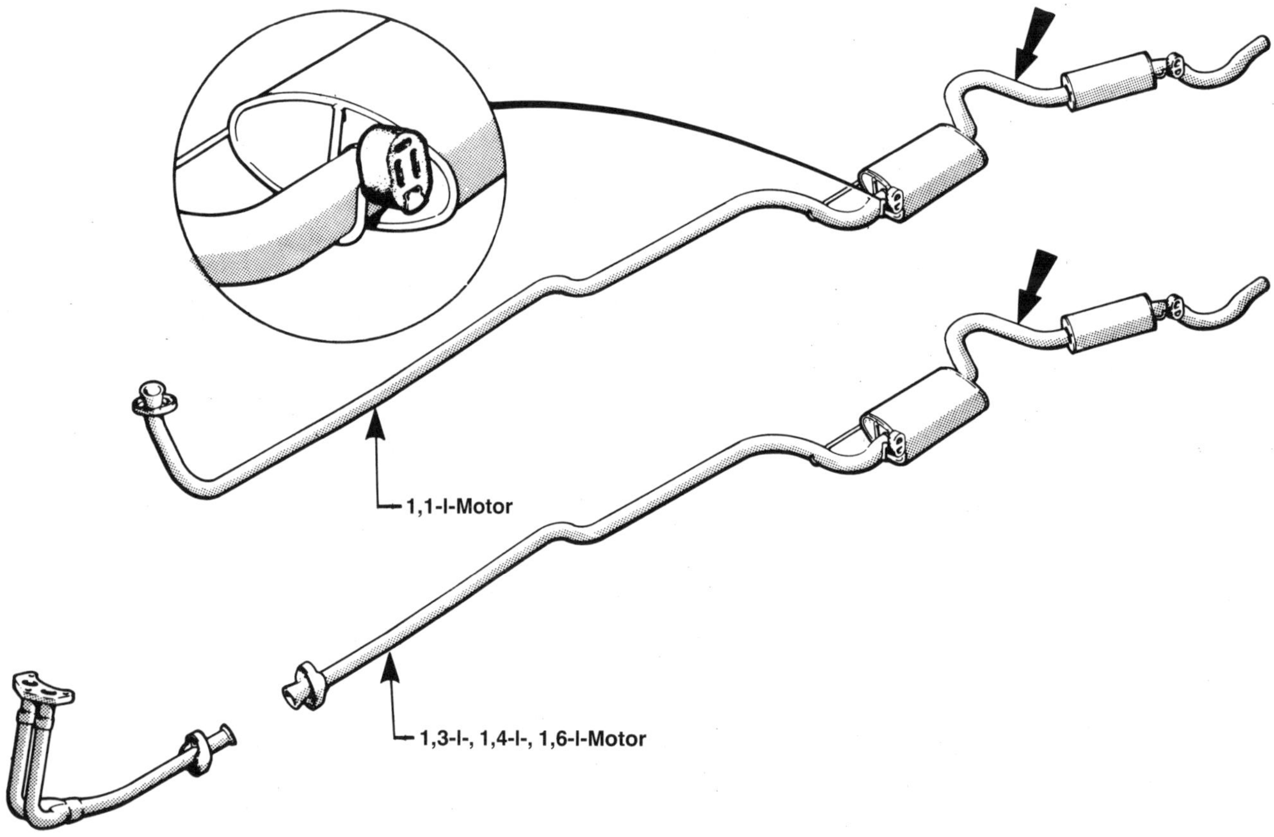

ER/25/07

Abgasanlage aus- und einbauen

Ausbau

- Fahrzeug aufbocken, siehe Seite 233.

1,1-l-Motor

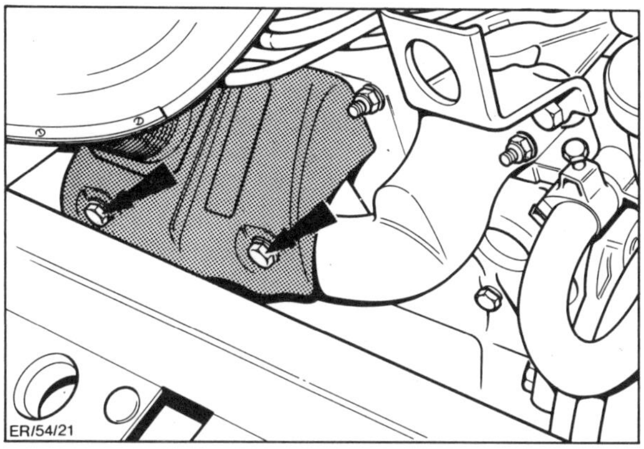

- Vorwärmschlauch abziehen und Warmluftkasten abschrauben – Pfeile –.

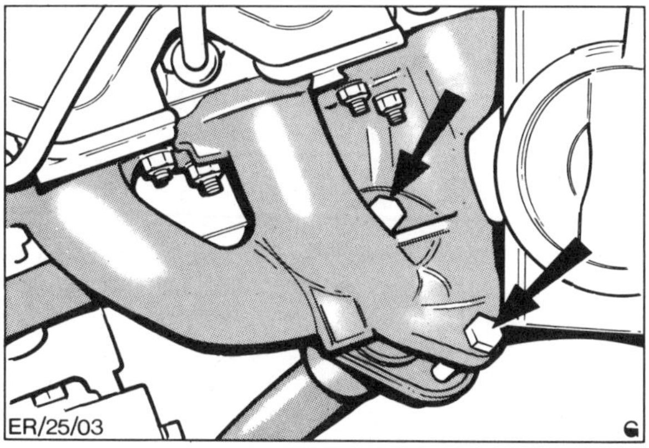

- 2 Befestigungsschrauben – Pfeile – für vorderes Abgasrohr herausdrehen.

1,3-, 1,4-, 1,6-l-Motor

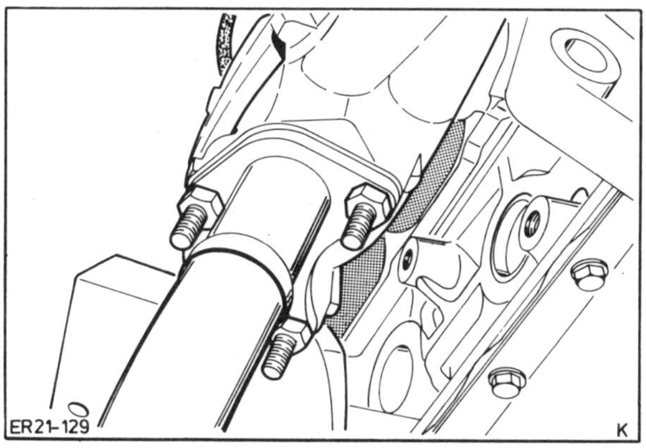

- Bei Fahrzeugen mit geregeltem Katalysator: Stecker der Lambdasonde trennen.
- Vorderes Abgasrohr mit 3 Muttern vom Krümmer abschrauben.
- Abgasanlage mit den Gummihalterungen aushängen.

Einbau

- Vor dem Einbau alle Dichtflächen reinigen. Grundsätzlich neue Dichtungen und Schrauben verwenden, gegebenenfalls auch die Gummihalterungen erneuern. Die Schrauben lassen sich später leichter lösen, wenn sie vor dem Einbau mit Hochtemperaturpaste (z. B. Liqui Moly LM-508-ASC) bestrichen werden.
- Beim 1,3-, 1,4- und 1,6-l-Motor vorderes Abgasrohr und Hauptschalldämpfer lose verbinden, Schrauben nicht festziehen.

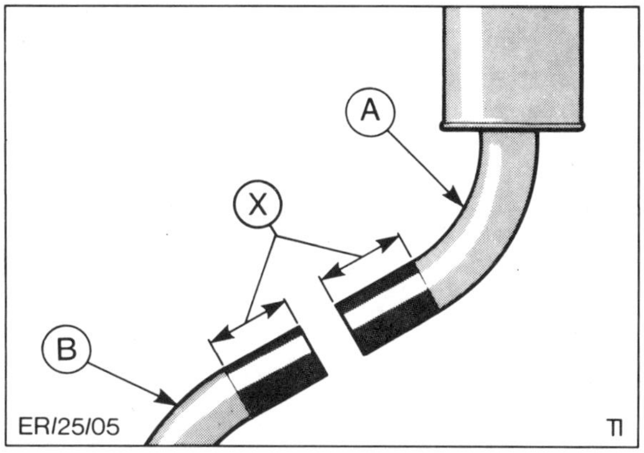

- Am Auslaßrohr des Hauptschalldämpfers – B – sowie am Einlaßrohr des Nachschalldämpfers – A – im Abstand von 5 cm – X – zum Rohrende mit Reißnadel eine Markierung anbringen (Strich ziehen).
- Rohrenden zur leichteren Montage etwas einfetten.

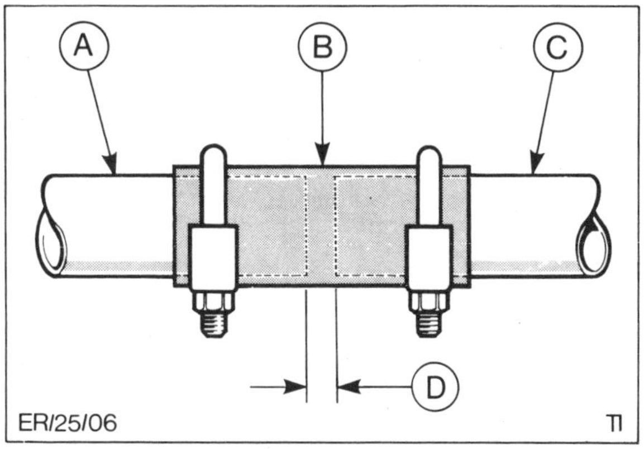

- Beide Rohrenden bis zu den Markierungen in den Schnellverbinder einschieben. Schalldämpfer in etwa ausrichten und Schrauben anziehen, noch nicht festziehen.
- Gesamte Abgasanlage in die Gummihalterungen einhängen.
- Vorderes Abgasrohr beim 1,3-, 1,4- und 1,6-l-Motor mit neuer Dichtung und neuen Muttern am Abgaskrümmer anschrauben. Für den 1,1-l-Motor werden lediglich 2 neue Befestigungsschrauben benötigt.
- Abgasanlage ausrichten.
- Bei Fahrzeugen mit geregeltem Katalysator: Lambdasonde anschließen.

Achtung: Die Gummihalterungen müssen gleichmäßig belastet sein. Sie dürfen nicht zu sehr gespannt und nicht verdreht sein. Der Abstand der Abgasanlage zum Aufbau muß überall mindestens 25 mm betragen.

- Sämtliche Schrauben mit 40 Nm festziehen.
- Beim 1,1-l-Motor Warmluftkasten und Vorwärmschlauch montieren.
- Bei ORION-Fahrzeugen Endrohr-Blende aufschieben und mit 1 Schraube anschrauben.
- Fahrzeug ablassen.

Nachschalldämpfer ersetzen

Ausbau

- Fahrzeug hinten aufbocken.

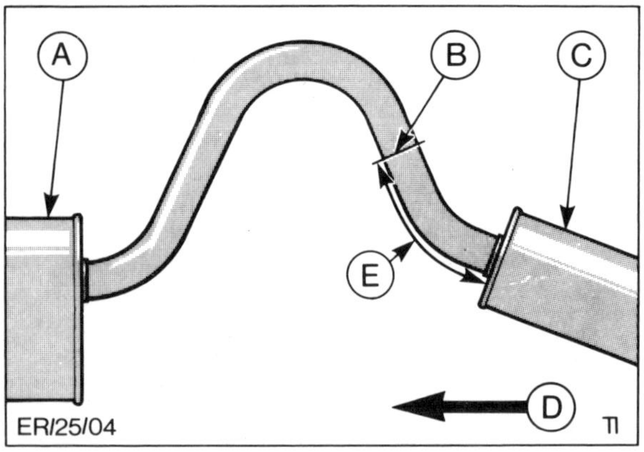

- Verbindungsrohr zwischen Hauptschalldämpfer – A – und Nachschalldämpfer – C – an der Trennstelle – B – mit einer Eisensäge durchsägen. Der Abstand zum Nachschalldämpfer muß **E = 165 mm** betragen.
  D = Fahrtrichtung.

Achtung: Wird nur der Hauptschalldämpfer ersetzt, beträgt das Maß E = 175 mm.

- Falls vorhanden, Klemmschelle lösen.
- Nachschalldämpfer mit Gummihalterung aushängen.

Einbau

- Abgesägtes Rohrende entgraten und auf 5 cm mit Schmirgelleinen reinigen.
- Schnellverbinder 5 cm weit auf Abgasrohr aufschieben und mit Schelle befestigen.
- Am Anschlußstück des Nachschalldämpfers im Abstand von 5 cm zum Rohrende mit Reißnadel eine Markierung anbringen.
- Nachschalldämpfer bis zur Markierung in den Schnellverbinder schieben, mit Schelle sichern und mit Gummihalterung aufhängen.
- Nachschalldämpfer ausrichten, Abstand zum Aufbau 25 mm.
- Schellen mit 40 Nm festziehen.
- Fahrzeug ablassen.

Fahrzeuge mit Katalysator

Den ESCORT/ORION gibt es sowohl mit geregeltem als auch mit ungeregeltem Katalysator. Katalysator-Fahrzeuge müssen grundsätzlich mit bleifreiem Benzin betrieben werden.

Ein geregelter Katalysator setzt einen regelbaren Gemischbildner voraus, der die Abgaszusammensetzung beeinflussen kann. Das geschieht entweder über einen elektronisch regelbaren Vergaser oder aber über eine elektronisch gesteuerte Einspritzanlage. Den 1,4-l-Motor und den 1,6-l-Motor gibt es mit elektronisch geregelter Einspritzanlage und geregeltem Katalysator. Die Steuerungsbefehle erhält die Einspritzanlage von der Lambdasonde, die in das vordere Abgasrohr eingeschraubt ist und hier vom Abgasstrom umspült wird. Die Lambdasonde ist ein elektrischer Meßfühler, der den Restgehalt an Sauerstoff im Abgas durch elektrische Spannungsschwankungen anzeigt und Rückschlüsse auf die Zusammensetzung des Luft-Benzin-Gemisches ermöglicht, damit eine optimale Nachverbrennung im Katalysator erfolgen kann. Beim 1,3-l-Motor mit ungeregeltem Katalysator entfällt diese Gemischregelung, daher ist hier die Abgasreinigung auch nicht so effektiv.

Der Katalysator sitzt anstelle des Vorschalldämpfers in der Abgasanlage. Er besteht aus einem wabenförmigen, beschichteten Keramikblock und ist daher stoßempfindlich.

W Wartung an der Abgasanlage

Sichtprüfung

- Fahrzeug aufbocken.
- Befestigungsschellen, falls vorhanden, auf festen Sitz prüfen.
- Abgasanlage mit Lampe und leichtem Hammer auf Löcher, durchgerostete Teile sowie Scheuerstellen absuchen.
- Stark gequetschte Abgasrohre ersetzen.
- Gummihalterungen durch Drehen und Dehnen auf Porosität überprüfen und gegebenenfalls austauschen.
- Fahrzeuge mit geregeltem Katalysator: Elektrischen Anschluß und festen Sitz der Lambdasonde prüfen.

Die Kupplung

Die Kupplung dient beim Schalten der Gänge dazu, den Kraftschluß zwischen Motor und Getriebe zu unterbrechen, um ihn danach, wie auch beim Anfahren aus dem Stand, durch Reibung stoßfrei wieder herzustellen.
Die Kupplung besteht aus der Kupplungsdruckplatte und der Kupplungsscheibe, die mit der Schwungscheibe des Motors verbunden sind.
Im Getriebegehäuse ist die drehbare Ausrückwelle angeordnet. Sie trägt für die Kupplung das wartungsfreie Ausrücklager und außerhalb des Getriebegehäuses den Ausrückhebel, an dem das Kupplungsseil befestigt wird.

Funktion

In eingekuppeltem Zustand wird durch die Kupplungsmembranfeder die Kupplungsscheibe von der Druckplatte gegen das Schwungrad gepreßt und so der Kraftschluß zwischen der Kurbelwelle und der Getriebeantriebswelle hergestellt. Ausrücklager und Ausrückring berühren sich nicht.
Beim Niedertreten des Kupplungspedals wird über Kupplungsseil und Ausrückwelle das Ausrücklager gegen die Kraft der Membranfeder bewegt und die Druckplatte ein wenig angehoben. Die Kupplungsscheibe zwischen Druckplatte und Schwungrad wird dadurch frei, der Kraftschluß zwischen Motor und Getriebe somit aufgehoben.

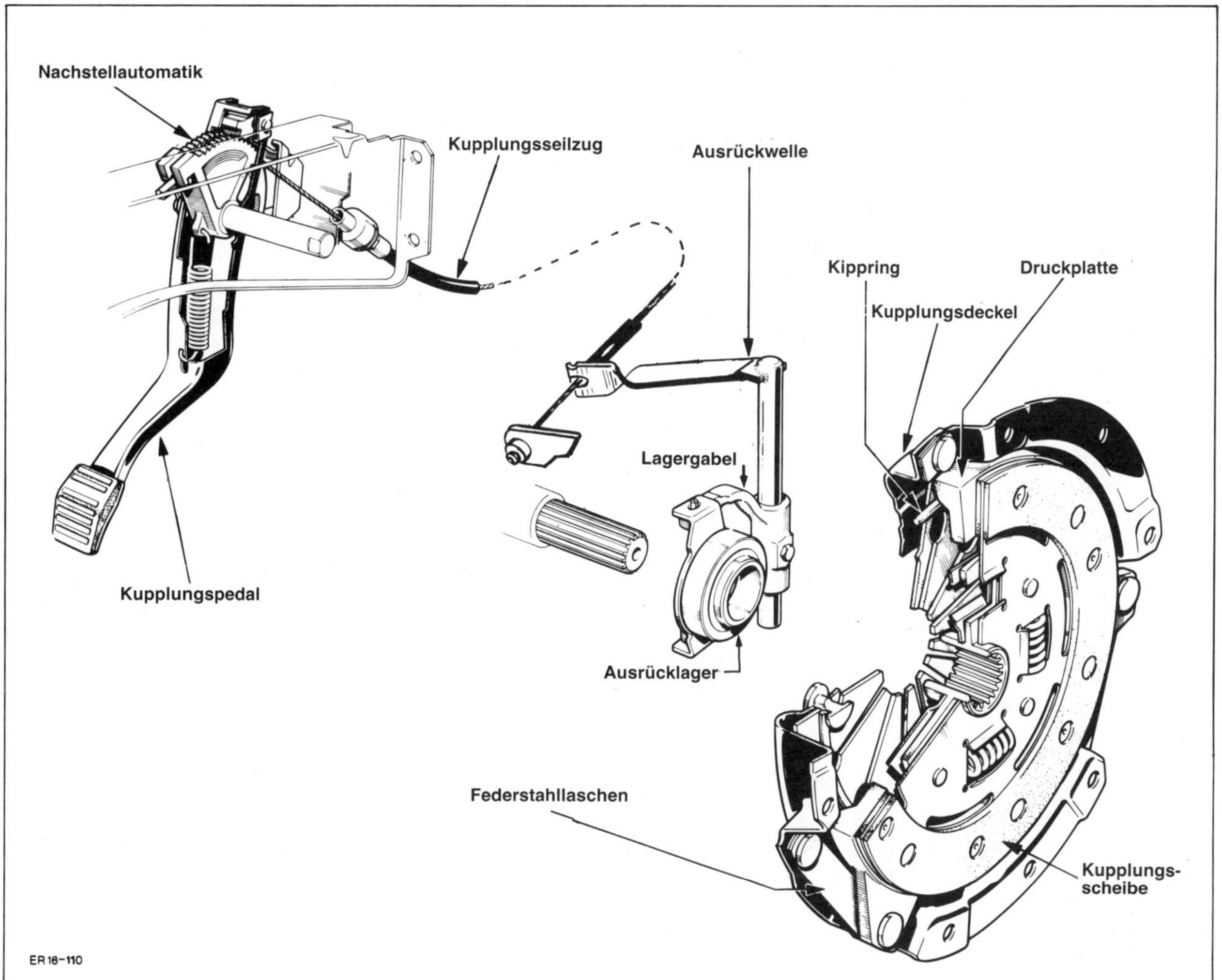

Kupplung aus- und einbauen

Ausbau

Um die Kupplung ausbauen zu können, können sowohl der Motor als auch das Getriebe ausgebaut werden; sinnvollerweise baut man das Getriebe aus, siehe Seite 115.

- Sechskantschrauben an der Druckplatte abwechselnd über Kreuz um ein bis zwei Gewindegänge lösen, anschließend ganz herausdrehen.
- Damit das Schwungrad beim Lösen der Schrauben nicht mitdreht, Schwungrad an der Verzahnung mit Schraubendreher arretieren.
- Druckplatte und Kupplungsscheibe herausnehmen.
- Schwungscheibe innen ausblasen oder mit benzingetränktem Lappen auswischen.

Wird die bisherige Druckplatte bzw. Kupplungsscheibe wieder eingebaut, ist folgende Prüfung durchzuführen:

30-094

- Vor dem Einbau Druckplatte prüfen. Einlaufspuren an den Enden der Membranfeder in einer Tiefe von 0,3 mm sind bedeutungslos – Pfeile –.

30-093

- Federverbindungen zwischen Druckplatte und Deckel auf Risse, Nietbefestigungen auf festen Sitz prüfen. Kupplungen mit beschädigter oder loser Nietverbindung sind zu erneuern.
- Auflagefläche der Druckplatte auf Risse, Brandstellen und Verschleiß prüfen. Druckplatten, die bis zu 0,3 mm nach innen durchgebogen sind, dürfen noch eingebaut werden. Die Prüfung geschieht mit Lineal und Fühlerblattlehre.

Einbau

- Vor dem Einbau einer neuen Kupplung, Korrosionsschutzfett von der Druckplatte restlos entfernen.
- Innenverzahnung der Kupplungsscheibe und Verzahnung der Getriebeantriebswelle sowie Führungshülse des Ausrücklagers sorgfältig reinigen.
- Verzahnung der Antriebswelle und Führungshülse mit einem dünnen Film FORD-Spezialfett (ET-Nr. 5021439) versehen. Dabei die gesamte Oberfläche der Verzahnung fetten. **Achtung:** Nicht zuviel Fett verwenden, da überschüssiges Fett im Fahrbetrieb auf die Reibflächen geschleudert wird und die Wirkung der Kupplung beeinträchtigt. Werden andere Schmierstoffe verwendet, kann das zu Schaltschwierigkeiten führen.

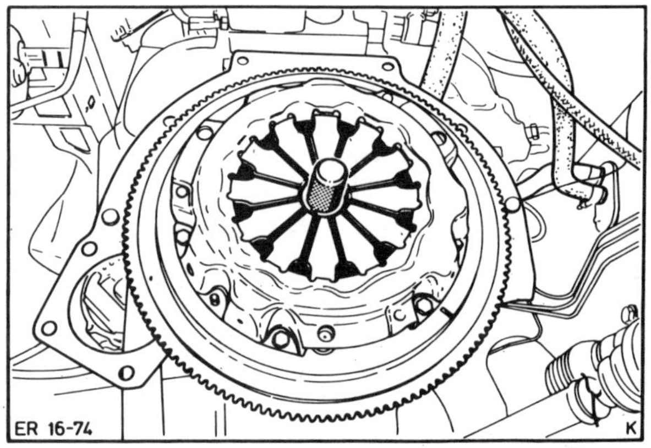

ER 16-74

- Kupplungsscheibe und Kupplungsdruckplatte in Schwungscheibe einsetzen. Dabei muß die Kupplungsscheibe mit einem passenden Dorn (oder einer alten Getriebe-Antriebswelle) zentriert werden.

Achtung: Die flache Seite der Kupplungsscheibe mit der Aufschrift „Schwungradseite" muß zum Schwungrad zeigen.

- Schrauben für Druckplatte abwechselnd über Kreuz anziehen, mit 10 Nm beim 1,1-l-Motor bzw. 20 Nm beim 1,3- und 1,6-l-Motor.
- Zentrierdorn entfernen und Getriebe einbauen, siehe Seite 115.

Kupplungsseilzug ersetzen

Ausbau

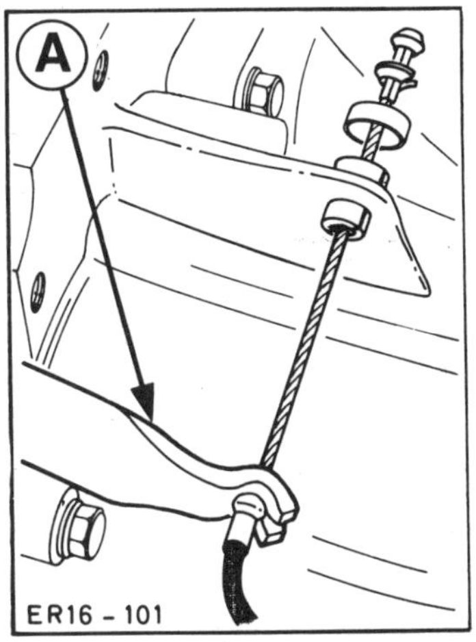

- Ausrückhebel – A – zur Spritzwand drücken, Haltescheibe und Buchse abnehmen, Seilzug aushängen.
- Linke Fußraumabbedeckung ausbauen. Dazu 3 Clipse mit Schraubendreher heraushebeln, die beiden Blechzungen bei den Pedalen etwas zurückbiegen und die Abdeckung herausnehmen.
- Seilzug am Kupplungspedal aushängen.
- Kupplungsseilzug von der Motorraumseite aus der Stirnwand herausziehen.

Einbau

- Neuen Kupplungsseilzug in Stirnwand einsetzen.
- Seilzug am Pedal einhängen.
- Kupplungsseilzug in Ausrückhebel einhängen, Hebel zur Spritzwand drücken und Seilzug mit Buchse und Haltescheibe am Widerlager befestigen.
- Fußraumabdeckung einclipsen und Haltezungen umbiegen.

Ausrücklager aus- und einbauen

Hörbare Lagergeräusche in ausgekuppeltem Zustand, also bei niedergetretenem Kupplungspedal, deuten auf ein defektes Ausrücklager hin.

Ausbau

- Getriebe ausbauen, siehe Seite 115.
- Ausrücklager oben und unten aus der Lagergabel aushängen und von der Getriebe-Antriebswelle abziehen.

Einbau

- Sämtliche Lager- und Berührungsflächen mit MoS_2-Schmierfett fetten.
- Ausrücklager einsetzen und in Lagergabel einhängen.
- Getriebe einbauen, siehe Seite 115.

Kupplung einstellen

Durch eine am Kupplungspedal angebrachte Nachstellautomatik ist ein Nach- bzw. Einstellen des Kupplungsseilzuges nicht erforderlich.

Störungstabelle Kupplung

Störung	Ursache	Abhilfe
Kupplung rutscht	● Belag verhärtet oder verölt	Kupplungsscheibe austauschen
	● Federspannung zu gering	Druckplatte auswechseln
Kupplung trennt nicht richtig	● Belag durch Abrieb verklebt	Kupplungsscheibe austauschen
	● Kerbverzahnung auf der Antriebswelle trocken oder verklebt	Kerbverzahnung reinigen, entgraten und mit MoS_2-Puder einbürsten
	● Kupplungsseil, Ausrückhebel oder Fußhebel schwergängig	Teile reinigen und mit Universalfett schmieren
	● Kupplungsscheibe schlägt	Kupplungsscheibe auswechseln
	● Kupplungsseil verschlissen	Seil auswechseln
Kupplung rupft	● Getriebe liegt in der Aufhängung nicht fest	Befestigungsschrauben nachziehen
	● Kupplungsseil falsch verlegt	Seilführung in Ordnung bringen
	● Druckplatte trägt ungleichmäßig	Druckplatte auswechseln
	● Kupplungsscheibe zu stark oder ungleichmäßig geschränkt	Scheibe erneuern
Geräusch in ausgekuppeltem Zustand	● Ausrücklager schadhaft	Ausrücklager auswechseln
	● Kupplungsscheibe schlägt an die Druckplatte	Kupplungsscheibe austauschen

Das Getriebe

Das Getriebe bildet mit dem Achsantrieb eine Einheit. Das komplette Aggregat kann ohne Ausbau des Motors ausgebaut werden. Ein Ausbau ist aber meistens nur dann notwendig, wenn Austausch bzw. Überholung des kompletten Antriebs notwendig ist oder wenn die Kupplung erneuert werden muß. Da es jedoch in keinem Fall anzuraten ist, Reparaturen am Getriebe oder am Achsantrieb mit Heimwerkermitteln in Angriff zu nehmen, verweise ich in dieser Hinsicht auf die Werkstatt und beschreibe lediglich den Ausbau des Aggregates.

Hinweis: Geräusche von den Getriebezahnrädern, die im Leerlauf bei kaltem Getriebe beziehungsweise in der Aufwärmphase auftreten, können durch Einbau einer anderen Kupplungsreibscheibe behoben werden.

Getriebe aus- und einbauen

Ausbau

- Vor dem Ausbau den 4. Gang oder, beim 5-Gang-Getriebe, den Rückwärtsgang einlegen. Dadurch kann die Schaltung nach dem Einbau leichter eingestellt werden.
- Massekabel von der Batterie abklemmen.

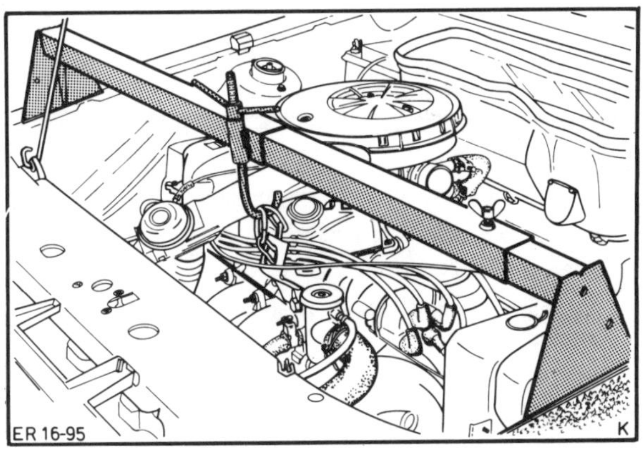

- Aufhängevorrichtung einsetzen, Motor einhängen und vorspannen (etwas hochziehen).
- Steht die Aufhängevorrichtung nicht zur Verfügung, geeignetes Rohr über den Motorraum legen und in den Kotflügelsicken abstützen, dabei Holz unterlegen. Nicht das Rohr auf den Kotflügel legen! Geeigneten Draht oder Haken in die Halteöse des Motors einhängen und mit Rohr verbinden. Haken oder Draht spannen.
- Überwurfmutter der Tachowelle lösen und Welle herausziehen.
- Kupplungsseilzug aushängen, siehe Seite 113.
- 4 Schrauben am Getriebeflansch oben herausschrauben.
- Heizungsschlauch vom Thermostat abziehen und hochhängen, dadurch wird der Wiedereinbau des Getriebes erleichtert.
- Fahrzeug aufbocken, siehe Seite 233.
- Anlasser ausbauen, siehe Seite 198.
- Elektrische Leitung vom Schalter für die Rückfahrleuchte abziehen.

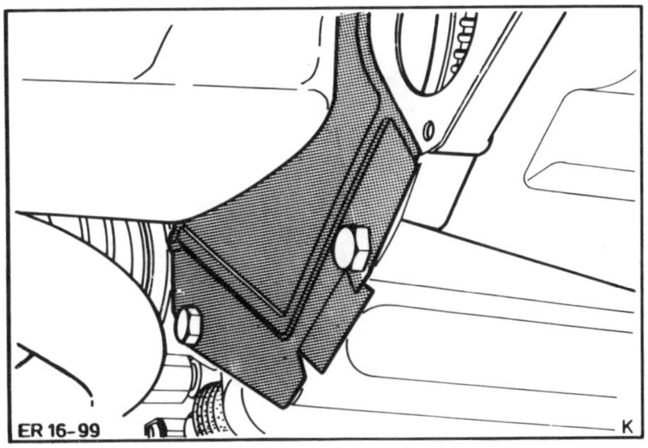

- Abdeckblech für Kupplungsgehäuse abschrauben.
- Feder für Schaltstange aushängen.

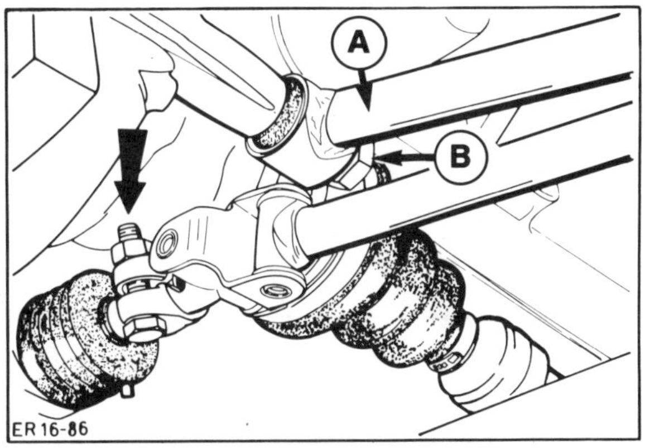

- Klemmschraube – Pfeil – lösen und Schaltstange von der Getriebe-Schaltwelle abziehen. Schaltstange mit Draht am Lenkgehäuse aufhängen.
- Schraube – B – herausdrehen und Stabilisator – A – mit Draht am Lenkgehäuse aufhängen. **Achtung:** Unterlegscheibe zwischen Getriebegehäuse und Stabilisator nicht verlieren.

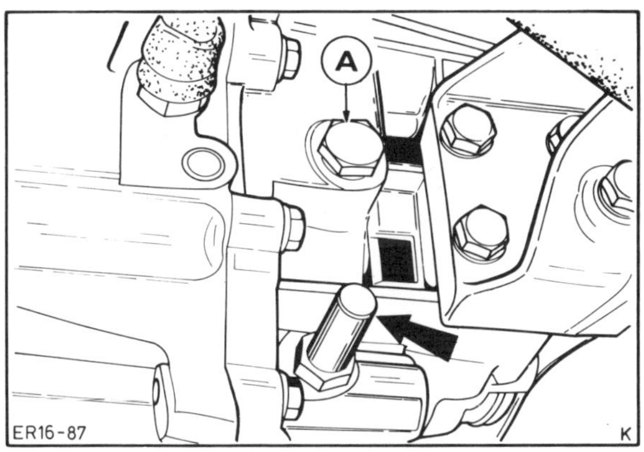

- Getriebeöl ablassen, dazu Schaltwellenarretierung – Pfeil – herausschrauben. **Achtung:** Arretierstift und Feder nicht verlieren. Sauberes Gefäß unterstellen. – A – Einfüllschraube.

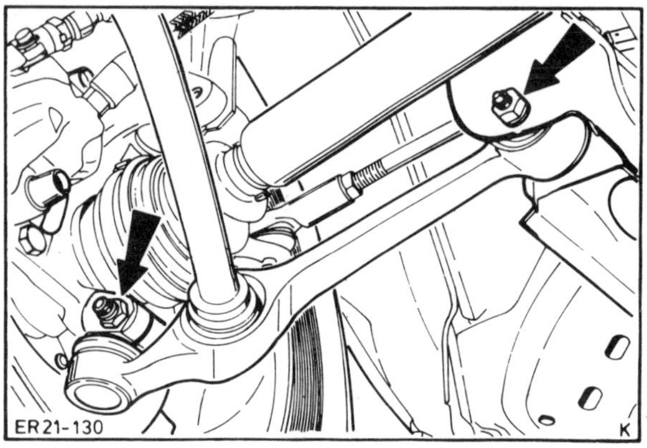

- Beide Querlenker abbauen, dabei zuerst die Befestigungsschraube am Halter lösen – rechter Pfeil –. Dann die Mutter am Kugelgelenk abschrauben – linker Pfeil –, mit Innen-Torx-Schlüssel an der Torxschraube gegenhalten.

Achtung: Keinesfalls an der Torx-Schraube drehen.

- Kugelgelenk aus dem Schwenklager herausziehen.
- Beide Gelenkwellen vom Getriebe abbauen und mit Drahthaken an den Spurstangen aufhängen, siehe Seite 127.

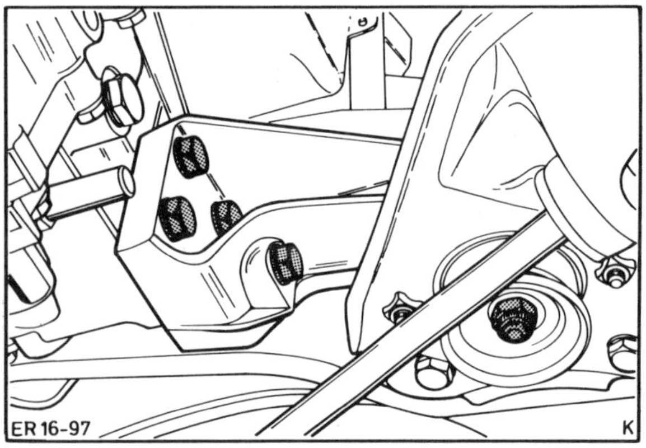

- Vordere Getriebeaufhängung mit 4 Schrauben vom Getriebe lösen, Mutter am Gummilager herausdrehen und Getriebeaufhängung herausnehmen.
- Mutter am Gummilager der hinteren Getriebeaufhängung herausdrehen, Auflage des Lagers mit 3 Muttern abschrauben und herausnehmen. Dabei am Sechskant des Bolzens gegenhalten.
- Getriebe mit Wagenheber und Holzzwischenlage leicht unterstützen.
- 2 Schrauben unten am Getriebeflansch herausdrehen.
- Getriebe leicht anheben und mit Montierhebel vom Motor abdrücken.
- Getriebe vorsichtig ablassen.

Einbau

- Vor Einbau des Getriebes Kupplung und Kupplungsausrücklager überprüfen.
- Kerbverzahnung der Antriebswelle reinigen und leicht mit Moly-Gleitpaste oder Moly-Spray schmieren.
- Beim Einsetzen des Getriebes auf richtigen Sitz des Zwischenbleches achten. Gegebenenfalls Zwischenplatte mit etwas Fett befestigen.
- Ankerwelle des Anlassers beim Einsetzen des Getriebes nicht beschädigen.
- Falls beim Einsetzen des Getriebes die Getriebe-Antriebswelle nicht in die Kupplungsscheibe einrastet, Motor-Kurbelwelle verdrehen.
- Getriebe an Motor mit 40 Nm anschrauben.
- Vordere Getriebeaufhängung mit 4 Schrauben und 45 Nm anschrauben. Neue selbstsichernde Mutter handfest anschrauben, nicht festziehen.
- Auflage für hintere Getriebeaufhängung am Aufbau mit 3 Muttern anschrauben. Neue selbstsichernde Mutter handfest anziehen.
- Neue selbstsichernde Schrauben und Muttern für vordere und hintere Getriebeaufhängung mit **60 Nm** festziehen.
- Schaltwellenarretierung mit Arretierstift und Feder einsetzen und mit 30 Nm anschrauben. Gewinde vorher mit Dichtmittel SM 4G-4544-AB bestreichen.
- Gelenkwellen einbauen, siehe Seite 127.
- Linken Querlenker am Aufbau anschrauben, Kugelgelenk in Schwenklager einsetzen und mit **80 Nm** festschrauben. Rechten Querlenker entsprechend einbauen.

Achtung: Keinesfalls an der Torxschraube drehen.

- Stabilisator mit Unterlegscheibe am Getriebegehäuse ansetzen und mit 55 Nm festschrauben.
- Schaltstange aufstecken, einstellen und mit Klemmschraube befestigen, siehe Seite 118.
- Feder für Schaltstange einhängen.
- Anlasser einbauen, siehe Seite 198.
- Elektrische Leitung für Rückfahrschalter anklemmen.
- Kupplungsabdeckblech mit 40 Nm anschrauben.
- Fahrzeug ablassen.
- Aufhängevorrichtung für Motor entfernen.
- Kupplungsseilzug einhängen, siehe Seite 113.
- Welle für Geschwindigkeitsmesser am Getriebe einführen und mit Überwurfmutter anschrauben.
- Vorgeschriebenes Getriebeöl SAE 80 einfüllen bis zum unteren Rand der Einfüllöffnung. Dabei muß das Fahrzeug waagerecht stehen. Dazu Einfüllschraube – A – herausdrehen, siehe Abb. ER 16-87 auf Seite 115.
- Heizungsschlauch an Thermostat anschließen und mit Schelle sichern.
- Massekabel an Batterie anklemmen.
- Getriebe-Entlüftungsschlauch in die Öffnung am Längsträger stecken.

Wartung am Getriebe

Sichtprüfung auf Dichtheit

Folgende Leckstellen sind möglich:

- Trennstelle zwischen Motorblock und Getriebe (Schwungraddichtung/Wellendichtung-Getriebe).
- Öleinfüllschraube.
- Gelenkwelle an Getriebe.

Bei der Suche nach der Leckstelle folgendermaßen vorgehen:

- Getriebegehäuse mit Kaltreiniger reinigen.
- Mögliche Leckstellen mit Kalk oder Talkumpuder bestäuben.
- Ölstand kontrollieren, ggf. auffüllen.
- Probefahrt durchführen. Damit das Öl besonders dünnflüssig wird, sollte die Probefahrt auf einer Schnellstraße über eine Entfernung von ca. 30 km durchgeführt werden.
- Anschließend Fahrzeug aufbocken und Getriebe mit einer Lampe nach der Leckstelle absuchen.
- Leckstellen umgehend beseitigen.

Ölwechsel – Schaltgetriebe und Achsantrieb

Die gemeinsame Hypoidfüllung für Wechselgetriebe und Achsantrieb muß nicht gewechselt werden.

Die Ölkontrolle – etwa alle 20000 km – und die Ölbefüllung erfolgen über die Einfüllbohrung, die in Höhe des Ölspiegels angebracht ist.

- Das Fahrzeug muß auf einer waagerechten Fläche stehen.

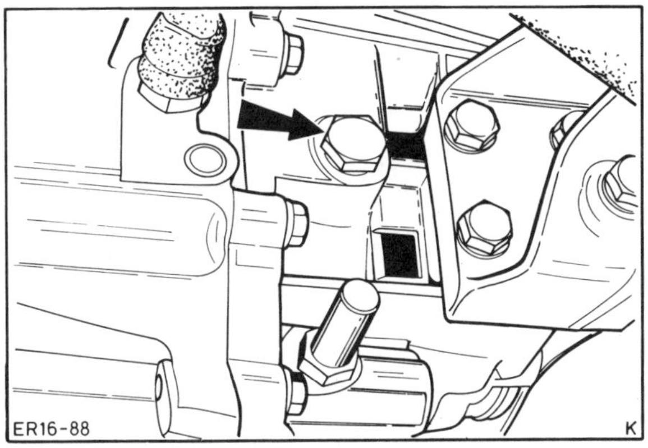

- Einfüllschraube – Pfeil – herausdrehen und mit Finger Ölstand prüfen.
- Der Ölspiegel soll in Höhe der Einfüllöffnung liegen, allenfalls bis zu 10 mm darunter. Gegebenenfalls Öl nachfüllen.

Getriebeölspezifikation: SAE 80 FORD SQM2C-9008-A oder ein entsprechendes Öl.

Die Schaltung

Die Schaltung besteht aus Schalthebel, Schaltgehäuse, Schaltstange und Stabilisator. Der Stabilisator ist am Schaltgehäuse und durch ein Gummilager am Aufbau befestigt. Im Schaltgehäuse befindet sich die Lagerung und Führung des Schalthebels. Die Schaltbewegungen werden über Schalthebel und Schaltstange auf die Schaltwelle im Getriebe übertragen. Die Abbildung zeigt die 4-Gang-Schaltung.

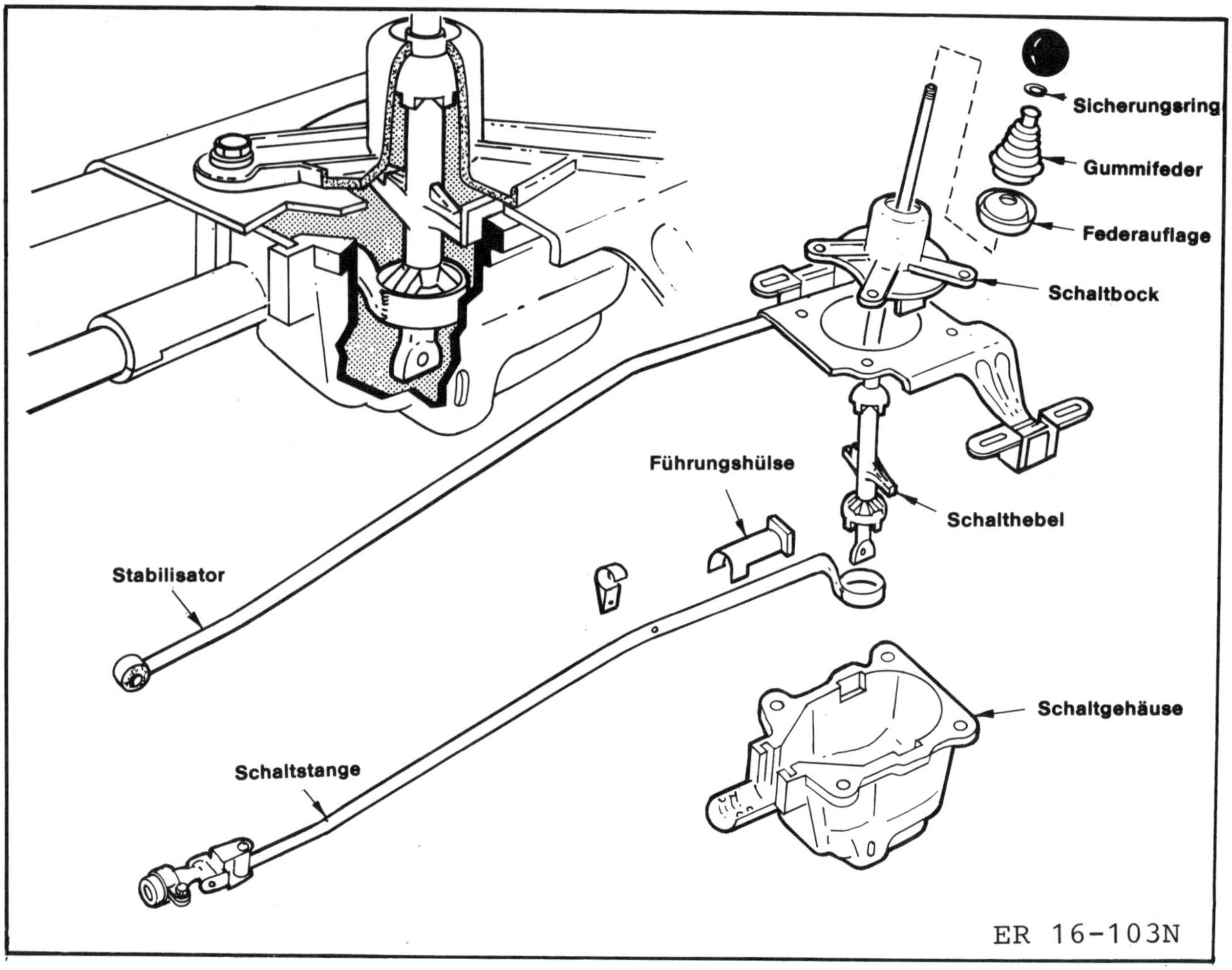

Schaltung einstellen

Bis 1/87

- 4. Gang bzw. Rückwärtsgang beim 5-Gang-Getriebe einlegen.
- Fahrzeug aufbocken, siehe Seite 233.

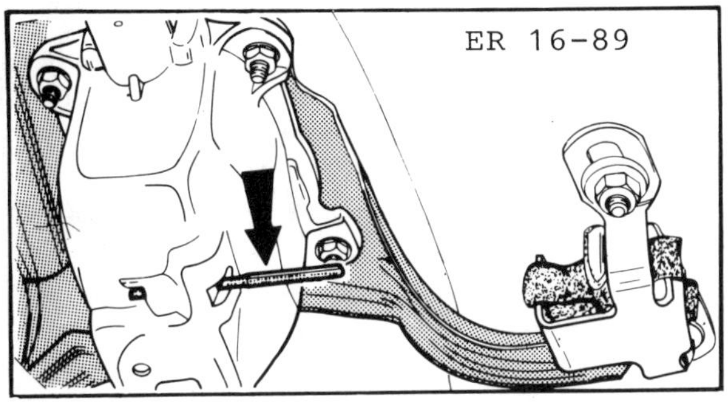

- Dorn mit 3,5 mm Durchmesser durch das Langloch am Schaltgehäuse in die Bohrung des Schalthebels stecken und damit den Schalthebel nach unten ziehen. Durch Einfügen eines geeigneten Klemmstücks Schalthebel in dieser Stellung arretieren.
- Klemmschraube an der Verbindung Schaltstange/Schaltwelle lösen.

Achtung: Die Klemmflächen zwischen Schaltstange und Schaltwelle müssen einwandfrei sein.

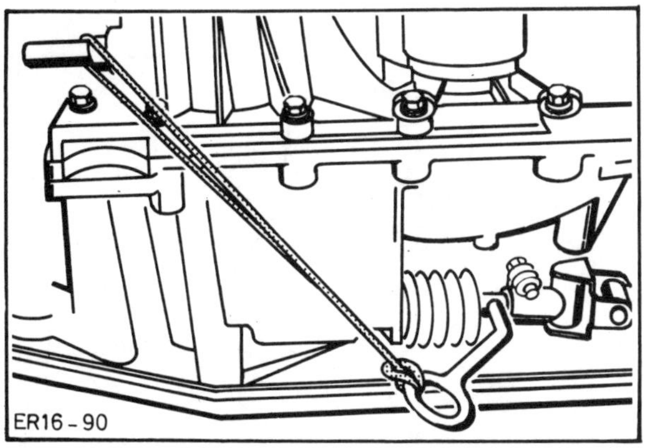

- Dorn mit 5 mm Durchmesser in die Bohrung der Schaltwelle stecken und die Schaltwelle im Uhrzeigersinn, in Fahrtrichtung gesehen, bis zum Anschlag bewegen.
- Schaltwelle in dieser Stellung halten und Klemmschraube mit 15 Nm festziehen.
- Fahrzeug ablassen.

Schaltung einstellen seit 2/87

- Fahrzeug aufbocken.

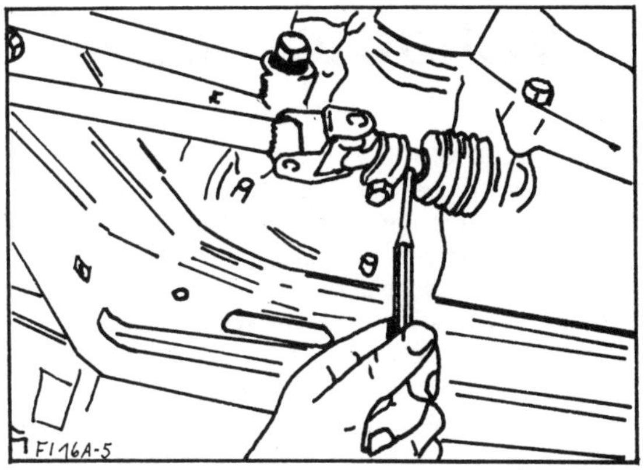

- Am Getriebe 4. Gang einlegen. Dazu Schaltwelle mit einem Dorn in Mittelstellung bringen (Dorn beziehungsweise Bohrung steht senkrecht) und ganz in das Getriebe hineindrücken, siehe Abbildung.
- Schaltstange auf Getriebeschaltwelle schieben. Vorher Klemmflächen dieser Teile mit Spiritus abwischen, damit sie fettfrei sind.

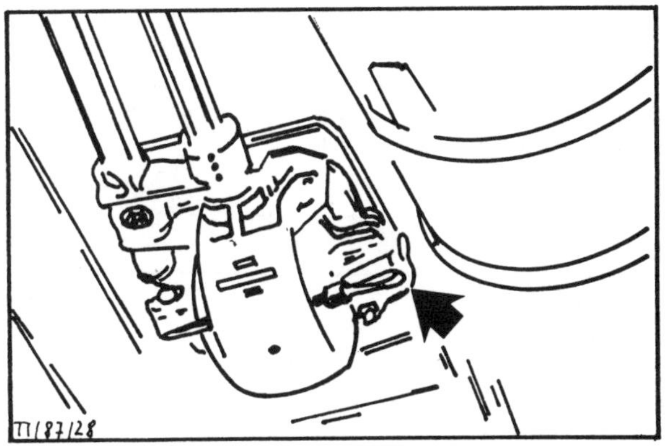

- Schalthebel im Fahrgastraum in 4. Gang-Position bringen. In dieser Stellung Dorn mit 3,5 mm Durchmesser durch die Bohrung im Schaltgehäuse in die Bohrung im Schalthebel stecken. Der Schalthebel ist nun in dieser Position arretiert.
- Klemmschraube mit 15 Nm festziehen. Dabei darauf achten, daß die Schaltwelle sich nicht verdreht.
- Arretierdorn aus Schaltgehäuse entfernen.
- Fahrzeug ablassen.

Die Vollautomatik

Der FORD ESCORT/ORION wird auf Wunsch mit einer Getriebevollautomatik ausgestattet. Das ATX-Getriebe (ATX = Automatik-Transaxle) hat drei Vorwärtswählbereiche, die automatisch geschaltet werden. In Abhängigkeit vom gewählten Schaltbereich und von der gefahrenen Geschwindigkeit erfolgt die Übertragung der Antriebsleistung hydraulisch oder mechanisch. Dadurch wird der Schlupf in der Kraftübertragung erheblich vermindert. Der Wirkungsgrad erhöht sich gegenüber herkömmlichen Automatikgetrieben, das heißt es wird mehr Antriebsleistung auf die Räder übertragen. Das führt zu besseren Fahrwerten und einem niedrigeren Kraftstoffverbrauch.

Um schneller beschleunigen zu können, zum Beispiel bei Überholvorgängen, hat die Automatik einen sogenannten Kickdown-Schalter, der sich beim vollen Niedertreten des Gaspedals einschaltet. Der Kickdown-Effekt sorgt dafür, daß das Getriebe entweder länger im kürzeren Gang verweilt oder von einem höheren in einen niedrigeren zurückschaltet.

Für die Beurteilung der Funktion der Getriebeautomatik und für die richtige Fehlersuche ist Erfahrung mit automatischen Getrieben und die Kenntnis der Arbeitsweise unerläßlich. Da diese Materie nur durch lange Berufserfahrung erworben werden kann, beschränke ich mich deshalb im Kapitel Automatik auf einige leichte Überprüfungsarbeiten.

Ölstand im automatischen Getriebe prüfen

Der vorgeschriebene Ölstand ist für die einwandfreie Funktion des automatischen Getriebes äußerst wichtig. Darum ist die Prüfung mit großer Sorgfalt alle 20000 km durchzuführen! Der Peilstab für die Prüfung befindet sich im Motorraum.

Durch die Prüf-Öffnung wird auch das Automatik-Spezialöl eingefüllt.

- Probefahrt durchführen, damit das Getriebeöl die Betriebstemperatur erreicht. Das Öl soll handwarm sein (40°–60 °C).

Achtung: Bei höheren oder niedrigeren Temperaturen kann der Ölstand über oder unter der Prüfmarkierung liegen (Wärmeausdehnung des Öls). Eine einwandfreie Messung ist deshalb nur in dem angegebenen Temperaturbereich möglich.

- Wagen auf ebene Fläche stellen.
- Wählhebel in Stellung „P" legen, Handbremse anziehen und Fußbremse betätigen.
- Der Motor muß während der Prüfung im Leerlauf drehen.
- Mit Wählhebel alle Positionen 3mal durchschalten, wieder in Stellung „P" legen und ca. 1 Minute warten.

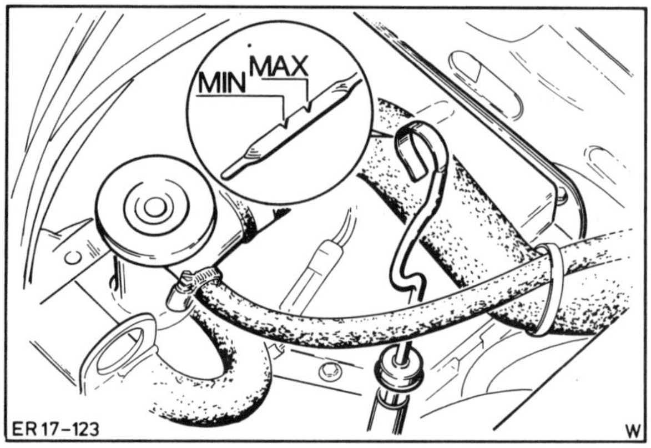

- Der Flüssigkeitsstand muß unbedingt zwischen den beiden Marken des Peilstabes liegen.
- Zum Abwischen des Peilstabs darf nur ein sauberer, nicht fasernder Lappen verwendet werden.
- Muß Öl nachgefüllt werden: Sauberen Trichter und passenden Schlauch verwenden.
- Nicht zuviel Öl einfüllen. Zuviel Öl kann Störungen in der Automatik hervorrufen. In jedem Fall muß zuviel eingefülltes Öl wieder abgelassen werden.
- Altes Öl gleichzeitig am Peilstab auf Aussehen und Geruch prüfen. Verbrannte Reibbeläge verursachen Brandgeruch. Durch verschmutztes Öl können Störungen an der Getriebesteuerung auftreten.

- Schwarzes oder dunkelbraunes Getriebeöl deutet auf verschlissene Kupplungen oder ein verschlissenes Bremsband hin.
- Liegt der Ölstand unter der MIN-Markierung, Getriebe und Ölkühler auf Undichtigkeit überprüfen. Der Ölkühler befindet sich im Wasserkasten des Motorkühlers.

Achtung: Es dürfen nur die vom Werk freigegebenen Öle verwendet werden.
Getriebeöl-Spezifikation: ESP-M2C166-H (H-Öl).
Das vorgeschriebene Öl darf nicht mit anderen Ölen gemischt werden. Keine Zusatzschmiermittel verwenden.
Füllmenge für Getriebe mit Wandler und Ölkühler: 7,4 Liter.

Ohne Öl-Füllung im Drehmomentwandler und automatischem Getriebe darf weder der Motor laufen noch darf der Wagen abgeschleppt werden.

Abschleppen von Fahrzeugen mit Automatik

- Wählhebelstellung „N".
- **Maximale Schleppgeschwindigkeit:** 40 km/h!
- **Maximale Schleppentfernung:** 20 Kilometer!
- Über größere Entfernungen muß der Wagen **vorn** angehoben werden. Grund: Bei stehendem Motor arbeitet die Getriebeölpumpe nicht, das Getriebe wird für höhere Drehzahlen und längere Laufzeiten daher nicht ausreichend geschmiert.

Einsatz eines Abschleppwagens

Achtung: Frontangetriebene Fahrzeuge dürfen nur vorne angehoben werden! Grund: Bei hinten angehobenem Wagen würden die rückwärts drehenden Antriebswellen der Vorderräder die Planetenräder im automatischen Getriebe in extrem hohe Drehzahlen zwingen. Das Getriebe würde dadurch in kurzer Zeit schwer beschädigt werden.

- Zündung einschalten, damit das Lenkrad nicht blockiert ist und die Blinkleuchten, das Signalhorn und gegebenenfalls die Scheibenwischer betätigt werden können.
- Da der Bremskraftverstärker nur bei laufendem Motor arbeitet, muß bei Fahrzeugen mit Bremskraftverstärker bei nicht laufendem Motor das Bremspedal entsprechend kräftiger getreten werden!
- Das Abschleppseil soll elastisch sein, damit das schleppende und das gezogene Fahrzeug geschont werden. Nur Kunstfaserseile oder Seile mit elastischen Zwischengliedern verwenden.

Festbremstest

Der Festbremstest gibt Aufschluß über die Funktion des Drehmomentwandlers. Der Test ist dann durchzuführen, wenn trotz richtiger Motoreinstellung die Höchstgeschwindigkeit oder Beschleunigung nicht ausreichend ist.

- Drehzahlmesser an Motor anschließen, so daß er vom Fahrersitz aus ablesbar ist.
- **Fahrzeug durch Hand- und Fußbremse sicher blockieren.**
- Motor starten.
- Mit dem Wählhebel in Stellung „D" **kurzzeitig** Vollgas geben (max. 3 s). Der Motor stellt sich auf eine sogenannte Festbremsdrehzahl ein.
- Prüfung nach 20 Sekunden wiederholen. Dann muß die Festbremsdrehzahl erreicht werden.
- Anschließend Prüfung in Stellung „R" wiederholen.

Achtung: Der Festbremstest muß bei betriebswarmem Motor und Getriebe durchgeführt werden und darf nicht länger, als zum Ablesen des Drehzahlmessers notwendig ist, dauern. Maximal 5 Sekunden, sonst treten Überhitzungsschäden auf.

Bei der Prüfung der Festbremsdrehzahl ist zu berücksichtigen, daß sie pro 1000 m Höhe um ca. 125/min abfällt. Darüber hinaus sinkt die Drehzahl noch geringfügig ab, weil die Zylinderfüllung verringert wird.

Festbremsdrehzahl

Festbremsdrehzahl	2700 ± 350
Festbremsdrehzahl wird nicht erreicht:	
	Ursache
ca. bis 200/min zu niedrig	Schlechte Motorleistung (Zündung, Vergaser, Kompression)
ca. über 200/min zu niedrig	Freilauf im Wandler defekt
Festbremsdrehzahl zu hoch	Vorwärtskupplung rutscht, 1. Gang Freilauf rutscht

Achtung: Nicht unnötig oft die Festbremsdrehzahl prüfen!

Schaltseilzug einstellen

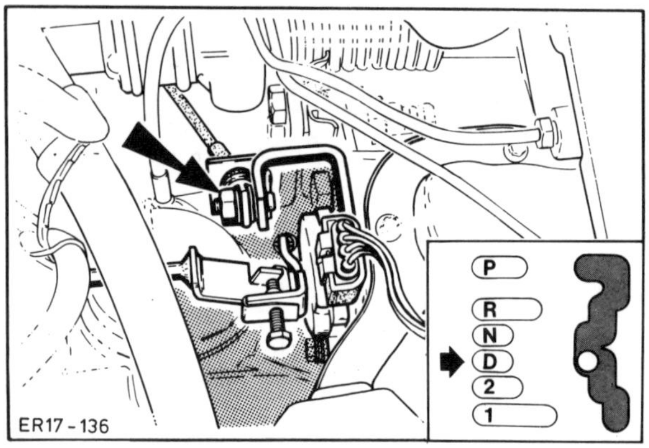

- Wählhebel im Innenraum in Stellung „D" legen und festhalten (Helfer).
- Mutter – Pfeil – am Schaltwellenhebel lösen.
- Die Schaltwelle muß in dieser Lage in Position „D" arretiert sein, gegebenenfalls arretieren und Mutter wieder festziehen.

Rückschaltgestänge einstellen

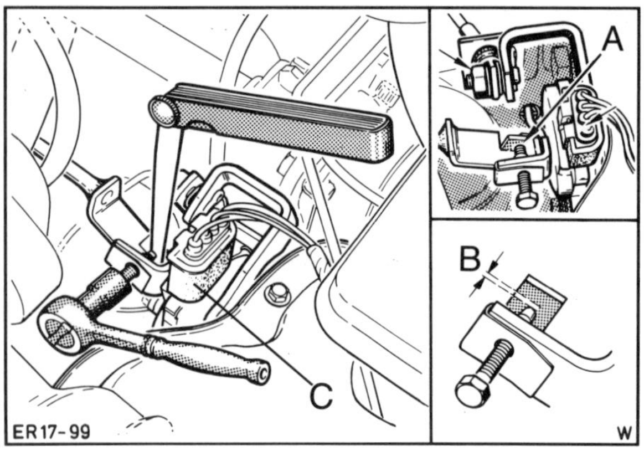

- Einstellschraube so weit herausdrehen, bis ein Spalt von 2 bis 3 mm zwischen Schraube und Anschlag vorhanden ist – A –.
- Leerlaufeinstellung des Motors überprüfen, siehe Seiten 57, 66, 82.
- Einstellschraube bis auf ein Spiel von B = 1 mm reindrehen. Spiel mit Fühlerblattlehre messen. C = Mehrfachstekker für Startsperre.

Störungstabelle Automatisches Getriebe

Die Fehlersuche beim ATX-Getriebe ist schwierig und umfangreich. Die Tabelle kann daher nur einen Ausschnitt der verschiedensten Fehlermöglichkeiten aufzeigen.
Grundsätzlich immer zuerst Ölstand im Getriebe prüfen.

Störung	Ursache	Abhilfe
Verzögerter Einschaltstoß bei manueller Gangvorwahl	Schaltseilzug ist beschädigt oder falsch eingestellt	■ Schaltseilzug erneuern oder einstellen
	Rückschaltgestänge ist falsch eingestellt	■ Rückschaltgestänge einstellen
	Öl ist verunreinigt	■ Öl und Filter wechseln
Einschaltstöße sehr hart bei Vorwärts- oder Rückwärtsgang-vorwahl	Leerlaufdrehzahl zu hoch	■ Leerlaufdrehzahl vorschriftsmäßig einstellen
	Startautomatik noch in Funktion (bei warmem Motor)	■ Vergaser (Startautomatik) einstellen
	Rückschaltgestänge ist falsch eingestellt	■ Rückschaltgestänge einstellen
Kein Antrieb in allen Fahrpositionen	Schaltseilzug ist beschädigt oder falsch eingestellt	■ Schaltseilzug erneuern oder einstellen
Motor kann in „N" oder „P" nicht gestartet werden	Schalter-Startsperre ist falsch eingestellt	■ Schalter-Startsperre einstellen
	Kabel-Startsperre ist gelöst oder beschädigt	■ Anschließen oder erneuern
	Schaltseilzug ist falsch eingestellt	■ Schaltseilzug erneuern oder einstellen
Keine Motorbremswirkung in Wählhebelstellung „1", „2"	Rückschaltgestänge ist falsch eingestellt	■ Rückschaltgestänge einstellen
	Schaltseilzug ist beschädigt oder falsch eingestellt	■ Schaltseilzug erneuern oder einstellen
Äußere Undichtigkeiten	Ölverlust an Dichtungen, Radialdichtringen usw.	■ ATX-Getriebe an den undichten Stellen reinigen. Entlüftung auf Durchgang prüfen. Getriebe auf Betriebstemperatur bringen und Ölaustritt beobachten

Die Vorderachse

Die Bauweise der Vorderachse ist durch die beiden Mc-Pherson-Federbeine bestimmt. Die Federbeine bestehen jeweils aus einer Schraubenfeder und einem integrierten Stoßdämpfer. Sie sind oben mit der Karosserie und unten mit dem Schwenklager verschraubt. Die seitliche Führung der Räder erfolgt durch die Querlenker, die Längsführung je nach Modell durch Zugstreben oder einen Stabilisator.

Die Antriebskraft des Frontmotors wird durch zwei Gelenkwellen auf die Vorderräder übertragen. Die Gelenkwellen sind unterschiedlich lang und jeweils mit zwei Gleichlaufgelenken ausgestattet.

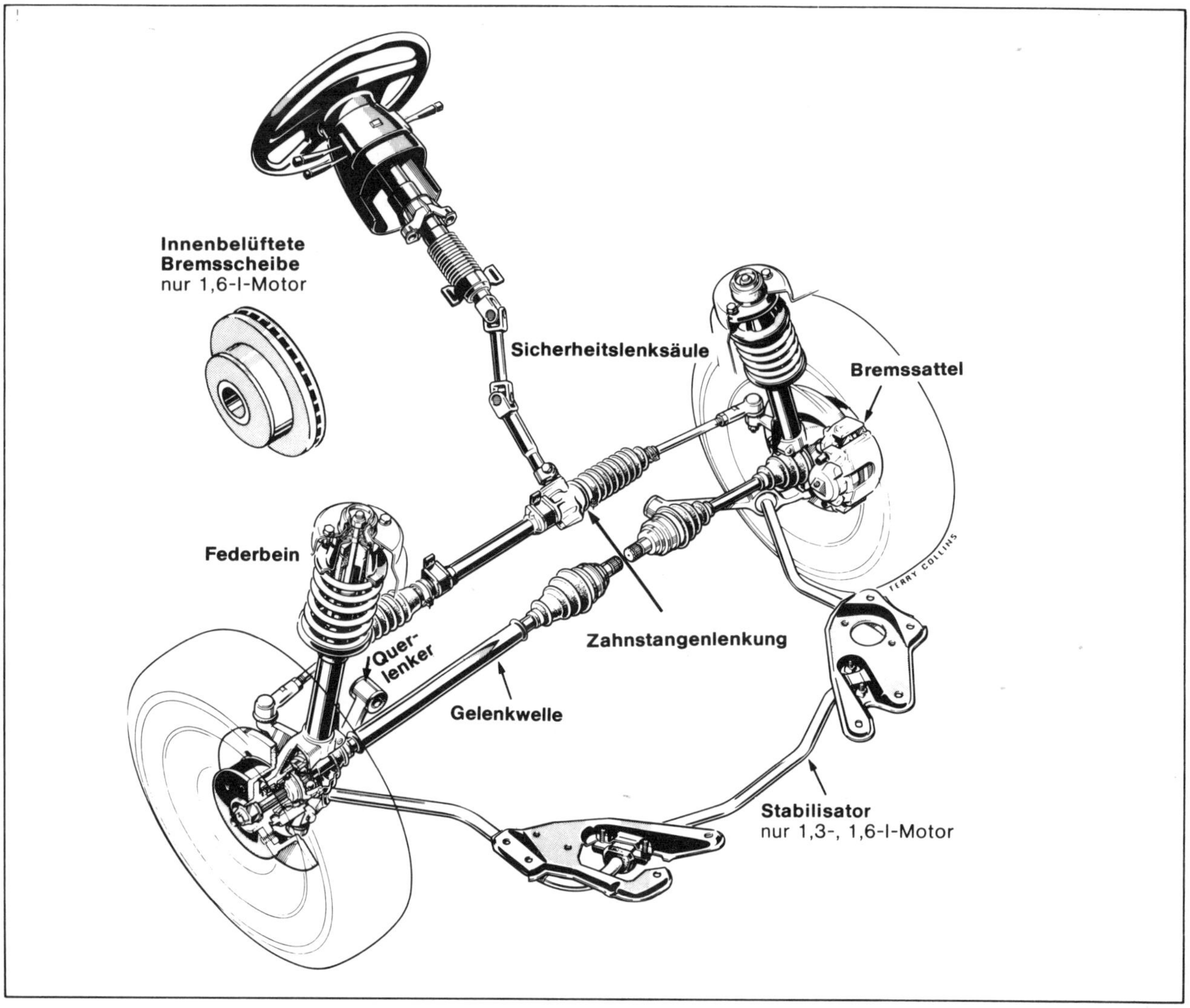

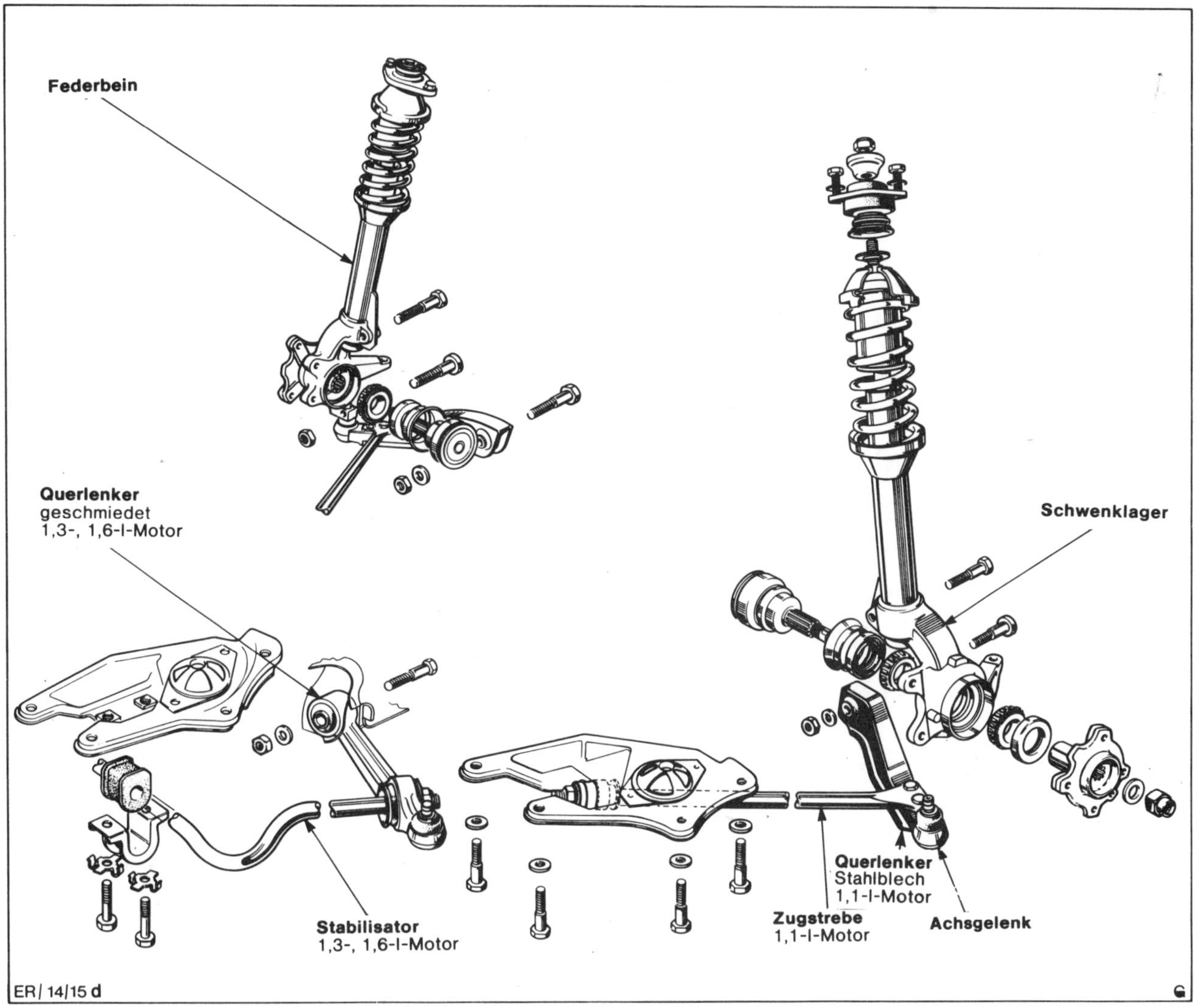

Federbein aus- und einbauen

Ausbau

- Radschrauben lösen.
- Fahrzeug vorn aufbocken, siehe Seite 233.
- Rad abnehmen.
- **Seit 5/83:** Halter für Bremsleitung am Federbein abschrauben.
- Gelenkwelle so abstützen, daß sie nach Ausbau des Federbeins nicht nach unten durchhängt. Dazu geeigneten Stützbock unter der Gelenkwelle postieren, und zwar neben der Gummimanschette des äußeren Gleichlaufgelenks.

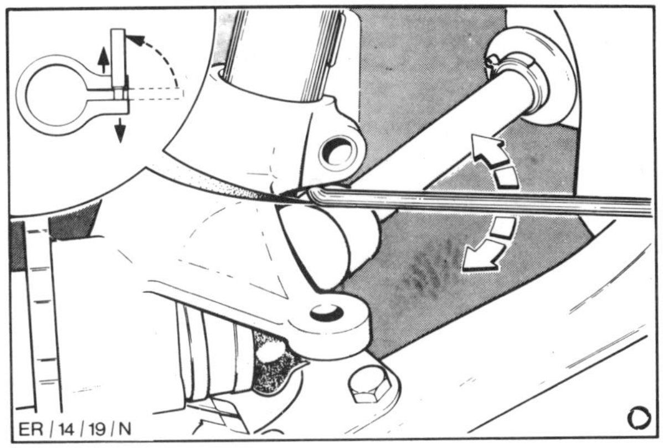

- Befestigungsschraube am Schwenklager herausdrehen.
- FORD-Werkzeug 14-026 von unten in die Nut des Schwenklagers einsetzen, um 90° drehen und dadurch Federbeinhalterung spreizen. Schwenklager nach unten drükken, damit das Federbein frei wird.

Achtung: Das Schwenklager darf nicht zu weit nach unten gedrückt werden, sonst können die Gleichlaufgelenke beschädigt werden. Das Spezialwerkzeug verbleibt in der Nut.

- Federbein von unten mit Wagenheber abstützen oder durch Helfer gegen Herunterfallen sichern.

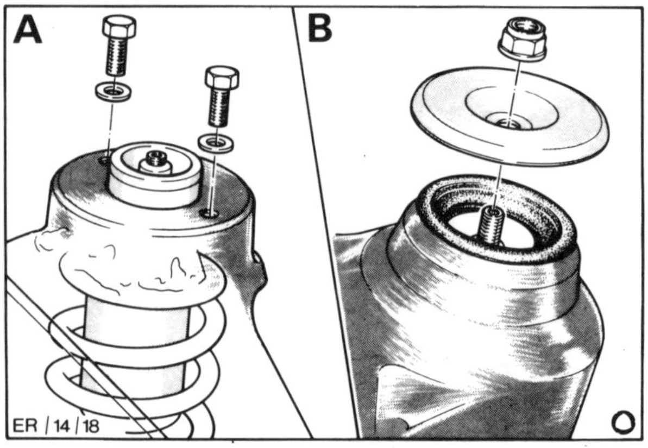

- **Bis 5/83:** 2 Schrauben –A– am Federbeinjoch herausschrauben und mit Unterlegscheiben abnehmen.
- **Seit 5/83:** Befestigungsmutter –B– mit tiefgekröpftem Ringschlüssel abschrauben, dabei Kolbenstange mit Innensechskantschlüssel SW 6 gegenhalten. Mutter mit Tellerscheibe abnehmen.

Einbau

- Federbein von unten einsetzen. 2 Schrauben oben mit 20 Nm anschrauben, beziehungsweise Befestigungsmutter mit **45 Nm** festziehen.
- Schwenklager über das Federbein schieben, Spreizwerkzeug entfernen und Schraube mit **85 Nm** festziehen.
- Halter für Bremsleitung anschrauben.
- Rad anschrauben, Fahrzeug ablassen, Radschrauben über Kreuz mit 90 Nm anziehen.
- Falls vorhanden, Plastik-Kappe auf das obere Gewindestück der Kolbenstange aufschrauben.

Stoßdämpfer aus- und einbauen

Achtung: Falls nur das Stützlager ausgebaut werden soll, braucht bei Fahrzeugen **seit 5/83** das Federbein nicht komplett ausgebaut zu werden.

Ausbau

- Federbein komplett ausbauen.
- Zum Lösen des Stoßdämpfers muß die Schraubenfeder gespannt werden. Schraubenfeder mit geeigneter Spannvorrichtung spannen. **Achtung:** Die Stoßdämpfermutter darf nur bei gespannter Feder gelöst werden.

Achtung: Wenn der Federspanner in die Windungen der Feder eingesetzt wird, darauf achten, daß die Federwindungen **sicher umfaßt** werden und der Federspanner nicht abrutschen kann. **Feder grundsätzlich an 2 gegenüberliegenden Seiten spannen.** Die Schraubenfeder steht unter großer Vorspannung, deshalb nur stabiles Werkzeug verwenden. Keinesfalls Feder mit Draht zusammenbinden. **Unfallgefahr!**

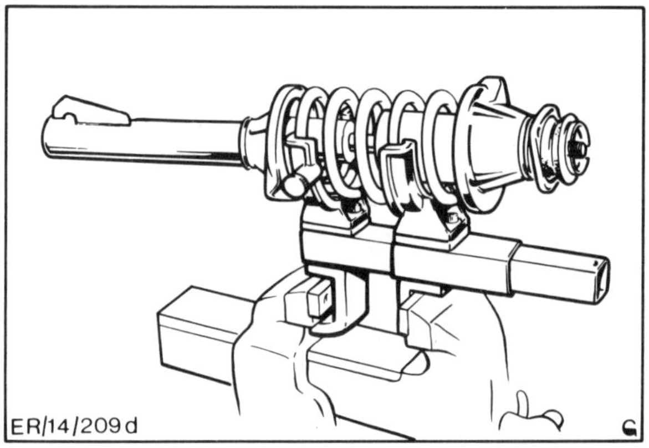

- FORD-Federspanner 14-018 in Schraubstock legen, Federbein einsetzen, Schraubstock schließen und dadurch Feder spannen.
- Mutter vom oberen Stützlager abschrauben, dabei mit 6 mm Innensechskantschlüssel gegenhalten.

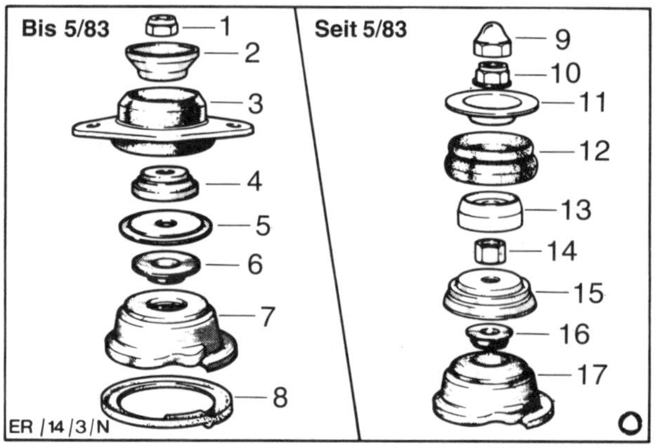

- **Bis 5/83:** Mutter –1– vom Stützlager –3– abschrauben, dabei Kolbenstange mit Innensechskantschlüssel SW 6 gegenhalten. Stützlager zerlegen und abnehmen. 2–Tellerscheibe, 4–Distanzstück, 5–Druckscheibe, 6–Drucklager, 7–Federauflage, 8–Gummiauflage.

- **Seit 5/83:** Nylon-Zentrierring –13– abnehmen. Untere Befestigungsmutter –14– abschrauben, dabei Kolbenstange mit Innensechskantschlüssel SW 6 gegenhalten. Druckscheibe –15–, Kugellager –16– und Federauflage –17– abnehmen. 9–Plastik-Kappe, 10–Obere Befestigungsmutter, 11–Tellerscheibe, 12–Stützlager.
- Stoßdämpfer herausnehmen.

Achtung: Wenn sich der Anschlag lose mit der Kolbenstange bewegen läßt, Anschlag austauschen (nicht beim XR 3). Dazu Anschlag von Hand abziehen.

- Falls die Feder ausgewechselt werden soll, Feder langsam entspannen. Soll dagegen nur die Dämpferpatrone ersetzt werden, bleibt die Feder gespannt.

Einbau

- Vor Einbau Stoßdämpfer prüfen, siehe Seite 135.
- Falls ausgebaut, Anschlag auf Kolbenstange aufschieben.
- Neue Schraubenfeder spannen und Federbeinrohr aufsetzen.
- Oberes Stützlager in richtiger Reihenfolge montieren, siehe unter Ausbau.

Achtung: Beim FORD ORION, gebaut in der Zeit von 5/83 bis 11/84, am rechten Federbein untere Befestigungsmutter –14– (10 mm dick) gegen eine 12 mm dicke Mutter ersetzen, da hier vereinzelt Dröhngeräusche auftreten. Fahrzeuge nach 11/84 besitzen sie serienmäßig.

- Mutter am oberen Stützlager mit **50 Nm** festziehen, ggf. mit Innensechskantschlüssel gegenhalten. **Seit 5/83:** Untere Befestigungsmutter mit **60 Nm** festziehen.
- Federspanner langsam lösen. Darauf achten, daß die Federenden entsprechend der Kontur in den Federauflagen sitzen.
- Federbein einbauen, siehe Seite 125.

Gelenkwelle aus- und einbauen

Achtung: Beim Einbau von Radnabe und Gelenkwelle wird Spezialwerkzeug benötigt. Die Ausbauhinweise gelten nicht für Fahrzeuge mit Antiblockier-Bremssystem

Ausbau

- Radschrauben lösen, nicht abschrauben.

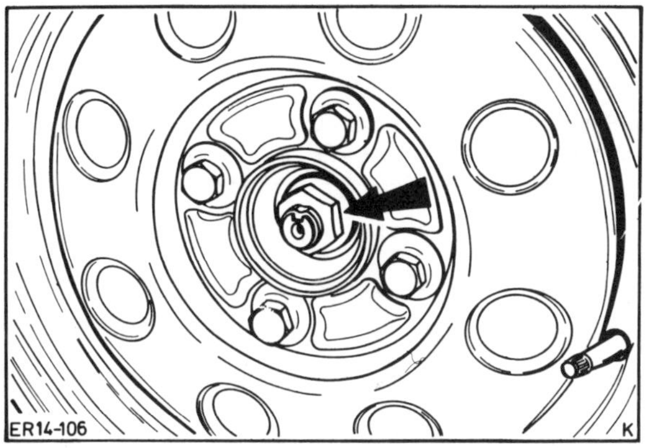

- Sechskantmutter – Pfeil – an der Radnabe lösen, nicht abschrauben. Dabei muß das Fahrzeug auf dem Boden stehen.
- Fahrzeug aufbocken, siehe Seite 233.
- Getriebeöl ablassen, siehe Seite 115.
- Querlenker vom Schwenklager abbauen. Bei Fahrzeugen mit Stabilisator vorher Querlenker an der Karosserie abschrauben, siehe Seite 116.

Achtung: Wenn nur die Manschetten erneuert werden sollen, braucht die Gelenkwelle nicht komplett ausgebaut zu werden. Gelenkwelle aus dem inneren Gleichlaufgelenk herausziehen und Manschetten abnehmen, siehe Seite 129.

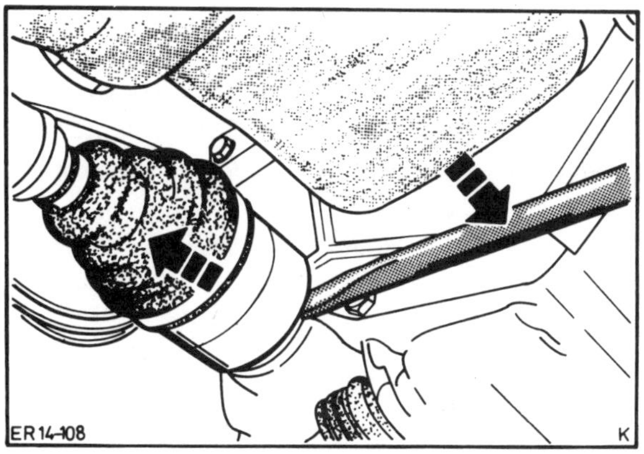

- Montierhebel zwischen Gelenk und Getriebegehäuse ansetzen und mit Hammer kräftig gegen das andere Ende des Hebels schlagen. Gleichzeitig durch einen Helfer Vorderrad so weit wie möglich nach außen ziehen lassen.
- Gelenkwelle herausziehen.

- Gelenkwelle mit Draht an der Lenkung aufhängen, damit die Welle, bei einseitigem Ausbau, nicht nach unten hängen kann und dadurch das Gelenk überbeansprucht wird. Die maximalen Beugungswinkel sind für das innere Gelenk 20° und für das äußere Gelenk 45°.
- Radschrauben herausdrehen, Rad abnehmen.
- Nabenmutter abschrauben.
- Bremsscheibe ausbauen, siehe Seite 151.
- Radnabe abziehen. Gegebenenfalls handelsüblichen Zweiarmabzieher verwenden.
- Gelenkwelle aus dem Schwenklager herausnehmen.

Achtung: Beim Ausbau beider Gelenkwellen müssen die Kegelräder im Ausgleichgetriebe mit einem inneren Gelenkstück oder einem entsprechenden Stopfen gesichert werden.

Einbau

- Vor dem Einbau Wellendichtring auf Verschleiß überprüfen.

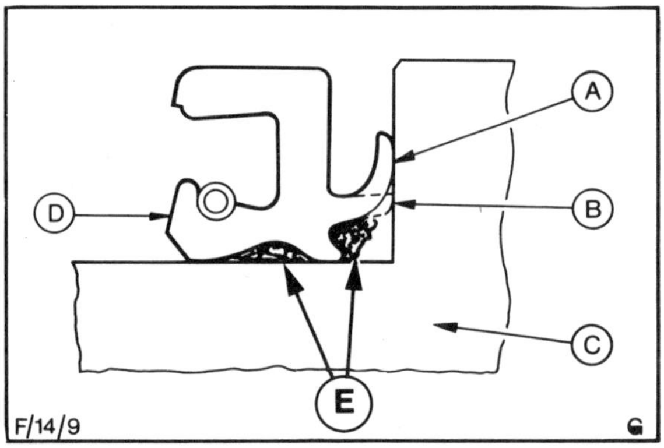

A = Dichtlippe – neu; B = Dichtlippe – verschlissen; C = Radnabe oder Gelenkwelle; D = Dichtring; E = Fett.

- Dichtring gegebenenfalls heraushebeln, dazu Dichtring mit Bohrer lochen, geeignete Blechschraube reindrehen und mit Zange herausziehen.
- Neuen Dichtring wie in der Abbildung gezeigt fetten und mit geeignetem Rohr gleichmäßig eintreiben.
- Kerbverzahnung und Gewinde der Gelenkwelle leicht einfetten.
- Gelenkwelle mit **neuen** Sicherungsringen in Getriebegehäuse und Schwenklager einlegen.

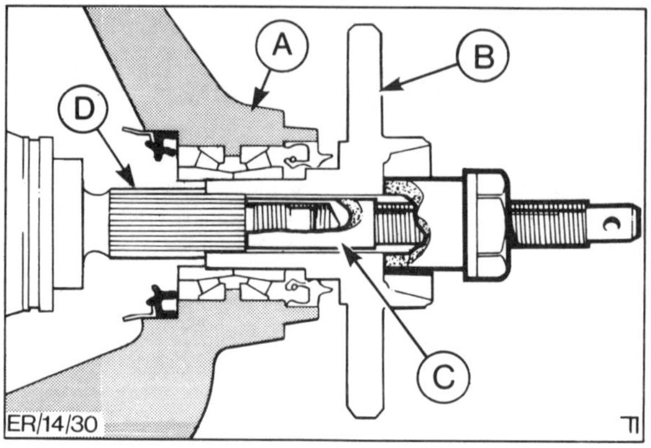

- Radnabe –B– mit Bremsscheibe in das Schwenklager –A– einsetzen und auf die Verzahnung des Gelenkwellenstumpfes –D– aufschieben. Unterlegscheibe aufsetzen, **neue** Nabenmutter ansetzen und durch Anschrauben der Mutter Radnabe auf Gelenkwellenstumpf aufziehen.

Achtung: Falls sich die Mutter nicht ansetzen läßt, Nabe mit Spezialwerkzeug FORD 14-022 –C– bis zum Anschlag auf die Welle ziehen. Werkzeug abnehmen, Unterlegscheibe auflegen und Mutter anschrauben, nicht festziehen.

- Bremsscheibe befestigen und Bremssattel an Schwenklager anschrauben, siehe Seite 151.
- Rad anschrauben.

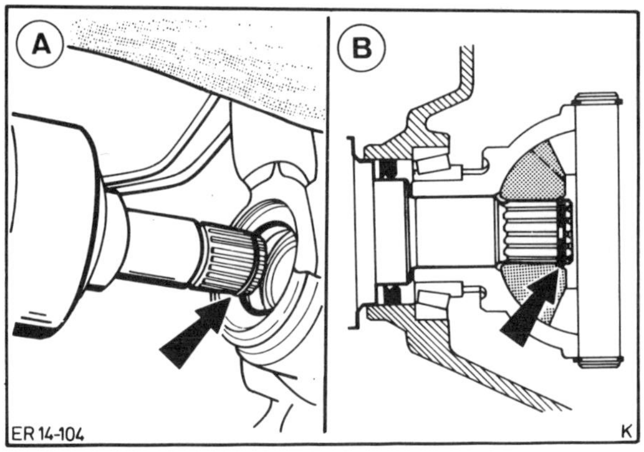

- Gelenkwelle mit neuem Sicherungsring – Pfeil in Abbildung A – einsetzen und gegen Vorderrad drücken, bis der Sicherungsring einrastet – Pfeil in Abbildung B –.
- Querlenker einbauen, siehe Seite 116.
- Getriebeöl auffüllen, siehe Seite 115.
- Fahrzeug ablassen.
- Nabenmutter mit **220 Nm** (gefettet) festziehen und verstemmen. Ansatz der Mutter mit Durchschlag in die entsprechende Nut des Gewindes treiben.
- Radschrauben mit 90 Nm festziehen.

Die Gelenkwelle

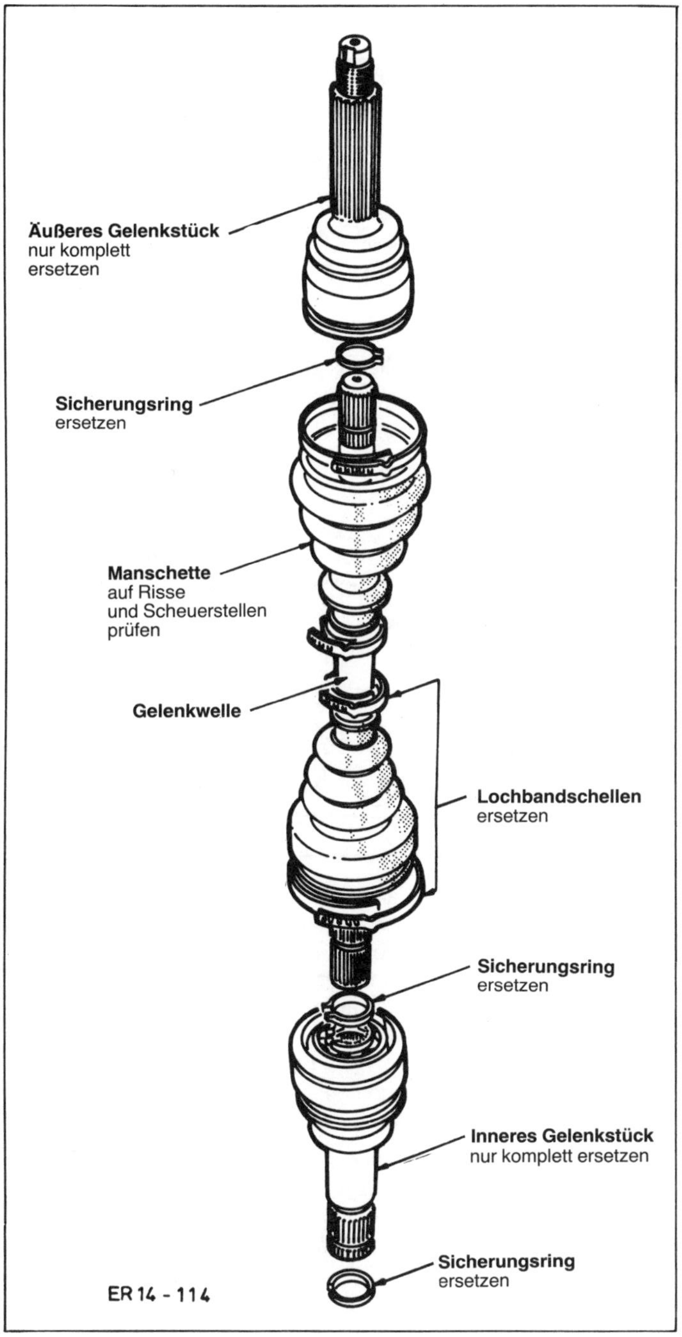

ER 14 - 114

Gelenkwelle zerlegen

Defekte Schutzhüllen sofort erneuern. Zum Erneuern der Schutzhülle muß die Gelenkwelle zerlegt werden. Falls Schmutz in das Fett eingedrungen ist, Gelenk auswaschen und mit neuem Spezialfett schmieren. Defekte Kugeln im Lager machen sich durch Lastwechselschlagen und Geräusche bemerkbar. In diesem Fall ist das Gelenk auszutauschen.

Zerlegen

- Gelenkwelle ausbauen.

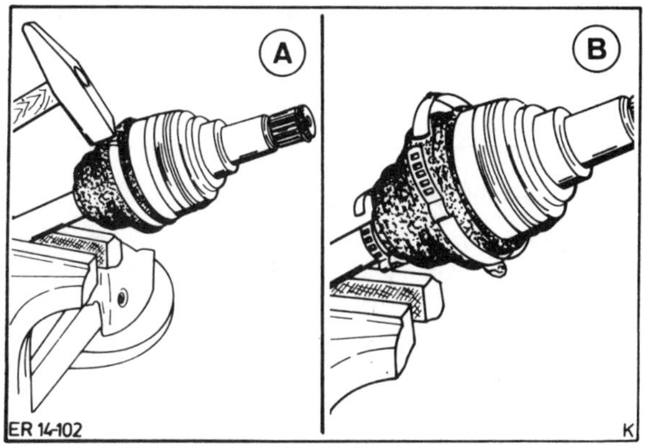

ER 14-102

- Mit Hammer Lochbandschellen lösen und abnehmen.
- Manschetten auf der Welle zurückschieben.
- Bei angeschraubten Gelenken vor dem Abbauen des Gelenks die Lage der Welle zum Gelenkinnenring und der Blechkappe zum Gelenkaußenring markieren.
- Gelenkhohlräume, Innenteile, Flansche, Abdeckkappen und Manschetten sorgfältig abwischen. Das vorhandene, meist nicht mehr schmierfähige Fett mit einem Lösungsmittel oder mit Druckluft entfernen.
- Gelenklaufbahnen und Kugeln auf Verschleiß prüfen, gegebenenfalls Gelenk erneuern.

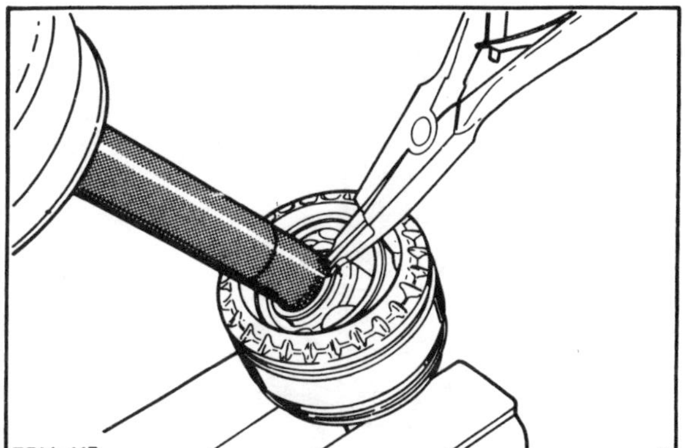

ER14-115

- Mit geeigneter Zange Sicherungsring spreizen und Gelenkwelle aus dem Gelenkstück herausziehen.
- Manschetten von der Welle abnehmen.
- Zweites Gelenk entsprechend abbauen.

Zusammenbau

- Poröse und defekte Manschetten ersetzen.

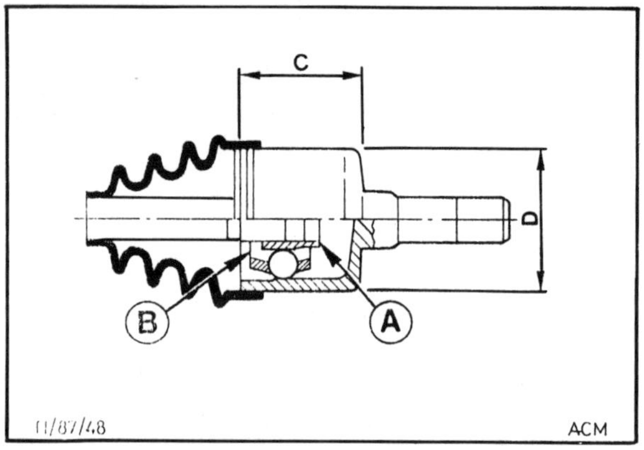

A, B = Fetteinfüllstellen

- Hohlräume zwischen den Gelenkinnenteilen mit Spezialfett (S-M1C-75-A/SOM-1C-9004-A, FORD-Nr. 5003563) füllen, dabei unterschiedliche Füllmengen für die beiden Gelenkseiten beachten.

Motoren	Fettmenge in Gramm Außengelenk Seite A/B	Fettmenge in Gramm Innengelenk Seite A/B
1,1-l[1]	30/30	–
1,3-,1,4-,1,6-l[2]	40/40	–
1,1-,1,3-l[1]	–	30/40
1,3-,1,4-,1,6-l[2]	–	35/80

[1]) Außer Modell »Express«

[2]) Einschließlich aller Modelle »Express«

Achtung: Darauf achten, daß möglichst wenig Fett in die Manschette gelangt. Wellenoberfläche leicht einfetten, damit die Manschette leichter rutscht.

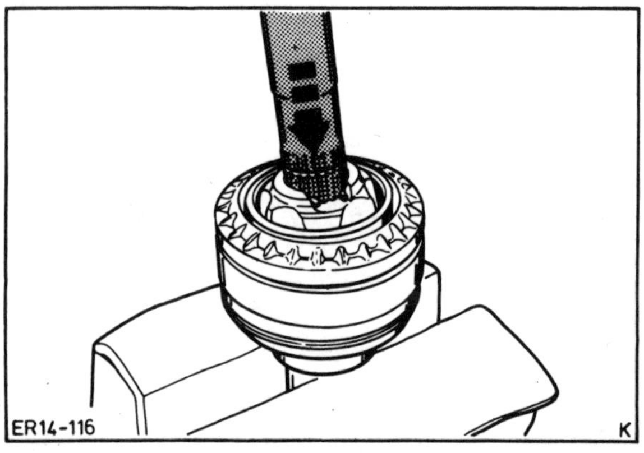

- Welle mit neuem Sicherungsring gerade in die Verzahnung des Gelenks hineindrücken, bis der Sicherungsring einrastet.

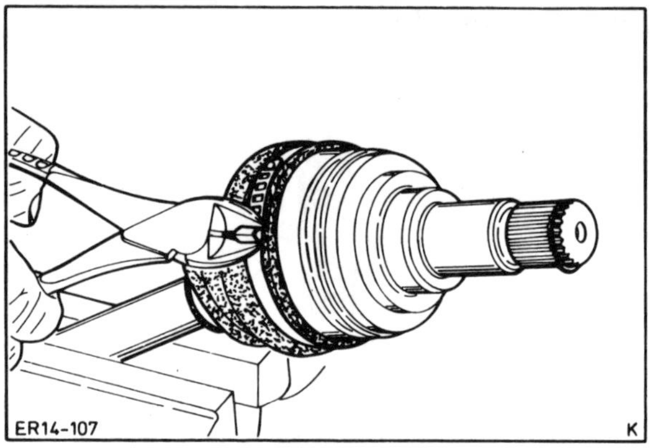

- Manschette über das Gelenk schieben, Lochbandschelle von Hand spannen und einhaken. Anschließend mit Zange nachspannen.

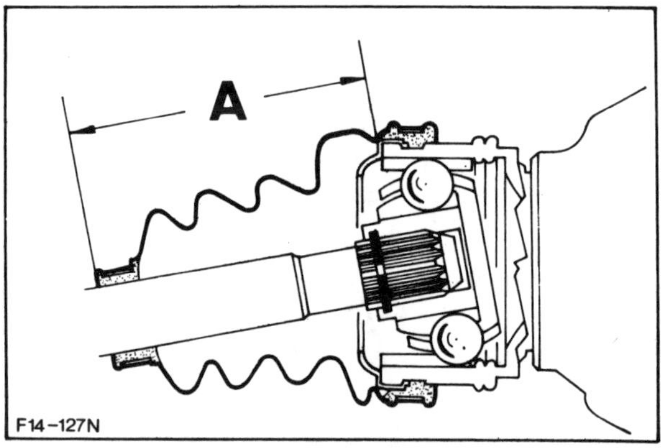

- Lochbandschelle mit kleinerem Durchmesser handfest vorspannen. Innere Manschette (am Getriebe) entsprechend dem Maß – A – verschieben und Schelle mit Zange nachspannen. 1,1-l-Motor: A = 127 ± 2,0 mm; 1,3-, 1,4- und 1,6-l-Motor: A = 132 ± 2,0 mm.
  Das Maß für die äußere Manschette am Schwenklager beträgt: 1,1-l-Motor: 70 mm; 1,3-, 1,4- und 1,6-l-Motor: 82 mm. Gemessen wird hier die Länge der ganzen Manschette (Länge über alles).

Achtung: Die Spannschlaufe der Lochbandschelle am äußeren Gelenk darf nicht zu weit abstehen, damit sie bei drehender Welle nicht am Schwenklager streift. Nach Einbau der Gelenkwelle Vorderrad drehen und Freigang der Spannschlaufe prüfen.

- Gelenkwelle einbauen.

Gleichlaufgelenke abdichten

Die Beschreibung gilt nur für geschraubte Gleichlaufgelenke. Der Arbeitsgang kann vorgenommen werden, wenn trotz neuer Manschetten noch Öl aus den Gelenkwellen austritt.

- Gelenkwelle ausbauen.
- Lage von Welle zu Gelenkinnenring und Blechkappe zu Gelenkaußenring markieren.
- Innensechskantschrauben herausdrehen und Blechkappe mit Welle vom Gelenk abziehen.

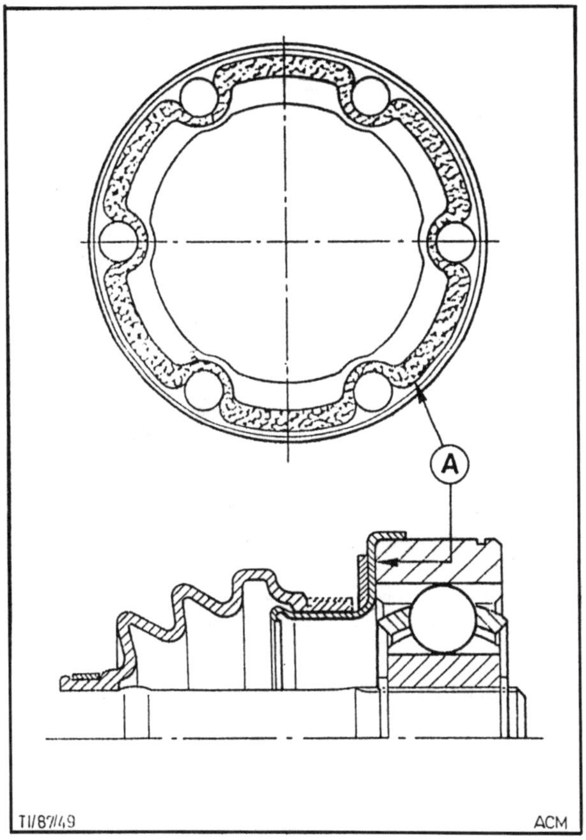

- Anlageflächen sorgfältig reinigen. Anschließend Dichtmittel von FORD, Bestellnummer 6170892, gemäß Abbildung auftragen. **Achtung:** Nur das angegebene, nicht aushärtende Dichtmittel verwenden, da sich sonst die Schrauben an der Gelenkwelle wieder lösen können.
- Gelenkwelle nach Markierungen zusammenfügen und einbauen.

Achsgelenk aus- und einbauen

Ausbau

- Fahrzeug vorn aufbocken, siehe Seite 233.

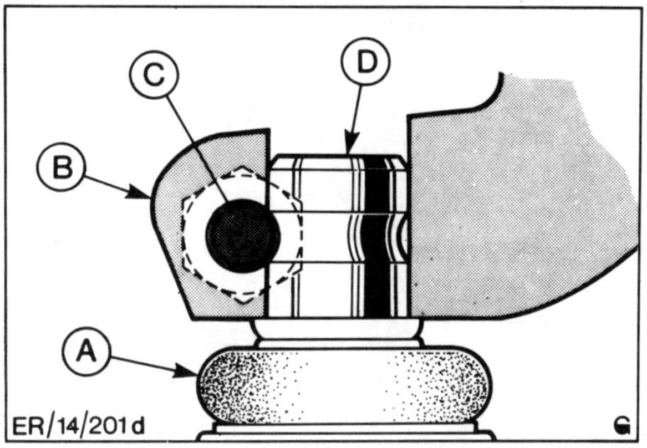

- Mutter der Klemmschraube – C – abschrauben, dabei mit Innentorxschlüssel am Schraubenkopf gegenhalten.

Achtung: Nicht an der Schraube (Innentorx-Innensechszahn) drehen.

- Beide Befestigungsschrauben des Achsgelenks – A – am Querlenker herausdrehen.
- Gelenkzapfen – D – aus dem Schwenklager – B – herausnehmen.

Einbau

- Achsgelenk mit beiden Schrauben am Querlenker lose anschrauben.
- Gelenkzapfen in Schwenklager einsetzen, Klemmschraube durchstecken und Mutter mit 55 Nm anziehen. Dabei mit Innentorxschlüssel gegenhalten.

Achtung: Der Schraubenkopf muß nach hinten zeigen.

- Schrauben am Querlenker mit **80 Nm** festziehen.
- Fahrzeug ablassen.

Stabilisator aus- und einbauen

- Fahrzeug vorn aufbocken, siehe Seite 231.

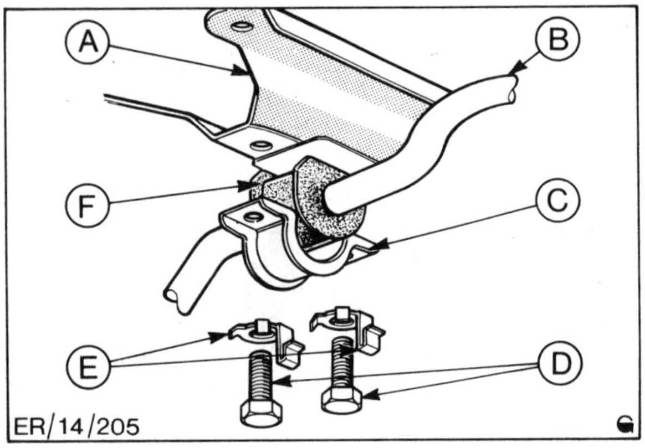

- 2 Klemmschellen – C – vom Halter – A – abschrauben, vorher Sicherungsbleche – E – aufbiegen. B – Stabilisator; F – Gummilager.

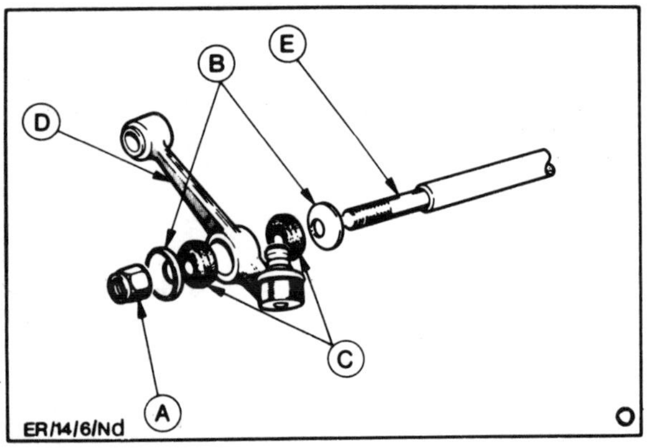

- An beiden Enden des Stabilisators – E – , Mutter – A – abschrauben und mit Scheibe – B – abnehmen, sowie Gummilager – C – abnehmen. Zur Erleichterung Gummilager mit Wasser und Schmierseife schmieren.
- Auf einer Seite Querlenker ausbauen, siehe Seite 116.
- Stabilisator nach vorn herausnehmen.

Einbau

Achtung: Gummilager vor dem Einbau mit Schmierseife schmieren. Scheiben zeigen mit dem kleineren Durchmesser zum Lager.

- Gummilager und Scheiben am Stabilisator aufstecken und am ausgebauten Querlenker befestigen, Mutter noch nicht festziehen.
- Stabilisator am anderen Querlenker befestigen, ausgebauten Querlenker einbauen und am Aufbau handfest anschrauben, siehe Seite 116.
- Stabilisator mit Klemmschellen am Halter der Karosserie anschrauben, nicht festziehen.
- Muttern für Stabilisator an Querlenker mit 100 Nm anziehen.
- Fahrzeug ablassen.
- Schrauben für Klemmschellen mit **50 Nm,** Querlenker am Aufbau mit 60 Nm sowie Stabilisator am Querlenker mit **100 Nm** festziehen.
- Sicherungsbleche an den Klemmschellen umbiegen.

Zugstrebe aus- und einbauen

Ausbau

- Fahrzeug vorn aufbocken, siehe Seite 233.

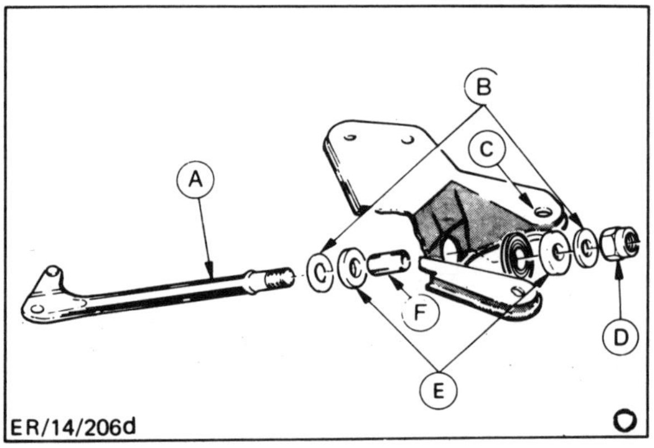

- Befestigungsmutter – D – von der Zugstrebe – A – abschrauben und mit den Scheiben – B – und – E – abnehmen.
- Achsgelenk ausbauen, siehe Seite 131.
- Zugstrebe von Querlenker abnehmen und aus dem Halter –C– herausziehen.

Einbau

- Hintere Scheiben –B– und –E– sowie Stahlhülse –F–, falls ausgebaut, auf die Strebe schieben.
- Zugstrebe in Halter und Querlenker einsetzen.
- Achsgelenk einbauen, Muttern jedoch nur handfest anziehen, siehe Seite 131.
- Vordere Scheiben auf Zugstrebe schieben und Mutter mit 50 Nm anziehen.

Achtung: Die Gummischeibe sitzt jeweils innen am Halter; die vordere Gummischeibe ist schwarz.

- Muttern am Querlenker mit **80 Nm** festziehen.
- Fahrzeug ablassen.

Wartung an der Vorderachse

Manschetten der Gelenkwellen prüfen

- Fahrzeug aufbocken.
- Auf sichtbare Fettspuren an den Manschetten und in deren Umgebung achten.
- Festen Sitz der Klemmschellen prüfen.
- Gummi der Manschette mit Lampe auf Porosität und Risse untersuchen. Dabei Räder nach beiden Seiten einschlagen.
- Sollte die Manschette durch Unterdruck im Gelenk nach innen gezogen oder defekt sein, so ist sie umgehend auszutauschen.

Staubkappen der Achsgelenke prüfen

- Staubkappen mit Lampe auf Beschädigungen überprüfen, dabei auf Fettspuren an den Kappen und in deren Umgebung achten.
- Ist bereits Schmutz durch eine beschädigte Staubkappe in das Gelenk eingedrungen, so muß das jeweilige Gelenk ersetzt werden.
- Mutter der Klemmschraube auf festen Sitz überprüfen, dabei **keinesfalls** an der Torxschraube (Innensechszahn) drehen.

Achsgelenk auf Spiel überprüfen

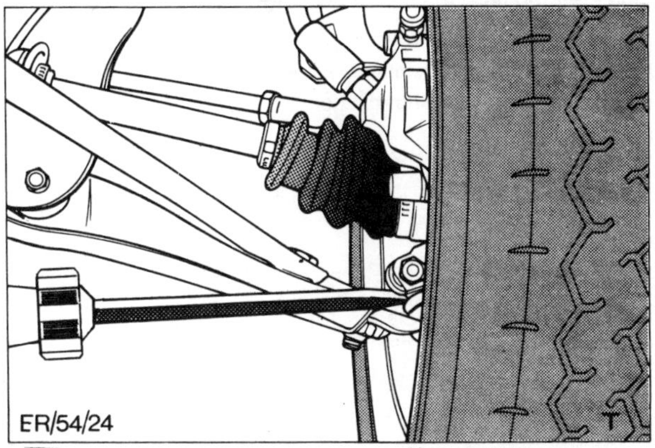

- Montierhebel auf den unteren Rand der Felge unter den unteren Querlenker setzen und das Ende des Hebels vorsichtig nach oben drücken.
- Das Gesamtspiel des Gelenkes darf dabei 0,5 mm nicht überschreiten. Als Spiel wird die Strecke bezeichnet, die das Gelenk bewegt werden kann, ohne daß die Bewegung auf das Schwenklager übertragen wird. Bei zu großem Spiel ist das Gelenk zu erneuern.

Die Hinterachse

Bei der Hinterachse des FORD ESCORT/ORION (PKW und Turnier) sind die Hinterräder einzeln aufgehängt. Die Radführung übernehmen Querlenker und Zugstreben.

Der aus Stahlblech gepreßte Querlenker ist innen über ein nicht auswechselbares Gummilager am Aufbau befestigt und außen durch ein doppeltes Gummilager mit dem Achsschenkel verbunden.

Die einstellbaren Radlager befinden sich im Nabenteil der Bremstrommel. Sie besitzen eine Fettdauerfüllung und sind daher wartungsfrei.

Die Hinterradspur ist nicht einstellbar. Aus diesem Grund müssen die Unterlegscheiben zwischen Zugstrebe und Querlenker, falls ausgebaut, an gleicher Stelle wieder eingebaut werden.

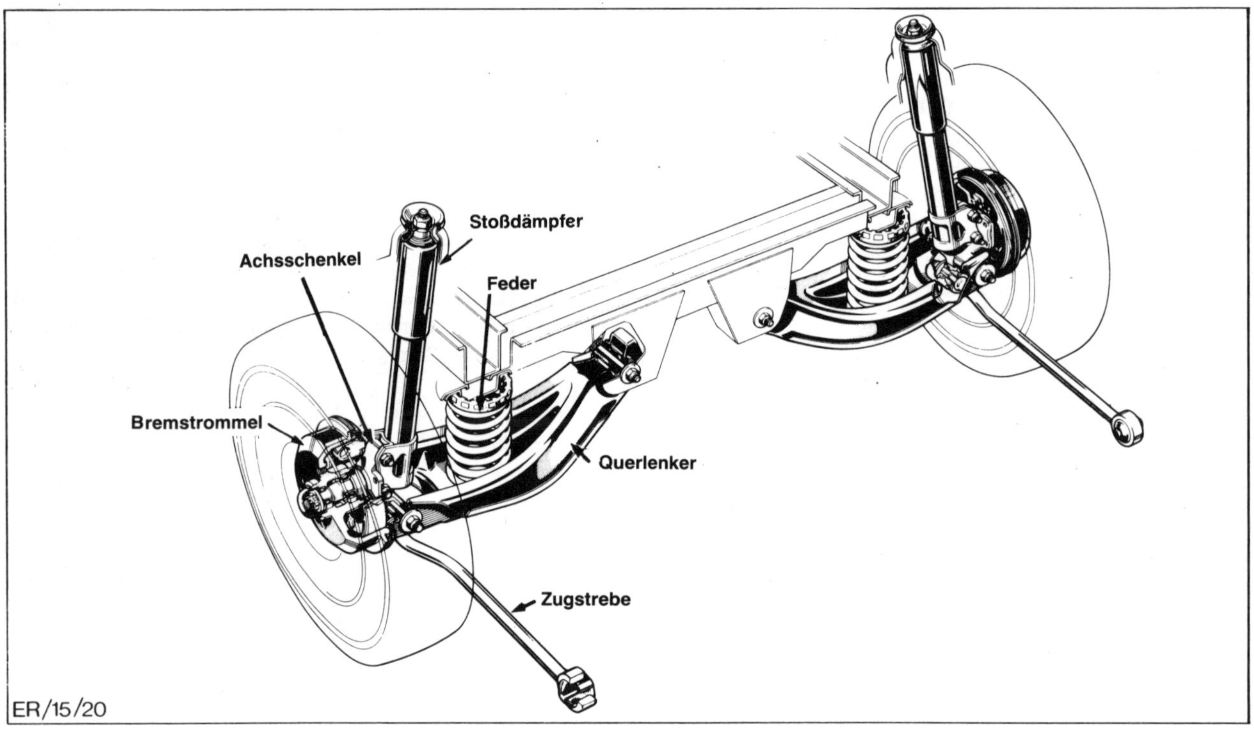

Stoßdämpfer aus- und einbauen

Ausbau

- Radschrauben lösen.
- Fahrzeug aufbocken, siehe Seite 233.
- Hinterrad abnehmen.
- Wagenheber unter Querlenker ansetzen und leicht anheben.
- Heckklappe öffnen und Kunststoffkappe vom Stoßdämpfer abnehmen.

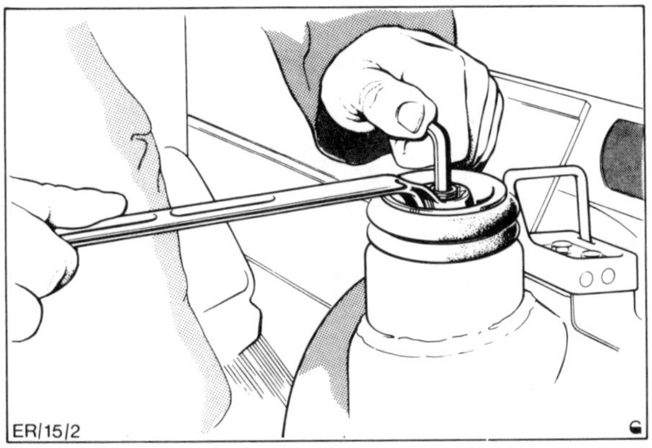

ER/15/2

- Mutter mit gekröpftem Ringschlüssel abschrauben, dabei mit Innensechskantschlüssel gegenhalten.

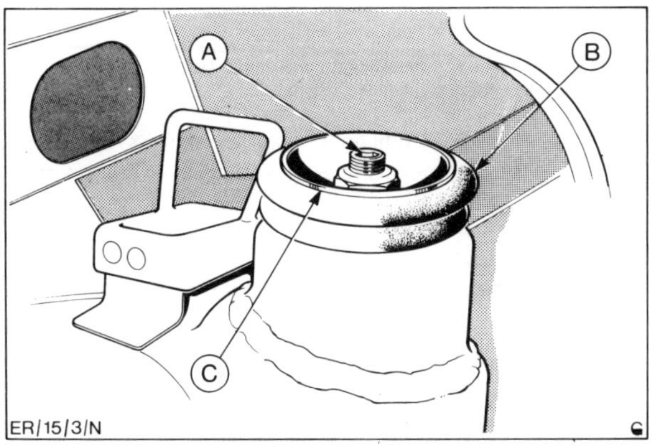

ER/15/3/N

- Scheibe – C – und Dämpfungsgummi – B – abnehmen. Vorher mit Filzstift durch Umrunden Einbaulage markieren.

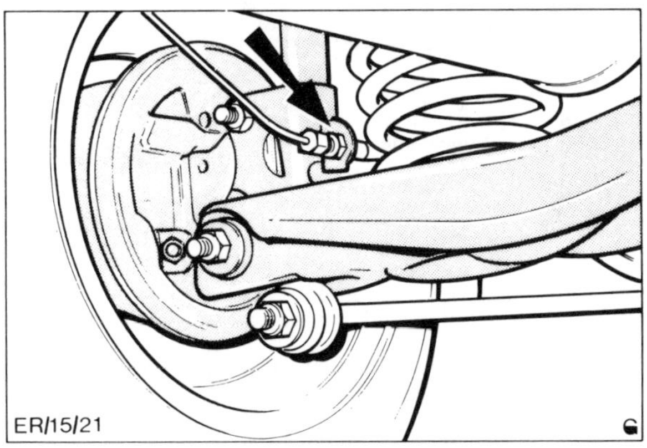

ER/15/21

- Bremsschlauch am Stoßdämpfer lösen, aushängen und zur Seite schieben. **Achtung:** Bremsschlauch nicht von der Bremsleitung trennen.
- Stoßdämpfer vom Achsschenkel abschrauben und herausnehmen.

Einbau

- Stoßdämpfer prüfen.
- Stoßdämpfer am Achsschenkel befestigen, Schrauben handfest anziehen.
- Bremsschlauch einhängen und anschrauben.
- Oberen Dämpfungsgummi einsetzen, mit Mutter und Scheibe anschrauben und mit 50 Nm festziehen.
- Kunststoffkappe aufsetzen und Hutablage einhängen.
- Untere Befestigungsschrauben mit **80 Nm** festziehen.
- Hinterrad anschrauben, Fahrzeug ablassen und Radschrauben mit 90 Nm festziehen.

Stoßdämpfer prüfen

Der Stoßdämpfer kann von Hand geprüft werden.

- Stoßdämpfer ausbauen.
- Stoßdämpfer in Einbaulage halten, Stoßdämpfer auseinanderziehen und zusammendrücken.
- Der Stoßdämpfer muß sich über den gesamten Hub gleichmäßig schwer und ruckfrei bewegen lassen.
- Defekte Dämpfer erkennt man auch während der Fahrt an Poltergeräuschen.
- Bei einwandfreier Funktion sind geringe Spuren von Stoßdämpferöl kein Grund zum Austausch.
- Bei starkem Ölverlust Stoßdämpfer austauschen.

Querlenker/Hinterfeder aus- und einbauen

Ausbau

- Fahrzeug aufbocken, siehe Seite 233.
- Querlenker unter dem Federsitz mit Werkstattwagenheber abstützen.
- Falls vorhanden, Stabilisator vom Querlenker abschrauben.

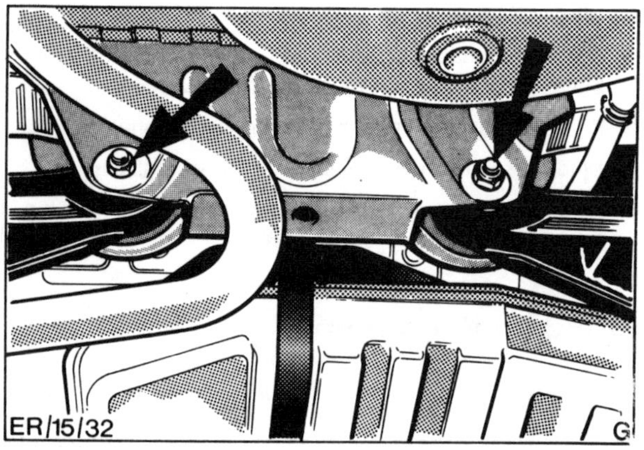
ER/15/32

- Querlenker von der Karosserie abschrauben –Pfeil–.
- Wagenheber langsam absenken und Feder mit Gummilager herausnehmen.
- Querlenker am Achsschenkel abschrauben.

Einbau

- Querlenker am Achsschenkel anschrauben, Mutter handfest anziehen.
- Feder mit Gummilager einsetzen, Querlenker mit Wagenheber anheben und an der Karosserie handfest anschrauben.
- Gegebenenfalls Laschen für Stabilisator am Querlenker festschrauben.
- Werkstattwagenheber entfernen und Fahrzeug ablassen.
- Befestigungsmuttern am Achsschenkel mit **65 Nm** und an der Karosserie mit **80 Nm** festziehen.

Zugstrebe aus- und einbauen/ Gummimetallager auswechseln

Achtung: Vor dem Ausbau Lage und Reihenfolge der Unterlegscheiben und Gummilager kennzeichnen, damit sie später wieder richtig eingebaut werden können.

Ausbau

- Fahrzeug hinten aufbocken, siehe Seite 233.
- Zugstrebe vom Aufbau abschrauben.

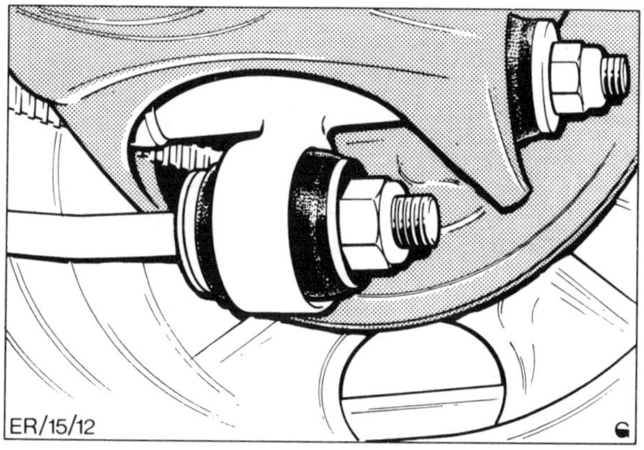
ER/15/12

- Zugstrebe vom Achsschenkel abschrauben.

Achtung: Vorher Lage und Reihenfolge der Scheiben und Gummilager markieren.

- Scheiben und Gummilager entfernen und Zugstrebe abnehmen.
- Soll das vordere Gummilager ausgewechselt werden, Zugstrebe in Schraubstock spannen und Lager mit geeignetem Rohr oder Dorn auspressen.

Einbau

- Falls ausgebaut, vorderes Gummilager mit Glyzerin oder Schmierseife schmieren und mit geeignetem Rohr einpressen. Zur Schmierung keinesfalls Öl oder Fett verwenden, da dies den Gummi angreift.

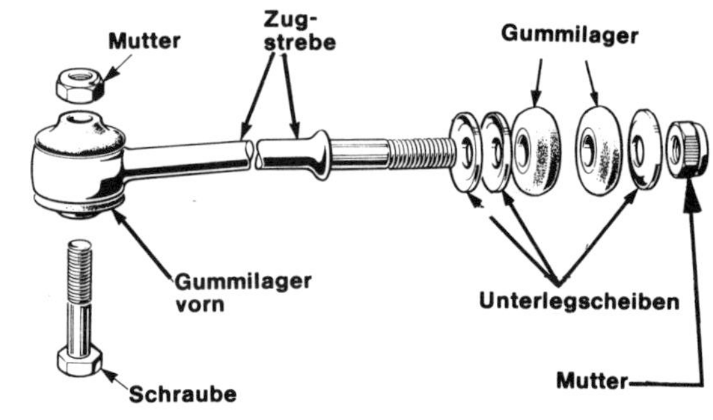

ER/15/7/N

- Zugstrebe hinten einsetzen, dabei Scheiben und Lager entsprechend der Kennzeichnung aufschieben.
- Mutter mit **80 Nm** anschrauben.
- Zugstrebe am Aufbau mit **80 Nm** festschrauben.
- Fahrzeug ablassen.

Radlager aus- und einbauen

Ausbau

- Hinterrad und Bremstrommel ausbauen, siehe Seite 155.

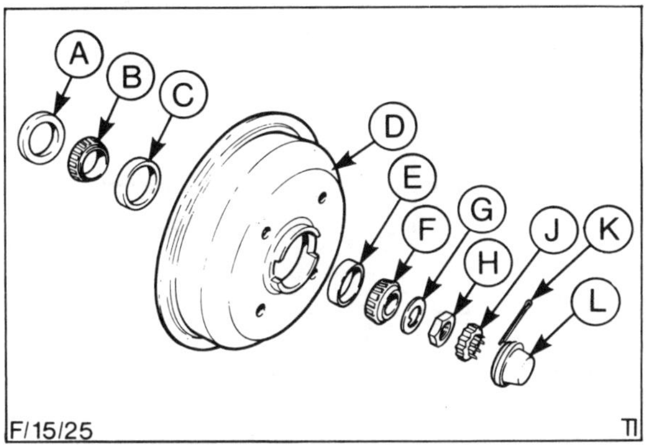

F/15/25

- Dichtring – A – mit Schraubendreher aus der Radnabe heraushebeln.
- Kegelrollenlager – B – und – F – herausnehmen und in Benzin reinigen.
- Lagerlaufringe – C – und – E – mit Kupferdorn austreiben. Dabei mit äußerem Laufring – E – beginnen. Dorn kreisförmig an verschiedenen Stellen des Laufrings ansetzen, um ein Verkanten zu verhindern.

Achtung: Nur einwandfreien Dorn benutzen, damit sich kein Grat am Laufringsitz bilden kann.

- Radnabe mit sauberem Lappen und Spiritus reinigen.

Einbau

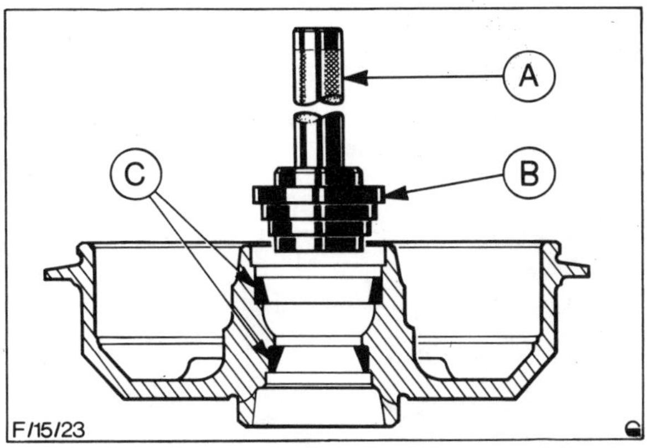

F/15/23

- Lagerlaufringe – C – bis zum Anschlag eintreiben. Die Werkstatt verwendet hierzu das Werkzeug 15-051 – B –. Steht das Spezialwerkzeug nicht zur Verfügung, Laufring mit geeignetem Rohr vorsichtig eintreiben.

Achtung: Lagerlaufring und Kegelrollenlager müssen jeweils vom gleichen Hersteller sein.

- Kegelrollenlager mit Lithiumfett füllen.
- Inneres Lager einsetzen.
- Dichtring mit Lithiumfett zwischen den Dichtlippen einfetten.
- Dichtring mit geeignetem Rohr eintreiben, die Dichtlippe zeigt dabei zum Lager.
- Bremstrommel einbauen und dabei auch äußeres Kegelrollenlager einsetzen, siehe Seite 155.
- Radlagerspiel einstellen.
- Hinterrad einbauen und Radschrauben mit 90 Nm festziehen.

Radlagerspiel einstellen

- Radschrauben lösen.
- Fahrzeug hinten aufbocken, siehe Seite 233.
- Hinterrad abnehmen.

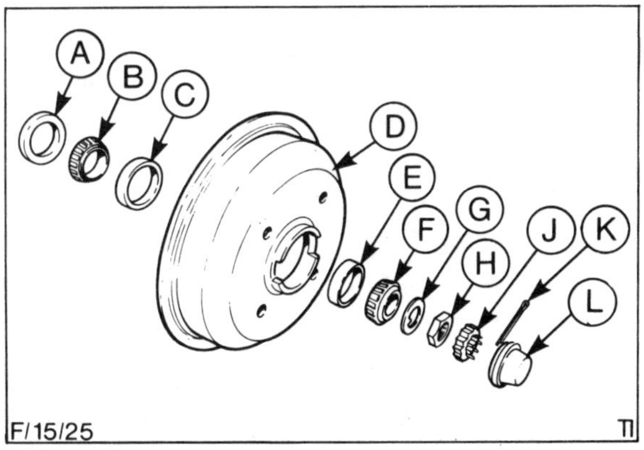

F/15/25

- Fettkappe – L – mit Schraubendreher abhebeln, Splint – K– herausziehen und Kronensicherung – J – abnehmen.

Achtung: In Lager oder Nabe darf kein Bremsbelagstaub oder sonstiger Schmutz eindringen. Selbst kleinste Partikel können zu einer Zerstörung des Lagers führen. Lager gegebenenfalls ausbauen, in Benzin reinigen und anschließend mit Lagerfett schmieren.

- Nabenmutter – H – mit **20 Nm** anziehen.

Achtung: Beim Anziehen Bremstrommel drehen, damit sich das Lager nicht verklemmt.

- Anschließend Mutter eine halbe Umdrehung lösen und dann handfest anziehen.
- Kronensicherung so aufsetzen, daß sich der Splint einstekken läßt.
- Neuen Splint verwenden.
- Rand der Fettkappe mit sauberem Lappen abwischen und mit Gummihammer vorsichtig eintreiben.
- Rad anschrauben, Fahrzeug ablassen und Radschrauben mit 90 Nm festziehen.

Die Hinterachse des ESCORT-EXPRESS

Während die Vorderachse beim ESCORT-EXPRESS der Limousinen-Ausführung entspricht, besteht die Hinterachse aus einer durch Blattfedern und Stoßdämpfern geführten Starrachse. Diese Ausführung erlaubt eine wesentlich höhere Zuladung.

Bremstrommel und Radnabe bilden keine Einheit. Die Trommel kann nach Lösen der Kreuzschlitzsicherungsschraube von der Nabe abgenommen werden.

Die Radlager werden eingestellt wie bei der Limousine, besitzen aber andere Abmessungen.

Beim Aufbocken muß die Ladefläche leer sein, da sich sonst das Achsrohr verbiegen kann.

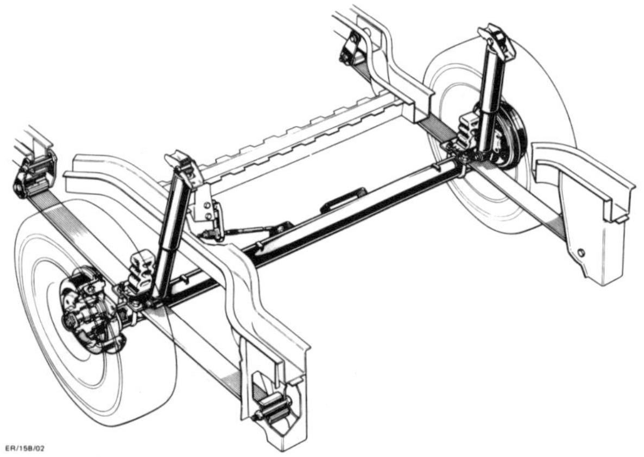

ER/158/02

Hinterfeder aus- und einbauen

Ausbau

- Fahrzeug hinten aufbocken, siehe Seite 233.

Achtung: Fahrzeug nur in unbeladenem Zustand anheben.

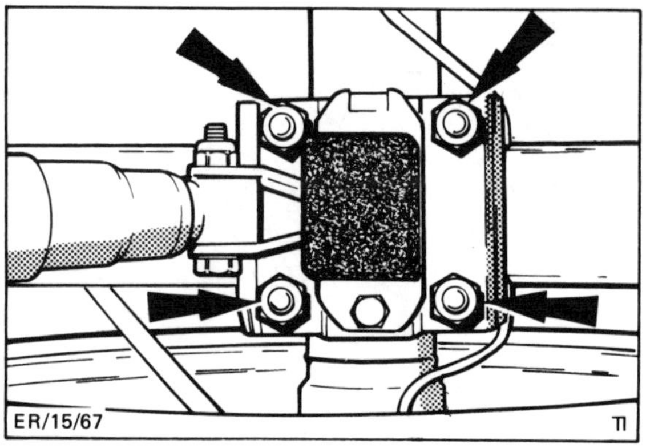

ER/15/67

- 4 Muttern – Pfeile – abschrauben und Federbügel abnehmen.

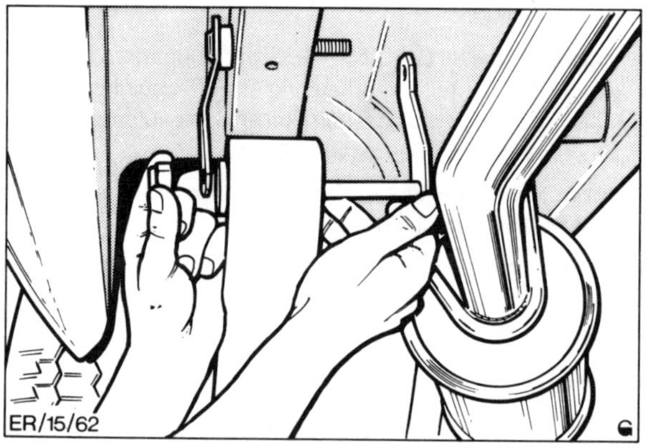

ER/15/62

- Muttern der hinteren Federbefestigung abschrauben und Federlaschen herausziehen.

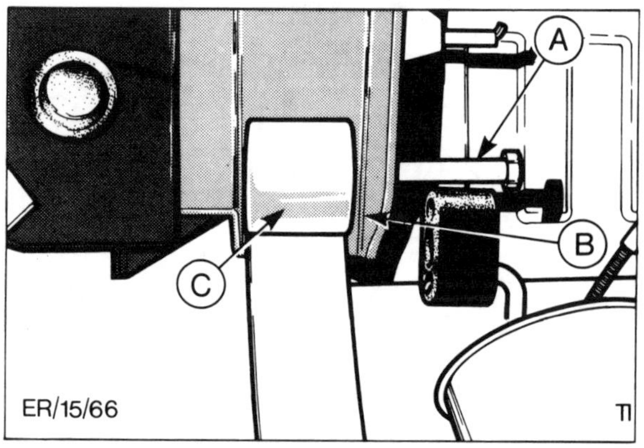

ER/15/66

- Vordere Halteschraube – A – abschrauben und aus Federauge – C – und Halterung – B – herausziehen.
- Blattfeder herausnehmen.

Einbau

- Feder in Einbaulage bringen.

Achtung: Die Farbkodierung muß nach hinten zeigen.

- Feder vorn und hinten handfest anschrauben.
- Feder mit Federbeinbügeln an Achse anschrauben.
- Fahrzeug ablassen.
- Schrauben mit folgenden Drehmomenten festziehen: Federbügel 40 Nm; Steckschraube vorn 80 Nm; Federlasche hinten 45 Nm.
- Bremskraftregler einstellen, siehe Seite 161.

Stoßdämpfer aus- und einbauen

Ausbau

- Fahrzeug hinten aufbocken, siehe Seite 233.

Achtung: Fahrzeug nur in unbeladenem Zustand anheben.

- Wagenheber unter Hinterrad stellen und etwas anheben, damit der Stoßdämpfer entlastet wird.

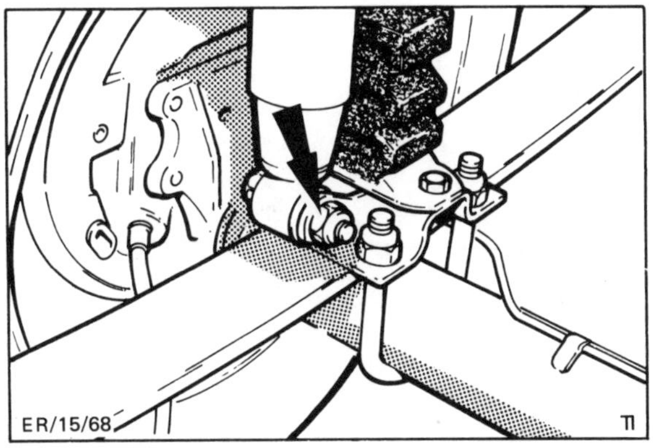

- Mutter abschrauben und Steckschraube aus Gummilager herausziehen, gegebenenfalls mit Plastikhammer austreiben.

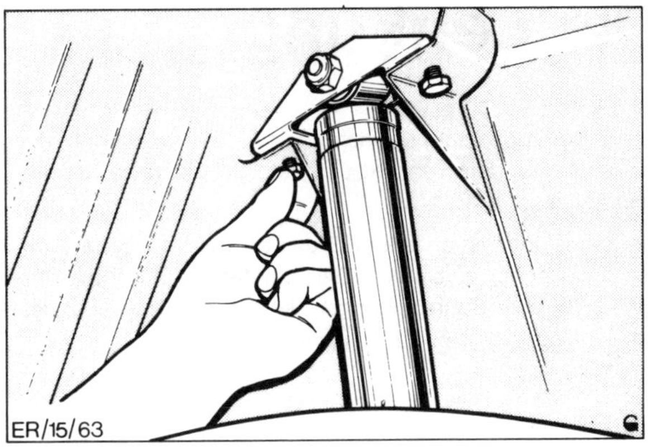

- Stoßdämpfer oben mit Halteplatte abschrauben und herausnehmen.

Einbau

- Stoßdämpfer mit Halteplatte einsetzen und am Aufbau mit 45 Nm anschrauben.
- Stoßdämpfer unten an Halterung anschrauben, Mutter mit 45 Nm festziehen.
- Fahrzeug ablassen.

Wartung an der Hinterachse

W

Radlagerspiel prüfen

- Fahrzeug muß auf dem Boden stehen, Gang einlegen, Handbremse nicht anziehen.
- Prüfen, ob sich das Hinterrad quer zur Fahrtrichtung bewegen läßt.
- Falls sich das Rad bewegen läßt, Radlager einstellen, siehe Seite 137.

Die Lenkung

Die Lenkung besteht praktisch aus zwei Hauptgruppen: der Lenksäule mit dem Lenkrad und dem Lenkgetriebe mit den Spurstangen.

Die Zahnstange ist an jedem Ende über ein Kugelgelenk mit den Spurstangen verbunden. Die Spurstangen übertragen die Lenkkräfte über Spurstangengelenke auf die Lenkhebel des Schwenklagers und somit auf die Vorderräder.

Die Lenksäule besteht aus dem unter der Instrumententafel befestigten Mantelrohr und der darin geführten Lenkspindel. Die dreigeteilte Lenkspindel mit zwei Kreuzgelenken ist als Sicherheitslenksäule ausgebildet.

Die Zahnstangenlenkung ist leichtgängig und spielfrei von Anschlag zu Anschlag. Sie ist wartungsfrei, jedoch ist auf einwandfreie Abdichtung der Manschetten zu achten. Arbeiten an der Lenkung sollten der FORD-Werkstatt vorbehalten bleiben.

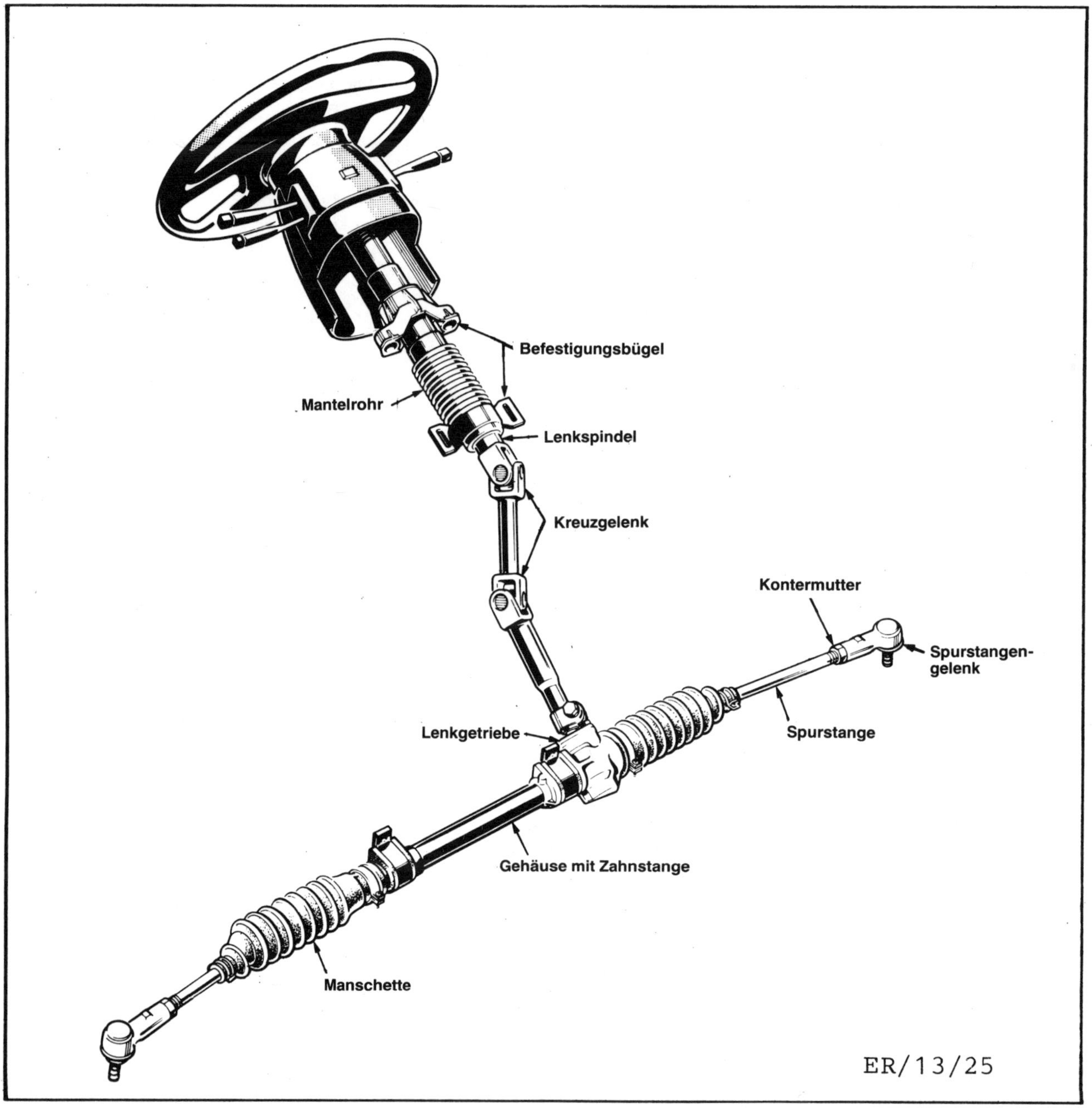

Lenkung mit Spurstange

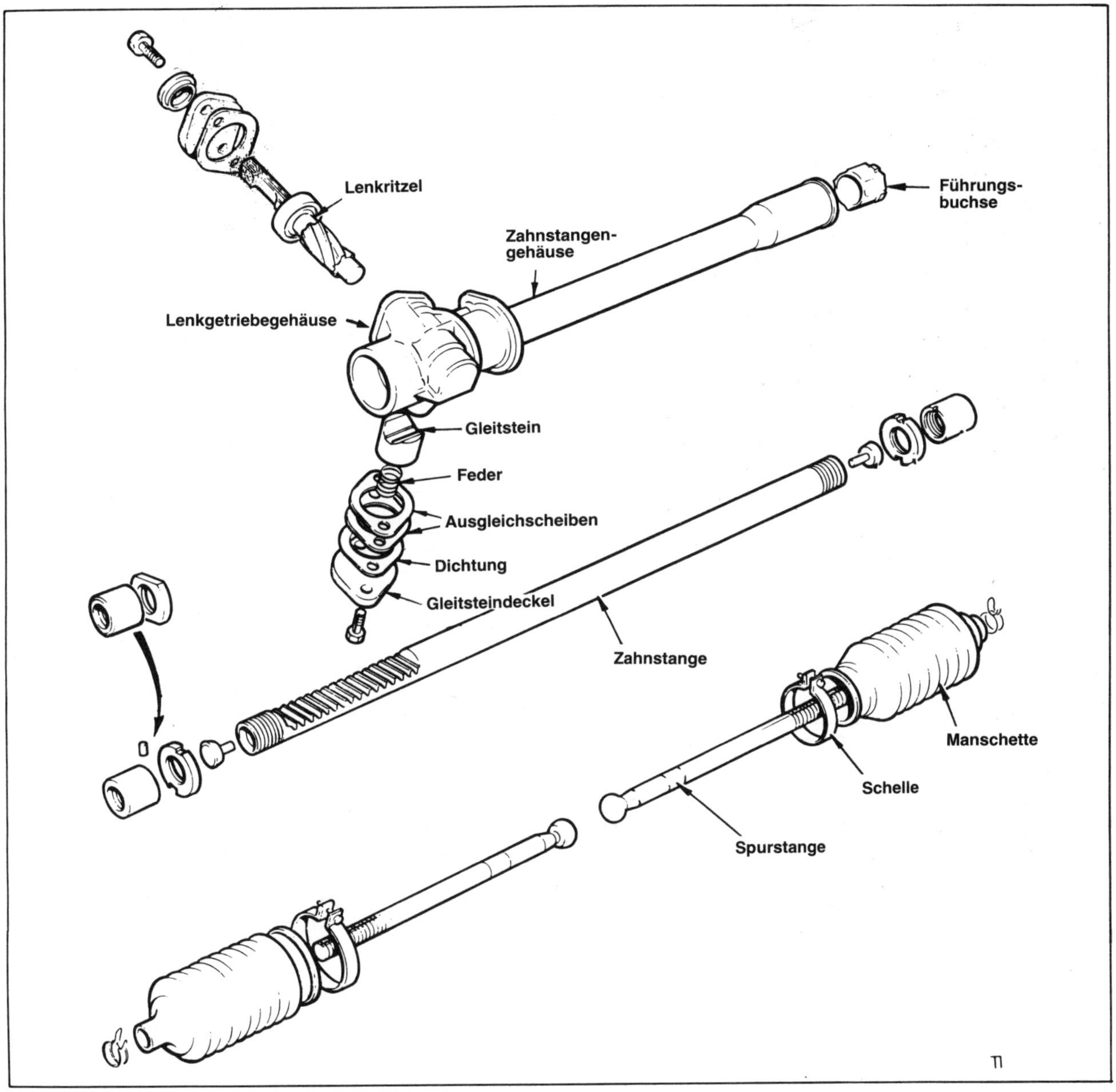

Lenkrad aus- und einbauen

Ausbau

- Räder in Geradeausstellung bringen.

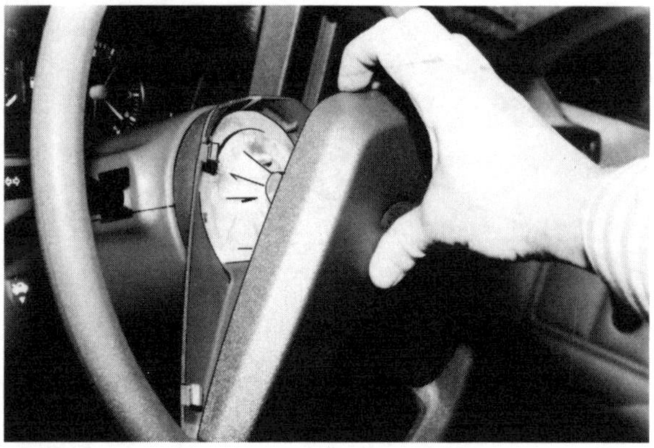

- Modelle bis 12. 85: Kunststoff-Abdeckung von der Lenkradnabe abhebeln.
- Modelle ab 1. 86: Hupenknopf vom Lenkrad abhebeln.
- Mutter für Lenkrad abschrauben.
- Lenkrad mit dem Handballen von der Lenksäule abschlagen.
- Lenkrad und Rückstellnocken für den Blinker abnehmen.

Einbau

- Rückstellnocken mit dem Stift nach oben einsetzen.
- Lenkrad ansetzen und den Kunststoff-Rückstellnocken so verdrehen, daß der Stift am Nocken in die Nut am Lenkrad eingreift.
- Lenkrad aufschieben und mit selbstsichernder Mutter auf den Sechskant der Lenksäule aufziehen. Mutter mit 30 Nm festziehen.
- Lenkradabdeckung aufdrücken.

Spurstangengelenk aus- und einbauen

Ausbau

- Radmuttern lösen.
- Fahrzeug vorn aufbocken, siehe Seite 233.
- Rad abnehmen.

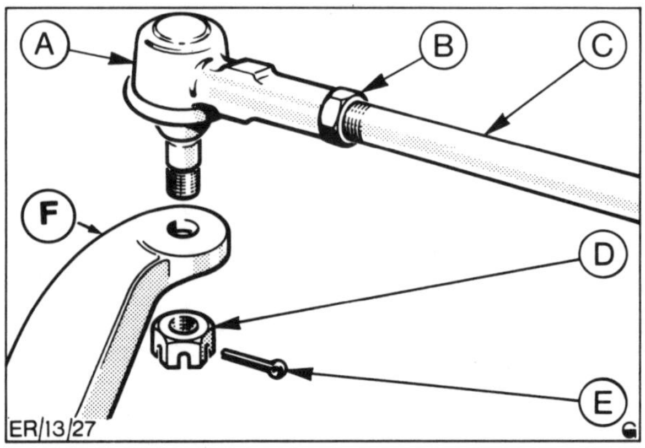

- Spurstangengelenk – A – vom Lenkhebel – F – abschrauben, dazu Splint – E – herausziehen und Kronenmutter – D – rausdrehen. B – Kontermutter, C – Spurstange.

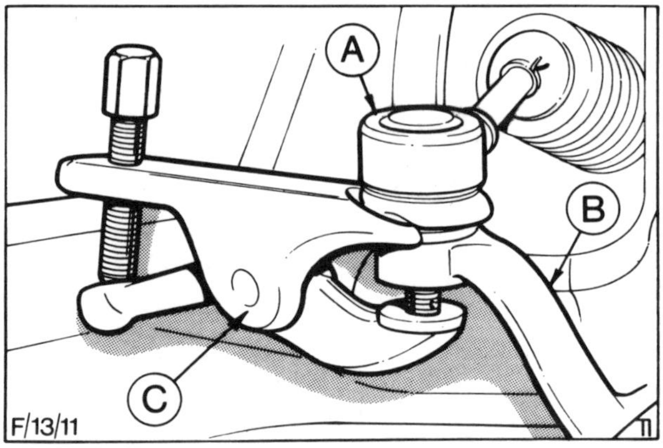

- Spurstangengelenk – A – mit handelsüblichem Ausdrükker – C – ausdrücken. B – Lenkhebel.
- Kontermutter lösen und Spurstangengelenk von der Spurstange abschrauben. **Achtung:** Umdrehungen notieren und Gelenk beim Einbau gleich weit einschrauben.

Einbau

- Spurstangengelenk entsprechend den gezählten Umdrehungen aufschrauben und mit Kontermutter sichern.
- Gelenk in den Lenkhebel einsetzen.
- Kronenmutter mit 25 Nm anziehen und mit neuem Splint sichern. Geht der Splint nicht durch die Bohrung, Mutter weiter festziehen, **nicht** lösen.
- Rad montieren.
- Fahrzeug ablassen und Radmuttern mit 90 Nm festziehen.
- Spureinstellung überprüfen.

Gummimanschette für Lenkung aus- und einbauen

Ausbau

- Fahrzeug vorn aufbocken, siehe Seite 233.
- Schellen an beiden Enden der Manschette lösen. Klemmschellen mit Seitenschneider durchkneifen und beim Einbau durch Schraubschellen ersetzen.

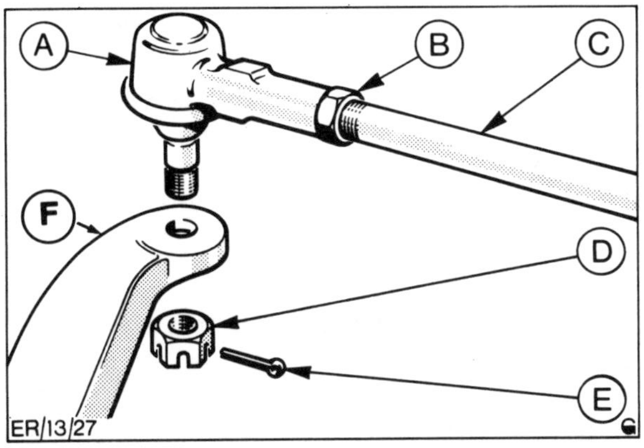

- Spurstangengelenk ausbauen.
- Soll die, in Fahrtrichtung gesehen, linke Manschette ersetzt werden: Manschette von der Spurstange abziehen, Lenkrad langsam nach beiden Seiten drehen und dadurch das Schmierfett aus dem Lenkgetriebe herausdrücken.
- Wird die rechte Manschette ersetzt, rechte Manschette von der Spurstange abziehen, linke Manschette am größeren Durchmesser lösen und zurückschieben. Durch Hin- und Herbewegen des Lenkrades Schmierfett aus dem Lenkgetriebe herausdrücken.
- Das Fett wird dadurch zwar nicht ganz, jedoch in ausreichender Menge herausgedrückt.

Achtung: Nur wenn man ganz sicher ist, daß noch kein Schmutz durch die beschädigte Manschette eingedrungen ist, kann auf das Herausdrücken des Schmierfettes verzichtet werden. Ansonsten ist die Fettfüllung auf jeden Fall zu erneuern. Eingedrungene Schmutzpartikel, mit dem Fett vermischt, wirken wie Schleifpaste und können das Lenkgetriebe über kurz oder lang zerstören.

Einbau

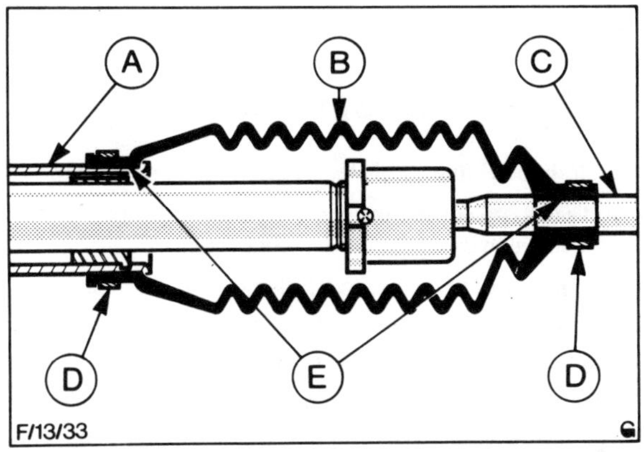

- Manschette innen am Bund etwas fetten – E – und über die Spurstange – C – aufziehen.
- Linke Gummimanschette vorerst ohne Schellen montieren.
- Rechte Manschette vorerst nur mit Schraubschelle – D – am Zahnstangengehäuse – A – befestigen.
- Spurstangengelenk einbauen.
- Manschette auf der Spurstange mit Schraubschelle befestigen, dabei muß der Bund der Manschette fest in der Nut der Spurstange sitzen.
- Fahrzeug so aufbocken, daß die linke Fahrzeugseite etwas höher steht als die rechte, wobei das rechte Vorderrad freigängig sein sollte.
- Spezialfett SAM1C-9106-A in das Lenkgetriebe einfüllen (Füllmenge: 95 cm^3). Zur Erleichterung des Einfüllvorgangs Zahnstange hin- und herbewegen.
- Manschette mit Schraubschelle am Gehäuse des Lenkgetriebes befestigen.
- Fahrzeug ablassen.

Achtung: Steht das Spezialfett nicht zur Verfügung (Ausland), kann das Lenkgetriebe auch mit 0,15 l Getriebeöl SAE 90 gefüllt werden. Keinesfalls darf das Lenkgetriebe ganz mit Öl gefüllt werden, da sonst die Manschetten durch den während des Betriebes entstehenden Druck zerstört werden können.

W Wartung an der Lenkung

Manschetten für Spurstangen prüfen

- Motorhaube öffnen und Manschetten von oben prüfen.
- Auf sichtbare Fettspuren (ölig glänzender Schmutz) an den Manschetten und in deren Umgebung achten.
- Festen Sitz der Schraub- oder Klemmschellen prüfen.
- Gummi der Manschette auf Porosität oder Risse untersuchen, dabei Räder nach beiden Seiten einschlagen.
- Unterseite der Manschetten mit Lampe kontrollieren, hierbei entweder Spiegel benutzen oder Fahrzeug vorn aufbocken.
- Defekte Manschetten umgehend auswechseln.

Lenkungsspiel prüfen/einstellen

- Fahrzeug auf den Rädern stehen lassen.
- Am Lenkrad durch Prüfen von Hand beurteilen, ob die Lenkung in der Mittelstellung spielfrei ist. Ein Spiel ist nicht zulässig.
- Ein Nachstellen der Lenkung ist in der Regel nicht erforderlich. Sollte trotzdem festgestellt werden, daß die Lenkung zuviel Spiel hat, dann ist eine Fachwerkstatt aufzusuchen, die eine genaue Prüfung des Lenkgetriebes vornehmen kann.

Staubkappen für Spurstangengelenke prüfen

- Fahrzeug vorn aufbocken, siehe Seite 233.
- Staubkappen mit Lampe auf Beschädigungen überprüfen, dabei auf Fettspuren an den Kappen und in deren Umgebung achten.
- Ist bereits Schmutz durch eine beschädigte Staubkappe in das Gelenk eingedrungen, so muß das jeweilige Gelenk ersetzt werden.
- Befestigungsmutter des Spurstangengelenks sowie Sicherungssplint auf festen Sitz überprüfen.

Spurstangengelenk auf Spiel überprüfen

- Räder in Geradeaus-Stellung, Motorhaube öffnen.
- Durch Helfer die Lenkung bewegen lassen, und zwar kurze schnelle Lenkeinschläge im Bereich der Mittelstellung.
- Bewegt sich dabei die Spurstange, ohne daß gleichzeitig der Lenkhebel mitgenommen wird, so ist das Spurstangengelenk ausgeschlagen.

Die Fahrzeugvermessung

Optimale Fahreigenschaften und geringster Reifenverschleiß sind nur dann zu erzielen, wenn die Stellung der Räder einwandfrei ist. Bei anomaler Reifenabnutzung sowie mangelhafter Straßenlage – bei schlechter Richtungsstabilität in Geradeausfahrt sowie schlechten Lenkeigenschaften in Kurvenfahrt – sollte die Werkstatt aufgesucht werden, um den Wagen optisch vermessen zu lassen.

Wo solch eine Gesamtvermessung nicht möglich ist, werden lediglich Sturz und Nachspur der Vorderräder überprüft.

Mehr als diese Prüfung von Sturz und Nachspur ist auch außerhalb der Werkstätten kaum durchzuführen. Ich beschränke mich deshalb auf die Beschreibung nur dieser Messungen, wobei zunächst die theoretischen Grundbegriffe erklärt werden sollen.

Die Spur

In der Regel müssen Vorderräder Vorspur haben, weil sie – veranlaßt durch Sturz und Rollwiderstand – in Geradeausfahrt etwas nach außen laufen, da Spiel in den Radlagern, Radaufhängungen und Spurstangengelenken vorhanden ist. Die Vorspur kompensiert das Bestreben der Vorderräder, nach außen zu laufen. Für die Vorspur werden die Räder so eingestellt, daß sie – in Höhe des Radmittelpunktes gemessen – vorn etwas enger zusammenstehen als hinten. Beim frontgetriebenen FORD ESCORT/ORION sind die von hinten gerichteten Gegen-Antriebskräfte jedoch bestrebt, die Räder an der Vorderseite zusammenzudrücken.

Aus diesem Grund soll beim ESCORT/ORION Nachspur eingestellt werden. Nachspur bedeutet, daß die Vorderräder, gemessen in Höhe des Radmittelpunktes, vorn etwas weiter auseinanderstehen als hinten.

Sturz und Spreizung

Sturz und Spreizung vermindern die Übertragung von Fahrbahnstößen auf die Lenkung und halten bei Kurvenfahrt die Reibung möglichst gering.

Sturz ist der Winkel, um den die Radebene von der Senkrechten abweicht. Die Vorderräder stehen also schräg, und zwar im Radaufstandspunkt mehr zusammen als oben.

Spreizung ist der Winkel zwischen der Schwenkachse des Achsschenkels und der Senkrechten im Reifenaufstandspunkt, in Längsrichtung des Wagens gesehen.

Durch den Sturz- und Spreizungswinkel werden die Berührungspunkte der Räder auf der Fahrbahn näher an die Schwenkachse des Achsschenkels herangebracht. Damit wird der sogenannte Lenkrollhalbmesser klein gehalten. Je kleiner der Lenkrollhalbmesser ist, desto leichtgängiger ist die Lenkung. Auch die Fahrbahnstöße wirken sich wesentlich schwächer auf das Lenkgestänge aus.

Beim FORD ESCORT/ORION ist der Lenkrollradius negativ. Dadurch wird größte Richtungsstabilität erreicht, wenn ungleiche Bremswirkung an den Vorderrädern auftritt.

Nachlauf

Der Nachlauf beeinflußt maßgeblich die Geradeausführung der Vorderräder. Zu geringer Nachlauf begünstigt ein Abweichen aus der Fahrtrichtung auf schlechten Straßen und bei Seitenwind, läßt überdies nach der Kurvenfahrt die Lenkung nicht weit genug zur Mittelstellung zurücklaufen. Der Nachlauf wird konstruktiv durch das Anwinkeln des Achsschenkels erreicht und ist nicht einstellbar, muß jedoch nach einer Reparatur des Vorderwagens oder des Vorderachskörpers kontrolliert werden (Werkstattarbeit!).

Das Einstellen

Die Fahrzeugvermessung ist zweckmäßig mit einem optischen Achsmeßgerät, das wagenunabhängig arbeitet, durchzuführen. Für jede Vermessung müssen folgende Voraussetzungen erfüllt sein:

- Vorschriftsmäßiger Reifendruck.
- Genau ebene, waagerechte Meßfläche.
- Fahrzeug bei Leergewicht (mit Reserverad und möglichst mit halbgefülltem Kraftstoffbehälter).
- Kein unzulässiges Spiel im Lenkgestänge.
- Kein unzulässiges Spiel in der Radaufhängung.
- Fahrzeug mehrmals richtig durchfedern.
- Felgenhörner müssen einwandfrei sein.
- Gleichmäßiges und einwandfreies Reifenprofil.

Einstellwerte für Spur, Sturz und Nachlauf der Vorderachse

Fahrzeuge bis 5/83

Spur: Prüfwert	1,5 mm Vorspur bis 5,5 mm Nachspur
Einstellwert	1,0 mm Vorspur bis 3,0 mm Nachspur
Einstellwert für 1600 RSi	5 bis 6 mm Nachspur

Modell/Ausstattung				Nachlauf	Sturz
Limousine	1,1 Grund- und L-		Standard verstärkt	2°11′ 2°10′	1°26′ 1°55′
	1,1 GL- und Ghia		Standard verstärkt	2°09′ 2°06′	1°11′ 1°38′
	1,3 und 1,6 Grund- und L-		Standard verstärkt	2°33′ 2°10′	1°47′ 1°57′
	1,3 und 1,6 GL- und Ghia		Standard verstärkt	2°31′ 2°09′	1°30′ 1°42′
	1,6 XR3		Standard	2°39′	1°22′
	1600 RSi		(Nachlauf einstellbar)	3°±0	1°22′
TURNIER	alle		Standard verstärkt	2°38′ 2°16′	1°53′ 1°53′
EXPRESS	alle		Standard verstärkt	1°24′ 1°24′	1°17′ 1°17′

Fahrzeuge seit 5/83

Spur: Prüfwert	0,5 mm Vorspur bis 5,5 mm Nachspur
Einstellwert	1,5 bis 3,5 mm Nachspur
Einstellwert für Turbo RS	1,0 bis 3,0 mm Nachspur

Modell/Ausstattung				Nachlauf	Sturz
LIMOUSINE	Alle ESCORT außer XR3i und Turbo RS	3-türig	Standard verstärkt	2°04′ 2°04′	0°10′ 0°25′
		5-türig	Standard verstärkt	2°11′ 2°04′	0°06′ 0°25′
	XR3i und Turbo RS		Standard verstärkt	2°36′ 2°04′	0°53′ 0°25′
	Alle ORION		Standard verstärkt	2°32′ 2°18′	0°00′ 0°21′
TURNIER	Alle außer 1,6 l Diesel und 1,6 l Automatik		Standard verstärkt	2°26′ 2°04′	0°27′ 0°27′
	1,6 l Diesel und 1,6 l Automatik		Standard verstärkt	2°26′ 2°06′	0°31′ 0°57′
EXPRESS	Diesel Benziner	35 35		1°27′ 1°46′	−0°18′ 0°20′
	Diesel Benziner	55 55		1°07′ 1°26′	−0°18′ 0°20′

Alle Fahrzeuge	**Nachlauf**	**Sturz**
Toleranzbereich bei der Prüfung	± 1°0′	± 1°0′
Max. zulässiger Unterschied zwischen linker und rechter Seite	1°0′	1°15′

Nachlauf und Sturz können nicht eingestellt werden (außer 1600 RSi und Turbo RS). Liegen die Werte außerhalb der Prüfwert-Toleranz, sind alle Teile der Vorderachse auf Verschleiß, Beschädigung oder Verzug zu kontrollieren. Die Hinterachse ist nicht einstellbar.

Spur an der Vorderachse messen

- Fahrzeug nach vorn auf eine ebene Fläche schieben.
- Vorderachse um ca. 50 mm ausfedern, damit sich die Aufhängung setzt. Dazu Fahrzeug an der Stoßstange mehrmals hochheben und loslassen.
- Fahrzeug um eine halbe Umdrehung der Räder vorwärtsschieben.
- Spurmeßgerät vorn am inneren Felgenrad der Räder ansetzen und Spur messen. Spurmaß notieren, Meßgerät entfernen.
- Fahrzeug um eine halbe Umdrehung vorwärtsschieben und Spur nochmals vorn messen, Maß notieren. Der Mittelwert aus den beiden Meßwerten gibt die tatsächliche Spur für vorn an.
- Meßvorgang nun am inneren Felgenrand hinter der Achse durchführen.
- Vorspur ermitteln, dazu den Spurmeßwert vor der Achse vom Spurmeßwert hinter der Achse abziehen. Wenn das Ergebnis negativ ist, dann hat das Fahrzeug Nachspur.

  Beispiel:

  1389,5 mm Meßwert hinter der Vorderachse
  – 1393,0 mm Meßwert vor der Vorderachse

  – 3,5 mm Nachspur
- Vorspur bedeutet, daß die Vorderräder vorn enger zusammenstehen als hinten. Bei Nachspur stehen die Räder vorn weiter auseinander als hinten. Der ESCORT/ORION kann sowohl Vor- als auch Nachspur haben, nur der 1600 RSi/Turbo RS wird ausschließlich auf Nachspur eingestellt.

Spur einstellen

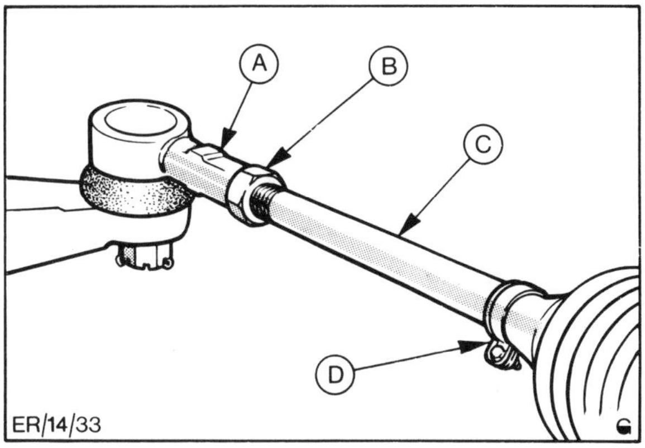

- Kontermuttern – B – an beiden Spurstangen lösen.
- Äußere Schraubschellen – D – lockern.
- Beide Spurstangen – C – gleich weit verdrehen. Veränderung der Nachspur direkt am optischen Meßgerät bzw. am Wandschirm ablesen oder Spur erneut vermessen.
- Kontermuttern der Spurstangen festziehen.
- Schellen für Gummimanschetten festschrauben.

Die Bremsanlage

Das hydraulische Fußbremssystem besteht aus dem Hauptbremszylinder, den Scheibenbremsen für die Vorderräder und den Trommelbremsen für die Hinterräder. Das Bremssystem ist in zwei Kreise aufgeteilt, die diagonal wirken. Ein Bremskreis arbeitet vorn rechts/hinten links, der zweite vorn links/hinten rechts. Dadurch bremst bei Ausfall eines Bremskreises ein Vorderrad und das entgegengesetzte Hinterrad. Der Druck in beiden Bremskreisen wird im Hauptbremszylinder über das Bremspedal aufgebaut.

Die Bremsflüssigkeit für das ganze System erhält der Hauptbremszylinder aus dem Bremsflüssigkeitsbehälter, der vorn im Motorraum untergebracht ist.

Die Handbremse wirkt über Seilzüge auf die Bremsbacken der Hinterräder.

Ein im Bremssystem eingebauter Bremsregler sorgt dafür, daß bei unterschiedlicher Wagenauslastung die Hinterräder nicht überbremst werden. Alle Arbeiten am Bremskraftregler sollten von einer Fachwerkstatt durchgeführt werden.

Beim Reinigen der Bremsanlage fällt asbesthaltiger Bremsstaub an. Dieser Staub kann zu gesundheitlichen Schäden führen. Deshalb beim Reinigen der Bremsanlage, insbesondere beim Ausblasen, darauf achten, daß der Bremsstaub nicht eingeatmet wird.

Die Bremsbeläge sind Bestandteil der Allgemeinen Betriebserlaubnis (ABE), außerdem sind sie von der Automobilfirma auf das jeweilige Fahrzeugmodell abgestimmt. Es empfiehlt sich deshalb, nur Original FORD-Bremsbeläge zu verwenden.

Das Arbeiten an der Bremsanlage erfordert peinliche Sauberkeit und exakte Arbeitsweise. Falls die nötige Arbeitserfahrung fehlt, sollten die Arbeiten an der Bremse von einer Fachwerkstatt durchgeführt werden.

Hinweis: Auf stark regennassen Fahrbahnen sollte während des Fahrens die Bremse von Zeit zu Zeit betätigt werden, um die Bremsscheiben von Rückständen zu befreien.

Durch die Zentrifugalkraft wird zwar das Wasser von den Bremsscheiben geschleudert, doch bleibt teilweise ein dünner Film von Silikonen, Gummiabrieb, Fett und Verschmutzungen zurück, der das Ansprechen der Bremse vermindert. Nach dem Einbau von neuen Bremsbelägen müssen diese eingebremst werden. Während einer Fahrtstrecke von rund 200 km sollten unnötige Vollbremsungen unterbleiben.

Scheibenbremssattel

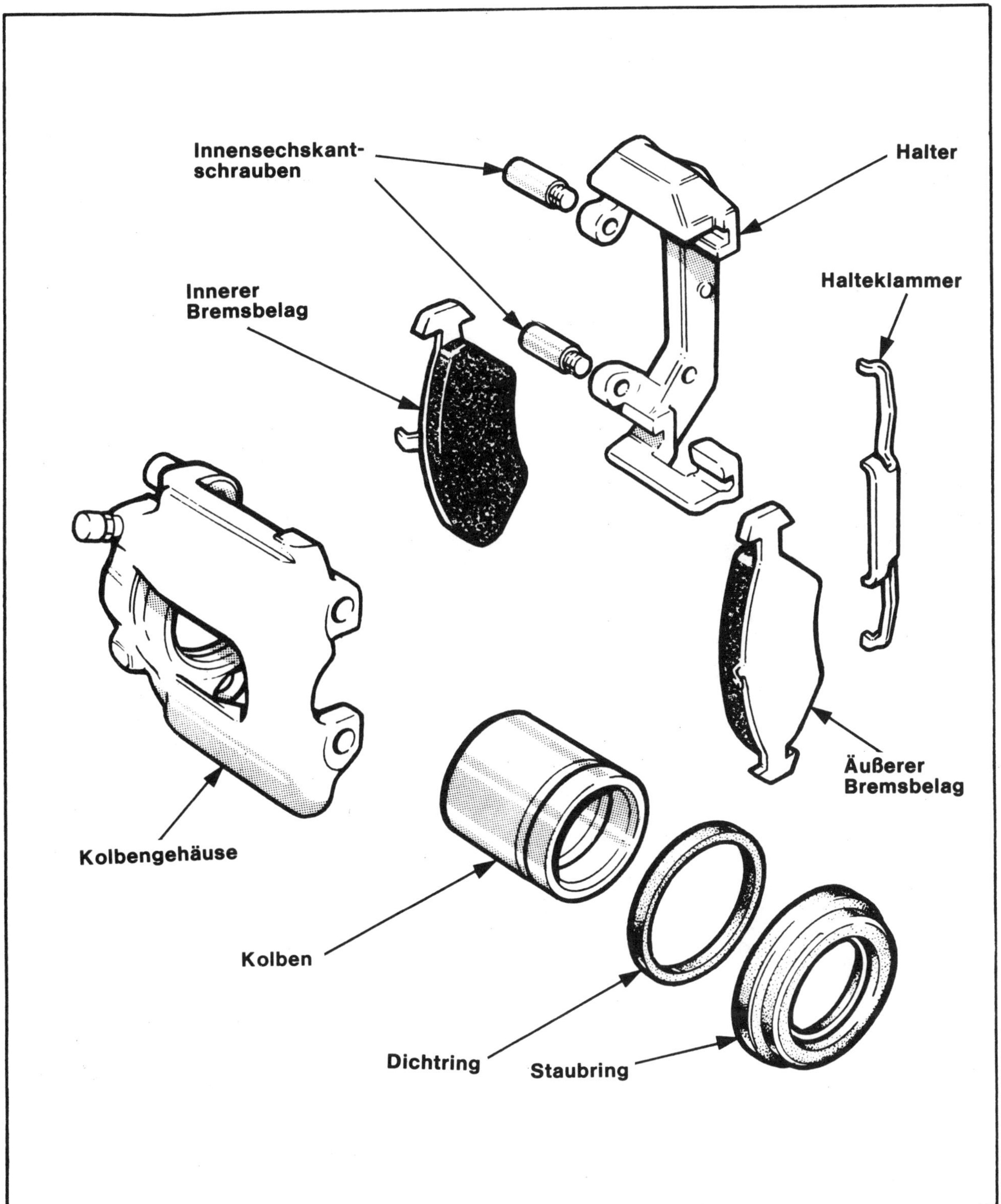

Bremsbeläge aus- und einbauen

Ausbau

- Radschrauben lösen.
- Fahrzeug vorn aufbocken, siehe Seite 233.
- Vorderräder abnehmen.

Achtung: Sollen die Bremsbeläge wieder verwendet werden, so müssen sie beim Ausbau gekennzeichnet werden. Ein Wechsel der Beläge von der Außen- zur Innenseite und umgekehrt oder auch vom rechten zum linken Rad ist nicht zulässig. Der Wechsel kann zu ungleichmäßiger Bremswirkung führen. In der Regel sollte man nur Original FORD-Bremsbeläge verwenden. **Grundsätzlich Scheibenbremsbeläge an beiden Achsen erneuern.**

Hinweis: FORD baut seit 9/87 serienmäßig neue Bremsbeläge ein, mit denen das Bremsenquietschen bei kalten Bremsscheiben beseitigt wird. Bisherige Fahrzeuge können nachgerüstet werden.
FORD-Bestellnummern:
Bremsbeläge für massive Bremsscheiben: 6 178 479
Bremsbeläge für innenbelüftete Bremsscheiben: 6 178 480

- Mehrfachstecker für Verschleißanzeige, falls vorhanden, vom Bremssattel abziehen und Kabel an der Entlüftungsschraube ausclipsen.

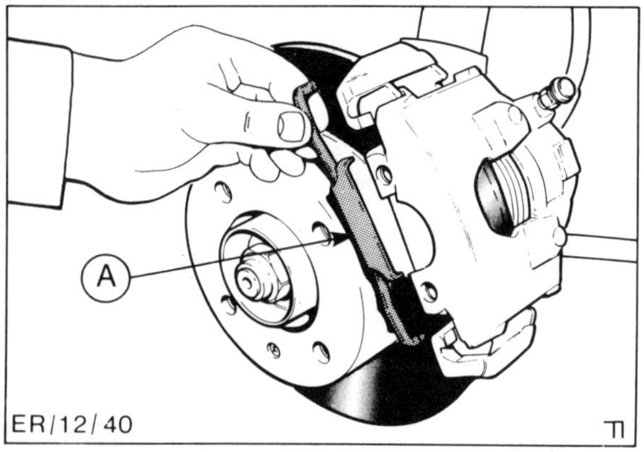

- Halteklammer – A – mit Schraubendreher vorsichtig heraushebeln.

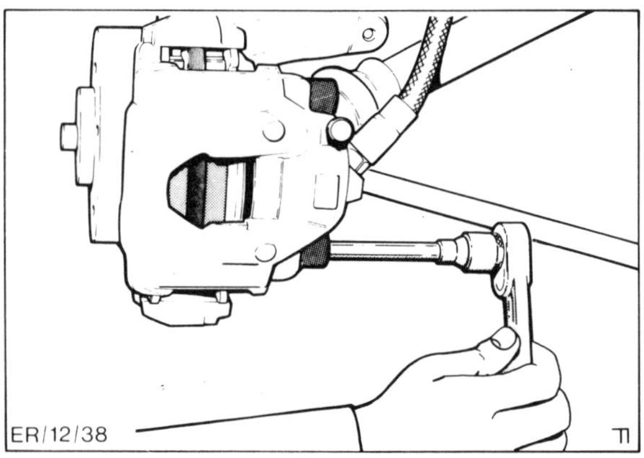

- Befestigungsschrauben mit 7 mm Innensechskantschlüssel so weit lösen, bis sie aus dem Halter frei werden.

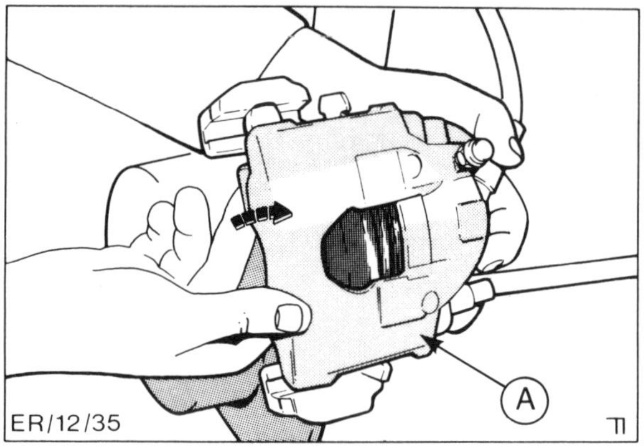

- Kolbengehäuse abnehmen und mit Draht am Aufbau hochbinden. **Achtung:** Nicht den Bremsschlauch lösen oder abschrauben, da sonst die Anlage entlüftet werden muß.
- Inneren Bremsbelag aus dem Kolbengehäuse herausnehmen, äußeren Belag vom Bremshalter abnehmen.

Einbau

Achtung: Bei ausgebauten Bremsbelägen nicht auf das Bremspedal treten, sonst wird der Kolben aus dem Gehäuse herausgedrückt.

- Führungsfläche bzw. Sitz der Beläge im Gehäuseschacht mit geeigneter Weichmetallbürste und Staubsauger reinigen, oder mit einem Lappen und Spiritus auswischen. Keine mineralölhaltigen Lösungsmittel oder scharfkantigen Werkzeuge verwenden.
- Vor Einbau der Beläge ist die Bremsscheibe durch Abtasten mit den Fingern auf Riefen zu untersuchen. Riefige Bremsscheiben können abgedreht werden (Werkstattarbeit), sofern sie noch eine ausreichende Dicke aufweisen.
- Bremsscheibendicke messen, siehe Seite 152.
- Staub- und Dichtring des Kolbens auf Verschleiß und Dichtigkeit überprüfen. Kolben auf Beschädigung und Riefen untersuchen. Gegebenenfalls Bremssattel überholen (Werkstattarbeit).
- Kolben mit Hartholzstab (Hammerstiel) vorsichtig zurückdrücken. Darauf achten, daß Kolbenfläche und Staubring nicht beschädigt werden.

Achtung: Beim Zurückdrücken der Kolben wird Bremsflüssigkeit aus den Bremszylindern in den Ausgleichbehälter gedrückt. Flüssigkeit im Behälter beobachten, eventuell Bremsflüssigkeit mit einem Saugheber absaugen.

Zum Absaugen die Entlüfterflasche oder eine Plastikflasche verwenden, die nur mit Bremsflüssigkeit in Berührung kommt. Keine Trinkflaschen verwenden! **Bremsflüssigkeit ist giftig und darf auf gar keinen Fall mit dem Mund über einen Schlauch abgesaugt werden. Saugheber verwenden. Auch nach dem Belagwechsel darf die Max.-Marke am Bremsflüssigkeitsbehälter nicht überschritten werden, da sich die Flüssigkeit bei Erwärmung ausdehnt. Ausgelaufene Bremsflüssigkeit läuft am Hauptbremszylinder runter, zerstört den Lack und führt zur Korrosion.**

- Inneren Bremsbelag in das Kolbengehäuse einsetzen und Feder auf der Rückseite des Belages in den Kolben eindrücken.

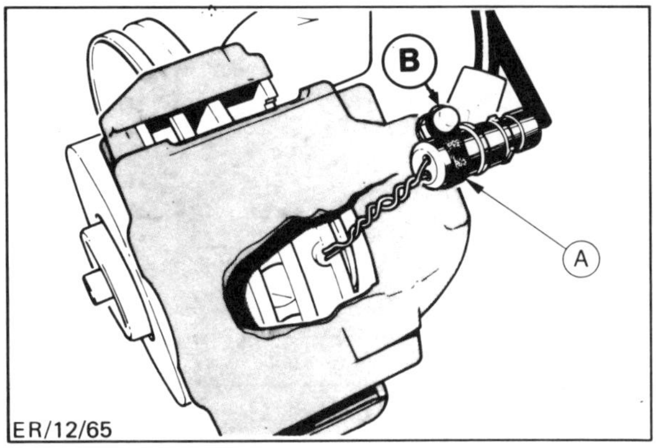

- Kabel für Verschleißfühler, falls eingebaut, durch Öffnung im Bremssattel führen und mit Klammer an der Entlüftungsschraube befestigen – A –. Dabei auf eine Mindestfreilänge des Kabels von 26 mm achten. **Das Spiralkabel darf nicht gedehnt sein.** Mehrfachstecker aufschieben.
- Äußeren Bremsbelag, nach Entfernen des Schutzpapiers, in den Halter einsetzen.
- Kolbengehäuse ansetzen und mit 20 Nm festschrauben.
- Halteklammer einsetzen.
- Vorderrad anschrauben, Fahrzeug ablassen und Radschrauben mit 90 Nm festziehen.

Wichtig: Bremspedal im Stand mehrmals niedertreten, damit die Bremsbeläge den richtigen Sitz einnehmen.

- Bremsflüssigkeit im Ausgleichbehälter kontrollieren, ggf. bis zur Max.-Markierung auffüllen.

Achtung: Die neuen Bremsbeläge sollen bis zu einer Fahrstrecke von ca. 200 km vorsichtig eingebremst werden. Möglichst keine Vollbremsungen vornehmen.

Bremsscheibe aus- und einbauen

Ausbau

- Radschrauben lösen.
- Fahrzeug vorn aufbocken, siehe Seite 233.
- Vorderrad abnehmen.

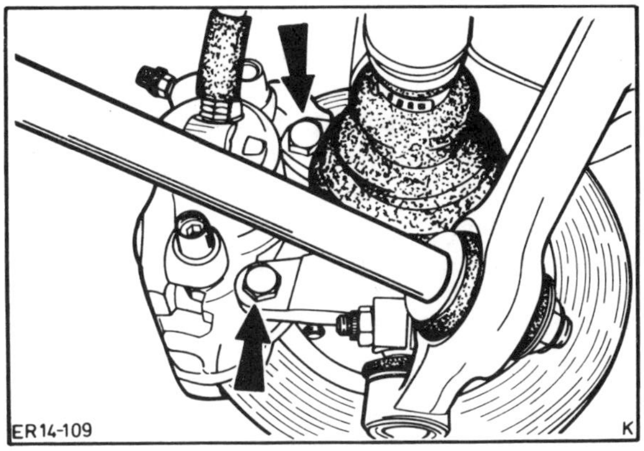

- 2 Befestigungsschrauben – Pfeile – für Bremssattel herausdrehen. Bremssattel abnehmen und mit Draht am Stehblech aufhängen.

Achtung: Bremsschlauch nicht lösen oder abschrauben, da sonst die Anlage entlüftet werden muß.

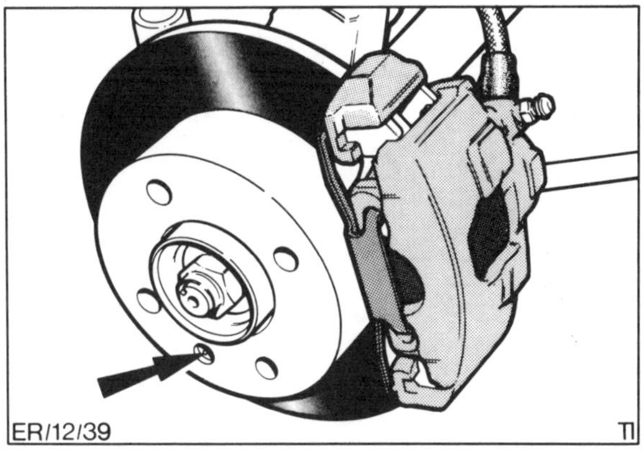

- Befestigungsschraube – Pfeil – herausdrehen und Bremsscheibe von der Radnabe abnehmen.

Einbau

Um ein gleichmäßiges Bremsen beidseitig zu gewährleisten, müssen beide Bremsscheiben die gleiche Oberfläche bezüglich Schliffbild und Rauhtiefe aufweisen. Deshalb **grundsätzlich beide** Bremsscheiben ersetzen bzw. abdrehen lassen.

Die Werkstatt kann die Bremsscheibe auf Schlag prüfen. Maximaler Scheibenschlag (eingebaut) 0,15 mm.

- Alle Anlageflächen mit Spiritus und einem sauberen Lappen reinigen.
- Bremsscheibe aufsetzen und mit Kreuzschlitzschraube an der Radnabe befestigen.
- Bremssattel ansetzen und Befestigungsschrauben mit **55 Nm** festziehen.
- Rad montieren, Fahrzeug ablassen und Schrauben mit 90 Nm anziehen.

Bremsscheibendicke prüfen

- Radschrauben lösen.
- Fahrzeug vorn aufbocken, siehe Seite 233.
- Rad abnehmen.

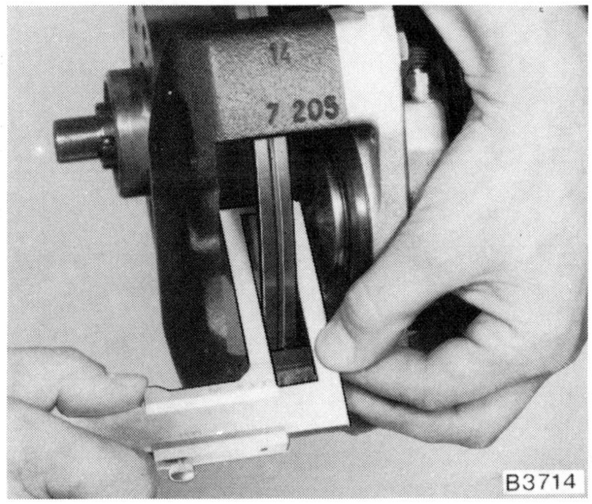

B3714

- Bremsscheibendicke messen. Die Werkstätten benutzen dazu eine spezielle Lehre, da sich durch Abnutzung der Bremsscheibe ein Rand bildet. Man kann die Bremsscheibendicke auch mit einer normalen Schieblehre messen, allerdings muß dann auf jeder Seite der Bremsscheibe eine 3 mm starke Unterlage zwischengelegt werden. Um die exakte Bremsscheibendicke zu haben, müssen von dem Maß dann die 6 mm für die Unterlage abgezogen werden.

Bremsscheibe	Bremsscheibendicke in mm Neu	Verschleißgrenze
Vollmaterial	10	8,2
Innenbelüftet	24	22,2

- Wenn die Verschleißgrenze erreicht ist, muß die Bremsscheibe ausgetauscht werden.

Die Hinterradbremse

Seit 2.83

A = Ablauf-Bremsbacke
B = Bremsnachsteller
C = Rückzugfeder
D = Radbremszylinder
E = Bremsträger
F = Niederhalter
G = Auflauf-Bremsbacke
H = Feder-Bremsbackenbefestigung
J = Federteller
K = Rückzugfeder
L = Rückzugfeder
M = Rückzugfeder

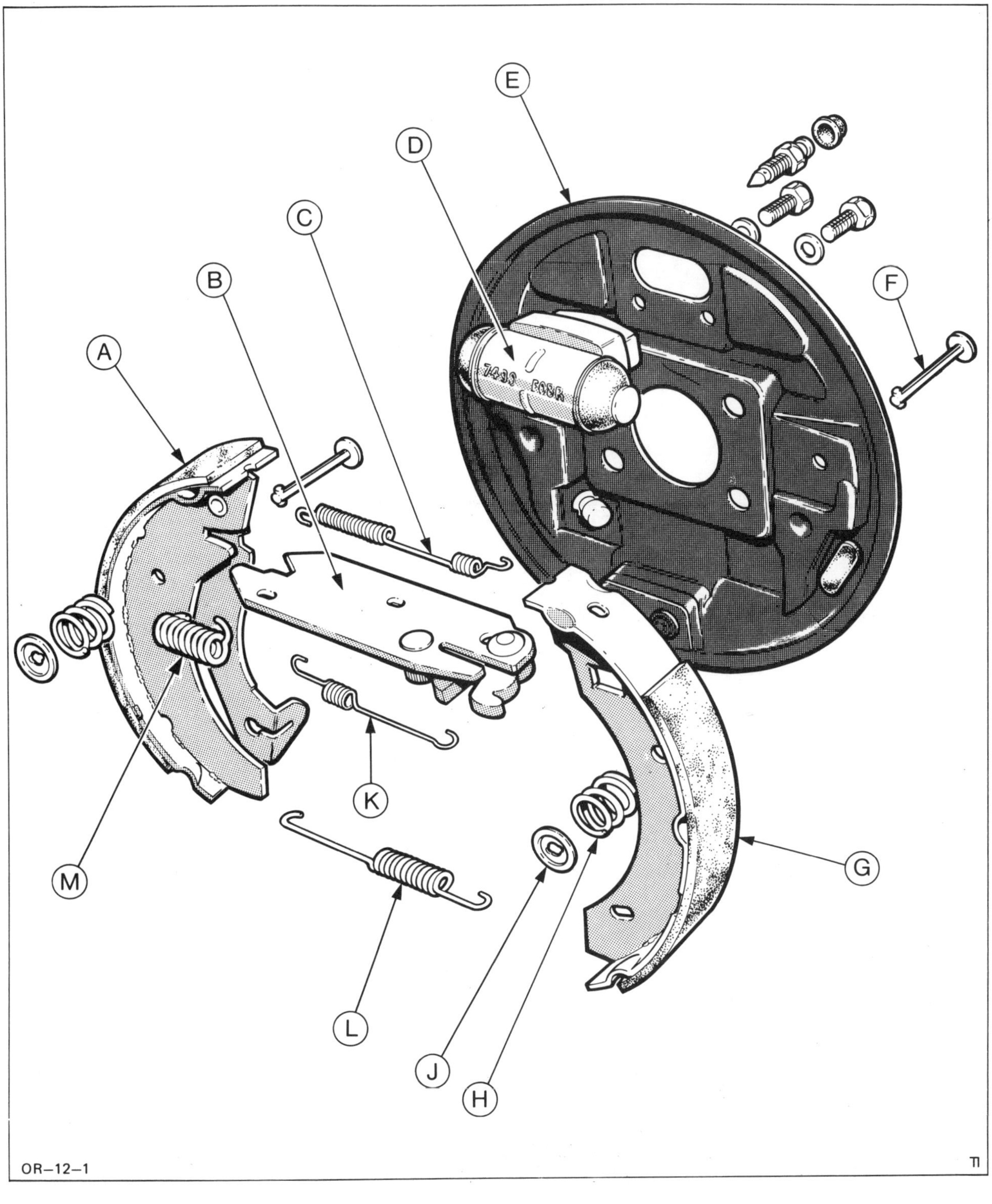

Bremsbacken aus- und einbauen

Der Belag an der vorderen Bremsbacke ist im Neuzustand etwas dicker als derjenige der hinteren Backe. Da sich der vordere Belag stärker abnutzt, erreichen beide Beläge nahezu gleichzeitig ihre Verschleißgrenze. Die Bremsbeläge sind auf die Bremsbacken aufgeklebt, deshalb Belag mit Backe auswechseln.

Ausbau

- Handbremse lösen.
- Bremstrommel ausbauen, siehe Seite 155.

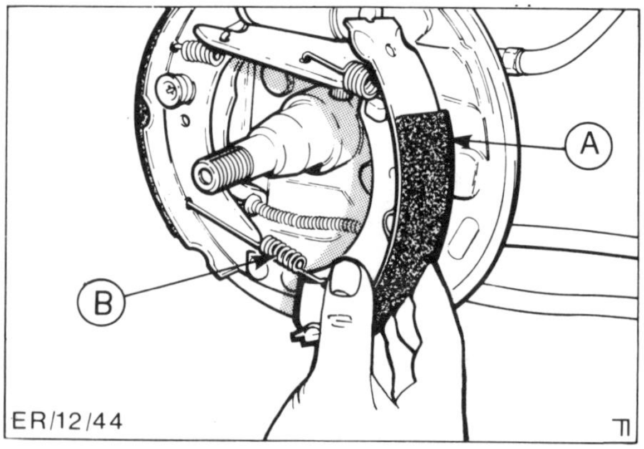

ER/12/44

- Bremsbackenbefestigung der vorderen Bremsbacke herausnehmen. Dazu Federteller mit Zange gegen Feder drücken und um 90° verdrehen. Gleichzeitig von hinten Stift gegenhalten. Federteller und Feder abnehmen und Haltestift herausziehen.
- Bremsbacke – A – vom Bremsträger wegziehen und gleichzeitig nach außen oben verdrehen.
- Rückzugfedern oben und unten – B – aushängen.
- Hintere Bremsbackenbefestigung ausbauen.

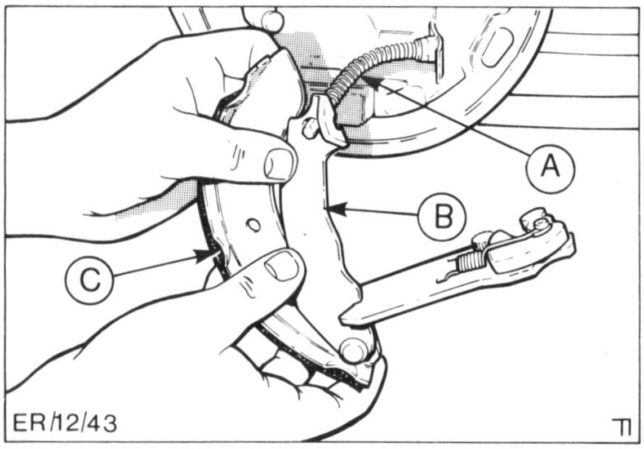

ER/12/43

- Hintere Bremsbacke nach oben und weg vom Bremsträger bewegen. Bremsbacke – C – mit Schwinghebel – B – und Nachsteller abnehmen.
- Handbremsseil – A – am Schwinghebel aushängen.

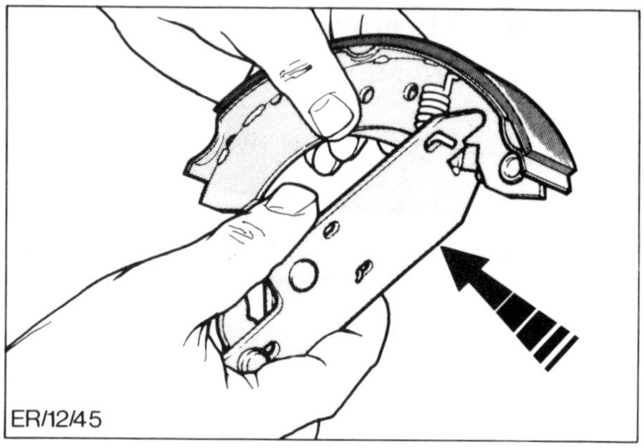
ER/12/45

- Bremsbacke aus dem Schlitz der Druckstrebe – Pfeil – ziehen. Strebe durch Verdrehen aus Schwinghebel und Rückzugfeder aushängen.

Einbau

- Gundsätzlich nur Bremsbacken gleicher Qualität verwenden. Bremstrommel und Bremsträger möglichst mit Preßluft ausblasen. **Achtung:** Bremsstaub nicht einatmen, da er asbesthaltig ist. Während die Bremsbacken ausgebaut sind, nicht auf die Bremse treten, da sonst die Bremskolben aus dem Radbremszylinder rutschen. Falls der Radbremszylinder feucht ist, Radbremszylinder überholen. Riefige Bremstrommeln ausdrehen lassen.
- Nachstellautomatik auf Leichtgängigkeit überprüfen, gegebenenfalls etwas einfetten.
- Druckstrebe in die Rückzugfeder einhängen und auf den Schwinghebel schieben.
- Ablaufbacke an Radbremszylinder und Stützlager ansetzen. **Achtung:** Das untere Ende des Schwinghebels muß am Prüfstift anliegen und darf nicht dahinter eingeklemmt sein. Die Bremsbacke muß in den Kolben eingreifen.
- Haltestift von hinten durchschieben und Feder aufsetzen. Feder mit Federteller und Zange spannen, dann Federteller um 90° drehen und dadurch sichern. Haltestift gleichzeitig von hinten gegenhalten.

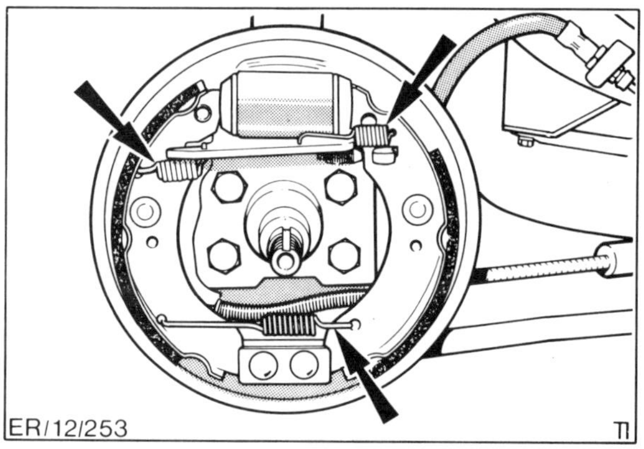

ER/12/253

- Rückzugfedern oben und unten einhängen, dabei vordere Bremsbacke senkrecht zum Bremsträger halten.

- Bremsbacke unten an Stützlager und oben über dem Ratschenhebel ansetzen. Anschließend Bremsbacke gegen den Bremsträger drücken.
- Bremsbacke mit Haltestift, Feder und Federteller befestigen.
- Bremstrommel einbauen.
- Fußbremse mehrmals kräftig durchtreten. Damit ist die Hinterradbremse eingestellt.

Bremstrommel aus- und einbauen

Ausbau

- Radschrauben lösen.
- Fahrzeug hinten aufbocken, siehe Seite 233.
- Hinterrad abnehmen.

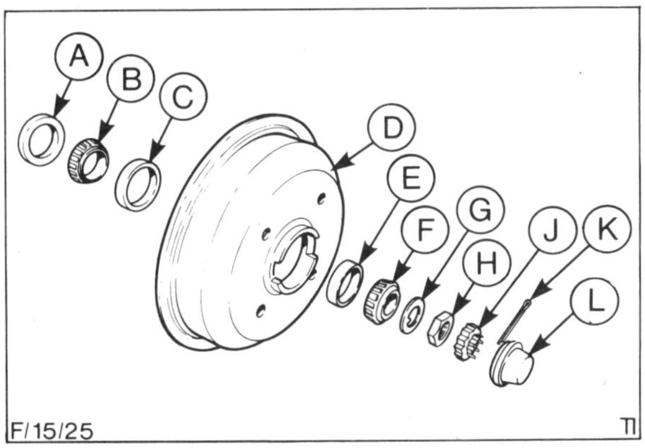

F/15/25 TI

- Fettkappe – L – mit Gummihammer abschlagen oder mit Schraubendreher abhebeln.
- Splint – K – herausziehen, Kronensicherung – J – abnehmen, Mutter – H – abschrauben und mit Druckscheibe – G – abnehmen. Äußeres Kegelrollenlager herausnehmen.

Achtung: Das Lager kann herausfallen, sicherheitshalber sauberen Lappen unterlegen. Ist das Lager verschmutzt, Lager in Benzin auswaschen und mit Radlagerfett einfetten.

42-017

- Trommel mit Nabe komplett abnehmen. Falls erforderlich, Bremstrommel mit einem Universalabzieher vom Achszapfen ziehen.

Achtung: Bei Fahrzeugen mit Einspritzmotor erst die Bremstrommel abnehmen, dann die Radnabe abziehen.

Einbau

- Bremstrommel auf Verschleiß, Beschädigungen, Maßhaltigkeit, Gewinde für die Radschrauben und einwandfreie Bremsfläche prüfen. Nabe mit Radlagerfett füllen, Bremstrommel aufsetzen.
- Radlager mit Radlagerfett einfetten und auf Achszapfen schieben, Druckscheibe mit Sechskantmutter aufschrauben.
- Radlagerspiel einstellen, siehe Seite 137.
- Kronensicherung so aufsetzen, daß sich der Splint einstekken läßt.
- Neuen Splint verwenden, Kappe mit Gummihammer eintreiben.
- Hinterrad montieren, Fahrzeug ablassen, Schrauben mit 90 Nm festziehen.

Radbremszylinder aus- und einbauen

Ausbau

- Bremsbacken ausbauen.
- Überwurfmutter der Bremsleitung abschrauben und Leitung mit geeignetem Stopfen verschließen.

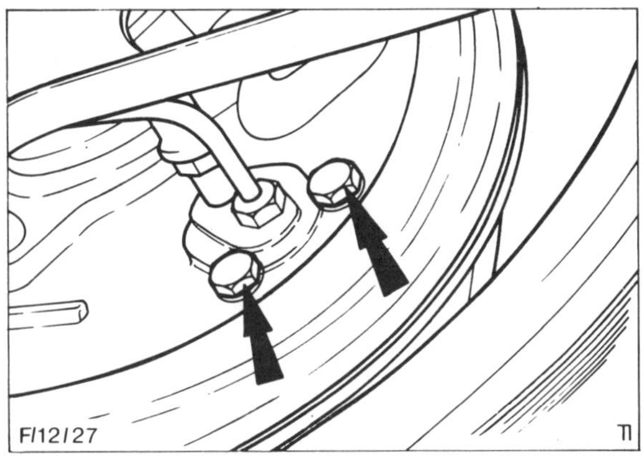

F/12/27 TI

- Befestigungsschrauben – Pfeile – für Radbremszylinder hinten am Bremsträger herausdrehen und Bremszylinder mit Dichtring herausnehmen.

Einbau

- Radbremszylinder mit neuem Dichtring in den Bremsträger einsetzen und anschrauben.
- Bremsleitung anschließen, Überwurfmutter mit 13 Nm anziehen.
- Bremsbacken einbauen.
- Bremsanlage entlüften.
- Fußbremse mehrmals kräftig durchtreten. Damit ist die Hinterradbremse eingestellt.

Radbremszylinder instand setzen

Falls der Radbremszylinder nicht erneuert werden soll, kann er auch in eingebautem Zustand zerlegt werden. Dann müssen allerdings vorher die Bremsbacken ausgebaut werden. Radbremszylinder sind spätestens immer dann instandzusetzen, wenn Bremsflüssigkeit durch die Manschetten dringt. Zur Kontrolle Staubkappen von dem Radbremszylinder abhebeln und in den Radbremszylinder schauen. Wenn es hinter den Staubkappen stark feucht oder der gesamte Radbremszylinder mit Bremsflüssigkeit überzogen ist, Radbremszylinder instand setzen. Überdies ist eine Reparatur notwendig, wenn die Kolben im Radbremszylinder nicht mehr leichtgängig hin- und hergleiten, Riefen oder Korrosionsstellen aufweisen. In einem solchen Fall wird das Rad beim Bremsen entweder nicht abgebremst, oder es bremst ständig.

Ausbau

- Bremsbacken ausbauen.

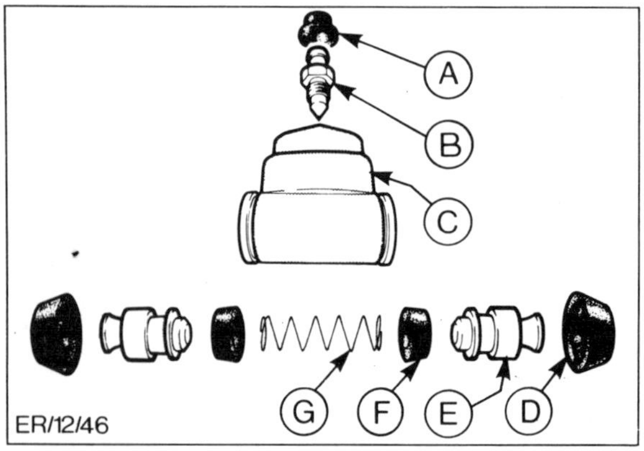

ER/12/46

- Mit Schraubenzieher Schutzkappen – D – abhebeln. Vorsicht, Kappen nicht verletzen.
- Kolben – E – mit Manschette – F – und Feder – G – aus Radbremszylinder – C – herausnehmen.
- Radbremszylinder innen mit staubfreiem Lappen auswischen. Bei Riefen oder Rostnarben in der Lauffläche Radbremszylinder komplett erneuern. Alle Teile nur mit Spiritus oder Bremsflüssigkeit reinigen.

Einbau

Vorher Entlüfterschraube – B – gangbar machen, eventuell erneuern. Bei Instandsetzungsarbeiten **grundsätzlich** kompletten Reparatursatz (Manschetten) verwenden.

- Manschetten auf die Kolben setzen.
- Linken Kolben in Radbremszylinder einsetzen, Schutzkappe aufsetzen.
- Von rechts Feder einsetzen, Entlüfterschraube öffnen, Kolben einschieben, rechte Schutzkappe aufsetzen. Nach dem Komplettieren Entlüfterschraube schließen. Vorsicht: nicht überdrehen. Drehmoment max. 10 Nm.
- Bremse komplettieren.

Die Handbremse

Hinweis: Gelenke und Lagerstellen etwas einfetten.

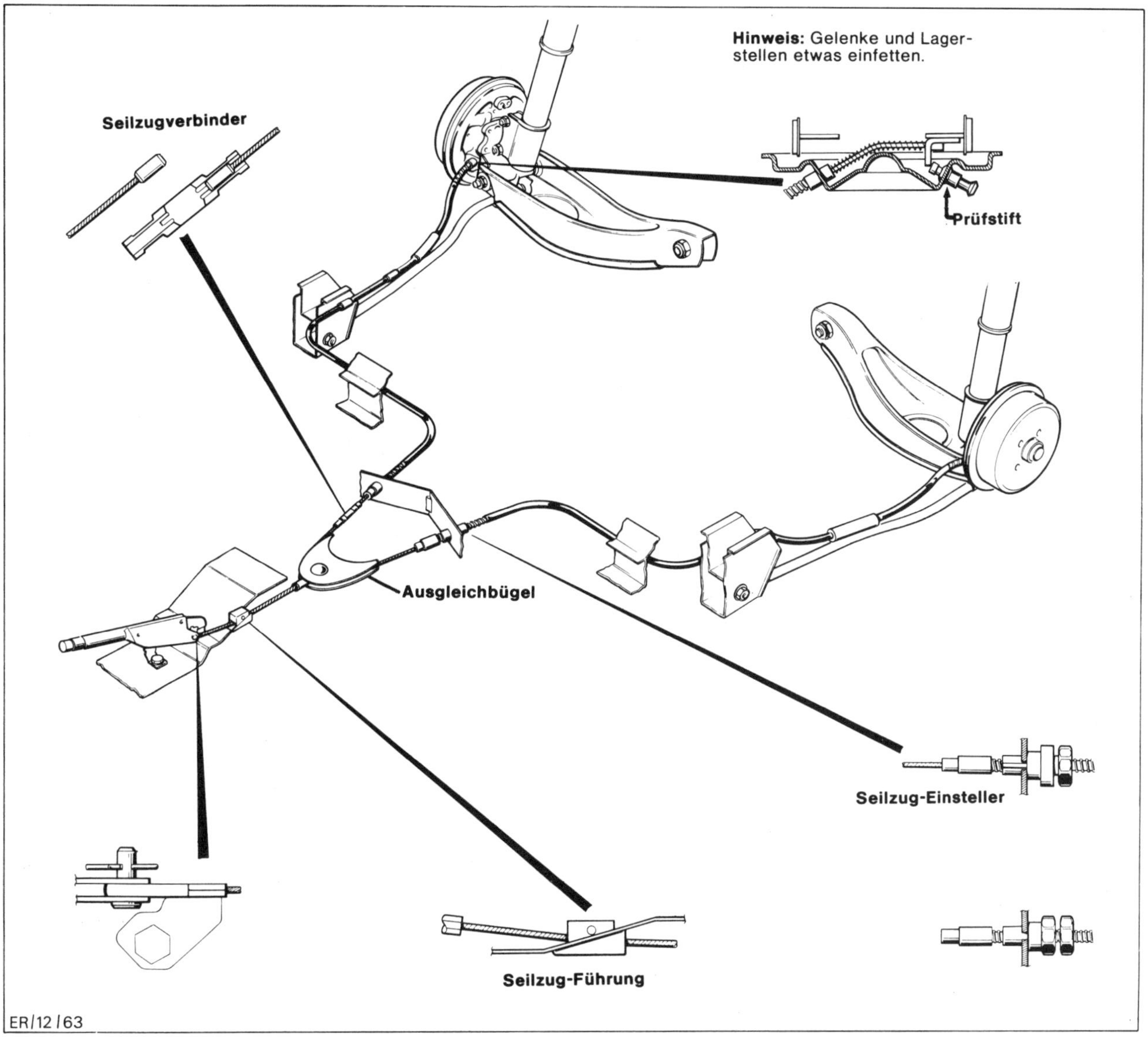

Handbremse einstellen

Die Hinterradbremse stellt sich automatisch nach, entsprechend dem Verschleiß der Bremsbeläge. Das Einstellen der Handbremse ist daher nur erforderlich, wenn der Handbremshebel oder die Bremsseile ausgewechselt wurden, oder die Handbremse trotz ausreichender Belagstärke nicht zieht.

- Fahrzeug hinten aufbocken, siehe Seite 233.
- Handbremshebel lösen.

Fahrzeuge bis 1.82

- Spiel der Prüfstifte messen. Die Prüfstifte sitzen schräg in der Bremsträgerplatte gegenüber dem Bremsseil. Spiel für rechtes und linkes Rad zusammenzählen, das Gesamtspiel muß zwischen 1,0 und 2,5 mm liegen, sonst Handbremse einstellen.
- Ansatzhülse der rechten Seilzughülle in den Schlitz des Widerlagers am Bodenblech einführen. Einstellmutter durch Einführen eines Schraubendrehers zwischen den nebeneinanderliegenden Schultern von Mutter und Hülle lösen.
- Seilzüge mit Einstellmutter so spannen, daß sich die Prüfstifte gerade noch drehen lassen.

Achtung: Lassen sich die Prüfstifte nach dem Lockern des Bremsseils nicht bewegen, dann ist das Seil verklemmt (Seilverlegung prüfen), der Bremsmechanismus gestört oder die Stifte sitzen fest.

- Seilzüge von Hand am Ausgleichbügel so verschieben, daß die Spielwerte rechts und links annähernd gleich sind.
- Seile nochmals spannen, dazu Einstellmutter 1/4 bis 1/2 Umdrehung weiterdrehen.
- Handbremse ganz anziehen. Dadurch wird die Einstellmutter gegen die Ansatzhülse gezogen und gesichert.

Achtung: Hierdurch verringert sich das Gesamtspiel der Prüfstifte um 0,5 bis 1,0 mm.

- Gesamtspiel der Prüfstifte nochmals überprüfen.
- Falls vorhanden, Kontermutter anziehen.

Fahrzeuge seit 1.82

- Fußbremse betätigen, dadurch wird eine gleichmäßige Einstellung der Bremsbacken sichergestellt.
- Spiel der Prüfstifte messen, es muß ca. 0 bis 0,5 mm betragen.
- Andernfalls Handbremsseil durch Lösen der Einstellmutter lockern. Dazu breiten Schraubendreher zwischen Kontermutter und Einstellmutter schieben. Schraubendreher etwas drehen, damit die Anlageflächen beider Muttern voneinander abheben. In dieser Stellung Kontermutter auf der Draht-Führungshülse zurückdrehen.
- Handbremsseil wieder so weit spannen, bis das Spiel beider Prüfstifte 0,5 bis 2,0 mm beträgt.
- Kontermutter von Hand gegen die Einstellmutter drehen, bis 2 „Klicks" zu hören sind. Anschließend Kontermutter mit geeignetem Schlüssel maximal um 2 „Klicks" weiterdrehen, dabei Einstellmutter gegenhalten.

Handbremsseil hinten aus- und einbauen

Ausbau

- Handbremse lösen.
- Fahrzeug aufbocken, siehe Seite 233.
- Einstellmutter entsichern. Hierzu Schraubendreher zwischen Mutter und Hülse einführen.
- Einstellmutter verdrehen und dadurch Seilzug entspannen.
- Ablauf-Bremsbacken ausbauen, siehe Seite 154.
- Handbremsseil aus Schwinghebel aushängen und durch Bremsträger herausziehen.
- Rechten Seilzug am Seilzugverbinder aushängen.

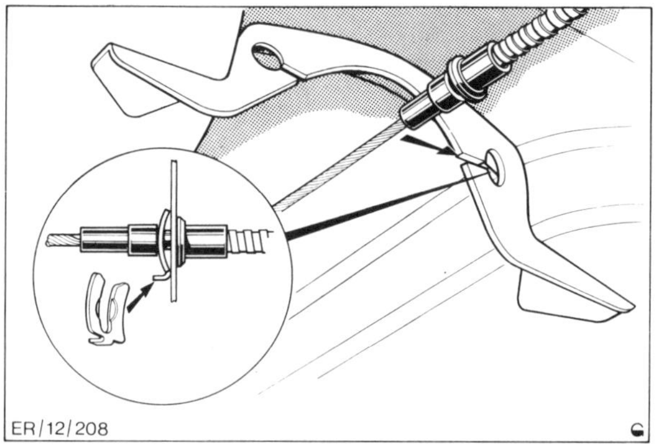

- Sicherungsklammer für Seilzug am Widerlager mit Schraubendreher entfernen.
- Rechten und linken Seilzug aus den Halterungen am Aufbau aushängen und aus den Führungen an der Bodengruppe lösen.

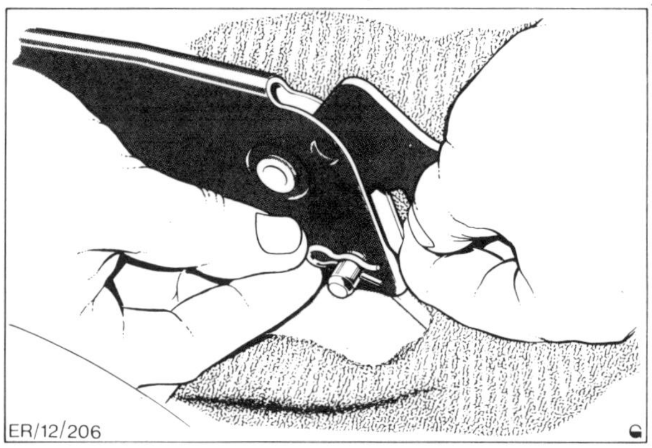

- Seilzug am Handbremshebel aushängen. Dazu Federklammer zurückdrücken und Gabelbolzen aushängen.
- Seilführung im Bodenblech nach hinten drücken, Seil nach hinten ziehen und mit Führung herausnehmen.

Einbau

- Handbremsseile unter dem Fahrzeug verlegen und an der Bodengruppe befestigen.
- Seilzüge in Schwinghebel einhängen und am Bremsträger mit Klammern sichern.
- Ablaufbremsbacken einbauen.
- Seile an den Halterungen am Aufbau befestigen und in Seilverbinder einhängen.
- Vorderes Bremsseil durch das Bodenblech führen, Seilführung einsetzen.
- Bremsseil in den Handbremshebel einhängen und mit Federklammer sichern.
- Bremsseil am Widerlager einsetzen und mit Federklammer sichern.
- Handbremse einstellen.
- Fahrzeug ablassen.

Bremsanlage entlüften

Nach jeder Reparatur an der Bremse, bei der die Anlage geöffnet wurde, kann Luft in die Druckleitungen eingedrungen sein. Dann ist das Bremssystem zu entlüften. Luft ist auch dann in den Leitungen, wenn sich beim Treten auf das Bremspedal der Bremsdruck schwammig anfühlt. In diesem Fall muß die Undichtigkeit beseitigt und die Bremsanlage entlüftet werden.

Die Bremsanlage wird durch Pumpen mit dem Bremspedal entlüftet, dazu ist eine zweite Person notwendig.

Beim Umgang mit Bremsflüssigkeit ist zu beachten:

- Bremsflüssigkeit ist giftig und ätzend. Sie darf deshalb nicht mit dem Autolack in Berührung kommen. Auf den Lack verschüttete Bremsflüssigkeit sofort mit kaltem Wasser abwaschen.
- Bremsflüssigkeit ist hygroskopisch, das heißt, sie nimmt aus der Luft Feuchtigkeit auf. Bremsflüssigkeit deshalb nur in geschlossenen Behältern aufbewahren.
- Bremsflüssigkeit, die schon einmal im Bremssystem verwendet wurde, darf nicht wieder verwendet werden. Auch beim Entlüften der Bremsanlage nur neue Original-FORD-Bremsflüssigkeit verwenden.
- Die Bremsflüssigkeit in der Anlage soll alle zwei Jahre gewechselt werden.

Entlüften

Muß die ganze Anlage entlüftet werden, jeden Radbremszylinder (bzw. Bremssattel) einzeln entlüften. Das ist immer dann der Fall, wenn Luft in jeden einzelnen Bremszylinder gedrungen ist. Falls nur ein Radbremszylinder erneuert bzw. überholt wurde, genügt in der Regel das Entlüften des betreffenden Radzylinders.

Reihenfolge der Entlüftung: 1. Bremssattel vorn rechts, 2. Radbremszylinder hinten links, 3. Bremssattel vorn links, 4. Radbremszylinder hinten rechts.

- Fahrzeug auf eine eben Fläche stellen.
- Verschlußdeckel vom Ausgleichbehälter abnehmen und Bremsflüssigkeit bis zur Max.-Markierung auffüllen.

ER/12/65

- Kabel für Verschleißanzeiger, falls vorhanden, von der Entlüfterschraube abnehmen – A –.
- Staubkappe – B – abnehmen und Ringschlüssel ansetzen. Bei älteren Fahrzeugen Entlüfterschraube vorsichtig gangbar machen.

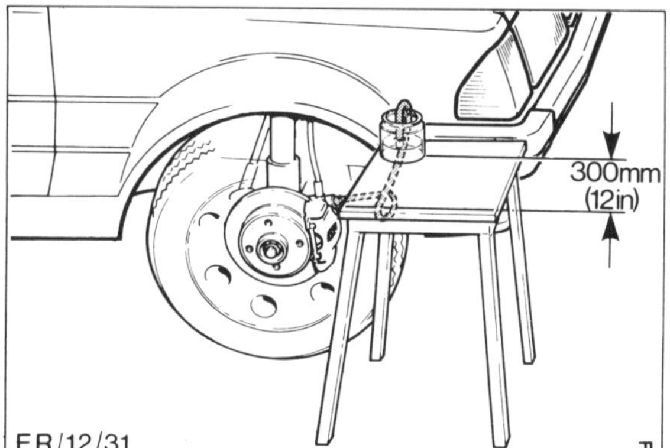

ER/12/31

- Sauberen Schlauch aufstecken und anderes Schlauchende in eine mit Bremsflüssigkeit halbvoll gefüllte Flasche stecken. Die Auffangflasche soll mindestens 30 cm höher stehen als das Entlüfterventil. Dadurch wird verhindert, daß Luft über das Gewinde der Entlüfterschraube in das Bremssystem gelangt.
- Von einer Hilfsperson Bremspedal so oft niedertreten lassen („pumpen"), bis sich im Bremssystem Druck aufgebaut hat. Zu spüren am wachsenden Widerstand beim Betätigen des Pedals.
- Ist genügend Druck vorhanden, Bremspedal ganz durchtreten. Fuß auf dem Bremspedal halten.
- Entlüfterventil am Bremszylinder etwa eine halbe Umdrehung mit Ringschlüssel öffnen. Ausfließende Bremsflüssigkeit in der Flasche sammeln. Darauf achten, daß sich das Schlauchende in der Flasche ständig unterhalb des Flüssigkeitsspiegels befindet.
- Sobald der Flüssigkeitsdruck nachläßt, sofort Entlüfterventil schließen.
- Pumpvorgang wiederholen, bis sich Druck aufgebaut hat. Bremspedal niedertreten, Fuß auf dem Bremspedal lassen, Entlüfterschraube öffnen, bis der Druck nachläßt, Entlüfterschraube schließen.

- Entlüftungsvorgang an einem Bremszylinder so lange wiederholen, bis sich in der Bremsflüssigkeit, die in die Entlüfterflasche strömt, keine Luftblasen mehr zeigen.
- Bei durchgetretenem Pedal Entlüfterschraube mit max. 10 Nm anziehen.
- Schlauch vom Entlüfterventil abziehen, Ringschlüssel entfernen und Staubkappe auf Ventil stecken. Gegebenenfalls Kabel für Verschleißanzeiger an der Entlüfterschraube befestigen.
- Die anderen Bremszylinder auf gleiche Weise entlüften.

Achtung: Während des Entlüftens ab und zu den Ausgleichbehälter beobachten. Der Flüssigkeitsspiegel darf nicht zu weit sinken, sonst wird über den Ausgleichbehälter Luft angesaugt. **Immer nur neue Bremsflüssigkeit nachgießen!**

- Vorratsbehälter mit neuer Bremsflüssigkeit auffüllen. **Achtung:** Der Flüssigkeitsstand darf auch bei aufgeschraubtem Deckel nicht über der Max.-Markierung liegen.
- Belüftungsbohrung im Deckel auf freien Durchgang prüfen.

Bremsleitungen und Bremsschläuche

Für das Bremsleitungssystem, das zusammen mit den druckfesten Bremsschläuchen für die Räder die Verbindung vom Hauptbremszylinder zu den vier Radbremsen herstellt, werden Rohre verwendet.

Die Rohrverbindungen zu den Bremszylindern und Verteilerstücken sind als sogenannte Kegelkupplungen ausgebildet.

Die Rohrenden sind vorn gestaucht und haben dann eine kegelförmige Anlagefläche für die ebenfalls mit einem kegeligen Grund versehenen Gewindeöffnungen in den Bremszylindern bzw. Verteilerstücken. Bevor die Rohrenden gestaucht werden, wird eine Rohrmutter auf das Rohr gesteckt, die dann später nach dem Einschrauben die kegelige Anlagefläche des Rohres gegen den kegeligen Grund der Gewindeöffnung drückt und damit zuverlässig abdichtet.

Die Bremsschläuche stellen die flexiblen Verbindungen zwischen den starren und beweglichen Fahrzeugteilen her.

Bremsleitung/Bremsschlauch ersetzen

- Fahrzeug aufbocken, siehe Seite 233.
- Bremsleitung an den Überwurfmuttern lösen und abnehmen.
- Leitungsanschluß in Richtung Hauptbremszylinder mit geeignetem Stopfen verschließen.
- Neue Bremsleitung möglichst an gleicher Stelle verlegen.
- Beim Anschließen der Bremsleitung die kegelige Anlagefläche mit einigen Tropfen Bremsflüssigkeit benetzen und mit 12–15 Nm festziehen.
- Neuen Bremsschlauch so einbauen, daß er ohne Drall durchhängt, und mit 12–15 Nm festziehen.
- Nach dem Einbau bei entlastetem Rad prüfen (Wagen angehoben), ob der Schlauch allen Radbewegungen folgt, ohne irgendwo anzuscheuern.

Achtung: Bremsschläuche nicht mit Öl oder Petroleum in Berührung bringen, nicht lackieren oder mit Unterbodenschutz besprühen.

- Bremsanlage entlüften.
- Fahrzeug ablassen.

Bremskraftregler prüfen/einstellen

ESCORT-EXPRESS

- Fahrzeug aufbocken, siehe Seite 233.

Achtung: Das Fahrzeug muß sich in unbeladenem Zustand befinden.

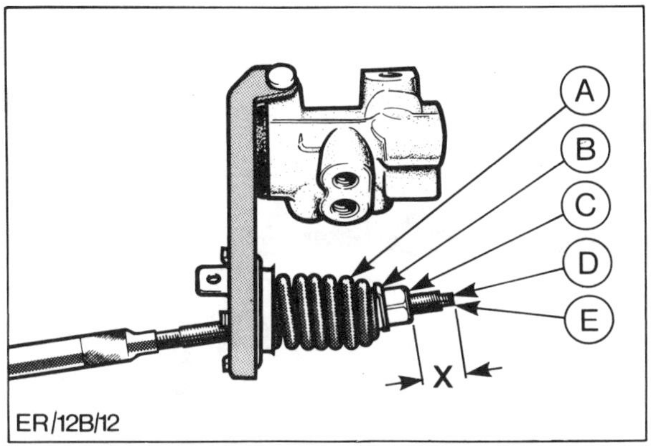

- Abstand – X – zwischen dem Ende der Gewindestange – D – und der Einstellmutter – C – messen. Der Abstand muß X = 10 bis 12 mm betragen, andernfalls durch Verdrehen der Einstellmutter einstellen. Dabei mit Zange oder Maulschlüssel an den Abflachungen – E – der Gewindestange gegenhalten.
  A = Steuerfeder, B = Klip am Gestänge.

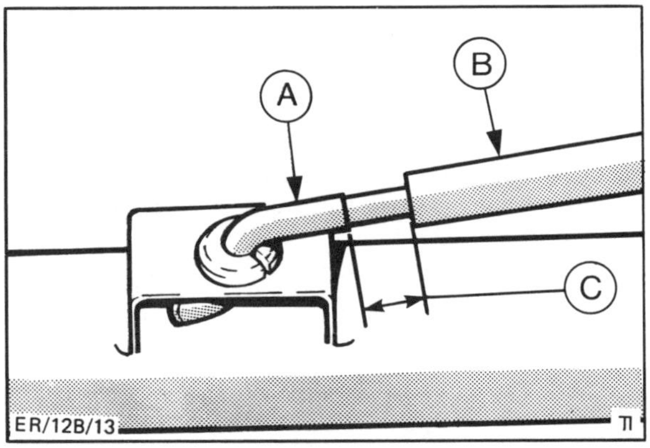

- Abstand – C – zwischen Distanzrohr – B – und Verbindungsstange – A – messen. Der Abstand muß C = 18,5 bis 20,5 mm betragen, sonst Gewindestange mit Zange festhalten und Einstellmutter verdrehen, bis der Abstand – C – erreicht wird.
- Wurde ein neues Gestänge eingebaut, Distanzrohr – B – verdrehen, bis der Abstand – C – erreicht wird. Anschließend Distanzrohr mit geeignetem Werkzeug am geriffelten Ende gegen die Abflachungen der Gewindestange drücken und dadurch sichern.

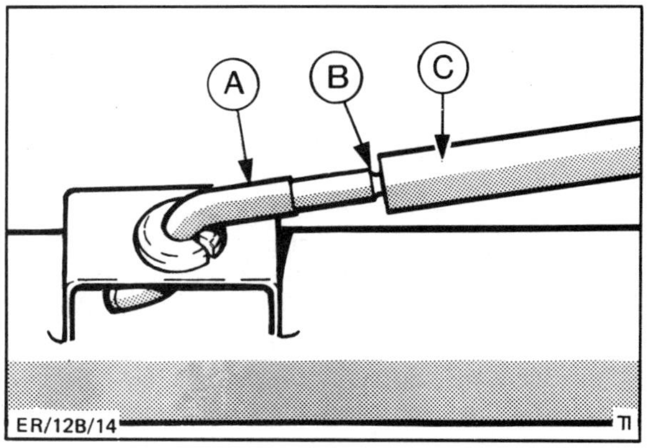

- Wurden neue Blattfedern eingebaut, Distanzrohr – C – so verdrehen, daß der untere Rand an der Rille – B – der Verbindungsstange anliegt. Distanzrohr sichern.

Wartung an der Bremsanlage

Bremsflüssigkeitsstand/Warnleuchte prüfen

Der Vorratsbehälter für die Bremsflüssigkeit befindet sich im Motorraum. Er hat zwei Kammern, je eine für jeden Bremskreis. Der Schraubverschluß hat eine Belüftungsbohrung, die nicht verstopft sein darf.

Der Vorratsbehälter ist durchscheinend, so daß der Bremsflüssigkeitsstand jederzeit von außen überwacht werden kann.

Der Flüssigkeitsstand soll, bei geschlossenem Deckel, nicht höher als die Max.-Markierung und nicht tiefer als 8 mm darunter liegen. Nur Original-FORD-Bremsflüssigkeit nachfüllen.

FORD-Spezifikation: SAM-6C-9103-A/C (bernsteinfarben/gelb) – beide Flüssigkeiten können auch gemischt werden.

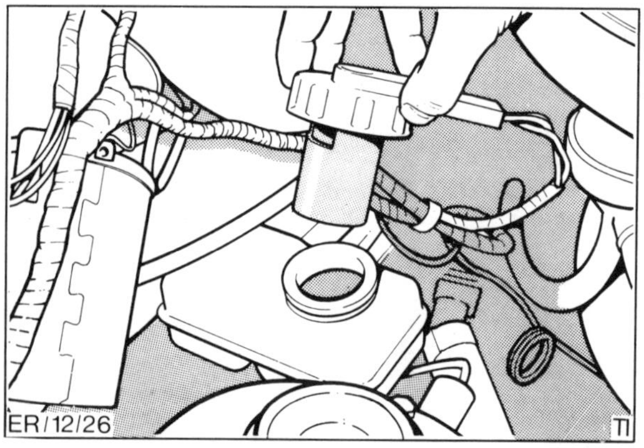

- Durch Abnutzung der vorderen Scheibenbremsen entsteht ein geringfügiges Absinken der Bremsflüssigkeit. Das ist normal.
- Sinkt die Bremsflüssigkeit jedoch innerhalb kurzer Zeit stark ab, ist das ein Zeichen für Bremsflüssigkeitsverlust.
- Die Leckstelle muß dann sofort ausfindig gemacht werden. In der Regel liegt es an verschlissenen Manschetten in den Radbremszylindern. Sicherheitshalber sollte die Überprüfung der Anlage von einer Fachwerkstatt durchgeführt werden.

Warnleuchte prüfen

- Zündschlüssel auf Position II drehen.
- Mit Daumen auf die Mitte der Verschlußkappe des Vorratsbehälters drücken.
- Ein Helfer kontrolliert, ob die Warnleuchte aufleuchtet.

Bremsbelagdicke prüfen

Einige Modelle sind mit einem Bremsbelag-Verschleißanzeiger ausgerüstet. Bei abgefahrenen Scheibenbremsbelägen leuchtet am Armaturenbrett eine Warnleuchte auf.

- Fahrzeug aufbocken, siehe Seite 233.

Scheibenbremse

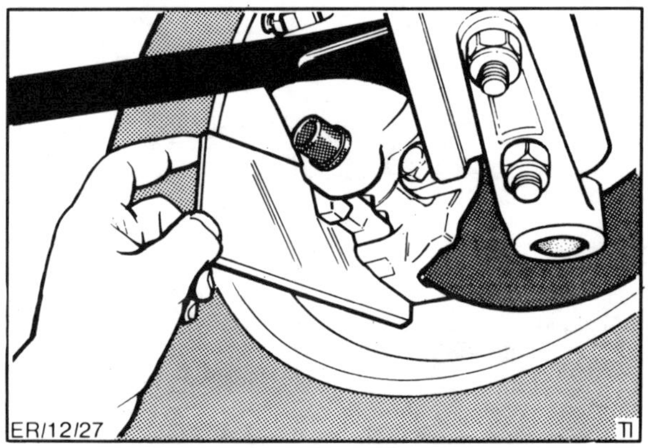

- Dicke der Beläge mit Spiegel prüfen oder Rad ausbauen.
- Beträgt die Belagdicke (ohne Rückenplatte) bei nur einem Bremsklotz 1,5 mm oder weniger, so sind alle 4 Bremsbeläge auszuwechseln.

Hinweis: Nach einer Faustregel entspricht 1 mm Bremsbelag einer Fahrleistung von mindestens 1000 km. Diese Faustregel gilt unter ungünstigen Bedingungen. Im Normalfall halten die Beläge viel länger. Bei einer Belagdicke von 3,5 mm (ohne Rückenplatte) beträgt die Restnutzbarkeit der Bremsbeläge also noch mindestens 2000 km.

Trommelbremse

- Ovalen Gummistopfen von hinten aus dem Bremsträger herausziehen.

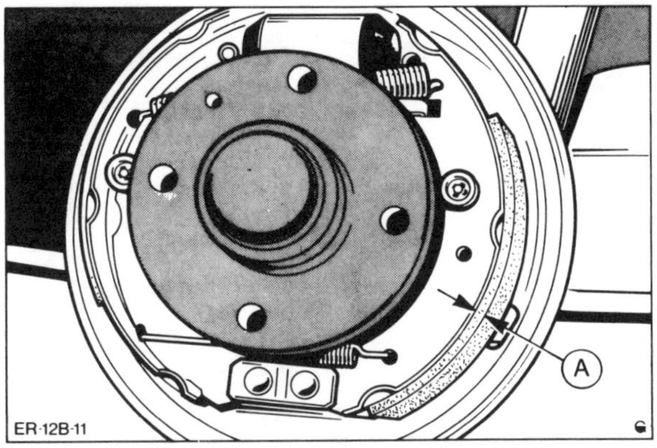

- Mit einer Lampe durch das Schauloch leuchten und Dicke des Belages prüfen – A –. Bei 1,0 mm oder weniger sind alle vier Beläge zu ersetzen.
  Die Abbildung zeigt die EXPRESS-Hinterradbremse, Rad und Trommel sind nur zur Verdeutlichung weggelassen. A = Belagdicke in Höhe des Schaulochs.
- Falls erforderlich, Grat an den Bremsbelagkanten mit Schraubendreher abkratzen.
- Gummistopfen wieder einsetzen, damit kein Spritzwasser in die Trommel gelangen kann.

Sichtprüfung der Bremsleitungen

Die Bremsleitungen sollen etwa alle 10 000 km auf einwandfreien Zustand geprüft werden.

- Fahrzeug aufbocken, siehe Seite 233.
- Bremsleitungen mit Kaltreiniger reinigen.

Achtung: Die Bremsleitungen sind zum Schutz gegen Korrosion mit einer Kunststoffschicht überzogen. Wird diese Schutzschicht beschädigt, kann es zur Korrosion der Leitungen kommen. Aus diesem Grund dürfen Bremsleitungen nicht mit Drahtbürste, Schmirgelleinen oder Schraubenzieher gereinigt werden.

- Bremsleitungen vom Hauptbremszylinder zu den einzelnen Radbremszylindern mit Lampe überprüfen. Der Hauptbremszylinder sitzt im Motorraum unter dem Vorratsbehälter für Bremsflüssigkeit.
- Bremsleitungen dürfen weder geknickt noch gequetscht sein. Auch dürfen sie keine Rostnarben oder Scheuerstellen aufweisen. Andernfalls Leitung bis zur nächsten Trennstelle ersetzen.
- Bremsschläuche verbinden die Bremsleitungen mit den Radbremszylindern an den beweglichen Teilen des Fahrzeugs. Sie bestehen aus hochdruckfestem Material, können aber mit der Zeit porös werden, aufquellen oder durch scharfe Gegenstände angeschnitten werden. In einem solchen Fall sind sie sofort zu ersetzen.
- Bremsschläuche mit der Hand hin- und herbiegen, um Beschädigungen festzustellen.
- Anschlußstellen von Bremsleitungen und -schläuchen dürfen nicht durch ausgetretene Flüssigkeit feucht sein.

Achtung: Wenn der Vorratsbehälter und die Dichtungen durch ausgetretene Bremsflüssigkeit feucht sind, so ist das nicht unbedingt ein Hinweis auf einen defekten Hauptbremszylinder. Vielmehr dürfte die Bremsflüssigkeit durch die Belüftungsbohrung im Deckel oder durch die Deckeldichtung ausgetreten sein.

Handbremse prüfen

Die Handbremse wirkt auf die beiden Hinterräder.

- Fahrzeug aufbocken, siehe Seite 233.
- Handbremse um 2 Zähne anziehen und Hinterräder von Hand drehen. Dabei sollte eine leichte Bremswirkung spürbar sein (Bremse schleift).
- Handbremse bis zur 5. Raste anziehen. Nun müssen die beiden Hinterräder blockieren.
- Andernfalls Handbremse einstellen.
- Bei gelöstem Handbremshebel prüfen, ob beide Räder freilaufen. Falls die Bremsbacken schleifen, Bremseinstellung wiederholen bzw. Bremsanlage überprüfen.

Bremskraftverstärker prüfen

Der Bremsservo (wo vorhanden) ist auf Funktion zu überprüfen, wenn zur Erzielung ausreichender Bremswirkung die Pedalkraft außergewöhnlich hoch ist.

- Bremspedal bei stehendem Motor mindestens 5mal kräftig durchtreten, dann bei belastetem Bremspedal Motor starten. Das Bremspedal muß jetzt unter dem Fuß spürbar nachgeben.
- Andernfalls Unterdruckschlauch am Bremskraftverstärker abziehen. Motor starten. Durch Fingerauflegen am Ende des Unterdruckschlauches prüfen, ob Unterdruck erzeugt wird.
- Ist kein Unterdruck vorhanden: Unterdruckschlauch auf Undichtigkeiten und Beschädigungen prüfen, ggf. ersetzen. Sämtliche Schellen fest anziehen.
- Dieselmotor: Unterdruckschlauch von der Vakuumpumpe abziehen und mit dem Finger prüfen, ob Unterdruck am Schlauchanschluß anliegt.
- Ist Unterdruck vorhanden: Unterdruck messen, gegebenenfalls Bremskraftverstärker ersetzen lassen (Werkstattarbeit). **Achtung:** Dabei auch immer Rückschlagventil in der Unterdruckleitung ersetzen lassen, da die Membrane im Bremskraftverstärker durch eindringende Kraftstoffdämpfe (bei defektem Rückschlagventil) beschädigt werden kann.

Das Anti-Blockier-System

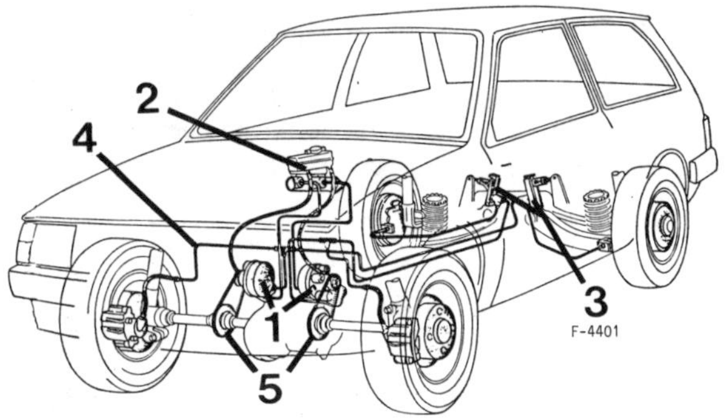

1 – Modulatoren
2 – Hauptzylinder mit Bremskraftverstärker
3 – Lastabhängige Bremskraftregler
4 – Bremsleitungen
5 – Zahnriemen

Seit Anfang 1986 bietet FORD im ESCORT ein speziell für Frontantriebsfahrzeuge entwickeltes Anti-Blockier-System an.

Das Stop-Control-System (SCS) besteht aus 2 sogenannten Modulatoren, die über Zahnriemen von den vorderen Antriebswellen angetrieben werden. Zusätzlich ist für die beiden Hinterräder je ein lastabhängiger Bremskraftregler vorhanden.

Sowie ein Vorderrad über einen bestimmten Wert hinaus verzögert, wird die Blockierneigung dem jeweiligen Modulator über den Zahnriemen mitgeteilt. Im gleichen Moment wird im Modulator ein Schwungrad angeregt, das seinerseits verschiedene Ventile steuert, damit der Bremsdruck unmittelbar reduziert – oder wieder aufgebaut werden kann.

Mit zunehmender Dauer verliert das Schwungrad stetig an Drehzahl. Da gleichzeitig ein Sperrventil die Verbindung Hauptbremszylinder – Bremse unterbrochen hat, ist die Bremse drucklos. Dadurch wird das Vorderrad wieder beschleunigt, bis es die sich verlangsamende Drehzahl des Schwungrades hat. Dann schließt im Modulator das Schnellablaßventil, und die im Druckmodulator vorhandene Pumpe kann wieder Druck für den Radbremszylinder erzeugen. Der Druck wird entweder so lange aufgebaut, bis ein neuer Regelvorgang eingeleitet wird, oder der Druck des Hauptbremszylinders erreicht ist. Dann öffnet ein Sperrventil, und das Bremssystem arbeitet wieder unter normalen Bedingungen.

Damit die Hinterräder bei unterschiedlichen Lastzuständen nicht überbremsen, sind in den hinteren Bremsleitungen lastabhängige Bremskraftregler integriert. Die Bremsregler sind am Chassis-Querträger angeschraubt und über ein Gestänge mit der Achse verbunden. Die Regler sorgen dafür, daß unter allen Belastungsbedingungen der Bremsdruck auf die Vorderräder immer größer als auf die Hinterräder ist.

Achtung: Reparaturen an den Modulatoren oder das Zerlegen dieser Einheiten dürfen **unter keinen Umständen vorgenommen werden.**

Im Rahmen der Wartung ist die Zahnriemenspannung zu überprüfen. In der Mitte des Zahnriemens mit dem Daumen Zahnriemen eindrücken. Der Zahnriemen soll sich etwa 5 mm durchbiegen lassen. Falls der Zahnriemen zu fest oder zu locker ist, Zahnriemen in der Werkstatt spannen lassen.

Störungstabelle Bremse

Störung	Ursache	Abhilfe
Leerweg des Bremspedals zu groß	Bremsbacken teilweise oder völlig abgenutzt	■ Beläge erneuern
	Ein Bremskreis ausgefallen	■ Bremskreise auf Flüssigkeitsverlust prüfen
	Nachstellautomatik der Trommelbremse klemmt	■ Nachsteller gangbar machen
Bremspedal läßt sich weit und federnd durchtreten	Luft im Bremssystem	■ Bremse entlüften
	Zu wenig Bremsflüssigkeit im Ausgleichbehälter	■ Neue Bremsflüssigkeit nachfüllen, Bremse entlüften
	Dampfblasenbildung. Tritt meist nach starker Beanspruchung auf, z. B. Paßabfahrt	■ Bremsflüssigkeit wechseln. Bremse entlüften
Bremswirkung läßt nach, und Bremspedal läßt sich durchtreten	Undichte Leitung	■ Leitungsanschlüsse nachziehen oder Leitung erneuern
	Beschädigte Manschette im Haupt- oder Radbremszylinder	■ Manschette erneuern. Beim Hauptbremszylinder Innenteile ersetzen Ggf. Hauptbremszylinder ersetzen
	Speziell bei Scheibenbremse: Stationärer Gummidichtring beschädigt	■ Bremssattel überholen
Schlechte Bremswirkung trotz hohen Fußdrucks	Bremsbeläge verölt	■ Bremsbeläge erneuern
	Ungeeigneter Bremsbelag	■ Beläge erneuern. Original-FORD-Beläge verwenden
	Bremskraftverstärker defekt	■ Bremsservo prüfen
	Speziell bei Scheibenbremse: Bremsbeläge abgenutzt	■ Bremsbeläge erneuern
Bremse zieht einseitig	Unvorschriftsmäßiger Reifendruck, Bereifung ungleichmäßig abgefahren	■ Reifendruck prüfen und berichtigen. Abgefahrene Reifen ersetzen
	Bremsbeläge verölt	■ Bremsbeläge erneuern
	Verschiedene Bremsbelagsorten auf einer Achse	■ Beläge erneuern. Original-FORD-Beläge verwenden
	Schlechtes Tragbild der Bremsbeläge	■ Bremsbeläge austauschen

Störung	Ursache	Abhilfe
Bremse zieht einseitig	**Speziell bei Scheibenbremse:** Verschmutzte Bremssattelschächte	■ Sitz- und Führungsflächen der Bremsbeläge im Bremssattel reinigen
	Korrosion in den Bremssattelzylindern	■ Bremssattel erneuern
	Bremsbelag ungleichmäßig verschlissen	■ Bremsbeläge erneuern (beide Räder)
	Speziell bei Trommelbremse: Kolben in den Radbremszylindern schwergängig	■ Radbremszylinder instand setzen
Bremse zieht von selbst an	Ausgleichsbohrung im Hauptbremszylinder verstopft	■ Hauptbremszylinder reinigen und Innenteile erneuern lassen
	Spiel zwischen Betätigungsstange und Hauptbremszylinderkolben zu gering	■ Spiel prüfen
Bremsen erhitzen sich während der Fahrt	Ausgleichsbohrung im Hauptbremszylinder verstopft	■ Hauptbremszylinder reinigen und Innenteile erneuern lassen
	Spiel zwischen Betätigungsstange und Hauptbremszylinder zu gering	■ Spiel prüfen
	Speziell bei Scheibenbremse: Drosselbohrung im Spezial-Bodenventil verstopft	■ Hauptbremszylinder reinigen, Innenteile ersetzen und Bremsflüssigkeit erneuern
	Speziell bei Trommelbremse: Bremsbacken-Rückzugfedern erlahmt	■ Rückzugfeder erneuern
Bremsen rattern	Ungeeigneter Bremsbelag	■ Beläge erneuern. Original-FORD-Beläge verwenden
	Spezielle bei Scheibenbremse: Bremsscheibe stellenweise korrodiert	■ Scheibe mit Schleifklötzen sorgfältig glätten
	Bremsscheibe hat Seitenschlag	■ Scheibe nacharbeiten oder ersetzen
	Speziell bei Trommelbremse: Bremsbeläge verschlissen	■ Beläge erneuern. Original-FORD-Beläge verwenden
	Bremstrommel unrund	■ Bremstrommel ausdrehen, gegebenenfalls ersetzen
Bremsbeläge lösen sich nicht von der Bremsscheibe, Räder lassen sich schwer von Hand drehen	**Speziell bei Scheibenbremse:** Korrosion in den Bremssattelzylindern	■ Bremssattel überholen, eventuell austauschen
Bremse quietscht	Oft auf atmosphärische Einflüsse (Luftfeuchtigkeit) zurückzuführen	■ Keine Abhilfe erforderlich, und zwar dann, wenn Quietschen nach längerem Stillstand des Wagens bei hoher Luftfeuchtigkeit auftrat, aber nach den ersten Bremsungen sich nicht wiederholt

Störung	Ursache	Abhilfe
Bremse quietscht	**Speziell bei Scheibenbremse:** Ungeeigneter Bremsbelag	■ Beläge erneuern. Original-FORD-Beläge verwenden
	Bremsscheibe läuft nicht parallel zum Bremssattel	■ Anlagefläche des Bremssattels prüfen
	Verschmutzte Schächte im Bremssattel	■ Bremssattelschächte reinigen
	Speziell bei Trommelbremse: Ungeeigneter Bremsbelag	■ Beläge erneuern
	Loser Belag, Belag liegt nicht satt auf	■ Beläge erneuern
	Bremse verschmutzt	■ Radbremsen reinigen
	Rückzugfedern zu schwach	■ Rückzugfedern erneuern
Ungleichmäßiger Belag-Verschleiß	**Speziell bei Scheibenbremse:** Ungeeigneter Bremsbelag	■ Belag erneuern. Original-FORD-Beläge verwenden
	Bremssattel verschmutzt	■ Bremssattelschächte reinigen
	Kolben nicht leichtgängig	■ Kolbenstellung (Kolbenring) prüfen
	Bremssystem undicht	■ Bremssystem auf Dichtigkeit prüfen
Keilförmiger Bremsbelag-Verschleiß	**Speziell bei Scheibenbremse:** Bremsscheibe läuft nicht parallel zum Bremssattel	■ Anlagefläche des Bremssattels prüfen
	Korrosion in den Bremssätteln	■ Verschmutzung beseitigen
	Kolben arbeitet nicht richtig	■ Kolbenstellung (Kolbenring) prüfen
Bremse pulsiert	**Speziell bei Scheibenbremse:** Seitenschlag oder Dickentoleranz der Bremsscheibe zu groß	■ Schlag und Toleranz prüfen. Scheibe nacharbeiten oder ersetzen
	Bremsscheibe läuft nicht parallel zum Bremssattel	■ Anlagefläche des Bremssattels prüfen
	Speziell bei Trommelbremse: Anlagefläche des Scheibenrades an der Bremstrommel nicht plan, dadurch Verzug der Bremstrommel	■ Es kann versucht werden, die Scheibenräder untereinander auszutauschen. Besser: Bremstrommel mit angeschraubtem Rad auf einer geeigneten Drehbank ausdrehen

Räder und Reifen

Der FORD ESCORT ist je nach Modell und Ausstattung mit Reifen und Felgen unterschiedlicher Größe ausgerüstet. Sofern Reifen bzw. Felgen montiert werden, die nicht in den Fahrzeugpapieren vermerkt sind, ist eine Eintragung in die Fahrzeugpapiere erforderlich.

Alle Scheibenräder sind als sogenannte Hump-Felgen ausgestattet. Der Hump ist ein in die Felgenschulter eingepreßter Wulst, der auch bei extrem scharfer Kurvenfahrt nicht zuläßt, daß der schlauchlose Reifen von der Felge gedrückt wird.

Auswuchten der Räder

Die serienmäßigen Räder werden im Werk ausgewuchtet. Das Auswuchten ist notwendig, um unterschiedliche Gewichtsverteilung und Materialungenauigkeiten auszugleichen. Im Fahrbetrieb macht sich die Unwucht durch trampelnde und flatternde Räder bemerkbar.
Solche Unwuchterscheinungen können mit der Zeit Achslagerschäden hervorrufen, außerdem kann es zum Aufschwingen der ganzen Karosserie kommen. Das macht sich vor allem durch eine Unruhe am Lenkrad bemerkbar. Die Räder etwa alle 20 000 km und nach jeder Reifenreparatur auswuchten lassen, da sich durch Abnutzung und Reparatur die Gewichts- und Materialverteilung am Reifen ändert.

Austauschen der Räder

Es ist nicht ratsam, Räder ohne zwingenden Grund zu wechseln, da bei häufigem An- und Abschrauben der Räder (in der Praxis zumeist ohne Drehmomentschlüssel und somit ohne Gewähr für gleichmäßig festes Anziehen der Schraubenbolzen) Verspannungen der Bremstrommeln auftreten können. Ich empfehle, den Wagen so lange zu fahren, bis sich die vorderen Räder der Verschleißgrenze nähern. Dann:

- Vorn zwei neue Reifen aufziehen bzw. Ersatzrad montieren und einen neuen Reifen aufziehen.
- Hinten die besten alten Reifen montieren (unter Beibehaltung der bisherigen Drehrichtung).

Es ist nicht zweckmäßig, bei einem Austausch der Räder die Drehrichtung der Reifen zu ändern, da sich die Reifen nur unter vorübergehend stärkerem Verschleiß der veränderten Drehrichtung anpassen.

- Zum Schutz gegen Festrosten ist der Zentriersitz des Scheibenrades an den Radnaben vorn und hinten bei jeder Demontage des jeweiligen Rades mit Wälzlagerfett leicht einzufetten.
- Vor der Demontage Rad mit Kreide zur Radnabe markieren, damit es in gleicher Stellung wieder montiert werden kann.

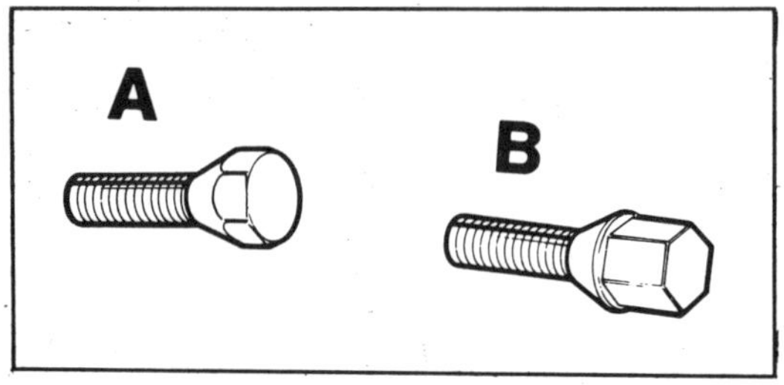

- Verzinkte Radschrauben – A – dürfen nur für Stahlfelgen, **nicht** aber für Leichtmetallfelgen verwendet werden.
- Aluminiumfelgen sind mit verchromten Radschrauben – B – befestigt. Eine drehbare Kegelscheibe unterhalb des Schraubenkopfes verhindert Beschädigungen der Felge beim Festschrauben. Mit diesen Schrauben dürfen auch Stahlfelgen befestigt werden, z. B. das Reserverad.
- Leichtmetallfelgen sind durch einen Klarlacküberzug gegen Korrosion geschützt. Beim Radwechsel darauf achten, daß die Schutzschicht nicht beschädigt wird, andernfalls mit Klarlack ausbessern.

Achtung: Das Anzugsdrehmoment beträgt für alle Radschrauben 90 Nm.

Reifenbezeichnungen

Beispiel:

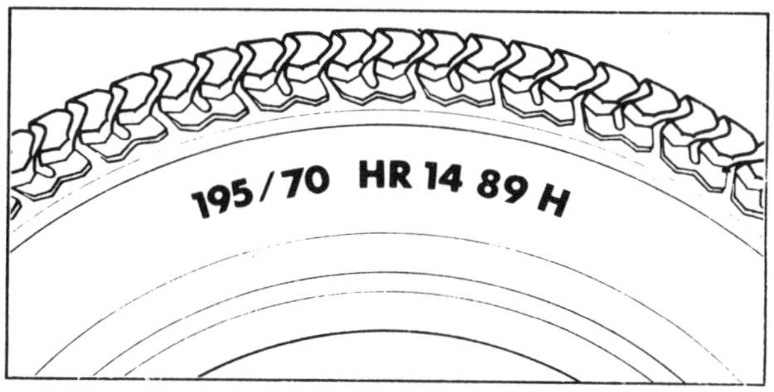

195 = Reifenbreite in mm
/70 = Verhältnis Höhe : Breite (70 %)

Fehlt eine besondere Angabe des Querschnittverhältnisses (z. B. 175 SR 14), so handelt es sich um das „normale" Höhen-Breiten-Verhältnis. Es beträgt bei Gürtelreifen 82 %.

H = Geschwindigkeitsklasse, H: bis 210 km/h (wird bei neueren Reifen nicht immer angegeben).
R = Radial-Bauart (= Gürtelreifen).
14 = Felgendurchmesser in Zoll.
89 = Tragfähigkeits-Kennzahl.

Achtung: Steht zwischen den Angaben 14 und 89 die Bezeichnung M + S, dann handelt es sich um einen Reifen mit Winterprofil.

H = Kennbuchstabe für zulässige Höchstgeschwindigkeit.

Der Geschwindigkeitsbuchstabe steht hinter der Reifengröße. Die Geschwindigkeitssymbole gelten sowohl für Sommer- als auch für Winterreifen.

Geschwindigkeits-Kennbuchstabe

Kennbuchstabe	Zulässige Höchstgeschwindigkeit
M	130 km/h
N	140 km/h
P	150 km/h
Q	160 km/h
R	170 km/h
S	180 km/h
T	190 km/h
U	200 km/h
H	210 km/h
V	240 km/h
Z	über 240 km/h

Reifen-Herstellungsdatum

Das Herstellungsdatum steht auf dem Reifen im Hersteller-Code.

Beispiel:
DOT CUL2 UM8 124 TUBELESS
DOT = Department of Transportation (US-Verkehrsministerium)
CU = Kürzel für Reifenhersteller
L2 = Reifengröße
UM8 = Reifenausführung
124 = Herstellungsdatum = 12. Produktionswoche 1984
TUBELESS = schlauchlos (TUBETYPE = Schlauchreifen).

Reifenverschleiß

Die Reifen ausgewuchteter Räder nutzen sich bei gewissenhaftem Einhalten des vorgeschriebenen Luftdrucks und bei fehlerfreier Radeinstellung und Stoßdämpferfunktion auf der gesamten Lauffläche annähernd gleichmäßig ab. Im übrigen läßt sich keine generelle Aussage über die Lebensdauer bestimmter Reifenfabrikate machen, denn die Lebensdauer hängt von unterschiedlichen Faktoren ab:

- Fahrbahnoberfläche
- Reifendruck
- Fahrweise
- Witterung

Vor allem sportliche Fahrweise, scharfes Anfahren und starkes Bremsen fördern den schnellen Reifenverschleiß.

Achtung: Die Rechtsprechung verlangt, daß Reifen lediglich bis zu einer Profiltiefe von 1,6 mm abgefahren werden dürfen, und zwar müssen die Profilrillen auf der gesamten Lauffläche noch mindestens 1,6 mm Tiefe aufweisen.

Nähert sich die Profiltiefe der gesetzlich zulässigen Mindestprofiltiefe, das heißt, weist der mehrmals am Reifenumfang angeordnete 1,6 mm hohe Verschleißanzeiger an diesen Stellen kein Profil mehr auf, sollten die Reifen bald gewechselt werden.

Achtung: Reifen auf Schnittstellen untersuchen und mit kleinem Schraubendreher Tiefe der Schnitte feststellen. Wenn die Schnitte bis zur Karkasse reichen, korrodiert durch eindringendes Wasser der Stahlgürtel. Dadurch löst sich unter Umständen die Lauffläche von der Karkasse, der Reifen platzt. Deshalb: Bei tiefen Einschnitten im Profil aus Sicherheitsgründen Reifen austauschen.

Reifen lagern

- Reifen sollten kühl, dunkel, trocken und möglichst auch zugfrei untergebracht werden. Auch mit Fett und Öl dürfen sie nicht in Berührung kommen.
- Reifen liegend oder aufgehängt in der Garage oder im Keller lagern.
- Bevor die Räder abmontiert werden, Reifenfülldruck etwas erhöhen (30–50 kPa, 0,3–0,5 bar).
- Für Winterreifen eigene Felgen verwenden.

Die Reifen jeweils auf die Felgen umzumontieren lohnt sich auf die Dauer nicht.

Schneeketten

Die Verwendung von Schneeketten ist nur an der Antriebsachse (Vorderachse) erlaubt.

Auf Reifen der Größe 185/60 HR 14 und 195/50/HR 15 dürfen keine Schneeketten montiert werden, weil dadurch die Freigängigkeit der Reifen im Radhaus unzulässig vermindert wird. Fahrzeug gegebenenfalls auf 175/70 HR 13-Reifen sowie 13-Zoll-Stahlfelgen umrüsten.

Mit Schneeketten darf nicht schneller als 50 km/h gefahren werden. Auf schnee- und eisfreien Straßen sind die Schneeketten abzunehmen.

Reifenmaße und Reifenfülldruck

Modell	Motor/Getriebe	Reifengröße	Reifenfülldruck (Überdruck) in kPa (bar)			
			bis 3 Personen		volle Belastung	
			vorn	hinten	vorn	hinten
ESCORT/ ORION/ ESCORT RS LIMOUSINE und TURNIER	alle mit Benzin- motoren und Schaltgetriebe	145 R 13-S 155 R 13-S/T 165 R 13-REINF 165/65 R 14 175/70 R 13-T 185/60 R 14-H 195/50 VR 15[1]	1,6 1,6 1,8 1,8 1,6 1,6 1,8	2,0 2,0 1,8 1,8 2,0 2,0 1,8	2,0 2,0 2,0 2,0 2,0 2,0 1,8	2,3 2,3 2,3 2,3 2,3 2,3 2,0
ESCORT/ ORION LIMOUSINE und TURNIER	Dieselmotor oder Automatik- Getriebe	155 R 13-S/T 175/70 R 13-H	1,8	2,0	2,0	2,3
ESCORT EXPRESS	alle	155 R 13-S 165 RR 13-REINF	1,8 1,8	1,8 1,8	1,8 1,8	2,6 3,0

[1]) Nur RS Turbo

Achtung: Die technische Entwicklung geht ständig weiter. Es kann sein, daß inzwischen auch für ältere Fahrzeug-Modelle andere Reifenfülldrücke beziehungsweise andere Reifen-Felgen-Kombinationen zugelassen sind. Es empfiehlt sich deshalb, die aktuellen Daten bei der Fachwerkstatt zu erfragen.

- Reifenfülldruck für das Reserverad: 230 kPa (2,3 bar).
- Sämtliche Überdruckangaben beziehen sich auf kalte Reifen. Der sich bei längerer Fahrt einstellende, um ca. 20 bis 40 kPa (0,2 bis 0,4 bar) höhere Überdruck darf nicht reduziert werden.
- Winterreifen werden in der Regel mit einem um 20 kPa (0,2 bar), teilweise auch 30 kPa (0,3 bar) höheren Überdruck gefahren. Die Luftdruckempfehlungen des jeweiligen Reifenherstellers bei Winterreifen sind zu beachten.
- Die zulässige Höchstgeschwindigkeit für Winter-Gürtelreifen mit M + S-Profil oder als Haftreifen beträgt 160 km/h = SR-Ausführung oder 190 km/h = HR-Ausführung.
- Da die Winterreifen einer Geschwindigkeitsbeschränkung unterliegen, muß ein Hinweis über die zulässige Höchstgeschwindigkeit im Blickfeld des Fahrers sinnvoll angebracht werden (§ 36, Absatz 1 StVZO).
- Bei sportlicher Fahrweise empfiehlt es sich, den Reifenüberdruck an Vorder- und Hinterrädern um 20 kPa (0,2 bar) zu erhöhen. Bei dieser Erhöhung ist vom Basis-Überdruck auszugehen, wie er für die verschiedenen Belastungszustände vorgeschrieben ist.
- Wird das Fahrzeug über eine längere Strecke im Bereich der Höchstgeschwindigkeit gefahren, sollte der Reifenfülldruck erhöht werden. Ab 160 km/h je weitere 10 km/h um 10 kPa (0,1 bar) und ab 190 km/h bei HR-Reifen um 20 kPa (0,2 bar) je weitere 10 km/h.
  Beispiel: Für Geschwindigkeiten von 180 km/h bei SR- und HR-Reifen Fülldruck statt 180 kPa (1,8 bar) auf 200 kPa (2,0 bar) erhöhen, bei 200 km/h und HR-Reifen Fülldruck von 180 kPa (1,8 bar) auf 230 kPa (2,3 bar).

Störungstabelle Reifen

Abnutzung	Ursache
Stärkerer Reifenverschleiß auf beiden Seiten der Lauffläche	Zu niedriger Reifenfülldruck
Stärkerer Reifenverschleiß in der Mitte der Lauffläche, über den gesamten Umfang	Zu hoher Reifenfülldruck
Auswaschungen der Profilseite	Statische und dynamische Unwucht des Rades. Eventuell zu großer Seitenschlag der Felge, zu großes Spiel in den Traggelenken
Auswaschungen in der Mitte des Reifenprofils	Statische Unwucht des Rades. Eventuell Folge von zu großem Höhenschlag
Starke Abnutzung an einzelnen Stellen in der Mitte der Lauffläche	Blockierspuren von Vollbremsungen. Eventuell unrunde Bremstrommel, die ein Blockieren bei stets derselben Radstellung begünstigt
Schuppenförmige oder sägezahnähnliche Abnutzung des Profils. In krassen Fällen mit Gewebebrüchen verbunden, die nach einiger Zeit nach außen sichtbar werden	Überbelastung des Wagens. Innenseite der Reifen auf Gewebebrüche untersuchen!
Gummizungen an den seitlichen Profilkanten	Fehlerhafte Radeinstellung. Reifen radiert. Bei Hinterrädern auch Zustand der Stoßdämpfer prüfen!
Gratbildung an einer Profilseite des Vorderrades	Falsche Spureinstellung. Reifen radiert. Häufiges Fahren auf stark gewölbter Fahrbahn. Schnelle Kurvenfahrt
Stoßbrüche im Reifenunterbau. Anfangs nur im Inneren des Reifens sichtbar	Überfahren von kantigen Steinen, Schienenstößen und ähnlichem bei hohen Geschwindigkeiten
Einseitig abgefahrene Laufflächen	Sturzeinstellung überprüfen

Ungewöhnlicher Reifenverschleiß

Ungleichmäßiger Reifenverschleiß ist zumeist die Folge zu geringen oder zu hohen Luftdrucks und kann auf Fehler in der Radeinstellung oder Radauswuchtung sowie auf mangelhafte Stoßdämpfer, Felgen oder Bremstrommeln zurückzuführen sein.

In erster Linie ist auf vorschriftsmäßigen Reifenfülldruck zu achten, wobei spätestens alle vier Wochen eine Prüfung vorgenommen werden sollte.

Achtung: Luftdruck nur bei kühlen Reifen prüfen. Der Reifenfülldruck steigt nämlich mit zunehmender Erhitzung bei schneller Fahrt an. Dennoch ist es völlig falsch, aus erhitzten Reifen Luft abzulassen.

Bei zu hohem Reifenfülldruck wird die Laufflächenmitte mehr abgenutzt, da der Reifen an der Lauffläche durch den hohen Innendruck mehr gewölbt ist.

Bei zu niedrigem Reifenfülldruck liegt die Lauffläche an den Reifenschultern stärker auf, und die Laufflächenmitte wölbt sich nach innen durch – dadurch stärkerer Reifenverschleiß der Reifenschultern.

Falsche Radeinstellung und Unwucht ergeben jeweils typische Reifenverschleißbilder, auf die in der Reifenverschleißtabelle hingewiesen wird.

Die Karosserie

Der FORD ESCORT/ORION besitzt eine selbsttragende Ganzstahlkarosserie, die mit der Bodengruppe verschweißt ist. Auch die vorderen Kotflügel sind angeschweißt. Größere Karosserie-Reparaturen können deshalb nur von einer Fachwerkstatt durchgeführt werden.

Stoßfänger aus- und einbauen

Bis 12. 85

Ausbau

- Kühlergrill ausbauen, siehe Seite 174.

ER-43-82

- Stoßfänger links und rechts am Längsträger abschrauben –Pfeile–. Zur Erleichterung Kaltlufthutze ausbauen, dazu Schlauchschelle öffnen und Hutze vorn mit 1 Kreuzschlitzschraube abschrauben. Die Abbildung zeigt den ORION.
- Stoßfänger nach vorn ziehen und gleichzeitig aus den seitlichen Halterungen lösen. Wird dabei der seitliche Halteclip beschädigt, Clip um 90° (1/4 Umdrehung) drehen, herausnehmen und ersetzen.

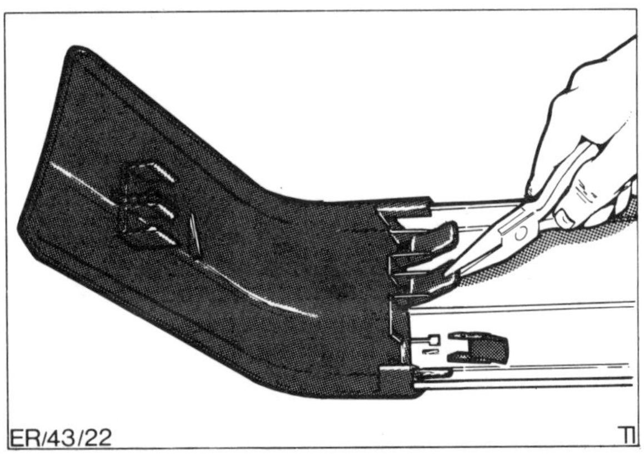

ER/43/22

- Falls die Stoßfängerecke abgebaut werden soll, Haltezungen mit Zange entfernen. Anschließend muß eine neue Stoßfängerecke eingebaut werden.
- Soll die Stoßleiste vom Stoßfänger abgebaut werden, Lippen der Halteclipse an der Innenseite des Stoßfängers zusammendrücken und Leiste abnehmen.

Achtung: Ist der Stoßfänger mit Hörnern ausgerüstet, müssen diese vorher ausgebaut werden.

Einbau

- Falls ausgebaut, Stoßfängerecke aufschieben bis die Halteklammern einrasten.
- Stoßfänger auf die seitlichen Halterungen aufschieben und an den Längsträgern anschrauben.
- Falls ausgebaut, Stoßfängerleiste ansetzen, Halteclipse ausrichten und in Stoßfänger eindrücken.
- Kaltlufthutze einsetzen und mit Schlauchbinder und Kreuzschlitzschrauben befestigen.
- Kühlergrill einbauen.

Seit 1. 86

Ausbau

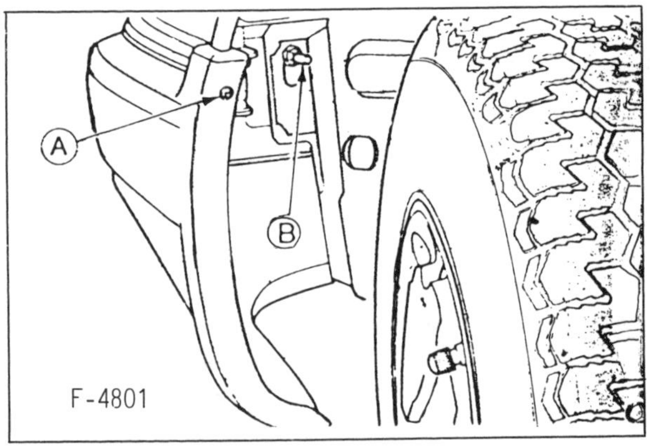

F-4801

- Stoßfängerbefestigungsschraube –A– am Kotflügel und Befestigungsmuttern –B– am Längsträger an beiden Seiten abschrauben.
- Motorhaube öffnen.
- Auf beiden Seiten am Längsträger je eine Mutter abschrauben (siehe Bild ER-43-82 rechts).
- Stoßfängereinheit nach vorne vom Fahrzeug abziehen.

Einbau

- Stoßfänger aufschieben, 2 Muttern im Motorraum leicht anschrauben.
- Kontrollieren, ob der Stoßfänger richtig sitzt, ggf. ausrichten.
- Stoßfängerschrauben an den Kotflügeln festschrauben.
- Befestigungsmuttern im Radkasten festschrauben.
- 2 Muttern im Motorraum festziehen.
- Motorhaube schließen.

Stoßfängerhorn auswechseln

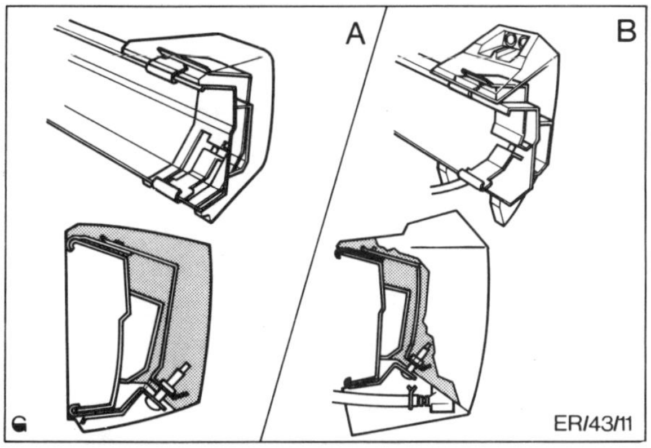

- Befestigungsschraube an der Unterseite des Horns lösen. Gegebenenfalls Wasserschlauch abziehen. A – Standard-Ausführung, B – Horn mit Scheinwerferwaschanlage.

Achtung: Je nach Modell kann das Horn auch mit einem Plastikclip befestigt sein. In diesem Fall Clip nach links drehen und Horn abnehmen.

- Horn mit Halter vom Stoßfänger abnehmen.
- Horn ansetzen, Halter oben und unten am Stoßfänger einhängen und Befestigungsschraube festziehen.
- Wasserschlauch für Scheinwerferwaschanlage aufschieben und mit Schelle sichern.

Stoßfänger hinten aus- und einbauen

Ausbau

- Stecker für Kennzeichenbeleuchtung abziehen.

ESCORT bis 12. 85

- Heckklappe öffnen und Bodenabdeckung zurückschlagen.

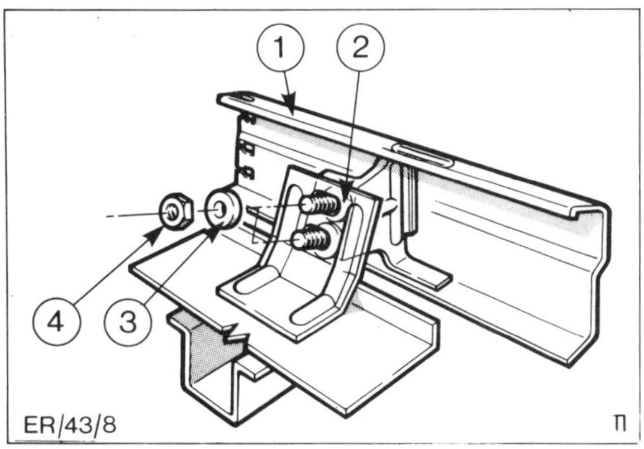

- Je 2 Muttern – 4 – links und rechts abschrauben und mit Unterlegscheiben – 3 – abnehmen.
- Stoßfänger – 1 – nach hinten ziehen und aus den seitlichen Halterungen lösen. Falls dabei der seitliche Halteclip beschädigt wird, Clip um 90° drehen, herausnehmen und ersetzen.
- Stoßfänger mit Halter – 2 – abnehmen.

ESCORT ab 1. 86

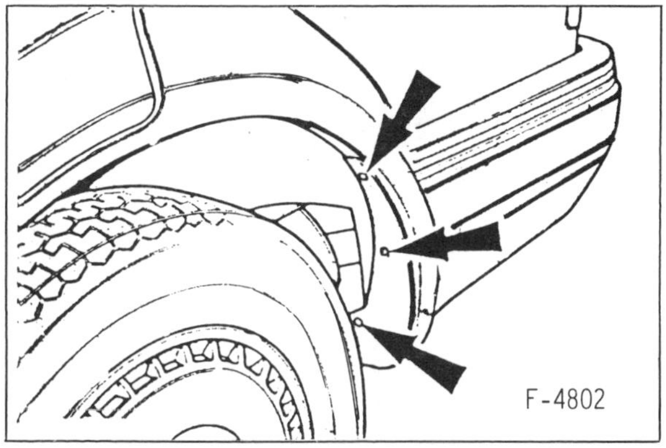

- 3 Befestigungsschrauben –Pfeile– am hinteren Kotflügel auf beiden Seiten herausschrauben.
- Heckklappe öffnen und Bodenabdeckung zurückschlagen.
- Je 2 Muttern links und rechts abschrauben, siehe Bild ER-43-83.
- Stoßfänger nach hinten abnehmen.

ORION

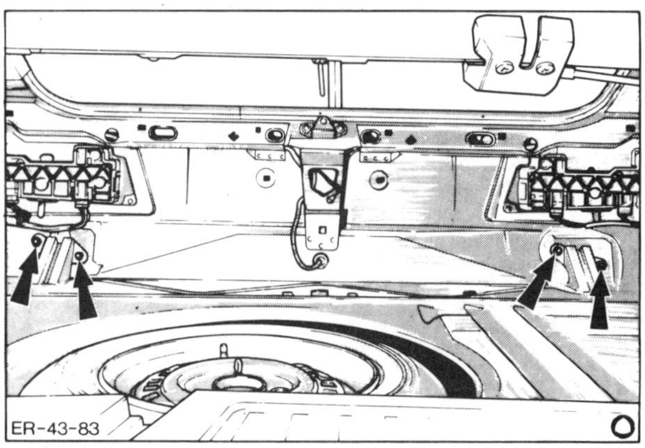

- Befestigungsmuttern –Pfeile– herausdrehen und Stoßfänger mit Hilfsperson gleichmäßig nach hinten abziehen.

Einbau

- Stoßfänger ansetzen und auf die seitlichen Halterungen aufschieben
- Nur ESCORT ab 1. 86: Am hinteren Kotflügel auf beiden Seiten je 3 Befestigungsschrauben einschrauben.
- Stoßfänger an der Karosserie anschrauben.
- Stecker für Kennzeichenbeleuchtung aufschieben.

Kühlergrill aus- und einbauen

Ausbau

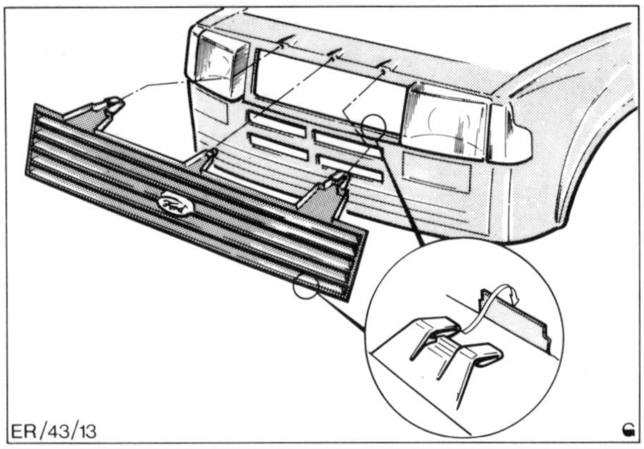

- 2 Kunststoffklammern oben herunterdrücken und Kühlergrill oben etwas herausziehen.
- Zwischen Kühlergrill und Karosserie durchgreifen und links und rechts die zwei längeren Klammern anheben. Grill oben etwas nach vorn ziehen, gleichzeitig mit Finger auf die mittlere Haltenase der unteren Befestigung drücken und dadurch Grill unten aushängen.

Einbau

- Kühlergrill unten einsetzen, dabei auf richtigen Sitz der Kunststoffklammern achten, die hinter das Befestigungsblech reichen.
- Obere Klammern in die Ösen einrasten.

Haubenzug aus- und einbauen

Achtung: Ist der Haubenzug gerissen, Verriegelungshebel mit Holzstab von unten durch den Motorraum nach links (in Zugrichtung) bewegen, bis das Haubenschloß aufspringt.

Ausbau

- Untere Lenksäulenverkleidung mit 3 Schrauben abschrauben.
- Zusätzliche Schraube am Halter herausdrehen und Halter mit Haubenzug abnehmen.

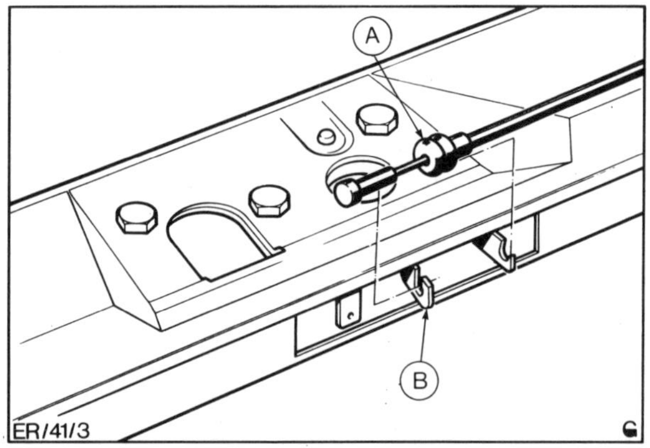

- Gummitülle – A – vom Halter abziehen und Haubenzug aus dem Verriegelungshebel – B – aushängen.
- Haubenzug im Motorraum ausclipsen und durch die Stirnwand in den Innenraum durchziehen.

Einbau

- Haubenzug vom Innenraum durch die Bohrung in der Stirnwand in den Motorraum führen.

Achtung: Auf richtigen Sitz der Gummitülle achten, damit kein Spritzwasser in den Innenraum dringen kann.

- Im Motorraum Haubenzug in den Verriegelungshebel einhängen und die Gummitülle in den Halter schieben.
- Haubenzug seitlich im Motorraum einclipsen.
- Im Innenraum Halter an die Lenksäule anschrauben und untere Lenksäulenverkleidung mit 3 Schrauben befestigen.

Zierleiste auswechseln

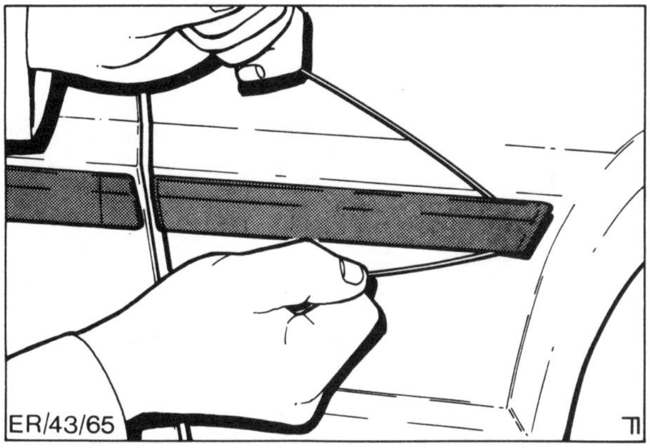

- Klebeverbindung zwischen Zierleiste und Kotflügel mit dünner Nylonschnur lösen und Zierleiste abnehmen.
- Zierleiste an der Tür mit 2 Muttern abschrauben und vorsichtig abziehen.

Achtung: Die Klebeverbindungen für die Ornamente „Ford" auf dem Kühlergrill, „Ghia" auf dem Kotflügel und die Typenbezeichnung an der Heckklappe werden auf die gleiche Weise gelöst.

- Reste der Klebeverbindung mit Methylalkohol abwaschen.
- Schutzpapier von der Zierleiste abziehen, Leiste ausrichten und fest anpressen.
- Zierleiste an der Tür mit 2 Muttern befestigen.

Achtung: Die seitlichen Effektstreifen lassen sich nur unter Wärmeeinwirkung ablösen. Fahrzeug im Bereich des Zierstreifens reinigen, eventuell vorhandenes Konservierungsmittel mit Methylalkohol abwaschen. Zierstreifen mit Fön oder Heizstrahler erwärmen und jeweils im erwärmten Bereich stückweise abziehen. Vor dem Anbringen der Zierstreifen Fahrzeug im Klebebereich mit Methylalkohol reinigen und trocknen lassen. Roststellen vorher ausbessern. Schutzpapier vom Effektstreifen abschnittsweise abziehen und Streifen ankleben. Die Zierstreifen kleben nur richtig bei einer Umgebungstemperatur von über 16° C.

Tür aus- und einbauen

Achtung: Als Ersatzteil werden nur Türen der neuen Karosserieversion (seit 9/86) geliefert. Sollen neue Türen in Fahrzeuge eingebaut werden, die vor 9/86 gefertigt wurden, sind vorher einige Änderungen durchzuführen, die am Ende des Kapitels stehen.

Ausbau

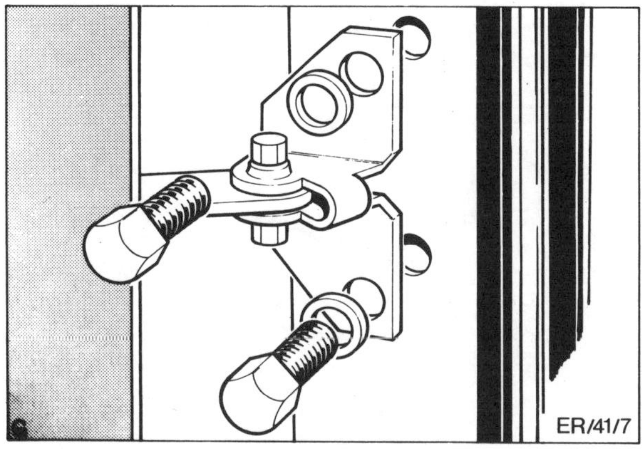

- Tür öffnen und Türfeststeller abschrauben.
- Im Innenraum seitlichen Lautsprecher, bzw. Kunststoffplatte ausbauen.
- Seitliche Verkleidung lösen und Heizungskanal abziehen.

Achtung: Wird die hintere Tür ausgebaut, B-Säulen-Verkleidung oben abziehen und untere Verkleidung mit 4 Schrauben abschrauben.

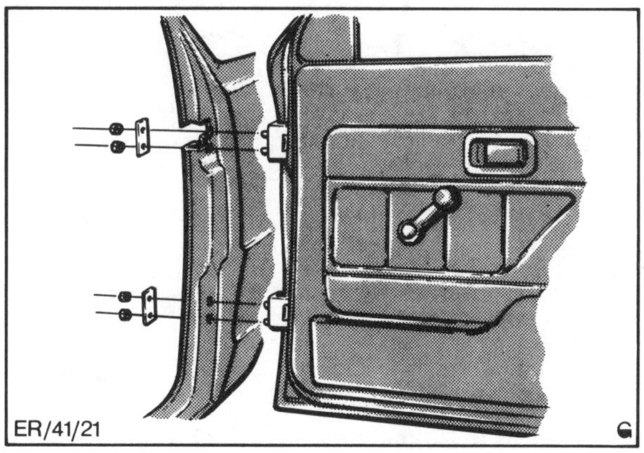

- Mit Reißnadel Lage der Muttern und Halteplatten markieren (umkreisen).
- Schrauben für unteres Scharnier herausdrehen und mit Halteplatte abnehmen.
- Tür etwas anheben, obere Muttern abschrauben und mit Halteplatte herausnehmen.
- Tür abnehmen.

Einbau

- Tür ansetzen und nach unten abstützen.
- Tür entsprechend der angebrachten Markierungen ausrichten und oberes und unteres Scharnier anschrauben.
- Türfeststeller mit 2 Schrauben befestigen.
- Heizungskanal aufschieben, untere Seitenverkleidung montieren und Lautsprecher bzw. Kunststoffplatte einbauen. Gegebenenfalls B-Säulen-Verkleidung befestigen.

Änderungen an neuen Türen zum Einbau in ESCORT/ ORION-Modelle vor 9/85

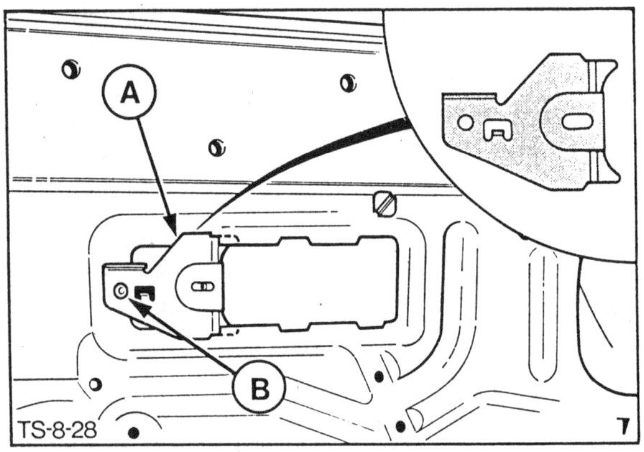

- Zur Befestigung des Türöffnungshebels muß ein Zusatzhalter –A– mit einem Blindniet –B– wie gezeigt im Türausschnitt angebracht werden. Bestellnummer Zusatzhalter: 6144318.

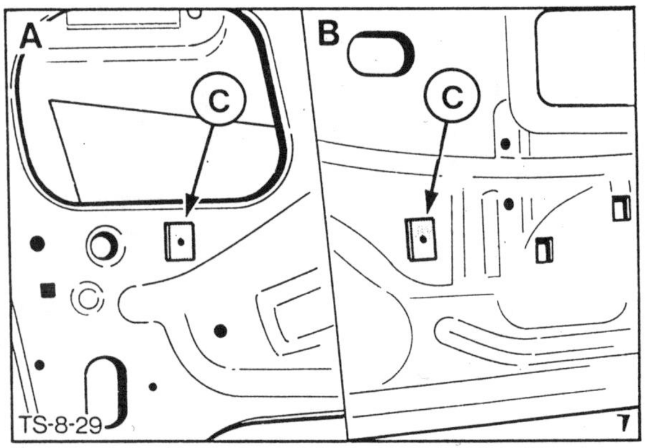

A = 5-Türer, B = 3-Türer

- **Alle außer Ghia-Modell:** Zur Befestigung des Türgriffs (Armlehne) muß eine zusätzliche Kunststoffmutter –C– in das Türinnenblech eingesetzt werden, Ford-Bestellnummer: 6096432.

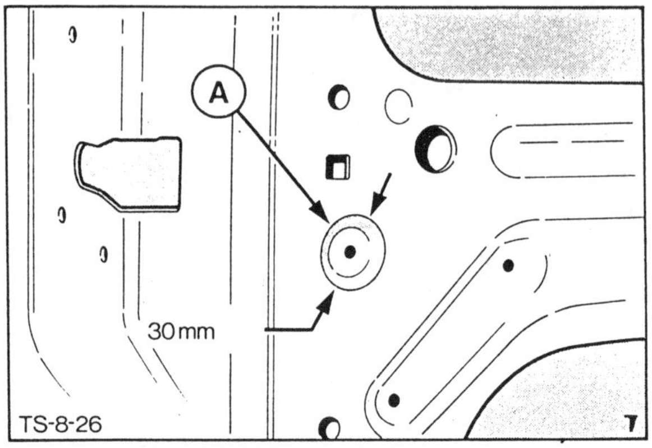

- **Escort 3-türig mit Zentralverriegelung:** Zur Befestigung der Magnetschalter muß die Vertiefung –A– mit 30 mm ∅ aus dem Türinnenblech herausgeschnitten werden (am besten mit einem Schälbohrer).

Rückspiegel aus- und einbauen

Ausbau

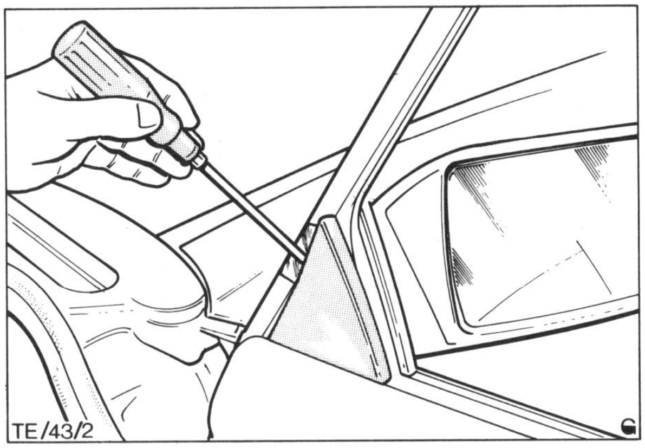

- Innere Abdeckung vorsichtig mit Schraubendreher abheben. Dabei von der unteren Ecke zur oberen hinarbeiten. Papierpolster am Rahmen unterlegen, damit der Lack nicht beschädigt wird.

Achtung: Ist der Rückspiegel von innen verstellbar, dann muß zuerst die Ringmutter vom Verstellhebel abgeschraubt werden. Hierzu wird das Spezialwerkzeug 41-014 benötigt. Das Werkzeug kann aus einem entsprechenden Rohr zugefeilt werden.

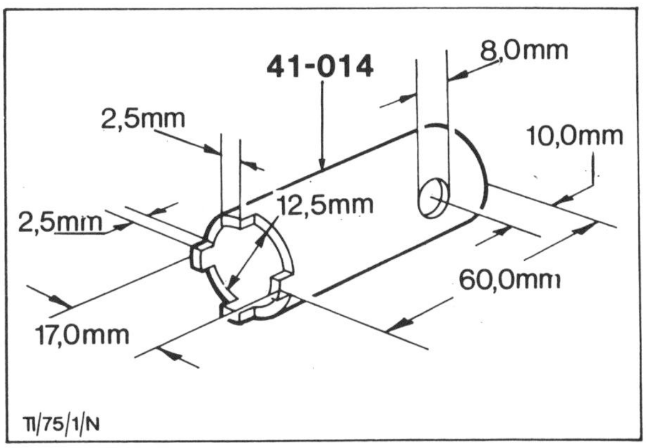

- Maße für Spezialwerkzeug.
- 3 Befestigungsschrauben herausdrehen und Spiegel nach außen abnehmen.

Einbau

- Spiegel von außen ansetzen und nach den Schraubenlöchern ausrichten.
- 3 Befestigungsschrauben reindrehen und Kunststoffabdeckung einclipsen. Gegebenenfalls Ringmutter anschrauben.

Türverkleidung aus- und einbauen

Ausbau

- Beim Ghia-Modell Türverriegelungsknopf oben am Türrahmen abschrauben und obere Blende abbauen. Dazu Halteclipse von ihren Sitzen am Türinnenblech vorsichtig abhebeln.
- Bei Fahrzeugen mit elektrischen Fensterhebern, Betätigungsschalter mit kleinem Schraubendreher heraushebeln und Stecker abziehen. Dann Konsole mit 2 Schrauben abschrauben.

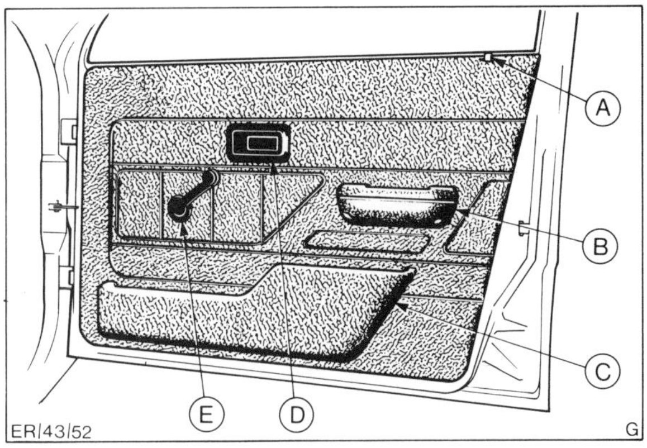

- Armlehne – B – mit 2 Kreuzschlitzschrauben abschrauben.
- Blende – D – vom Hebel für die Türinnenbetätigung ausbauen, dazu Blende nach hinten schieben und herausnehmen. Seit 1/86 ist die Blende mit einer Kreuzschlitzschraube befestigt. Schraube herausdrehen, Blende abnehmen. A – Türverriegelungsknopf, C – Ablagetasche.
- Fensterkurbel – E – ausbauen.

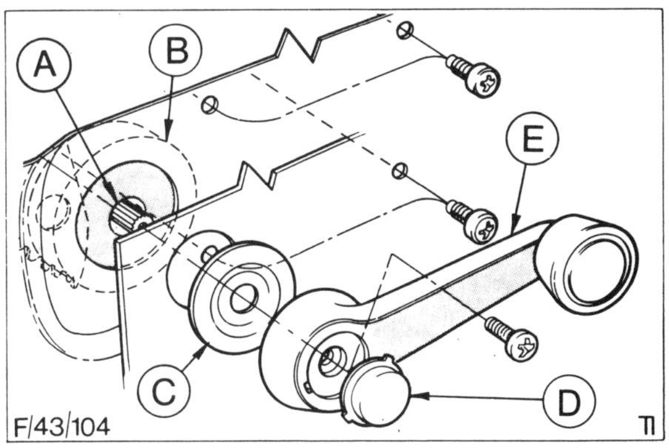

- Blende – D – von der Kurbel abhebeln, dazu kleinen Schraubendreher in die seitliche Nut einsetzen.
- Kreuzschlitzschraube herausdrehen und Kurbel – E– mit Blende – C – von der Kurbelachse – A – abziehen. B – Dämpfer.

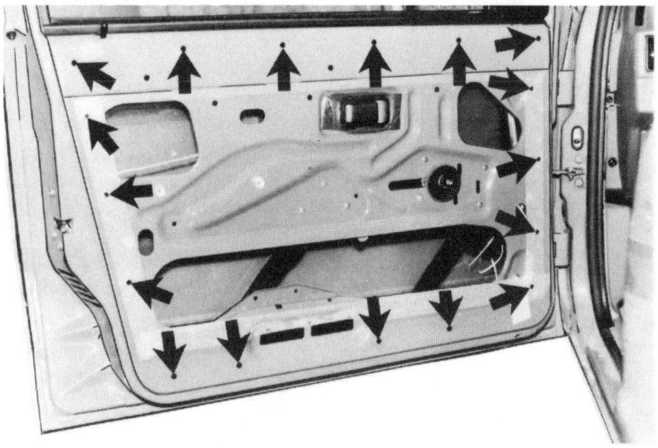

Bis 12. 85

- Türverkleidung an den Befestigungsstellen – Pfeile – von Hand ausclipsen. Zur Erleichterung kann ein breiter Plastik- oder Holzspachtel verwendet werden.

Ab 1. 86

- Bei Modellen ab 1. 86 werden anstelle der Befestigungsclipse je 2 Kreuzschlitzschrauben links und rechts verwendet. Schrauben herausdrehen, Verkleidung vorsichtig lösen und nach oben abnehmen.

Einbau

Bis 12. 85

- Beschädigte Clipse ersetzen. Neuen Clip in das Rundloch einsetzen und zum Langloch hin verschieben.
- Verkleidung ansetzen und die Halteclipse mit dem Handballen in die entsprechenden Bohrungen eindrücken.
- Blende für Türbetätigungshebel einsetzen und nach vorn schieben.

Ab 1. 86

- Verkleidung ansetzen und 4 Kreuzschlitzschrauben einschrauben.
- Blende für Türbetätigungshebel einsetzen und mit 1 Schraube befestigen.

Alle Modelle

- Fensterkurbel einbauen, dabei Blende mit Kurbel in richtiger Stellung auf die Kurbelachse aufschieben. Bei geschlossenem Fenster soll die Kurbel nach oben zeigen, bei geöffnetem Fenster nach hinten.
- Kreuzschlitzschraube festschrauben.
- Plastikblende ausrichten und mit dem Daumen eindrücken.
- Falls vorhanden Türkonsole anschrauben. Vorher elektrische Leitungen durch die Öffnungen ziehen und Stecker auf die Schalter aufschieben. Anschließend Schalter in die Öffnungen eindrücken.
- Beim Ghia-Modell obere Blende einclipsen und Türverriegelungsknopf aufschrauben.

Türhebel innen aus- und einbauen

Ausbau

- Türverkleidung ausbauen.
- Abdichtfolie im Bereich des Türhebels ablösen.

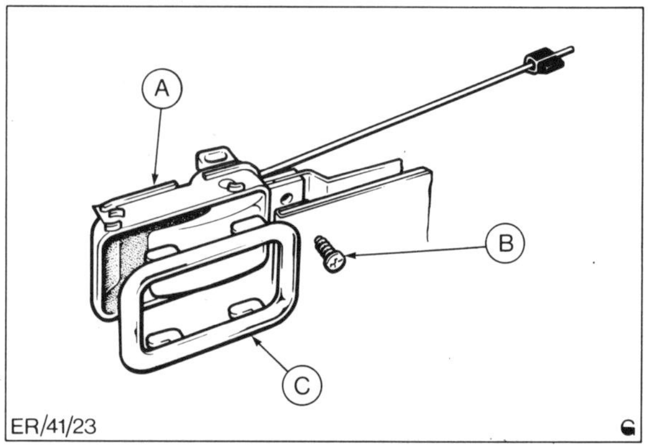

- Schraube – B – herausdrehen und kompletten Türhebel in den Türschacht drücken. Sperrfeder aus dem Ausschnitt am Türblech herausdrücken. A – Türhebel, C – Blende.
- Klammer von der Betätigungsstange abdrücken und Stange vom Türschloß lösen.
- Hebel mit Betätigungsstange aus dem Türschacht herausnehmen.

Einbau

- Türhebel mit Betätigungsstange einführen.
- Klammer so drehen, daß sie parallel zum Türboden steht. Betätigungsstange in Türschloß einsetzen und durch aufdrücken der Klammer sichern.
- Türhebel etwas anheben und in den Ausschnitt am Türinnenblech einsetzen.
- Befestigungsschraube reindrehen, nicht festziehen.
- Sperrfeder in den Ausschnitt am Türinnenblech einsetzen.
- Türhebel nach hinten drücken und Schraube festziehen.
- Schutzfolie für Türverkleidung sorgfältig mit beidseitigem Klebeband auf Türausschnitt faltenfrei aufkleben. Die Abdichtung muß in jedem Fall aufgeklebt werden, sonst zieht es im Fahrzeug.
- Türverkleidung einbauen.

Türfensterscheibe aus- und einbauen

Ausbau

- Türverkleidung ausbauen.
- Schutzfolie abziehen, Klebereste mit Spiritus entfernen.

Achtung: Seit 8/88 wird statt der Folie eine Abdichtung aus Schaumstoff verwendet, die mit einer Raupe aus Butyl-Kleber an der Tür befestigt wird. Zum Ausbau der Abdichtung Kleber mit einem Kunststoffmesser durchschneiden, beim Einbau Abdichtung einfach wieder mit einer Rolle an die Klebestellen andrücken. Statt der Abdichtung kann jedoch auch die bisherige Türfolie verwendet werden.

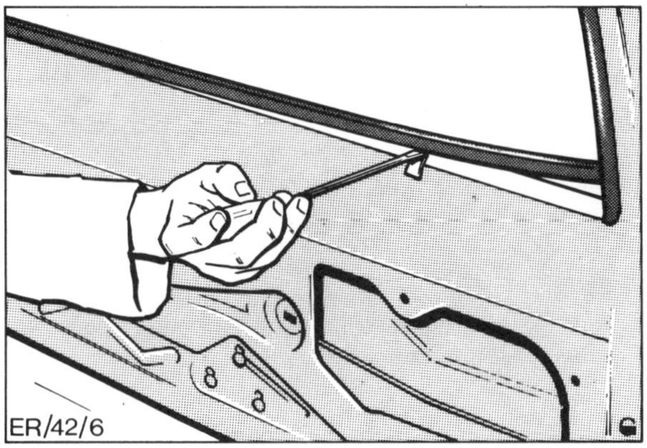

- Dichtgummi innen und außen am Türschacht abdrücken.

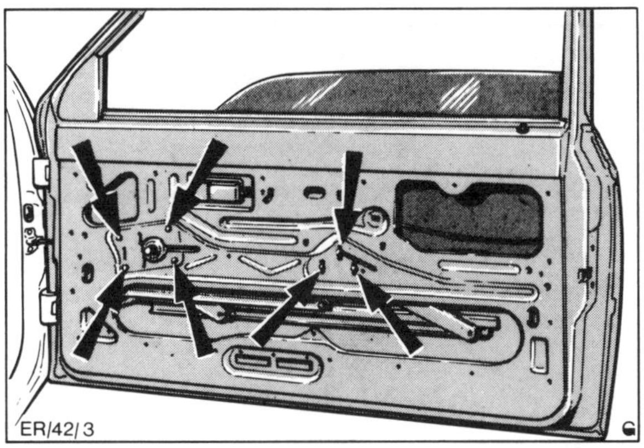

- Fensterscheibe runterkurbeln.
- Befestigungsschrauben – Pfeile – für Kurbelapparat herausdrehen.
- Hebel aus der Hebeschiene aushängen und Kurbelapparat absenken.

- Scheibe hinten anheben und nach außen herausnehmen.

Achtung: Läßt sich die Scheibe nicht nach oben kippen, Befestigungsschraube für vordere Verlängerung der Fensterführung herausdrehen und Verlängerung herunterziehen, bis die obere Klammer frei wird.

Einbau

- Fensterscheibe von außen durch den Fensterrahmen einführen und von vorn und hinten in die Fensterführung einsetzen.
- Falls die Verlängerung der Fensterführung gelöst wurde, Verlängerung wieder anschrauben.
- Hebel des Kurbelapparates in die Hebeschiene einhängen.
- Scheibe von Hand etwas anheben und Kurbelapparat handfest anschrauben.
- Scheibe justieren. Dazu Fensterkurbel kurz aufstecken und Scheibe rauf- und runterkurbeln. Anschließend Kurbel abnehmen und Kurbelapparat festschrauben.
- Inneren und äußeren Dichtgummi am Türschacht eindrükken.
- Schutzfolie einbauen. Dazu doppelseitiges Klebeband am Türinnenblech anbringen. Abstand zum Rand: 6 mm. Die Löcher für die Befestigungsclips können dabei überdeckt werden, an den Ecken soll das Klebeband überlappen. Schutzfolie auf die Türverkleidung legen und so zuschneiden, daß sie auf jeder Seite um 5 mm kleiner ist. Anschließend Schutzstreifen vom Klebeband abziehen, Folie ausrichten und leicht andrücken. Folie so befestigen, daß keine Falten oder Blasen entstehen und das Klebeband vollständig abgedeckt ist.
- Türverkleidung einbauen.

Türschloß aus- und einbauen

Ausbau

- Türverkleidung ausbauen.
- Schutzfolie im Arbeitsbereich abziehen.

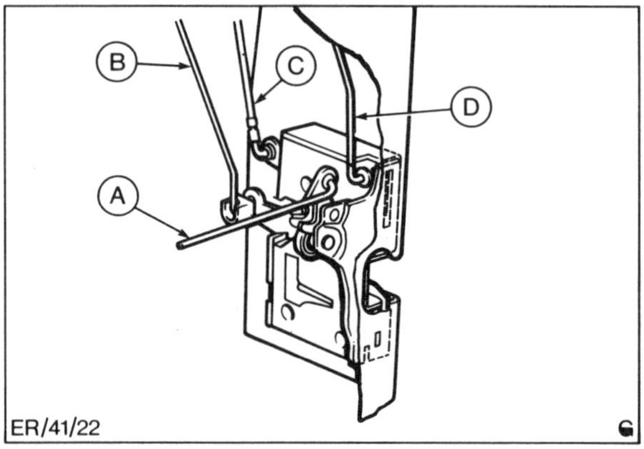

ER/41/22

- Verbindungsstangen zum Innengriff – A –, Außengriff – B – und Schließzylinder – C – ausbauen. Dazu Verbindungsclips lösen.
- Fensterrahmenverlängerung zur Seite drücken, vorher Schraube herausdrehen.
- 3 Befestigungsschrauben für Türschloß herausdrehen.
- Türschloß absenken und Verbindungsstange zum Verriegelungsknopf – D – aushängen und Schloß durch die untere, hintere Türöffnung herausnehmen.

Einbau

- Türschloß durch den unteren Türschacht einführen, Verriegelungsstange einhängen, Schloß zu den Bohrungen ausrichten und anschrauben.
- Sämtliche Verbindungsstangen zum Türschloß mit Clip verbinden.
- Schutzfolie wieder ankleben, dabei auf richtigen Sitz achten. Eine eingerissene Folie ausbessern oder erneuern, sonst zieht es im Fahrzeug.
- Türverkleidung einbauen.

Heckklappe aus- und einbauen

Ausbau

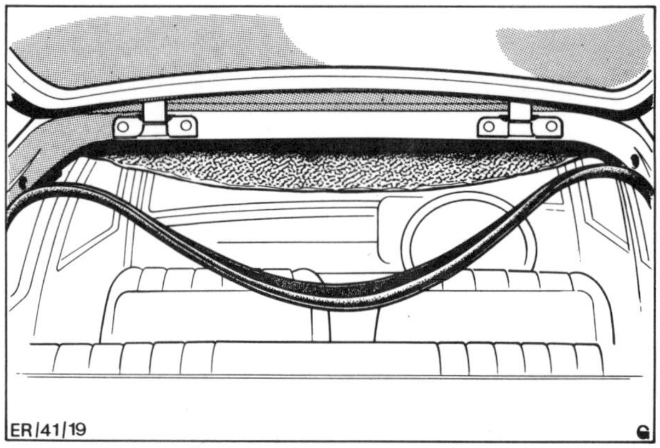
ER/41/19

- Heckklappe öffnen und Dichtungsgummi von der Türöffnung oben abziehen.
- C-Säulen-Verkleidung links und rechts mit je 2 Schrauben abschrauben.
- Clipse am Dachhimmel vom Haltesteg abziehen und Himmel im Bereich der Scharniere abziehen.
- Türheber an der C-Säule ausclipsen, vorher mit Schraubendreher Kunststoffstift zurückziehen.
- Zum leichteren Einbau Lage der Scharniere und Muttern mit Reißnadel oder Filzstift markieren (umkreisen).

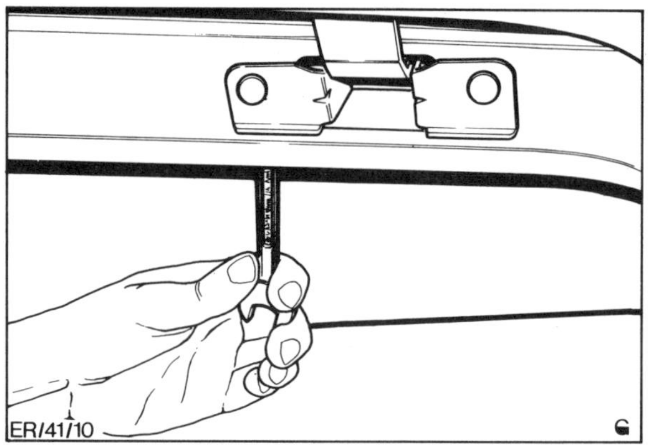
ER/41/10

- Heckklappe abstützen und an den Scharnieren von der Karosserie abschrauben.

Einbau

- Heckklappe entsprechend den angebrachten Markierungen ansetzen und Muttern festschrauben.
- Türheber an der C-Säule einclipsen.
- Himmel am Haltesteg mit Clipsen befestigen.
- Obere C-Säulen-Verkleidung anschrauben.
- Dichtungsgummi aufschieben.

- Sitz der Heckklappe überprüfen. Die Klappe muß in geschlossenem Zustand bündig mit der Karosserie abschließen. Der seitliche Spalt zwischen Klappe und Karosserie soll gleich groß sein. Die Heckklappe muß einwandfrei schließen, gegebenenfalls Schließdorn verstellen.

Schließzylinder für Heckklappe aus- und einbauen

Ausbau

- Verkleidung an der Heckklappe ausbauen.

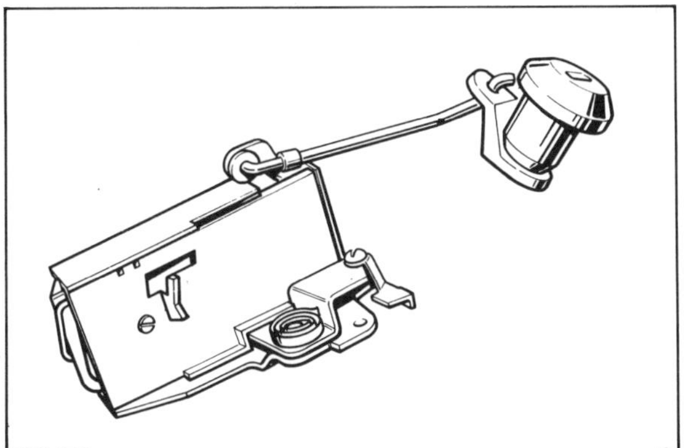

ER/41/8

- Verbindungsstange Schloß/Schließzylinder aushängen, dazu Verbindungsclip lösen.
- Halterung am Schließzylinder so verdrehen, daß die größere Öffnung um das Gehäuse liegt, dann Halterung abnehmen.
- Schließzylinder mit Dichtung aus der Heckklappe herausziehen.

Einbau

- Dichtung am Schließzylinder aufschieben. Die Ausschnitte der Dichtung müssen mit den Ausschnitten an der Unterseite des Schließzylinders übereinstimmen.
- Schließzylinder in die Heckklappe einsetzen.
- Verbindungsstange mit Verbindungsclip einhängen.
- Halterung durch leichte Hammerschläge auf den Schließzylinder aufschieben.
- Verkleidung für Heckklappe einbauen.

Vordersitz aus- und einbauen

Ausbau

- Sitz bis zum Anschlag nach vorne schieben.

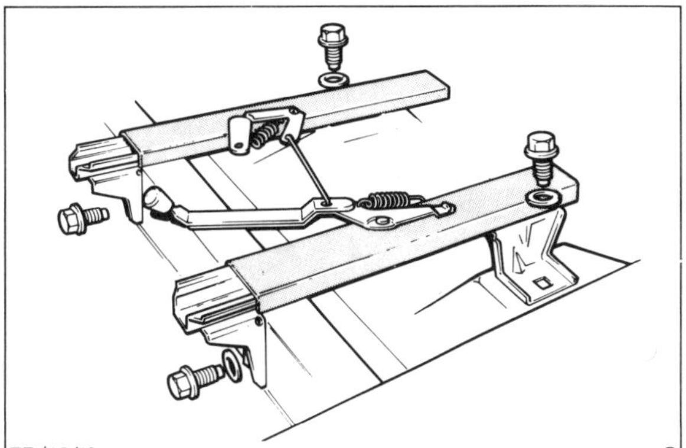

ER/43/16

- 2 hintere Befestigungsschrauben herausdrehen.
- Sitz ganz nach hinten schieben, die vorderen Befestigungsschrauben abschrauben und Sitz herausnehmen.

Einbau

- Sitz in Einbaulage bringen, Bohrungen ausrichten und die vorderen Schrauben locker hineindrehen.
- Sitz nach vorn schieben und hintere Schrauben lose anziehen.

Achtung: Zuerst die vorderen Schrauben festziehen, dann die hinteren.

Türschloßanschlag einstellen

Der Schließmechanismus ist so eingestellt, daß bei geschlossener Tür die Türdichtungen unter Spannung stehen und somit das Eindringen von Zugluft und Regenwasser sowie das Auftreten von Klappergeräuschen verhindern.

Im Laufe der Zeit können sich die Gummidichtungen etwas setzen, was zu den oben aufgeführten Störungen führen kann. In einem solchen Fall ist die Türeinstellung zu justieren, und zwar am Türschloßanschlag.

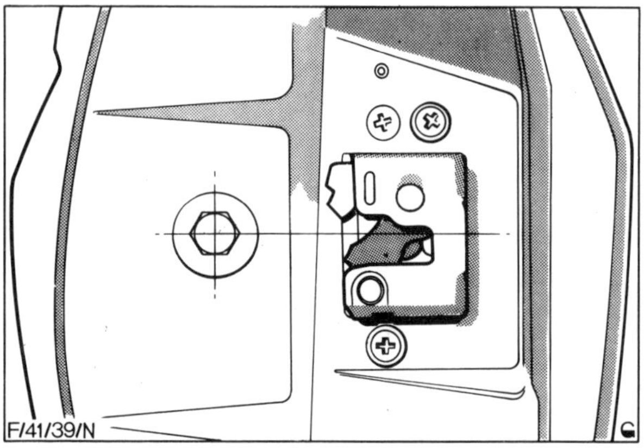

F/41/39/N

- Einbaulage des Türschloßbolzens kennzeichnen. Dazu Bolzen am Karosserieblech mit Filzstift umkreisen.
- Türschloßanschlag mit Maulschlüssel um ca. eine halbe Umdrehung lösen.
- Bolzen wenige Millimeter nach innen schieben und wieder festziehen.
- Läßt sich die Tür nur durch festes Zuschlagen schließen, oder ist bereits ein Widerstand zu spüren, bevor der Schließmechanismus greift, dann Bolzen etwas nach außen schieben.
- Wurde eine neue Tür eingebaut, Bolzen lockern, Tür schließen und vorsichtig wieder öffnen. Der Bolzen wird dabei durch das Türschloß in die richtige Lage gebracht. Türschloßbolzen festziehen. **Achtung:** Der Bolzen darf nicht zu locker sein, damit er sich beim Öffnen der Tür nicht wieder verstellt.

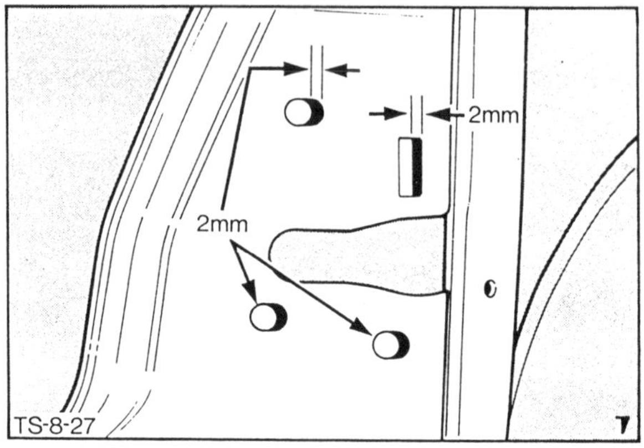

TS-8-27

- Bei Modellen mit 4 Fahrgasttüren kann es bei den hinteren Türen erforderlich werden, das Türschloß um 2 mm nach außen zu versetzen. Dazu Türschloß ausbauen und Löcher mit einer Feile ausweiten. Anschließend Einstellung wie oben durchführen.

Achtung: Wenn der Schließbolzen nicht ausreichend verschoben werden kann, damit die Tür richtig schließt, dann ist die Tür am Scharnier falsch ausgerichtet.

Türschließzylinder aus- und einbauen

Ausbau

- Türverkleidung ausbauen.
- Schutzfolie über Türschloß und Schließzylinder abziehen.

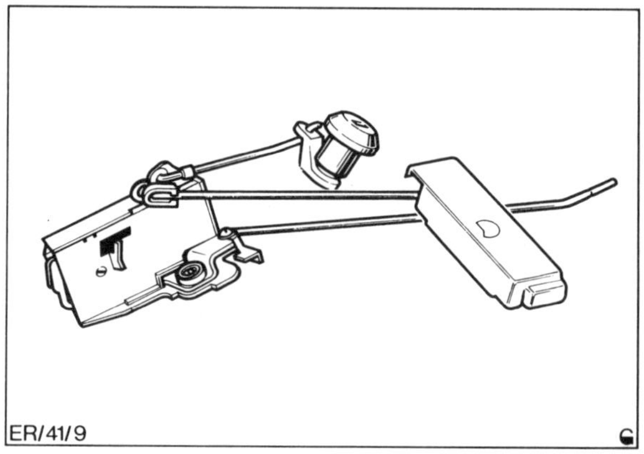

ER/41/9

- Verbindungsstange zwischen Schloß und Schließzylinder aushängen.
- Halteklammer und Dichtung vom Schließzylinder abnehmen und Schließzylinder nach außen durchschieben.

Einbau

- Schließzylinder in die Bohrung der Tür einsetzen.
- Dichtung und Halteklammer aufsetzen und Verbindungsstange einhängen.
- Schutzfolie sorgfältig wieder ankleben, sonst kann es im Fahrzeug ziehen.
- Türverkleidung einbauen.

Die Heizung

Beim FORD ESCORT/ORION wird zur Erwärmung des Innenraums das Kühlmittel über einen Wärmetauscher geleitet. Zur Verstärkung der Heizleistung dient ein zweistufiges elektrisches Heizgebläse. Als Mehrausstattung gibt es Mitteldüsen sowie seitliche Düsen für die Seitenscheiben und ein dreistufiges Heizgebläse.
Die Abbildung zeigt die L-Ausführung bis 12. 85.
Seit 1. 86 hat die Regulierung für Heizung und Frischluft Drehknöpfe.

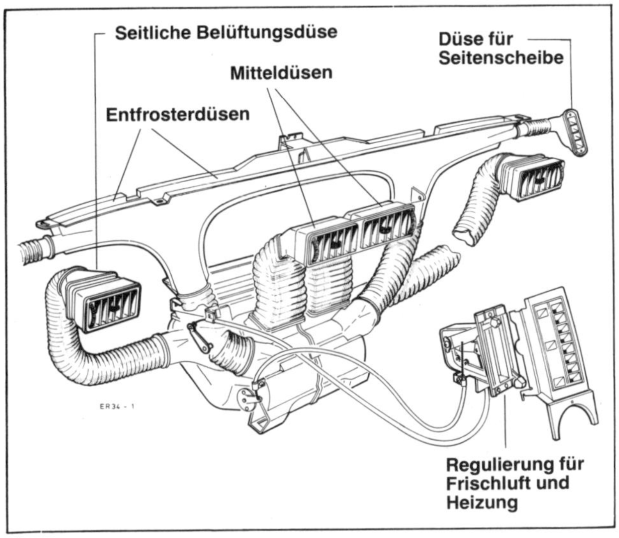

Blende für Frischluftregulierung aus- und einbauen

Bis 12. 85

Ausbau

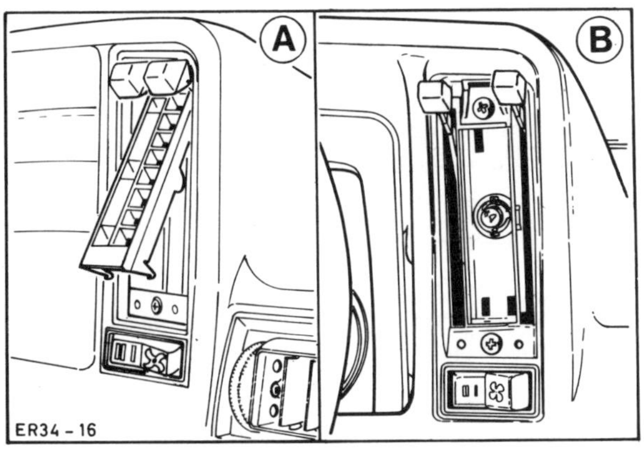

- Beide Bedienungshebel ganz nach oben schieben, Blende – A – am unteren Ende etwas anheben und ausclipsen. B – Befestigungsschrauben für den Bedienungsschalter.

Achtung: Bei Modellen mit dreistufigem Gebläse vorher Gebläseschalter ausbauen. Dazu Schalter vorsichtig mit kleinem Schraubendreher heraushebeln.

Einbau

- Blende oben einhängen und unten einclipsen.
- Gegebenenfalls Gebläseschalter in die Öffnung einschieben.

Ab 1. 86

Ausbau

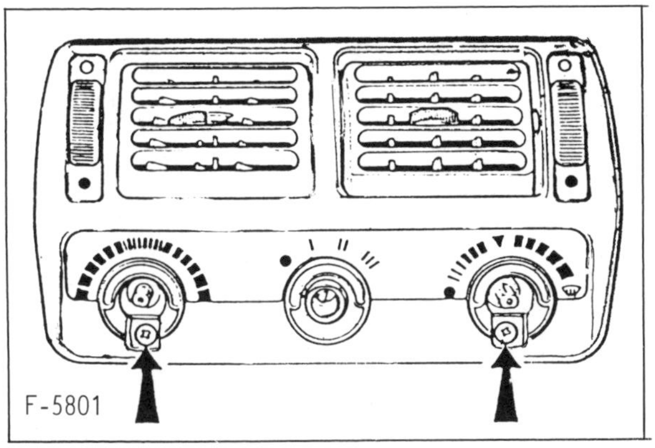

- 3 Drehknöpfe der Heizung mit der Hand abziehen.
- 2 Kreuzschlitzschrauben mit Schraubendreher herausschrauben, Blende vorsichtig zuerst unten, dann oben heraushebeln.
- Elektrischen Anschluß für Beleuchtung an der Rückseite der Blende abziehen.

Einbau

- Blende mit Mitteldüsen in die Öffnung zuerst oben, dann unten einsetzen, 2 Kreuzschlitzschrauben anziehen.
- Drehknöpfe aufschieben.

Seilzüge für die Heizung einstellen

- Linke Fußraumabdeckung ausbauen. Dazu 3 Clipse mit Schraubendreher heraushebeln, die beiden Blechzungen bei den Pedalen etwas zurückbiegen und die Abdeckung herausnehmen.

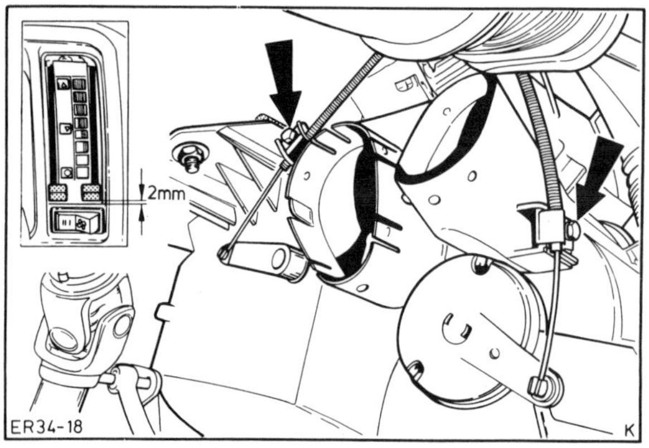

- Bis 12. 85: Beide Bedienungshebel nach unten schieben, bis 2 mm vor dem unteren Anschlag.
- Ab 1. 86: Linken und rechten Bedienungsknopf ganz nach links drehen, bis 2 mm vor dem linken Anschlag.
- Unten 2 Luftschläuche abziehen.
- Befestigungsschrauben – Pfeile – lösen.
- Die Klappenhebel müssen jeweils am unteren Anschlag anliegen. Das heißt, die Heizungsklappe steht auf „kalt" (linke Klappe auf der Abbildung) und die Luftführungsklappe ist geschlossen (rechts). In dieser Stellung die Befestigungsschrauben anziehen.
- Luftschläuche aufstecken und Fußraumabdeckung einclipsen und Haltezungen umbiegen.

Frischluftgebläse aus- und einbauen

Ausbau

- Batterie-Massekabel abklemmen.
- Dichtung am Innenblech zur Motorhaube abziehen.
- Luftkasten-Abdeckung abnehmen, dazu 5 Federklammern öffnen.
- Mehrfachstecker abziehen und Massekabel von der Karosserie abschrauben.
- Gebläse herausheben, vorher links und rechts je eine Mutter abschrauben.

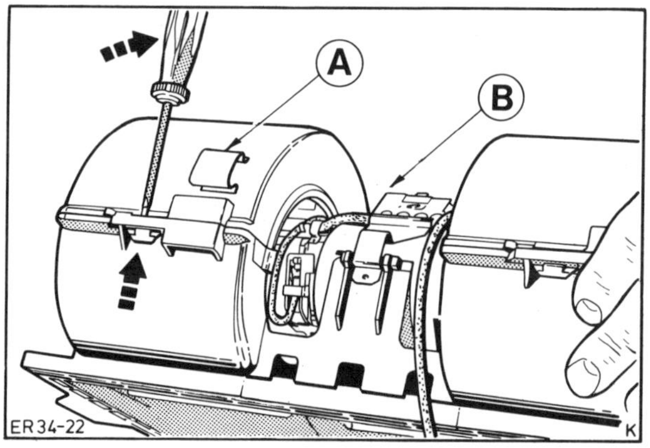

- Lüfterabdeckung abnehmen, dazu Sicherungsclips – A – (4 Stück) abhebeln und Kunststoffklammer mit Schraubendreher lösen.
- Befestigungsbügel mit elektrischem Widerstand – B – ausclipsen.
- Gebläse-Motor herausnehmen.

Einbau

- Gebläsemotor in das Gehäuse einsetzen und mit Befestigungsbügel sichern.
- Lüfterabdeckung aufsetzen, Kunststoffklammer eindrükken und 4 Sicherheitsclips aufschieben.
- Dichtung unten am Gehäuse auf richtigen Sitz und guten Zustand überprüfen, gegebenenfalls erneuern.
- Gebläse mit 2 Muttern am Windlauf anschrauben.
- Mehrfachstecker aufschieben und Masseleitung an der Karosserie anklemmen.
- Luftkasten-Abdeckung aufsetzen und 5 Federklammern anclipsen.
- Dichtung am Innenblech aufschieben und Massekabel an Batterie anklemmen.

Die elektrische Anlage

Die elektrische Anlage des FORD ESCORT/ORION ist eine Gleichstromanlage mit einer Betriebsspannung von 12 Volt.

Als Stromerzeuger dient ein Drehstromgenerator mit einer Einrichtung zur Spannungs- und Ladestromregelung. Der Vorteil einer Drehstromlichtmaschine liegt darin, daß sie schon bei Motor-Leerlaufdrehzahl die Batterie lädt. Der Generator wird von der Motorkurbelwelle über einen Keilriemen angetrieben. Die nicht von den Verbrauchern benötigte Energie fließt in die Batterie und wird dort gespeichert.

Die wichtigsten Verbraucher der elektrischen Anlage sind:

- Anlasser
- Zündanlage
- Beleuchtungseinrichtung mit Blinkanlage
- Scheibenwischer- und Waschanlage
- Instrumente
- Signalhorn
- Innenbeleuchtung
- Gebläsemotor
- Zubehör: Heckscheibenheizung, Radio usw.

Zur Beleuchtungs- und Blinkeinrichtung gehören die beiden Scheinwerfer, die vorderen Blinkleuchten, die Blink-, Brems-, Schlußleuchten und die Kennzeichenleuchte.

Die Scheibenwisch- und -waschanlage besteht aus dem Scheibenwischermotor, dem Antriebsgestänge und den beiden Scheibenwischern. Die Scheibenwaschanlage arbeitet elektrisch. Der Scheibenwaschbehälter im Motorraum ist über eine Schlauchleitung mit den beiden Spritzdüsen verbunden.

Zur Instrumentierung gehören das Zentralinstrument mit Geschwindigkeitsmesser, Kraftstoffanzeige, Kilometerzähler und Kontrolleuchten für Öldruck, Ladestrom der Lichtmaschine, Fernlicht und Blinklicht.

Die Zündanlage besteht im wesentlichen aus der Zündspule, dem Zündverteiler, den Zündkabeln und den vier Zündkerzen.

Sämtliche Sicherungen und Relais sind in einem Gehäuse unter einem Deckel links im Motorraum untergebracht.

Hinweise für den nachträglichen Einbau von Zubehör

Beim Bohren oder Schälen von Löchern in die Karosserie müssen die Lochränder anschließend entgratet und lackiert werden. Die beim Bohren zwangsläufig anfallenden Späne sind restlos aus der Karosserie zu entfernen. Insbesondere sind Zierleisten in unmittelbarer Nähe der Bohrstelle abzudecken, um zu vermeiden, daß sich Späne zwischen Lackierung und Zierleisten festsetzen und nach kurzer Zeit durch Witterungseinflüsse rosten und die Lackierung zerstören.

Bei allen Einbauarbeiten, die das elektrische Leitungssystem berühren, ist, um der Gefahr von Kurzschlüssen im elektrischen Leitungssystem vorzubeugen, grundsätzlich das Massekabel von der Fahrzeugbatterie abzuklemmen und zur Seite zu hängen.

Kabel, die beim Einbau von Zubehör zusätzlich zu dem serienmäßig eingebauten Kabelsatz im Fahrzeug verlegt werden müssen, sind nach Möglichkeit immer entlang der einzelnen Kabelstränge unter Verwendung der vorhandenen Kabelschellen und Gummitüllen zu verlegen.

Falls erforderlich, sind die neu verlegten Kabel, um evtl. während der Fahrt entstehenden Geräuschen vorzubeugen und Scheuern von Kabeln zu vermeiden, mit Isolierband, plastischer Masse, Kabelbändern und dgl. zusätzlich festzulegen. Hierbei ist besonders darauf zu achten, daß zwischen den Bremsleitungen und den festverlegten Kabeln ein Mindestabstand von 10 mm sowie zwischen den Bremsleitungen und den Kabeln, die mit dem Motor oder anderen Teilen des Fahrzeuges schwingen, ein Mindestabstand von 25 mm vorliegt.

Sofern zusätzliche elektrische Verbraucher eingebaut werden, ist in jedem Fall zu überprüfen, ob die erhöhte Belastung noch von der vorhandenen Drehstromlichtmaschine mit übernommen werden kann. Falls erforderlich, sollte ein Generator mit größerer Leistung vorgesehen werden.

Batterie aus- und einbauen

Ausbau

- Batteriekabel abklemmen, zuerst Masseband.

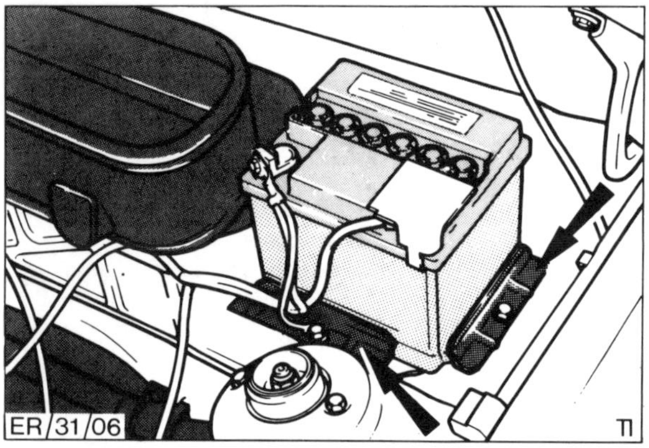

- Halteplatten abschrauben, Batterie etwas nach hinten ziehen und herausnehmen.

Einbau

- Batterie einsetzen, Halteplatten anschrauben.
- Pluskabel an Pluspol anbringen, dann Masseband an Minuspol.

Batterie laden

- Batterie niemals kurzschließen. Bei Kurzschluß erhitzt sich die Batterie und kann platzen. Nicht mit offener Flamme in Batterie leuchten. Batteriesäure ist ätzend und darf nicht in die Augen, auf die Haut oder die Kleidung gelangen, ggf. mit viel Wasser abspülen.
- Plus- und Massekabel von Batterie abklemmen, Massekabel zuerst.
- Vor dem Laden Säurestand prüfen, gegebenenfalls destilliertes Wasser nachfüllen.
- Gefrorene Batterie vor dem Laden auftauen.
- Stopfen aus der Batterie herausschrauben und leicht auf die Öffnungen legen. Dadurch werden Säurespritzer auf dem Lack vermieden, während die beim Laden entstehenden Gase entweichen können.
- Batterie nur in gut belüftetem Raum laden. Beim Laden der eingebauten Batterie, Motorhaube geöffnet lassen.
- Bei der Normalladung beträgt der Ladestrom ca. 10 % der Kapazität. (Bei einer 45-Ah-Batterie also etwa 4,5 A.)
- Pluspol der Batterie mit Pluspol, Minuspol der Batterie mit Minuspol des Ladegerätes verbinden.
- Säuretemperatur darf während des Ladens 55° C nicht überschreiten, ggf. Ladung unterbrechen oder Ladestrom herabsetzen.
- So lange laden, bis alle Zellen lebhaft gasen und bei drei im Abstand von je einer Stunde aufeinanderfolgenden Messungen das spezifische Gewicht der Säure und die Spannung nicht mehr angestiegen sind.
- Batterie mit Heimgerät einen Tag laden.
- Die Batterie darf auch mit einem Schnell-Ladegerät geladen werden.

Achtung: Das Schnelladen einer Batterie sollte nicht zur Gewohnheit werden! Batterien, die lange unbenutzt gestanden haben oder neu sind, dürfen nicht schnellgeladen werden.

- Nach der Ladung Säurestand prüfen, gegebenenfalls destilliertes Wasser nachfüllen.
- Säuredichte prüfen. Liegt der Wert in einer Zelle deutlich unterhalb der anderen Werte (z. B. 5 Zellen zeigen 1,26 und 1 Zelle 1,18) so ist die Batterie defekt und sollte erneuert werden.
- Batterie ca. 20 Min. ausgasen lassen, dann Verschlußstopfen aufschrauben.

Achtung: Der Motor darf nicht bei abgeklemmter Batterie laufen, da sonst die elektrische Anlage beschädigt wird.

Batterie entlädt sich selbständig

Wenn der Verdacht auf Kriechströme besteht, Bordnetz nach folgender Anleitung prüfen.

- Zur Prüfung geladene Batterie verwenden.
- Am Amperemeter (Meßbereich von 0–5 mA bis 0–5 A) den höchsten Meßbereich einstellen. Masseband von Batterie abklemmen. Amperemeter zwischen Batterieminuspol und Masseband schalten. Amperemeter-Plus-Anschluß an Masseband und Amperemeter-Minuspunkt an Batterie-Minuspol.
- Alle Verbraucher ausschalten, vorhandene Zeituhr abklemmen, Türen schließen.
- Vom Amperebereich solange auf den Milliamperebereich zurückschalten, bis eine ablesbare Anzeige erfolgt (1–3 mA sind zulässig).
- Durch Herausnehmen der Sicherungen nacheinander die verschiedenen Stromkreise unterbrechen. Wenn bei einem der unterbrochenen Stromkreise die Anzeige auf Null zurückgeht, ist hier die Fehlerquelle zu suchen. Fehler können sein: korrodierte und verschmutzte Kontakte, duchgescheuerte Leitungen, interner Schluß in Aggregaten.
- Wird in den abgesicherten Stromkreisen kein Fehler gefunden, so sind die Leitungen an den nicht abgesicherten Aggregaten abzuziehen. Dieses sind: Generator, Anlasser, Zündanlage.
- Masseband an Batterie anklemmen.

Störungstabelle Batterie

Störung	Ursache	Abhilfe
Säurestand zu niedrig	● Überladung, Verdunstung (besonders im Sommer)	Destilliertes Wasser bis zur vorgeschriebenen Höhe nachfüllen (bei geladener Batterie)
Säure tritt aus den Verschlußstopfen aus	● Ladespannung zu hoch	Spannungsregler prüfen, ggf. austauschen
	● Säurestand zu hoch	Überschüssige Säure mit Säureheber absaugen
Säuredichte zu niedrig	● Batterie entladen	Batterie laden
	● Generator nicht in Ordnung	Generator prüfen ggf. reparieren oder austauschen
	● Kurzschluß im Leitungsnetz	Elektrische Anlage überprüfen
	● Säure infolge Wartungsfehler verwässert	Säureausgleich durchführen
Säuredichte zu hoch	● Säure wurde nachgefüllt	Säureausgleich durchführen
Abgebende Leistung ist zu gering Spannung fällt stark ab	● Batterie entladen	Batterie nachladen
	Ladespannung zu niedrig	Spannungsregler prüfen, ggf. austauschen
	● Anschlußklemmen lose oder oxydiert	Anschlußklemme reinigen und besonders Unterseite mit Säureschutzfett leicht einfetten, Befestigungsschrauben anziehen
	● Masseverbindung Batterie – Motor – Karosserie ist schlecht	Masseverbindung überprüfen, ggf. metallische Verbindungen herstellen oder Schraubverbindungen festziehen
	● Zu große Selbstentladung der Batterie durch Verunreinigung der Batteriesäure	Batterie austauschen
	● Evtl. Batterie sulfatiert (grauweißer Belag auf den Plus- und Minusplatten)	Batterie mit kleinem Strom laden, damit sich der Belag langsam zurückbildet. Falls nach wiederholter Ladung und Entladung abgegebene Leistung immer noch zu gering, Batterie austauschen
	● Batterie verbraucht, aktive Masse der Platten ausgefallen	Batterie austauschen
Nicht ausreichende Ladung der Batterie	● Fehler an Generator, Spannungsregler oder Leitungsanschlüssen	Generator und Spannungsregler überprüfen instandsetzen bzw. austauschen; Leitungen einwandfrei befestigen
	● Keilriemen locker	Keilriemen spannen oder austauschen
	● Zu viele Verbraucher angeschlossen	Größere Batterie einbauen; evtl. auch größeren Generator verwenden
Dauernde Überladung	● Fehler am Spannungsregler, evtl. auch am Generator	Spannungsregler austauschen bzw. Generator überprüfen

Sicherungen auswechseln

Um Kurzschluß- und Überlastungsschäden an den Leitungen und Verbrauchern der elektrischen Anlage zu verhindern, sind die einzelnen Stromkreise mit Sicherungen geschützt. Im FORD ESCORT/ORION werden Sicherungen verwendet, die neuesten technischen Erkenntnissen entsprechen. Sie sind mit Messerkontakten ausgestattet, so daß herkömmliche Sicherungen nicht mehr verwendet werden können.
Alle Sicherungen sind in einem Sicherungskasten untergebracht, der sich links hinten im Motorraum befindet.

- Vordere Lasche des Plastikdeckels in Pfeilrichtung drücken und Deckel abheben.

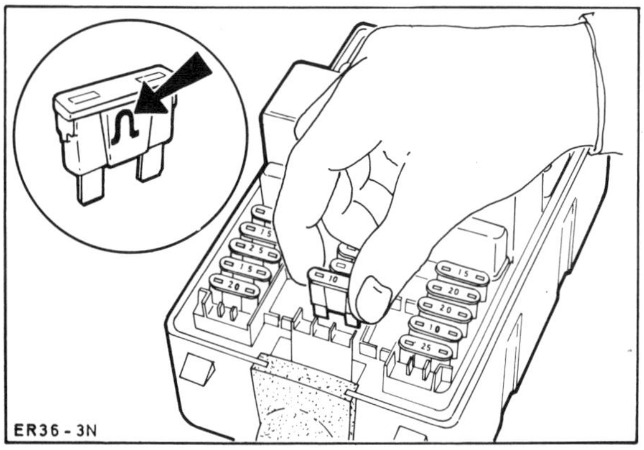

- Eine defekte Sicherung erkennt man am durchgebrannten Schmelzfaden – Pfeil –.
- Vor dem Auswechseln der Sicherung immer zuerst den betroffenen Verbraucher ausschalten. Die einzelnen Stromkreise sind auf dem Deckel verzeichnet.
- Defekte Sicherung herausziehen.
- Neue Sicherung gleicher Nennstromstärke einsetzen. Reservesicherungen befinden sich in 2 Längsnuten an der Stirnseite des Deckels.

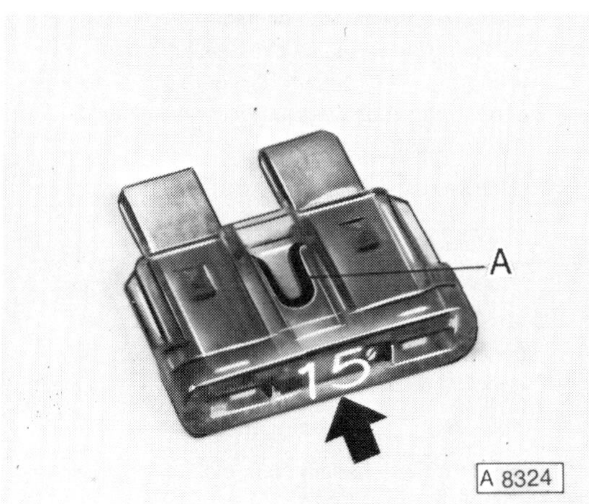

- Die Nennstromstärke der Sicherung ist auf der Rückseite des Griffes aufgedruckt. Außerdem hat der Griff eine Kennfarbe, an der ebenfalls die Nennstromstärke zu erkennen ist. A = Schmelzfaden.

Nennstromstärke/Ampere	Kennfarbe
10	rot.
15	blau
20	gelb
25	farblos
30	grün

- Zusätzliche Sicherungen für Radio (am Radiogerät) und elektrische Antenne (Leitungssicherung) befinden sich hinter dem Armaturenbrett.
- Brennt eine neu eingesetzte Sicherung nach kurzer Zeit wieder durch, muß der entsprechende Stromkreis überprüft werden.
- Auf keinen Fall Sicherung durch Draht oder ähnliche Hilfsmittel ersetzen, weil dadurch ernste Schäden an der elektrischen Anlage auftreten können.
- Es empfiehlt sich, stets einige Ersatzsicherungen im Fahrzeug mitzuführen.
- Deckel für Sicherungskasten aufsetzen.

Relais- und Sicherungstabellen

ESCORT/ORION bis 12. 85

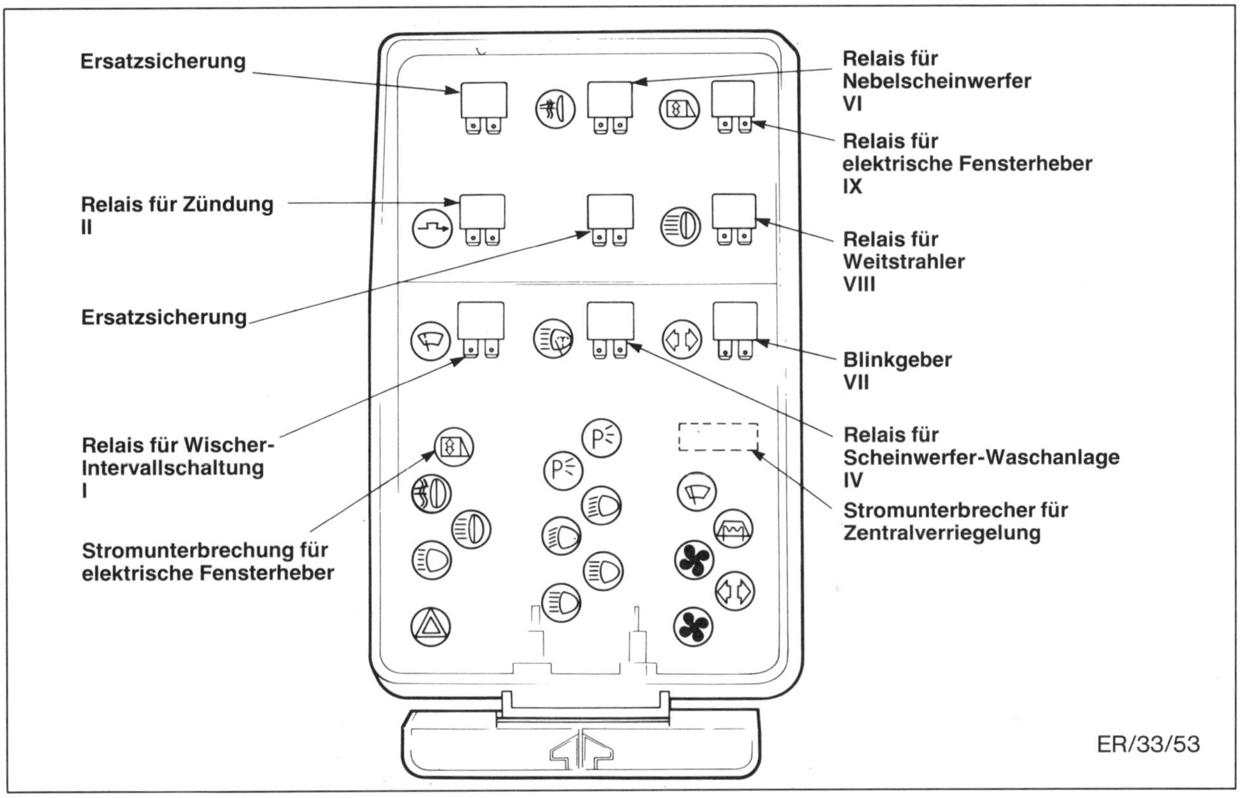

Symbol	Nr.	Ampere	Verbraucher
	1	15	Warnblinkanlage, Horn
	2	15	Innenleuchte, Uhr, Zigarettenanzünder, Waschanlage, Windschutzscheibe
	3	25	Scheinwerfer-Waschanlage
	4	15	Zusatzscheinwerfer
	5	15	Nebellampen vorn
	6	10	Fernlicht rechts
	7	10	Fernlicht links
	8	10	Abblendlicht rechts
	9	10	Abblendlicht links
	10	10	Begrenzungs- und Schlußlicht rechts. Instrum.-, Zig.-Anz.-, Heizungs-bedienungsschalter- und Handschuhkasten-Beleuchtung
	11	10	Begrenzungs- und Schlußlicht links, Kennzeichenleuchte
	12	25	Motorkühllüfter
	13	10	Blinkleuchten, Rückfahrleuchten, Kombiinstrument (Lade- und Öldruck-Kontrolleuchte), Zusatz-Warnsystem
	14	20	Heizgebläse
	15	20	Heckscheibenheizung
	16	15	Bremsleuchten, Wischermotor vorn und hinten, Waschanlage – Heckscheibe
	17	30	Elektrische Fensterheber (Stromunterbrecher)
	18	30	Zentraltürverriegelung (Stromunterbrecher)
	19	8	Heizbare Sitze
	RI	25	Einspritzanlage

ESCORT/ORION ab 1.86

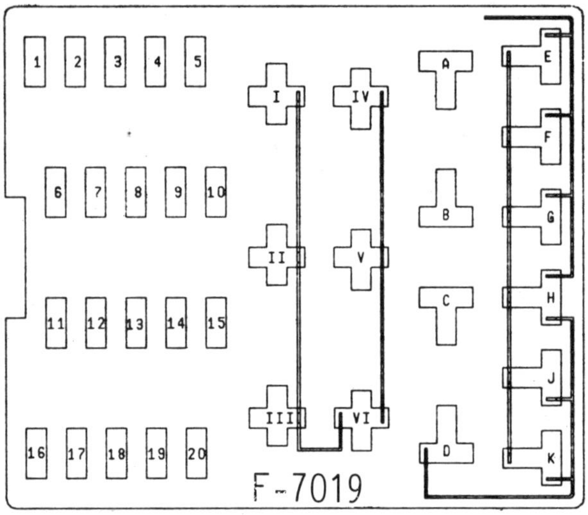

Sicherungen im zentralen Sicherungskasten

Nummer	Ampere	Symbol	Abgesicherte Stromkreise
1	15		Horn, Warnblinkanlage
2	15		Zigarettenanzünder, Innenbeleuchtung
3	30		Beheizbare Heckscheibe, elektr. verstellbarer Außenspiegel
4	30		Scheinwerfer-Waschanlage
5	15		Zentraltürverriegelung
6	15		Beheizbare vordere Sitze, Überspannungsschutz
7	20		Elektr. betätigte Kraftstoffpumpe
8	15		Zusatzscheinwerfer
9	10		Fernlicht links
10	10		Fernlicht rechts
11	20		Heizgebläse
12	25		Kühlgebläse
13	10		Blinkleuchten, Rückfahrleuchten
14	10		Abblendlicht links
15	10		Abblendlicht rechts
16	20		Wischermotoren, Scheibenspülerpumpen
17	10		Bremsleuchten, Instrumentenbeleuchtung
18	30		Elektr. betätigte Fensterheber
19	10		Begrenzungsleuchte links
20	10		Begrenzungsleuchte rechts

Relais im zentralen Sicherungskasten

Relais-Bezeichnung	Symbol	Geschaltete Stromkreise
I		Scheinwerfer-Waschanlage
II		Beheizbare Heckscheibe mit autom. Abschaltung
III		Wischer Intervall vorne
IV	○	Startsperre Automatik-Getriebe
V		Überspannungsschutz/Kraftstoffpumpe
VI		Lenk-/Startschloß
A		Leerlaufdrehzahl-Kontrolle oder Zusatzscheinwerfer
B		Antiblockier-Bremssystem
C		Doppelhorn
D		Nebelschlußleuchte (nur für Schweden und Norwegen)
E		Elektr. Fensterheber (nur für Schweden)
F		Beheizbare vordere Sitze
G	○	Taglicht I (nur für Schweden und Norwegen)
H	○	Taglicht II (nur für Schweden und Norwegen)
I		Fernlicht
K		Abblendlicht

Relais unten an der Instrumententafel
(Fahrerseite)

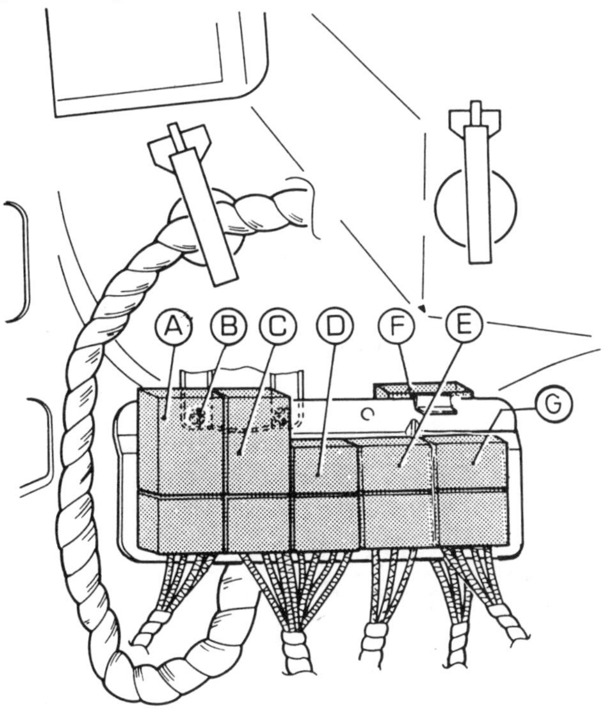

E88-36-1

A = Relais – beheizte Windschutzscheibe (grau)
B = Blechschrauben
C = Relais-Benzineinspritzung (violett) oder
Relais-zus. Verzögerung-Motorelektr. (grün/weiß)
D = Diodenblock (weiß)
E = Rechtslenker/Relais-vermindertes Abblendlicht (blau)
F = Relais – Drehzahlgeber (schwarz)
G = Relais – Antiblockiersystem (grün)

Der Generator

Der FORD ESCORT/ORION ist mit einem Drehstromgenerator der Marken Bosch, Lucas oder Motorola ausgerüstet. Je nach Modell und Ausstattung kann ein Generator mit einer Leistung von 28 A bis 55 A eingebaut sein. Die Explosionsdarstellung zeigt den Bosch-Generator.

Der Generator wird von der Kurbelwelle über den Keilriemen angetrieben. Dabei dreht sich der Läufer mit der Erregerwicklung innerhalb der feststehenden Ständerwicklung mit ca. doppelter Motordrehzahl.

Über Kohlebürsten und Schleifringe fließt der Erregerstrom durch die Erregerwicklung. Dabei bildet sich ein Magnetfeld. Die Lage des magnetischen Feldes zur Ständerwicklung ändert sich ständig, entsprechend der Umdrehung des Läufers. Dadurch wird in der Ständerwicklung ein Drehstrom erzeugt.

Da die Batterie aber nur mit Gleichstrom geladen werden kann, wird der Drehstrom durch Gleichrichter in der Diodenplatte in Gleichstrom umgewandelt. Der Spannungsregler verändert den Ladestrom durch Ein- und Ausschalten des Erregerstromes, entsprechend dem Ladezustand der Batterie. Gleichzeitig hält der Regler die Betriebsspannung konstant bei ca. 14 Volt, unabhängig von der Drehzahl.

Achtung: Im Gegensatz zum Gleichstromgenerator darf der Drehstromgenerator niemals ohne Batterie betrieben werden. Motor nicht ohne Batterie laufen lassen.

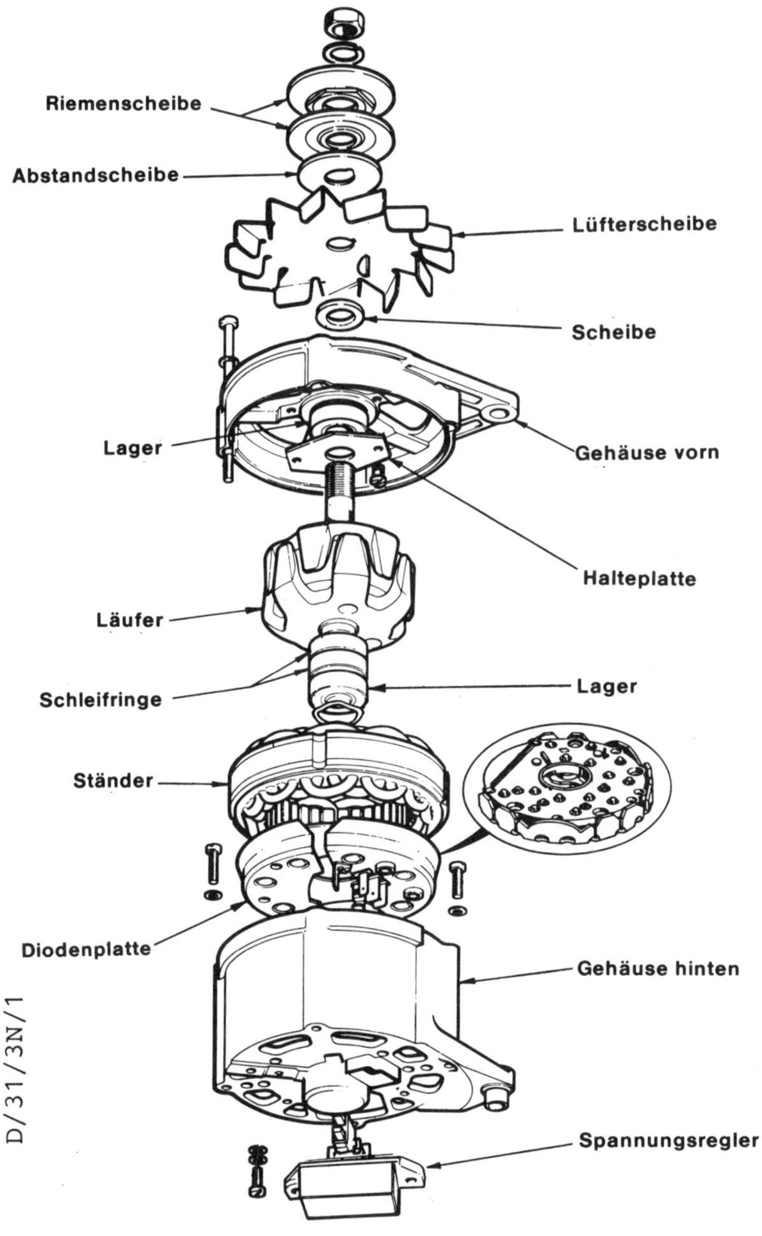

Generator aus- und einbauen

Ausbau

- Massekabel von der Batterie abklemmen.
- Hitzeschild abschrauben.
- Mehrfachstecker von der Rückseite des Generators abziehen.

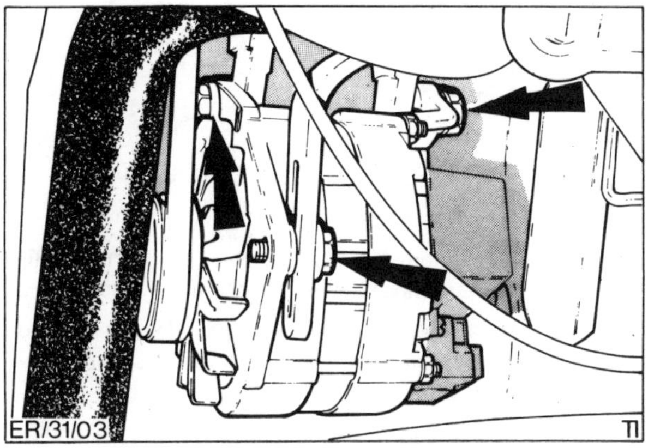

- Befestigungsschrauben – Pfeile – lösen und Generator zum Motor schwenken.
- Keilriemen abnehmen. Gegebenenfalls Verstellasche abschrauben, um den Schwenkweg für den Generator zu vergrößern.
- Befestigungsschrauben rausdrehen und Generator abnehmen.

Einbau

- Generator einsetzen und handfest anschrauben.
- Keilriemen auflegen und spannen.
- Schrauben festziehen. Dabei Reihenfolge beachten: Zuerst die Klemmschraube an der Verstellasche anziehen, dann die vordere Schraube und schließlich die hintere Schraube festziehen.
- Mehrfachstecker aufschieben und mit Klammer sichern. Dabei auf festen Sitz und einwandfreie Verlegung des Anschlußkabels achten.
- Hitzeschild einbauen, Massekabel an Batterie anschließen.

Keilriemen aus- und einbauen/ spannen

Ausbau

- **Diesel-Motor:** Zahnriemenabdeckung und Kunststoffabdeckung Kurbelwellenriemenscheibe entfernen.
- Hitzeschild abschrauben.
- Befestigungsschrauben lösen und Generator zum Motor schwenken.
- Keilriemen abnehmen. Gegebenenfalls Verstellasche abschrauben, um den Schwenkweg für den Generator zu vergrößern.

Einbau

- Keilriemen überprüfen. Sind die Flanken ausgefranst, Risse oder Bruchstellen vorhanden, Keilriemen auf jeden Fall ersetzen.
- Keilriemen auflegen und spannen. Dazu Generator vom Motor mit Hilfe eines Montierhebels wegschwenken und Klemmschraube anziehen.

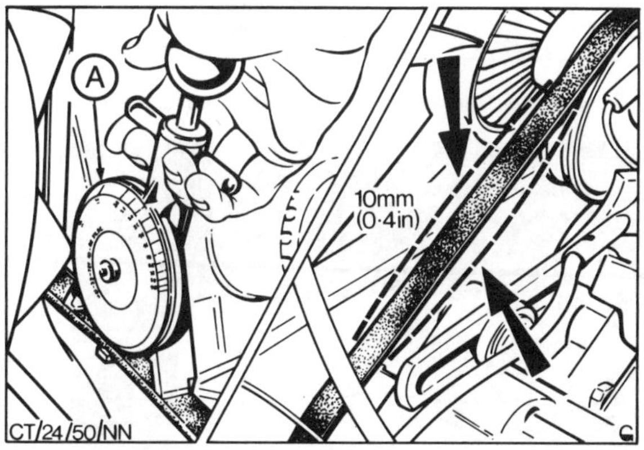

- Keilriemenspannung mit Spezialwerkzeug –A– prüfen.
  Sollwerte OHV-Motor: Neuer Riemen: 400 ± 50 N; gelaufener Riemen: 300 ± 50 N.
  Sollwerte CVH-Motor: Neuer Riemen: 450 ± 50 N; gelaufener Riemen: 350 ± 50 N.

Hinweis: Als gelaufen gilt ein Riemen, der mindestens 10 Minuten in Betrieb war. Prüfung mit Meßgerät nur bei kaltem Keilriemen durchführen.

- Steht das Spezialwerkzeug nicht zur Verfügung, Keilriemen mit dem Daumen zwischen den Riemenscheiben durchdrücken. Dabei soll sich der Riemen ca. 4 mm eindrücken lassen, sonst Spannung korrigieren.
- Hitzeschild einbauen.
- **Diesel-Motor:** Kunststoffabdeckungen für Kurbelwellenriemenscheibe und Zahnriemen anbauen.

Schleifkohlen für Generator/ Spannungsregler ersetzen/prüfen

Bosch-Generator

Ausbau

- Der Ausbau ist bei eingebautem Generator möglich.
- Batterie-Massekabel abklemmen.
- Hitzeschild abschrauben, 3 Schrauben SW 17.

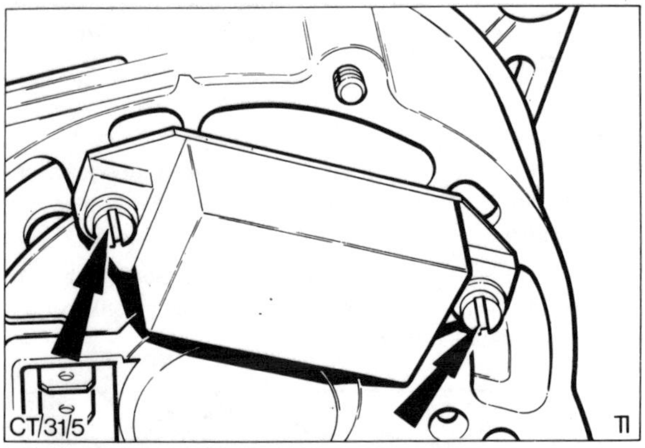

- Spannungsregler abschrauben und herausziehen.

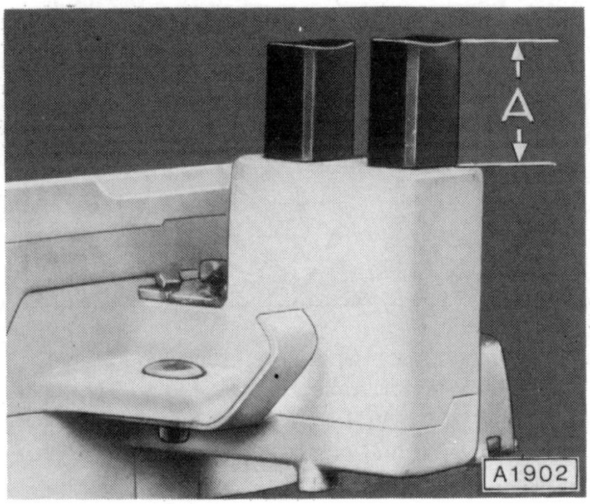

- Länge – A – der Schleifkohlen neu = 10 mm, Verschleißgrenze = 5 mm.
- Gegebenenfalls Anschlußlitze auslöten und Schleifkohlen ersetzen.

Einbau

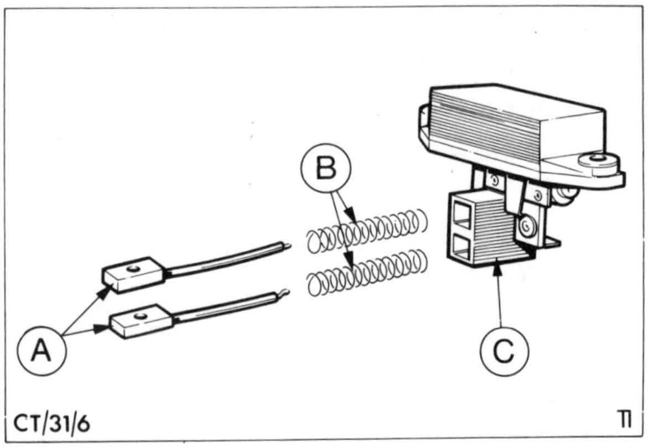

- Neue Kohlebürsten – A – und Federn – B – in den Bürstenhalter – C – einsetzen und Anschlüsse verlöten.
- Damit beim Anlöten der neuen Bürsten kein Lötzinn in der Litze hochsteigen kann, Anschlußlitze der Bürsten mit einer Flachzange fassen.
- Durch hochsteigendes Lötzinn würde die Litze steif und die Kohlebürste unbrauchbar werden.
- Der Isolierschlauch über der Litze muß neben der Lötstelle mit der vorhandenen Öse festgeklemmt werden.
- Nach dem Einbau neue Kohlebürsten auf leichten Lauf in den Bürstenhaltern prüfen.
- Spannungsregler einsetzen und festschrauben.
- Hitzeschild einbauen, Batterie-Massekabel anklemmen.

Lucas-Generator

Ausbau

- Der Ausbau ist bei eingebautem Generator möglich.
- Schleifkohlen und Spannungsregler können auch getrennt ausgebaut werden.
- Massekabel von der Batterie abklemmen.
- Hitzeschild abschrauben, 3 Schrauben SW 17.
- Mehrfachstecker vom Generator abziehen.
- Hinteren Deckel abschrauben, 2 Schrauben in der Mitte des Deckels.

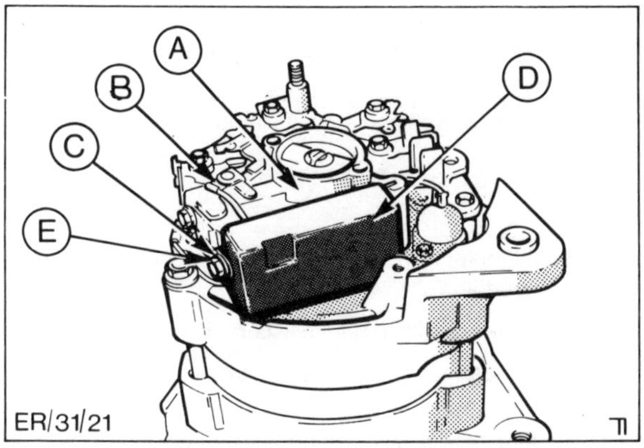

- Regler – D – abklemmen, Verbindungslasche – B – lösen. Halteschraube – E – abschrauben, dabei Kunststoff-Distanzstück – C – nicht verlieren. Regler herausnehmen.

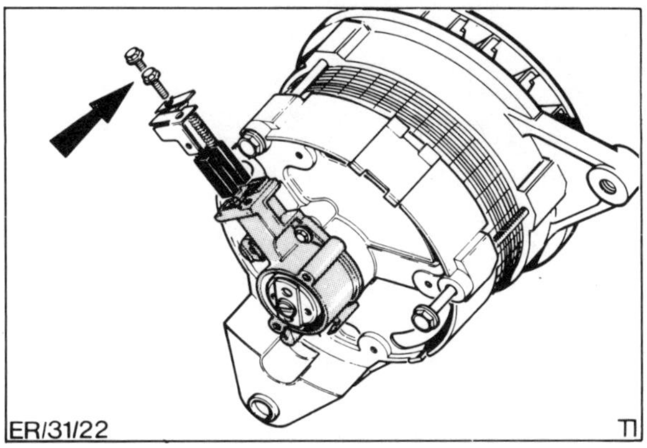

- Halteschrauben – Pfeil – für Schleifkohlen herausdrehen und Kohlebürsten aus dem Bürstenhalter herausziehen. Die Bürsten müssen eine Mindestlänge von 5 mm haben, andernfalls ersetzen.

Einbau

- Kohlebürsten in den Bürstenhalter einsetzen und anschrauben.
- Spannungsregler einsetzen und anschrauben, Distanzstück nicht vergessen. Kabel anschließen, Verbindungslasche befestigen.
- Hinteren Deckel anschrauben.
- Mehrfachstecker aufschieben.
- Hitzeschild anschrauben und Massekabel an Batterie anschließen.

Motorola-Generator

Ausbau

- Der Ausbau ist bei eingebautem Generator möglich.
- Batterie-Massekabel abklemmen.
- Hitzeschild abschrauben, 3 Schrauben SW 17.
- Mehrfachstecker vom Generator abziehen.

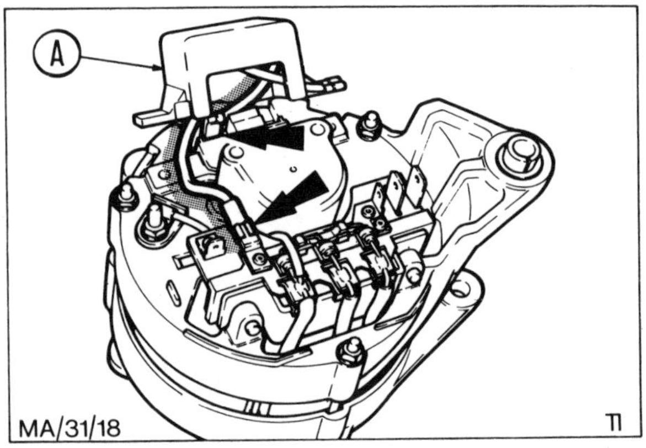

MA/31/18 TI

- Regler – A – abschrauben, 2 Kabel – Pfeile – abklemmen.

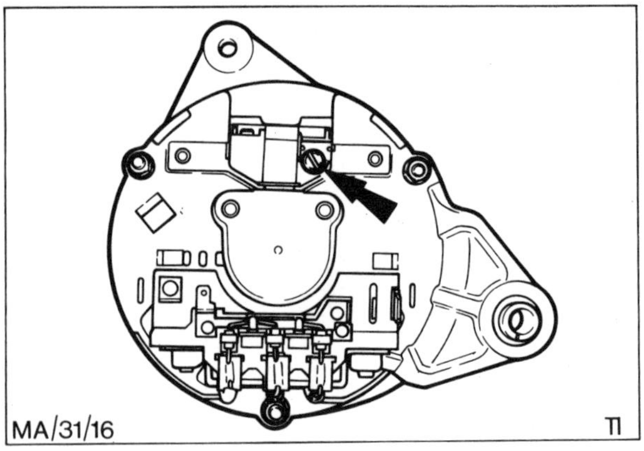

MA/31/16 TI

- Halteschraube für Bürstenhalter herausdrehen.
- Bürstenhalter vorsichtig nach außen drehen, damit die Kohlebürsten nicht beschädigt werden.

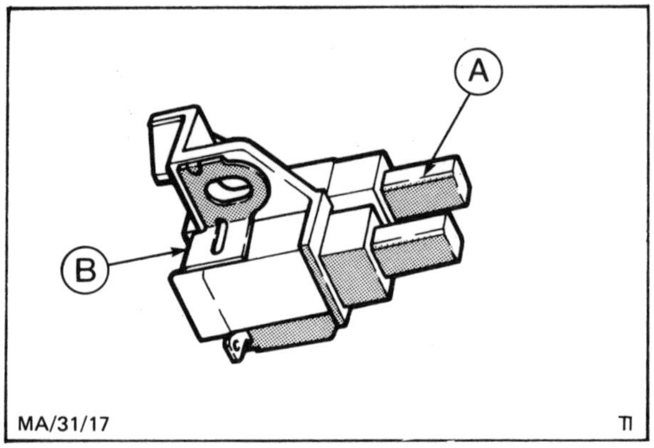

MA/31/17 TI

- Die Kohlebürsten – A – müssen eine Mindestlänge von 4 mm haben.
- Gegebenenfalls Kohlebürsten auslöten – B – und herausnehmen.

Einbau

- Neue Kohlebürsten in den Bürstenhalter einsetzen und Anschlüsse verlöten.
- Bürstenhalter einsetzen und festschrauben.
- Kabel für Spannungsregler anklemmen und Regler anschrauben.
- Mehrfachstecker am Generator aufschieben.
- Hitzeschild anschrauben, Batterie-Massekabel anschließen.

Störungstabelle Generator

Störung	Ursache	Abhilfe
Ladekontrollampe brennt nicht bei eingeschalteter Zündung	● Lampe durchgebrannt	Ersetzen
	● Batterie leer	Laden
	● Unterbrechung in der Leitungsführung zwischen Generator, Zündschloß und Kontrollampe	Mit Voltmeter nach Stromlaufplan untersuchen
	● Steckverbindungen zwischen Relaisplatte und Generator nicht gesteckt	Kontrollieren, gegebenenfalls Stecker ersetzen
	● Schleifkohlen liegen nicht auf dem Schleifring auf	Freigängigkeit der Schleifkohlen und Mindestlänge prüfen
	● Erregerwicklung im Generator durchgebrannt	Läufer austauschen
Ladekontrollampe verlöscht nicht bei Drehzahlsteigerung	● Regler defekt	Regler prüfen Regler austauschen
	● Leitung zwischen Drehstromgenerator und Kontrollampe hat Masseanschluß	Leitungsstrang ersetzen
Ladekontrollampe brennt bei ausgeschalteter Zündung	● Plusdiode hat Kurzschluß	Dioden prüfen Diodenplatte austauschen

Der Anlasser

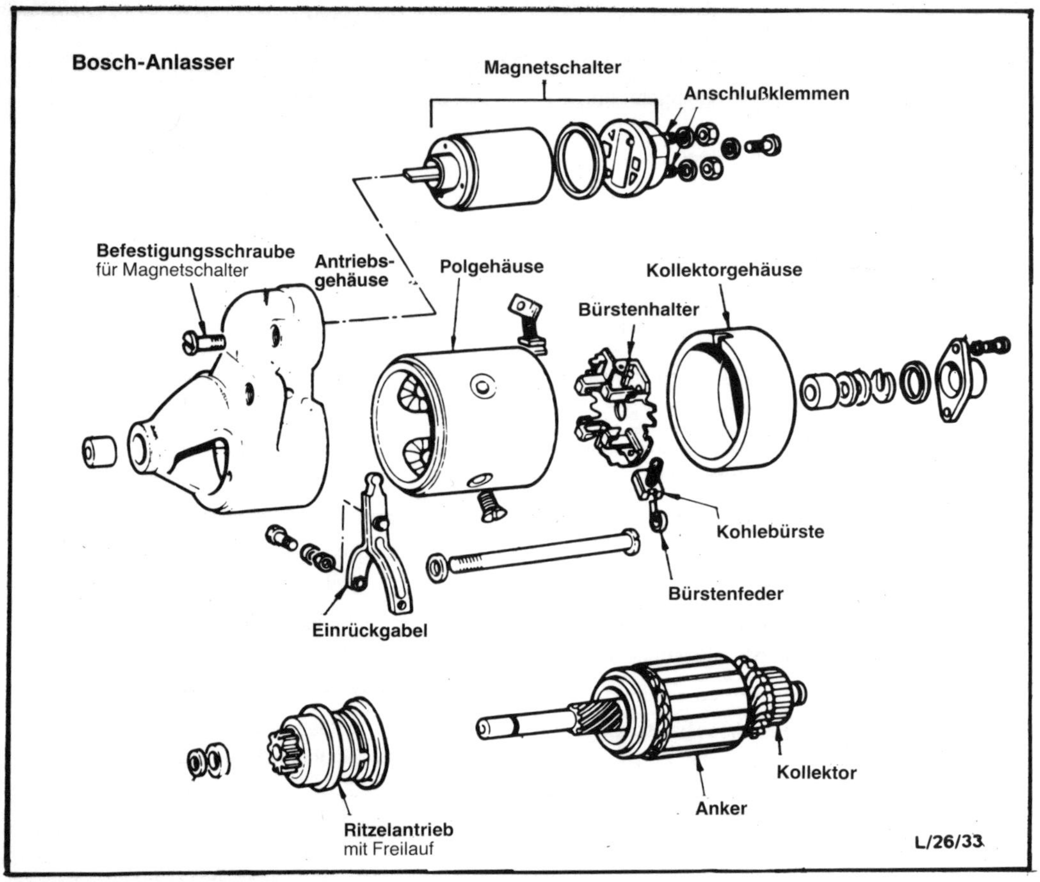

Anlasser aus- und einbauen

Ausbau

- Batterie-Massekabel abklemmen.
- Fahrzeug vorn aufbocken, siehe Seite 233.

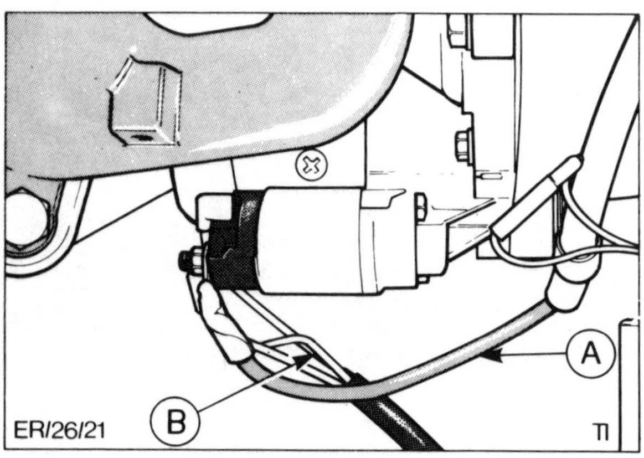

- Hauptstromkabel – A –, sowie die beiden Kabel – B – mit Tesaband markieren und (Kabelstrang) vom Magnetschalter abklemmen.

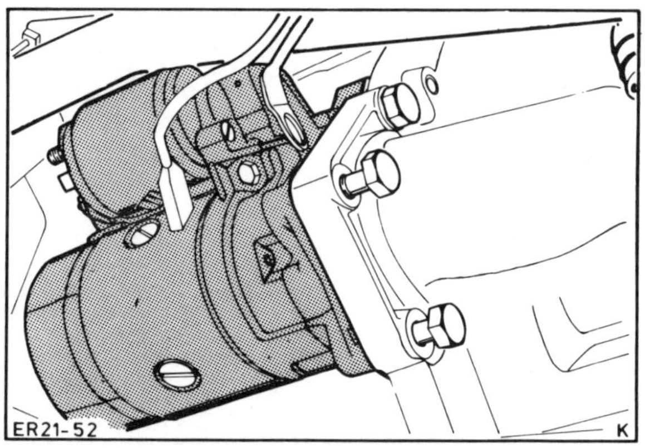

- 3 Befestigungsschrauben herausdrehen und Starter abnehmen.

Einbau

- Starter einsetzen und mit 3 Schrauben befestigen.
- Kabel entsprechend der Markierung am Magnetschalter anklemmen.
- Massekabel an Batterie anklemmen.
- Fahrzeug ablassen.
- Starter auf Funktion überprüfen.

Störungstabelle Anlasser

Wenn ein Anlasser nicht durchdreht, ist zunächst zu prüfen, ob an der Klemme 50 des Magnetschalters (Steuerleitung, schwarz-rotes Kabel) die zum Einziehen benötigte Spannung von mindestens 8 Volt vorhanden ist. Liegt die Spannung unter dem genannten Wert, dann müssen die Leitungen, die zum Anlasserstromkreis gehören, nach dem Stromlaufplan überprüft werden. Ob der Anlasser bei voller Batteriespannung einzieht, kann folgendermaßen geprüft werden.

- Keinen Gang einlegen, Zündung eingeschaltet.
- Mit einer Leitung (Querschnitt mindestens 4 mm^2) die Klemmen 30 und 50 am Anlasser überbrücken, siehe auch Stromlaufplan.

Spurt der Anlasser dabei einwandfrei ein, so liegt der Fehler in der Leitungsführung zum Anlasser. Wenn der Anlasser nicht einspurt, muß er im ausgebauten Zustand überprüft werden.

Prüfvoraussetzung: Leitungsanschlüsse und Masseband müssen festsitzen und dürfen nicht oxydiert sein.

Störung	Ursache	Abhilfe
Anlasser dreht sich nicht beim Betätigen des Zündanlaßschalters	● Batterie entladen	Batterie laden
	● Klemmen 30 und 50 am Anlasser überbrücken: Anlasser läuft an. Leitung 50 zum Zündanlaßschalter unterbrochen, Anlaßschalter defekt	Unterbrechung beseitigen, defekte Teile ersetzen
	● Kabel oder Masseanschluß ist unterbrochen. Batterie entladen	Batteriekabel und Anschlüsse prüfen. Spannung der Batterie messen, nötigenfalls laden
	● Ungenügender Stromdurchgang infolge lockerer oder oxydierter Anschlüsse	Batteriepole und -klemmen reinigen. Stromsichere Verbindungen zwischen Batterie, Anlasser und Masse herstellen
	● Keine Spannung an Klemme 50 (Magnetschalter)	Leitung unterbrochen Zündanlaßschalter defekt
Anlasser dreht sich zu langsam und zieht den Motor nicht durch	● Batterie entladen	Batterie laden
	● Kein Winteröl bzw. Mehrbereichsöl im Motor	Mehrbereichsöl einfüllen
	● Ungenügender Stromdurchgang infolge lockerer oder oxydierter Anschlüsse	Batteriepole und -klemmen und Anschlüsse am Anlasser reinigen, Anschlüsse festziehen
	● Kohlebürsten liegen nicht auf dem Kollektor auf, Klemmen in ihren Führungen, sind abgenutzt, gebrochen, verölt oder verschmutzt	Kohlebürsten überprüfen, reinigen bzw. auswechseln. Führungen prüfen
	● Ungenügender Abstand zwischen Kohlebürsten und Kollektor	Kohlebürsten ersetzen und Führungen für Kohlebürsten reinigen
	● Kollektor riefig oder verbrannt und verschmutzt	Kollektor abdrehen oder Anker ersetzen
	● Spannung an Klemme 50 fehlt (mind. 8 Volt)	Zündanlaßschalter oder Magnetschalter überprüfen
	● Lager ausgeschlagen	Lager prüfen, ggf. auswechseln
	● Magnetschalter defekt	Schalter auswechseln
Anlasser spurt ein und zieht an, Motor dreht sich nicht oder nur ruckweise	● Ritzelgetriebe defekt	Ritzelgetriebe ersetzen
	● Ritzel verschmutzt	Ritzel reinigen
	● Zahnkranz am Schwungrad defekt	Zahnkranz nacharbeiten, falls erforderlich, Schwungrad erneuern
Ritzelgetriebe spurt nicht aus	● Ritzelgetriebe oder Steilgewinde verschmutzt bzw. beschädigt	Ritzelgetriebe reinigen ggf. ersetzen
	● Magnetschalter defekt	Magnetschalter ersetzen
	● Rückzugfeder schwach oder gebrochen	Rückzugfeder erneuern
Anlasser läuft weiter, nachdem der Zündschlüssel losgelassen wurde	● Magnetschalter hängt, schaltet nicht ab	Zündung sofort ausschalten, Magnetschalter ersetzen
	● Zündschloß schaltet nicht ab	Sofort Batterie abklemmen, Zündschloß ersetzen

Wartung an der elektrischen Anlage

Batterie prüfen

Säurestand prüfen

- Wartungsarme Batterien, erkennbar an der 81-AB-Teilenummer am Batteriegehäuse, nur etwa alle 15 Monate kontrollieren.

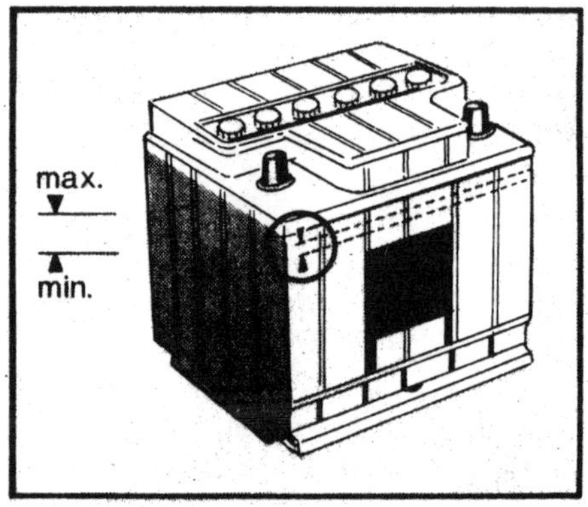

- Der Flüssigkeitsspiegel soll 6 mm über den Platten einschließlich der Separatoren stehen. Ist eine Säurestandsmarke vorhanden, dann ist der Säurestand danach einzurichten. Zum Nachfüllen nur destilliertes Wasser nehmen.
- Batterien mit zu hohem Flüssigkeitsstand können bei starker Ladung (längere Fahrten am Tage) überkochen. Zu niedriger Säurestand verkürzt die Lebensdauer der Batterie.

Säuredichte prüfen

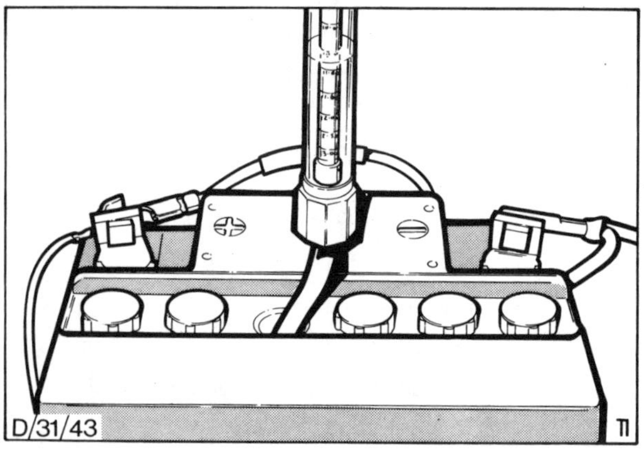

- Die Säuredichte ergibt in Verbindung mit der Spannungsmessung genauen Aufschluß über den Ladezustand der Batterie. Zur Prüfung dient ein Säureheber, der recht preiswert in Fachgeschäften angeboten wird. Je größer das spezifische Gewicht der angesaugten Batteriesäure ist, desto mehr taucht der Schwimmer auf. An der Skala kann man die Säuredichte in spezifischem Gewicht oder Grad Baumè ablesen. Folgende Werte müssen erreicht werden:

	normale Klimazonen		Tropen	
Ladezustand	Bè.	spez. Gewicht	Bè.	spez. Gewicht
entladen	16	1,12	11	1,08
halb entladen	24	1,20	18	1,14
gut geladen	32	1,28	27	1,23

Batterie-Pole reinigen

Bei der regelmäßigen Durchsicht des Wagens sind auch die Batterie-Pole und Anschlußklammern zu reinigen und mit Säureschutzfett einzureiben.

Achtung: Eine unbenutzte Batterie entlädt sich von selbst. Falls die Batterie nicht rechtzeitig überprüft und nachgeladen wird, können bleibende Schäden an den Platten auftreten. Wird also das Auto für mehrere Wochen stillgelegt, Batterie alle vier Wochen ent- und wieder aufladen.

Batterie unter Belastung prüfen

- Voltmeter an den Polen der Batterie anschließen.
- Motor starten und Spannung ablesen.
- Während des Startvorganges darf bei einer vollen Batterie die Spannung nicht unter 10 Volt (Säuretemperatur ca. 20° C) abfallen.
- Bricht die Spannung sofort zusammen und wurde in den Zellen eine unterschiedliche Säuredichte festgestellt, so ist auf eine defekte Batterie zu schließen.
- Die Gesamtspannung kann auch mit einem Batterie-Testgerät gemessen werden.

Keilriemen prüfen

- Mit Lampe in den Motorraum leuchten.
- Keilriemen sichtprüfen, dann Riemen etwas weiterdrehen. Dazu 4. Gang einlegen und Fahrzeug verschieben.
- Bei ausgefransten Flanken oder Rissen an der Riemeninnenseite Keilriemen ersetzen.
- Keilriemenspannung prüfen. Mit dem Daumen in der Mitte zwischen beiden Riemenscheiben auf den Keilriemen drücken. Dabei soll sich der Riemen 5 bis 10 mm eindrücken lassen. Andernfalls Keilriemen spannen.

Achtung: Erfolgt die Prüfung bei warmem Motor, Lappen um Kühlmittelschlauch legen.

Die Zündanlage

Die Zündanlage erzeugt für jeden Zylinder des Motors im richtigen Augenblick den Zündfunken. Dieser setzt das angesaugte Kraftstoffluftgemisch in Brand.

Die Zündanlage besteht aus

- der Zündspule
- dem Verteiler mit Unterbrecher bzw. Impulsgeber sowie automatischer Zündzeitpunktverstellung
- den Zündkerzen.

In der Zündspule wird die Batteriespannung (12 Volt) auf 25 000 bis 30 000 Volt umgeformt.

Der Zündverteiler hat die Aufgabe, mit Hilfe der Unterbrecherkontakte bzw. des Impulsgebers die Zündspannung in der Zündspule zu induzieren und die in der Zündspule erzeugte Zündspannung über den Zündverteiler-Läufer zu der jeweils richtigen Zündkerze zu leiten. An den Zündkerzen-Elektroden springt der Zündfunke über, der das Kraftstoffluftgemisch im Zylinder entzündet.

Während die 1,1-l-Motoren bis 12. 85 mit einer kontaktgesteuerten Spulenzündung ausgestattet sind, haben die anderen Motoren eine kontaktlose, elektronische Zündanlage. Je nach Motor ist eine Transistor-Zündanlage (TSZ-Steuergerät) oder eine elektronische Kennfeldzündung (ESC-II-Zündungsrechner) eingebaut. ESC = Electronic Spark Control.

Der Unterschied besteht darin, daß bei der TSZ-Anlage die Unterdruck- und Fliehkraftverstellung wie seither mechanisch im Verteiler vorgenommen wird. Bei der kennfeldgesteuerten Zündanlage übernimmt diese Aufgaben dagegen ein elektronischer Zündungsrechner.

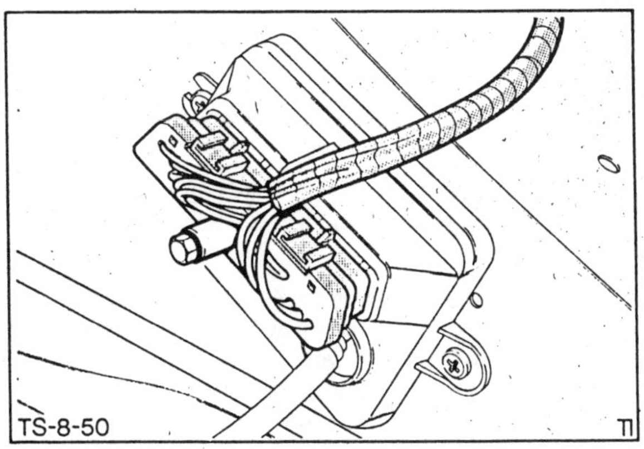

Der Zündungsrechner (ESC-Modul) befindet sich am linken Stehblech im Motorraum.

Achtung: Seit 9/88 wird in den 1,3-l-Motor mit 46 kW (63 PS) ein verteilerloses, kennfeldgesteuertes Zündsystem eingebaut. Die Verteilung der Zündspannung auf die einzelnen Zylinder wird nicht mehr durch mechanische, sondern durch elektronische Bauteile vorgenommen. Daher ist hier kein Zündverteiler mehr vorhanden. Überprüfungen an diesem Zündsystem erfordern Spezialwerkzeug und sollten nur von der Fachwerkstatt vorgenommen werden.

Funktion der elektronischen Zündanlage

Die Transistor-Zündung (TSZ)

Die Transistorzündanlage ist ein kontaktloses Zündsystem. Anstelle des Unterbrecherkontaktes ist der Zündverteiler mit einem wartungsfreien Impulsgeber ausgestattet. Ein Zündkondensator ist nicht erforderlich. Der Impulsgeber besteht aus einem Dauermagneten, einer Magnetspule und einem mit der Verteilerwelle verbundenen Verteileranker.
Der Impulsgeber steuert das TSZ-Schaltgerät an und bestimmt somit den Aus- und Einschaltpunkt des Zündspulenstromes. Dadurch bestimmt der Impulsgeber auch den Zündzeitpunkt.

Bosch-Verteiler

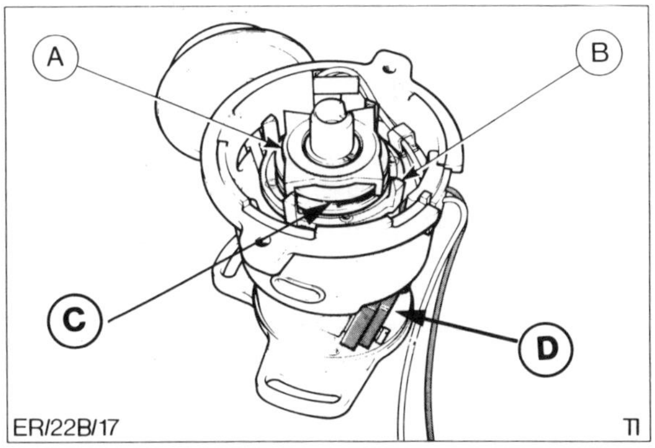

Da sich der Verteileranker – A – mit der Verteilerwelle dreht, ändert sich der Abstand zwischen Verteileranker und den Statorpolen – B – ständig. Dadurch wird in die Magnetspule – C – eine Wechselspannung induziert. Entsprechend den Spannungsänderungen löst das Steuergerät – D – zusammen mit der Zündspule den Zündfunken aus. Die Zündung erfolgt immer dann, wenn sich die Pole von Verteileranker und Stator gegenüberstehen. Der Schließwinkel wird vom elektronischen Steuergerät bestimmt und ständig der Motordrehzahl angepaßt.

Die kennfeldgesteuerte Zündung

Der 1,6-l-Turbomotor und der 1,6-l-Katalysatormotor ist vom Werk aus auf ein sehr mageres Kraftstoff/Luftgemisch eingestellt. Um dennoch eine sichere Zündung unter den verschiedensten Betriebsbedingungen zu gewährleisten, kommt hier eine kennfeldgesteuerte Zündanlage zum Einsatz.

Bei der kennfeldgesteuerten Zündanlage wird der optimale Zündzeitpunkt vom jeweiligen Betriebszustand des Motors bestimmt. Als Meßgrößen dienen die Motordrehzahl, die Motortemperatur und der Lastzustand (Saugrohrunterdruck). Darunter versteht man die momentane Belastung des Motors. Denn es ist ein Unterschied, ob das Fahrzeug beispielsweise mit 4000/min einen Berg rauf- oder runterfährt.

Das erforderliche Kennfeld für die Zündanlage wird durch Versuche auf dem Motorprüfstand ermittelt und anschließend in Fahrversuchen so abgestimmt, daß sich die günstigsten Werte für Verbrauch, Abgas und Fahrverhalten ergeben. Die ermittelten Werte werden im Steuergerät gespeichert.

Während der Fahrt werden aus den Funktionen Motordrehzahl, Motortemperatur und Lastzustand Signale an das Steuergerät gegeben, welches dann aus dem festgelegten Kennfeld für den momentanen Betriebszustand den richtigen Zündzeitpunkt (zum Beispiel 7° vor OT oder 0°) ermittelt.

Bei Ausfall der Information über Motortemperatur bzw. Saugrohrunterdruck können Mängel im Fahrverhalten auftreten, und zwar verringerte Motorleistung und eventuell höherer Verbrauch. Langfristige Schäden am Motor sind nicht zu befürchten, wenn der Defekt alsbald behoben wird.

Der Zündverteiler ist mit einem wartungsfreien Hallgeber ausgestattet. Ein Zündkondensator ist nicht erforderlich. Der Hallgeber besteht aus einer berührungslos arbeitenden Magnetschranke und einer an der Zündverteilerwelle befestigten Blende. Wird die Blende in den Luftspalt der Magnetschranke gedreht, so lenkt sie das Magnetfeld an der integrierten Halbleiterschaltung (Hall-IC) vorbei. Der Hallgeber erzeugt einen Impuls, worauf der Zündungsrechner die genaue Einschaltzeit für den Zündspulenstrom in der Primärwicklung berechnet.

Wird die Blende aus dem Luftspalt der Magnetschranke gedreht, legt der Rechner den Abschaltzeitpunkt für den Primärstromkreis fest und löst dadurch den induzierten Hochspannungsstrom an die Zündkerzen aus.

Verteilerlose Zündanlage

Der 1,3-l-OHV-Motor seit 9/88 (63 PS) besitzt eine kennfeldgesteuerte Zündung, die jedoch keinen Zündverteiler hat.

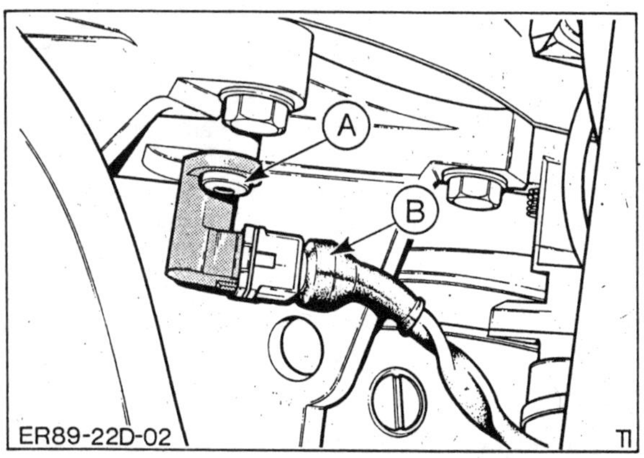

Am Motorblock in der Nähe vom Getriebe befindet sich ein Sensor. Er erfaßt Motordrehzahl und Kurbelwellen-Position anhand von Markierungen (Gußstegen) auf der Schwungscheibe. Unter Berücksichtigung des vom Sensor gelieferten Signals und weiterer Daten wie Motorlast und Kühlmitteltemperatur berechnet das ESC-Steuergerät den optimalen Zündzeitpunkt für alle Betriebszustände.

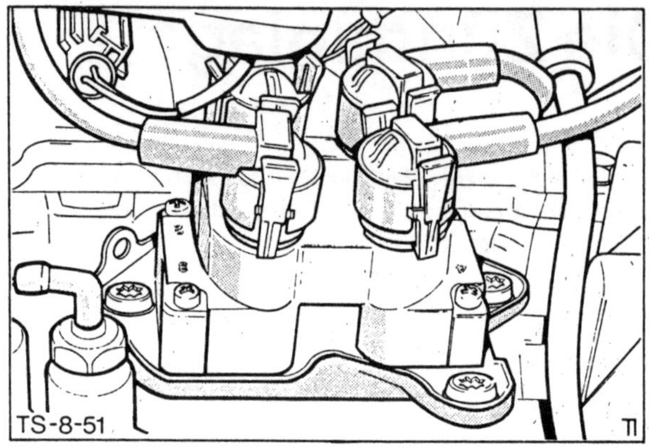

Die Zündspule ist direkt am Motorblock angebracht. In der Spule befinden sich je 2 Primär- und Sekundärwicklungen. Jede der beiden Sekundärwicklungen versorgt 2 Zylinder mit Hochspannung. Bei Auslösen der Zündung werden 2 Funken erzeugt, von denen einer in den Auspufftakt des entsprechenden Zylinders zündet.

Sicherheitsmaßnahmen zur elektronischen Zündanlage

Bei elektronischen Zündanlagen beträgt die Zündspannung bis zu 30 kV. Unter ungünstigen Umständen, zum Beispiel Feuchtigkeit im Motorraum, können Spannungsspitzen die Isolation durchschlagen, was bei Berührung zu Elektroschocks führt.

Um Verletzungen von Personen und/oder die Zerstörung der elektronischen Zündanlage zu vermeiden, ist bei Arbeiten an Fahrzeugen mit elektronischer Zündanlage folgendes zu beachten.

- Zündkabel nicht bei laufendem Motor bzw. bei Anlaßdrehzahl mit der Hand berühren bzw. abziehen.
- Leitungen der Zündanlage nur bei ausgeschalteter Zündung abklemmen.
- An Klemme 1 (−) darf kein Entstörkondensator und keine Prüflampe angeschlossen werden.
- Meßgeräte und Zündlichtlampen mit Spannungsversorgung 12 Volt bei laufendem Motor nicht an Klemme 15 der Zündspule anklemmen.
- Hochspannungskabel (Klemme 4) nach dem Abziehen aus dem Zündverteiler immer direkt an Masse legen, dazu Hilfskabel mit ausreichendem Querschnitt verwenden, andernfalls darf der Motor nicht in Anlaßdrehzahl betrieben werden (z. B. Kompressionsdruckprüfung).
- Bei Elektro- und Punktschweißen ist die Batterie komplett abzuklemmen.
- Personen mit einem Herzschrittmacher sollen keine Arbeiten an der TSZ-Anlage durchführen.

Zündverteiler aus- und einbauen

CVH-Motoren

Ausbau

- Batterie Massekabel abklemmen.
- Verteilerkappe abnehmen, Unterdruckschlauch am Zündverteiler abziehen.
- Niederspannungskabel Verteiler/Zündspule abklemmen. Bei Transistorzündung Mehrfachstecker trennen.

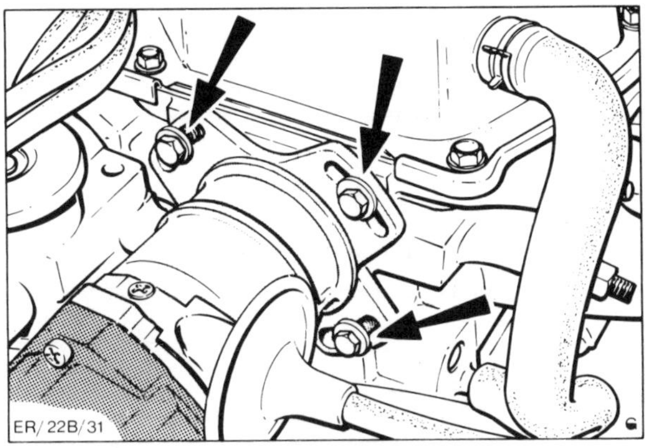
ER/22B/31

- 3 beziehungsweise 2 Befestigungsschrauben herausdrehen und Verteiler abnehmen.

Einbau

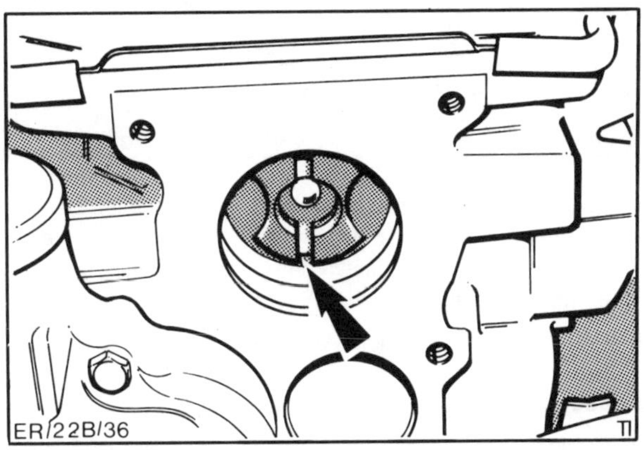
ER/22B/36

- Mitnehmerklaue am Verteiler so ausrichten, daß sie in die Nuten der Nockenwelle paßt. **Achtung:** Die Antriebszapfen der Verteilerwelle sind aus der Mitte versetzt, sie passen nur in einer Stellung in die Nuten der Nockenwelle.
- Verteiler mit neuem Dichtring einsetzen.

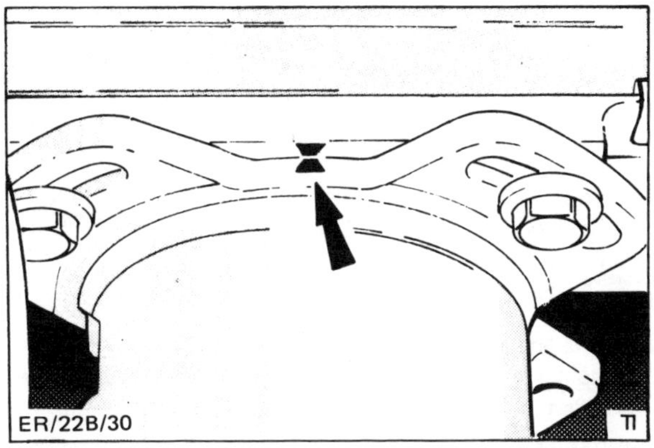
ER/22B/30

- Besitzt der Motor zwei Markierungen, kompletten Zündverteiler solang drehen, bis die Markierungen am Verteiler und am Zylinderkopf übereinstimmen. Andernfalls Verteiler so verdrehen, daß die Befestigungsschrauben jeweils mittig in den Langlöchern sitzen. Anschließend die Befestigungsschrauben mit 6 Nm anziehen.
- Verteilerkappe aufsetzen. Vorher Zündverteilerkappe säubern, auf Risse, Spuren von Kriechströmen und einwandfreien Sitz achten. Die Schleifkohle in der Mitte des Verteilerdeckels muß glatt, glänzend und leichtgängig sein.
- Unterdruckschlauch aufstecken, Niederspannungskabel anschließen, bzw. Mehrfachstecker verbinden.
- Batterie-Massekabel anschließen.
- Zündzeitpunkt prüfen, gegebenenfalls einstellen.

1,3-l und 1,1-l-OHV-Motoren

Ausbau

- Batterie-Massekabel abklemmen.
- Verteilerkappe abnehmen und zur Seite legen. Dazu 2 Sicherungsklammern seitlich am Verteiler mit Schraubendreher von der Kappe abhebeln.
- Niederspannungskabel Klemme 1 (–) von der Zündspule abziehen.

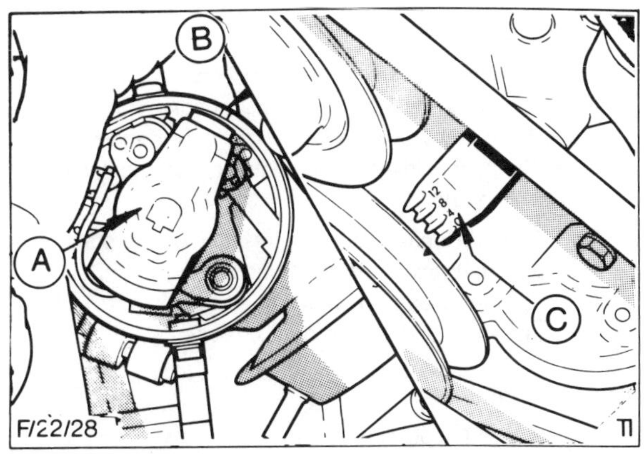

F/22/28

- Kurbelwelle von Hand drehen, bis der Verteilerläufer –A– gegenüber der Kerbe –B– am Verteilerrand steht. Gleichzeitig muß die Kerbe auf der Kurbelwellen-Riemenscheibe gegenüber der „O"-Markierung –C– stehen. In dieser Stellung steht der Kolben des 1. Zylinders im Oberen Totpunkt

(OT). Der Obere Totpunkt ist der höchste Punkt, den der Kolben auf seinem Weg im Zylinder erreicht. Drehen der Kurbelwelle, siehe Seite 34.

- Halteschraube für Befestigungsklemme am Motorblock abschrauben.

Achtung: Zur Erleichterung beim Einbau Stellung von Verteiler zu Motorblock mit Filzstift oder Reißnadel markieren. Dazu Strich über Verteiler und Motorblock ziehen.

- Mehrfachstecker vom Verteiler abziehen.
- Zündverteiler herausziehen. Dabei verdreht sich der Verteilerläufer etwas. Diese Stellung des Läufers mit Filzstift oder Reißnadel am Rand des Verteilergehäuses markieren.

Achtung: Kurbelwelle bei ausgebautem Verteiler möglichst nicht verdrehen.

Einbau

- Prüfen, ob die Kerbe auf der Kurbelwellen-Riemenscheibe noch gegenüber der „O"-Markierung steht.
- Verteilerwelle so drehen, daß der Verteilerläufer auf die am Gehäuserand angebrachte Markierung zeigt.
- Verteiler einsetzen und Halteschraube(n) anziehen, nicht festziehen.
- Bei Transistorzündung Mehrfachstecker aufschieben.
- Kabel auf Zündspule aufschieben.
- Batterie-Massekabel anklemmen.
- Mehrfachstecker auf den Verteiler aufstecken.
- Verteilerkappe innen reinigen, siehe Seite 210.
- Verteilerkappe aufsetzen, dabei muß die Nase in die Nut am Rand des Verteilers eingreifen. Sicherungsklammern aufdrücken.
- Zündzeitpunkt prüfen, gegebenenfalls einstellen.
- Halteschraube für Verteiler festziehen.

Kondensator prüfen

1,1-l-Motor bis 12. 85

- Der Kondensator (sitzt im oder am Zündverteiler) ist zum Erreichen der erforderlichen Zündspannung von wesentlichem Einfluß. Er vermindert gleichzeitig die Funkenbildung beim Öffnen der Unterbrecherkontakte und damit den vorzeitigen Abbrand.
- Ein defekter Kondensator macht sich durch stark verbrannte Unterbrecherkontakte, durch schwache Zündfunken oder durch Startschwierigkeiten bemerkbar. Defekte Kondensatoren sind außerordentlich selten.

Sichtprüfung

- Zündverteilerkappe abnehmen, Kontakte mit Schraubenzieher abheben. Wenn die Kontakte blaue Abbrandstellen aufweisen, deutet dies auf einen defekten Kondensator hin. Grauer oder schwarzer Abbrand ist normal.
- Motor bei abgenommener Zündverteilerkappe von Hilfsperson starten lassen. Während des Startens den Unterbrecherkontakt beobachten. Wenn ständig starke Funken zwischen den Kontaktflächen auftreten, ist dies ein Hinweis auf einen defekten Kondensator. Schwache, nicht ständig auftretende Funken sind normal.

Unterbrecherkontakt ersetzen

1,1-l-Motor bis 12. 85

Im Laufe der Zeit bilden sich an den Unterbrecherkontakten Abbrandstellen, die sich als kleine Höcker und Krater bemerkbar machen. Außerdem nutzt sich das Kunststoffgleitstück ab, wodurch sich der Kontaktabstand verringert. Die Folge: schwache Zündfunken.

Ausbau

- Verteilerkappe abnehmen und zur Seite legen.
- Verteilerläufer herausziehen.

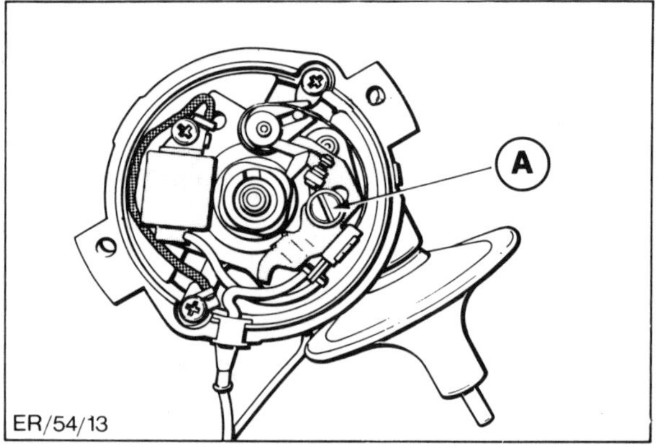

ER/54/13

- Kabel für Unterbrecherkontakt abziehen und Befestigungsschraube – A – herausdrehen. **Achtung:** Die Befestigungsschraube darf nicht in den Verteiler hineinfallen, andernfalls Verteiler ausbauen.
- Unterbrecherkontakt herausnehmen.

Einbau

- Unterbrecherkontakt einsetzen, Nockengleitbahn und Kunststoffgleitstück hauchdünn mit Heißlagerfett schmieren. Bei der Montage der Unterbrecherkontakte muß der Zapfen des Lagerbolzens einrasten.
- Versehentlich auf die Kontaktfläche gelangtes Öl oder Fett sorgsam entfernen, sonst springt der Motor nicht an. Kontaktflächen müssen plan zueinander stehen.

Achtung: Beim Lucas-Zündverteiler muß der Nocken für die „Spätverstellung" auf seinem Stift sitzen. Die Befestigungsschraube wird mit zwei Unterlegscheiben eingesetzt.

- Kabel für Unterbrecherkontakt aufstecken.
- Unterbrecherkontakt (Schließwinkel) einstellen.
- Verteilerläufer aufstecken und Verteilerkappe montieren.
- Zündzeitpunkt einstellen.
- Schließwinkel mit Meßgerät prüfen.

Schließwinkel prüfen/einstellen

1,1-l-Motor bis 12. 85

Für eine exakte Einstellung des Unterbrecherkontaktes benutzen die Werkstätten ein Schließwinkel-Meßgerät. Dieses Gerät bietet auch den Vorteil, daß bei leicht abgebrannten Kontaktflächen der Schließwinkel dennoch exakt eingestellt werden kann. Bei Verwendung eines Schließwinkel-Meßgerätes, Gerät nach Bedienungsanleitung anschließen.

Prüfen mit Schließwinkel-Meßgerät

- Motor anlassen und mit etwa 1000/min laufen lassen. Schließwinkel ablesen.
- Anschließend Motor mit etwa der doppelten Drehzahl laufen lassen. Der Zeiger des Schließwinkel-Meßgerätes darf nicht mehr als ± 4° vom vorher angezeigten Wert abweichen. Größere Abweichungen deuten auf Verschleiß der Verteilerwelle hin. In einem solchen Fall ist der Zündverteiler zu ersetzen.

Gemessenen Wert mit SOLLWERT vergleichen:
Sollwert 48° bis 52°.

- Gegebenenfalls Schließwinkel einstellen.

Einstellen mit Schließwinkel-Meßgerät

- Verteilerkappe abnehmen, Verteilerläufer abziehen.
- Schließwinkel-Meßgerät nach Anleitung anschließen.
- Befestigungsschraube am Unterbrecherkontakt leicht lösen.
- Getriebe in Leerlaufstellung bringen, Handbremse anziehen. Motor mit Anlasser von Helfer durchdrehen lassen, oder Fernschalter anschließen.

- Bei Anlaßdrehzahl Kontaktabstand mit Schraubenzieher verändern, bis das Meßinstrument den richtigen Schließwinkel anzeigt.
- Zum Verstellen der Unterbrecherkontakte wird der Schraubendreher in die Noppen der Platte eingesetzt, und zwar so, daß er gleichzeitig in die Kerbe am Unterbrecher eingreift.
- Nach dem Einstellen Befestigungsschraube für Unterbrecherkontakt festziehen.
- Schließwinkel bei laufendem Motor nochmals überprüfen.

Einstellen mit Fühlerblattlehre

Steht kein Schließwinkel-Meßgerät zur Verfügung, kann der Schließwinkel auch mit einer Fühlerblattlehre behelfsmäßig eingestellt werden. Anschließend sollte der Schließwinkel mit einem Schließwinkelmeßgerät eingestellt werden.

- Verteilerkappe abnehmen, Verteilerläufer abziehen.
- 4. Gang einlegen und durch Verschieben des Wagens die Kurbelwelle und damit die Zündverteilerwelle verdrehen. **Achtung:** Vor dem Einstellen muß das Kunststoffgleitstück im höchsten Punkt des Zündverteilernockens anliegen. Bei neu eingesetzten Kontakten kommt es vor, daß das Gleitstück nicht gegen den Nocken der Welle anstößt. Dann Unterbrecherkontakt leicht lösen und mit Schraubenzieher in Richtung Zündverteilerwelle drücken. Unterbrecherkontakt anschließend festziehen.

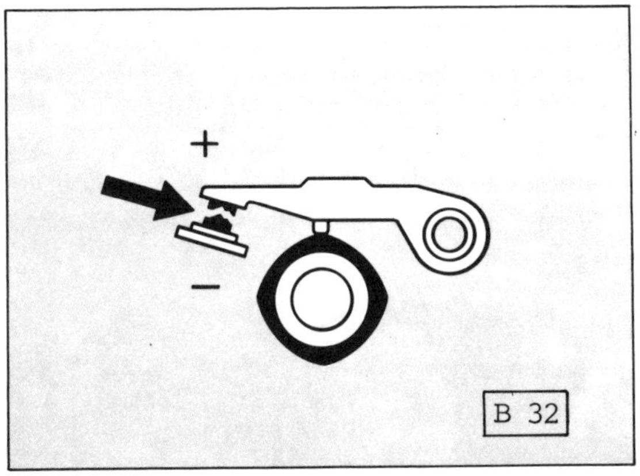

- Bei abgehobenem Unterbrecherkontakt Kontaktabstand mit einer Fühlerblattlehre messen. Die Lehre muß sich bei richtig eingestelltem Abstand stramm zwischen die Kontakte schieben lassen. Bei Kontakten mit Abbrand nur am Rand messen – in der Mitte würde der Abstand durch die Höckerbildung zu groß.

Bosch-Verteiler: 0,40–0,50 mm
Lucas-Verteiler: 0,40–0,59 mm

- Falls der Abstand zu groß oder zu klein ist: Feststellschraube am Unterbrecherkontakt leicht lösen. Mit Schraubenzieher unteren Teil von Unterbrecherkontakt verschieben, bis die Fühlerblattlehre stramm zwischen die Kontakte paßt.
- Feststellschraube am Unterbrecherkontakt anziehen.
- Kurbelwelle und damit Zündverteilerwelle verdrehen, bis der Unterbrecherhebel voll abhebt. Kontaktabstand nochmals prüfen bzw. einstellen.

Achtung: Da die Einstellung mit der Fühlerblattlehre weniger genau ist, Schließwinkel mit Meßgerät überprüfen lassen.

- Verteilerläufer aufstecken und Verteilerkappe montieren.
- Zündzeitpunkt einstellen.

Zündzeitpunkt einstellen

Bei Fahrzeugen mit Transistorzündung braucht der Zündzeitpunkt nur nach Ausbau des Verteilers eingestellt zu werden. Bei der Spulenzündung (1,1-l-Motor bis 12. 85) Zündzeitpunkt nach Austausch bzw. Einstellung der Unterbrecherkontakte und entsprechend den Wartungsintervallen kontrollieren, gegebenenfalls einstellen. Zum Einstellen des Zündzeitpunktes werden ein Drehzahlmesser und eine Zündblitzpistole benötigt.

- Öltemperatur mindestens 30° C.
- Luftklappen voll öffnen (XR 3).
- Drehzahlmesser nach Vorschrift anschließen.
- Schließwinkel prüfen, ggf. einstellen (1,1-l-Motor bis 12. 85).
- Leerlaufdrehzahl prüfen, ggf. einstellen.
- Kurbelwellenriemenscheibe soweit drehen bis die Kerbe nach oben zeigt. Dazu 4. Gang einlegen und Fahrzeug verschieben. Kerbe auf der Riemenscheibe mit Kreide deutlich markieren.
- **Unterdruckschlauch vom Verteiler abziehen** und mit geeigneter Schraube verschließen.

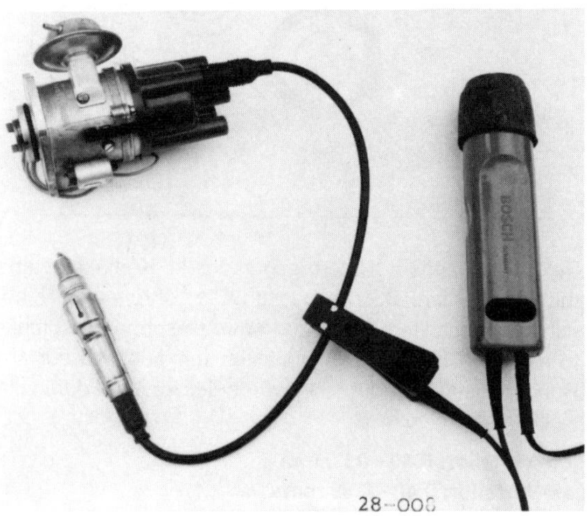

- Zündblitzpistole nach Bedienungsanleitung anschließen.
- Motor starten und im Leerlauf drehen lassen.

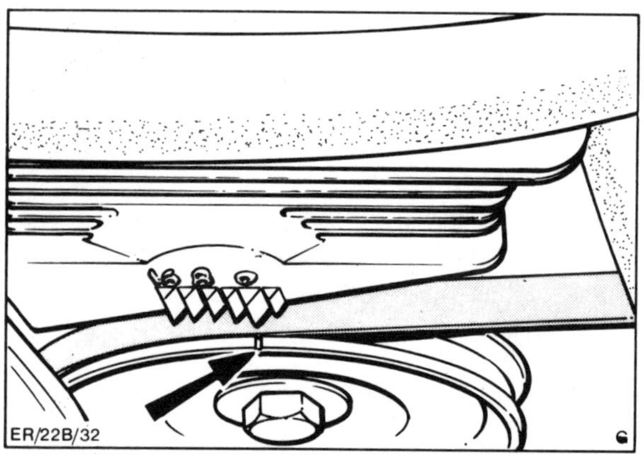

- Zündzeitpunkt-Markierung mit Zündblitzlampe anblitzen. Sollwert siehe Tabelle.

Die Zündung ist richtig eingestellt, wenn beim Anblitzen die Kerbe der Kurbelwellen-Riemenscheibe gegenüber der jeweiligen Markierung auf der Zahnriemenabdeckung scheinbar stillsteht. Die 12°-Markierung ist die zweite Markierung von links. In der Abbildung steht die Kerbe gegenüber der OT-Markierung. OT ist die Abkürzung für Oberer Totpunkt und bedeutet, daß der Kolben im ersten Zylinder (Zahnriemenseite) gerade seine höchste Stellung erreicht hat.

- Stimmen die Zündzeitpunkt-Markierungen beim Anblitzen nicht überein, 3 beziehungsweise 2 Befestigungsschrauben, bei OHV-Motoren 1 Klemmschraube für Verteiler lösen und Verteiler so verdrehen, bis eine Übereinstimmung beim Anblitzen gegeben ist.
- Befestigungsschrauben festziehen und Zündzeitpunkt nochmals überprüfen.
- Anschließend Stellung des Verteilers zum Zylinderkopf mit Dorn oder Lack kennzeichnen.
- Meßgeräte entfernen, **Unterdruckschlauch aufstecken.**
- Die Werkstatt kann zusätzlich Fliehkraft- und Unterdruckverstellung des Verteilers bei unterschiedlichen Drehzahlen prüfen.

Zündzeitpunkttabelle

Fahrzeuge mit uneingeschränkter Eignung für den Betrieb mit bleifreiem Kraftstoff

Motor	Herstellung von – bis Katalysator	kW/PS	Motorcode	Kraftstoff	Zündzeitpunkt vor OT (+ 2°)	
					Super verbl. bzw. Super-Plus	bleifrei
1,1 OHV VV	3/86–	37/50	GSG	S	6	2
1,1 CVH VV	9/84–	40/55	GMA	N	–	12
1,1 CVH VV	9/84–	43/59	GPA	S	12	8
1,3 OHV VV	3/86–	44/60	JLA	S	6	2
1,3 OHV VV	Ung. Kat.	44/60	JLB	S	–	2
1,3 HCS 2V		46/63	JBA	S	15	15[1)]
1,3 HCS 2V		44/60	JBB	S	7	7[1)]
1,3 CVH VV	9/84–	51/69	JPA	S	12	8
1,4 CVH 2V	–1/87	55/75	FUA	S	12	8
1,4 CVH 2V	2/87–	54/73	FUC	S	12	12
1,4 CVH CFI	Ger. Kat.	54/73	F6B/F6D	S	–	10
1,6 CVH VV	9/84–	58/79	LPA	S	12	8
1,6 CVH 2V		66/90	LUC	S	12	8
1,6 CVH FI	9/84–	77/105	LRA/LRB	S	12	6
1,6 CVH FI	Ger. Kat.	66/90	L4B	N	–	12

Fahrzeuge mit eingeschränkter Eignung für den Betrieb mit bleifreiem Kraftstoff. (Jede vierte Tankfüllung verbleiten Kraftstoff tanken).

Motor	Herstellung von – bis	kW/PS	Motorcode	Kraftstoff	Zündzeitpunkt vor OT (+ 2°)	
					Super verbl. bzw. Super-Plus	bleifrei
1,1 OHV VV		40/55	GLB	S	12	12
1,1 OHV VV	–2/86	37/50	GSE/GSG	S	6	2
1,1 CVH VV	–8/84	40/55	GMA	N	–	12
1,1 CVH VV	–8/84	43/59	GPA	S	12	8
1,3 OHV VV	–2/86	44/60	JLA	S	6	2
1,3 CVH VV	–8/84	51/69	JPA	S	12	8
1,6 CVH VV	–8/84	58/79	LPA	S	12	8
1,6 CVH 2V		71/96	LUA	S	12	8
1,6 CVH FI	–8/84	77/105	LRA	S	12	6
RS 1600 i		85/115	LUAE	S	12[2]	–
1,6 Turbo		97/132	LNA	S	12[2)]	–

N = Bleifreies Normalbenzin, 91 ROZ
S = Bleifreies Superbenzin, 95 ROZ

1) Prüfwert (nicht einstellbar)
2) Nur Super verbleit

Steuergerät aus- und einbauen

Ausbau

- Verteiler ausbauen.

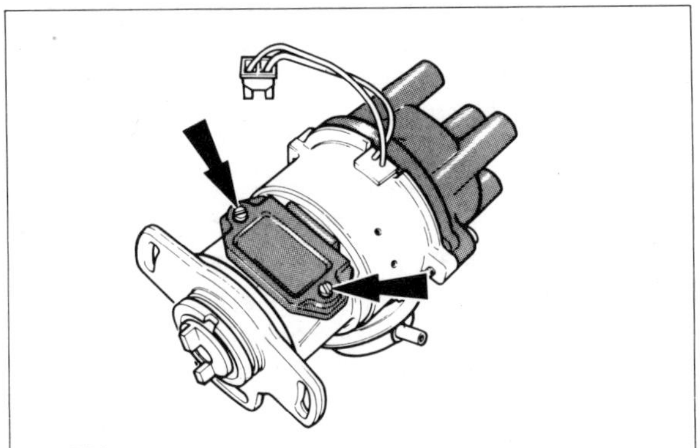

ER/22B/39

- Steuergerät abschrauben und vom Mehrfachstecker abziehen.

Einbau

- Steuergerät mit neuer Gummidichtung einsetzen.

Achtung: Bosch- und Lucas-Dichtungen sind unterschiedlich.

- Die Seite des Steuergerätes, die dem Verteiler zugewandt ist mit Hitzeableitmasse bestreichen.
- Steuergerät in Mehrfachstecker einsetzen und mit 2 Schrauben und 1,7 Nm befestigen.
- Verteiler einbauen.
- Zündung einstellen.

Klopfsensor aus- und einbauen

Um den Kraftstoff besser ausnützen zu können, sind einige Motoren so hoch verdichtet, daß die Gefahr einer klopfenden Verbrennung besteht. Das heißt, das Kraftstoff-Luft-Gemisch entzündet sich von selbst und verbrennt zu explosionsartig. Um mit dem Zündzeitpunkt näher an die Grenze zum Klopfen herangehen zu können, sind einige Motoren mit einer Klopfregelung ausgestattet. Der Klopfsensor ist an einer genau definierten Stelle am Motorblock angeschraubt, der die Schwingungen des Motors registriert und dem Zünd-Steuergerät übermittelt. Bei klopfender Verbrennung stellt das Steuergerät die Zündung vorübergehend nach „spät" und unterbindet auf diese Weise das Klopfen.

Ausbau

- Batterie-Massekabel abklemmen.
- Kühlmittel ablassen, siehe Seite 48.

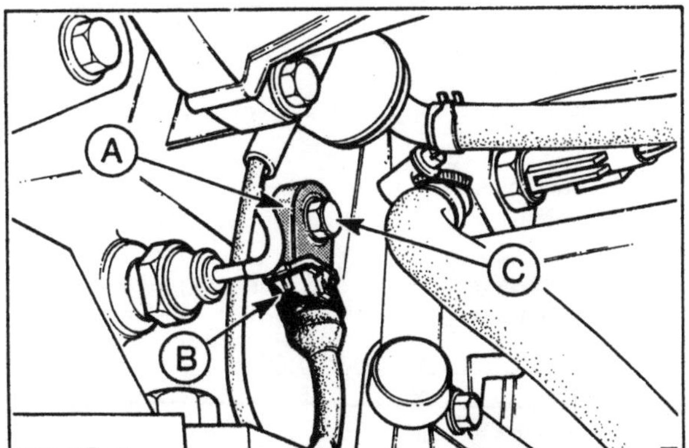

GE-6B-4

- Mehrfachstecker –B– vom Klopfsensor abziehen, dabei nicht am Kabel ziehen. Der Klopfsensor –A– befindet sich am Motorblock zwischen dem 2. und 3. Zylinder etwa 10 cm unterhalb vom Ansaugkrümmer.
- Befestigungsschraube –C– herausdrehen und Sensor abnehmen.

Einbau

- Anlageflächen am Motorblock und Sensor gut reinigen. Eventuell Schmutz mit Schaber abkratzen, Flächen mit benzingetränktem Lappen abwischen.
- Sensor mit **11 Nm** anschrauben. **Achtung:** Das Anzugsdrehmoment hat Einfluß auf die Funktion des Sensors.
- Mehrfachstecker –B– auf den Klopfsensor aufstecken.
- Kühlmittel einfüllen, siehe Seite 48.
- Batterie-Massekabel anschließen.

Zündspule prüfen

Die Zündspule kann mit einem Ohmmeter geprüft werden.

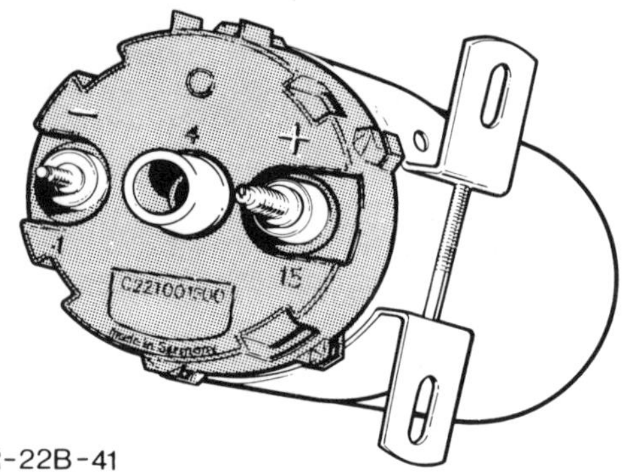

ER-22B-41 W

- Alle Anschlüsse an der Zündspule abklemmen.

Primärwiderstand prüfen

- Ohmmeter an Klemme 1 (–) und Klemme 15 (+) anschließen.
- Widerstand messen, wird der Sollwert nicht erreicht, Zündspule ersetzen.

Unterbrechergesteuerte Zündanlage (1,1-l-Motor bis 12. 85)	1,2 bis 1,4 Ohm
TSZ (1,3-, 1,4-, 1,6-l-Motor, 1,1-l-Motor seit 1. 86)	0,72 bis 0,88 Ohm
TSZ (1,6-l-RSi-, 1,6-l-Katalysator-Motor)	max. 1,6 Ohm

Sekundärwiderstand prüfen

- Ohmmeter an Klemme 1 und Klemme 4 (Hochspannungsklemme in der Mitte) anschließen.
- Widerstand messen. Wird der Sollwert nicht erreicht, Zündspule ersetzen.

Unterbrechergesteuerte Zündanlage (1,1-l-Motor bis 12. 85)	5 bis 9 kOhm
TSZ (1,3-, 1,4-, 1,6-l-Motor, 1,1-l-Motor seit 1. 86)	4,5 bis 7 kOhm
TSZ (1,6-l-RSi-, 1,6-l-Katalysator-Motor)	13,5 bis 16,5 kOhm

Steht kein Prüfgerät zur Verfügung, kann folgendermaßen geprüft werden. **Achtung: Die Hinweise gelten nur für die kontaktgesteuerte Zündanlage (1,1-l-Motoren).**

- Hochspannungskabel aus der Mitte des Verteilerkopfes herausziehen und in einer Entfernung von etwa 10 mm gegen Masse halten. Beim Durchdrehen des Motors mit dem Anlasser müssen Funken vom Leitungsende überspringen.
- Springt kein Funke über, zunächst Spannung mit Voltmeter an Klemme 15 der Zündspule bei eingeschalteter Zündung überprüfen. Sie muß mindestens 9 Volt betragen.
- Liegt die Spannung über dem genannten Wert, mit einem Voltmeter oder einer einfachen Prüflampe an Klemme 1 der Zündspule prüfen, ob bei **geschlossenen** Unterbrecherkontakten keine Spannung und bei **geöffneten** Kontakten Spannung vorhanden ist. Die geschlossenen Kontakte (Motor mit Anlasser durchdrehen) können mit einem Schraubenzieher abgehoben werden.
- Wenn bei geöffneten Unterbrecherkontakten das Voltmeter nicht ausschlägt oder die Prüflampe nicht aufleuchtet, Zündspule austauschen.

Achtung: In Fahrzeuge mit Transistorzündung darf keinesfalls eine Zündspule der unterbrechergesteuerten Zündanlage eingebaut werden. Dadurch würde das Steuergerät zerstört.

Zündkabel prüfen

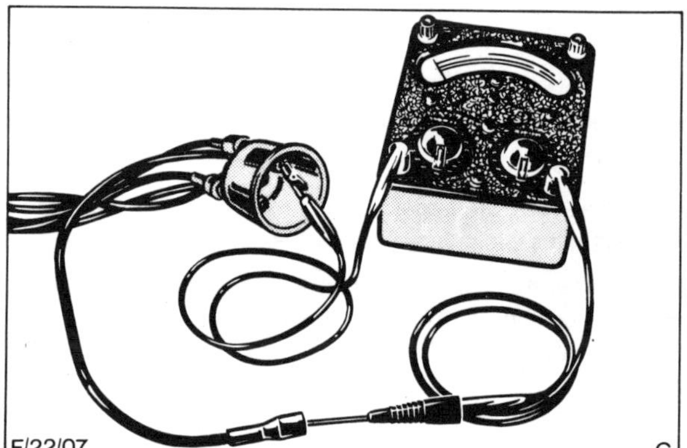

F/22/07

- Zündkabel ausbauen und Ohmmeter wie in Abbildung anschließen.
- Widerstand messen. Sollwert: max. 17,5 kOhm (1,1-l-Motor bis 12. 85: 23 kOhm).
- Bei hohem Widerstand Kabelanschlüsse reinigen und Prüfung wiederholen.

Die Zündkerzen

Die Zündkerze besteht aus der Mittel-Elektrode, dem Isolator mit Gehäuse und der Masse-Elektrode. Die Masse-Elektrode ist gasdicht im Isolator befestigt, der Isolator ist fest mit dem Gehäuse verbunden. Zwischen Mittel- und Masse-Elektrode springt der Zündfunke über, der das Kraftstoffluftgemisch entzünden soll. Von der Zündkerze hängen Startbereitschaft, Leerlaufverhalten, Beschleunigung und Höchstgeschwindigkeit ab. Man sollte deshalb nicht ohne Grund von dem vom Werk vorgeschriebenen Zündkerzentyp abweichen, der durch die Wärmewert-Kennzahl bestimmt wird. Die Wärmewert-Kennzahl gibt den Grad der Wärmebelastbarkeit einer Zündkerze im Motor unter bestimmten Betriebsbedingungen an. Die Zündkerzen für den Motor sind so ausgewählt, daß sie möglichst unter allen Fahrbedingungen die Selbstreinigungstemperatur erreichen. Je niedriger die Wärmewert-Kennzahl einer Zündkerze ist, desto höher ist ihr Widerstand gegen Glühzündungen und desto kleiner ist ihr Widerstand gegen Verschmutzung. Je höher die Wärmewert-Kennzahl der Zündkerze ist, desto kleiner ist ihr Widerstand gegen Glühzündungen und desto höher ist ihr Widerstand gegen Verschmutzung.

Die Wärmewert-Kennzahl ist im Zündkerzencode enthalten. Der Code schlüsselt sich wie folgt auf:

Bosch-Zündkerze

Beispiel W R 7 D C R X
① ② ③ ④ ⑤ ⑥ ⑦

① W = Gewinde M14 x 1,25 mit Flachdichtsitz, SW 21; F = Gewinde M14 × 1,25 mit Flachdichtsitz, SW 16; M = Gewinde M18 × 1,5 mit Flachdichtsitz, SW 25; H = Gewinde M14 x 1,25 mit Kegeldichtsitz, SW 16; D = Gewinde M18 x 1,5 mit Kegeldichtsitz, SW 21. SW = Schlüsselweite.

② R = Mit Widerstand, zur Entstörung. Die Funktion der Zündanlage wird dadurch nicht beeinflußt.
③ 7 = Wärmewertskala. Die Wärmewertskala wird von 06 („kalt") bis 13 („warm") angegeben. Dabei entspricht 7 dem alten Wärmewert 175 (frühere Bezeichnung), 6 – 200, 5 – 225 usw.
④ A = Gewindelänge 12,7 mm, normale Funkenlage; B = Gewindelänge 12,7 mm, vorgezogene Funkenlage; C = Gewindelänge 19 mm, normale Funkenlage; D = Gewindelänge 19 mm, vorgezogene Funkenlage.
⑤ C = Elektrodenwerkstoff der Mittelelektrode: Cr-Ni-Legierung, C = Ni-Cu-Verbund-Mittelelektrode, S = Silber-Mittelelektrode, P = Platin-Mittelelektrode, O = Standard-Zündkerze mit verstärkter Mittelelektrode.
⑥ R = 1 kΩ Abbrandwiderstand.
⑦ X = Elektrodenabstand 1,1 mm.

Durch den Kupferkern (Cu) in der Mittelelektrode und noch mehr durch die Silber-Mittelelektrode wird die Wärmeleitfähigkeit und damit die Wärmebelastbarkeit erhöht. Der Vorteil der Zündkerze mit Platin-Mittelelektrode liegt in hoher Zündwilligkeit sowie geringem Verschleiß und größerem Wärmewertbereich.

Von dem vom Werk empfohlenen Wärmewert sollte nur dann abgegangen werden, wenn die Betriebsbedingungen erheblich von den normalen Bedingungen abweichen und Betriebsstörungen auftreten. Sind die Kerzen ständig verrußt, erreichen sie also nicht die Selbstreinigungstemperatur (nur Kurzstreckenverkehr), ist eine Zündkerze mit dem nächstniedrigeren Wärmewert empfehlenswert. Wenn der Motor ausschließlich Vollgas gefahren wird, kann eine Zündkerze mit nächsthöherem Wärmewert erforderlich werden.

Die Zündkerzen sind alle 20 000 km zu ersetzen. Vor dem Herausschrauben der Zündkerzen, Zündkerzenstecker abziehen, dabei jedoch nicht an den Kabeln ziehen. Eine spezielle Zange, zum Beispiel HAZET 1849, erleichtert das Abziehen der Kerzenstecker. Anschließend Zündkerzennischen im Zylinderkopf mit Preßluft ausblasen.

Dann Zündkerzen mit geeignetem Kerzenschlüssel herausschrauben.

Zum Einschrauben Zündkerzen in Schlüssel einsetzen, am Zylinderkopf einführen und vorsichtig anschrauben.

Achtung: Zündkerzen nicht verkanten, dadurch kann das Gewinde im Zylinderkopf zerstört werden.

Das Anzugsdrehmoment beträgt beim **OHV-Motor: 15 Nm,** beim **CVH-Motor: 25 Nm.**

Die richtige Zündkerze für den FORD ESCORT/ORION

Motor	Motorcode	Motorcraft	EA[1]	Bosch	EA[1)]	Champion	EA[1)]
1,1-, 1,3-l OHV, 50/55/60 PS	GLB, GSG, JLA	AGRF 22	0,75	HR6DC	0,7	–	
1,3-l OHV seit 9/88	JBA, JBB	AGRF22C1	1,0	FR6DCX	1,1	–	
1,1-l LC CVH, 55 PS	GMA	AGP 22 C	0,75	F 6 DC	0,6	–	
1,1-l HC, 59 PS	GPA	AGP 12 C AGPR 12 C	0,75	F 5 DC	0,6	–	
1,3-l HC CVH, 69 PS	JPA	AGPR 22 C	0,75	F 6 DC	0,6	–	
1,4-l CFI Katalysator 73 PS	F6D	AGPR 32CD1	1,0	FR6DCX	1,1	–	
1,4-l HC, 2V, 73 PS	FUA	AGPR22C[2]	1,0	F6DC	0,6	–	
1,6-l HC, VV, 79 PS	LPA	AGPR22C	0,75	F6DC FR6DC	0,6	–	
1,6-l HC, RS, 88 PS	LPA	AGPR 22CD	0,75	F6DC FR6DC	0,7	–	
1,6-l HC 2V, 90/96 PS	LUC, LUA	AGPR22C	0,75	F6DC	0,6	–	
1,6-l EFI, Katalysator, 90 PS	L4B	AGPR22C	0,75	F6DC	0,6	–	
1,6-l ger. Kat. 102 PS	–	AGPR 22CD1	1,0	–	–	–	–
1,6-l HC FI, 105 PS	LRA	AGPR 12CD	1,0	F5DC	0,6	–	
1,6-l RSI, 115 PS	LUAE	–		F5DC FR5DC	0,7	RC7YC RC6YC	0,7
1,6-l RS Turbo, 132 PS	LNA	AGPR 901C1	1,0	–	–	–	

[1] Elektrodenabstand in mm
[2] Bei unverbleitem Kraftstoff: AGPR22C1, Elektrodenabstand 1,0 mm

Achtung: Die technische Entwicklung geht ständig weiter. Es kann sein, daß inzwischen auch für ältere Fahrzeug-Modelle andere Zündkerzenwerte gelten. Es empfiehlt sich deshalb, die aktuellen Zündkerzenwerte bei der Fachwerkstatt zu erfragen.

W Wartung an der Zündanlage

Verteilerkappe prüfen

Unterbrechergesteuerte Zündanlage

- Verteilerkappe abnehmen. Die Kappe muß innen trocken sein.
- Anschlußkontakte auf Verschleiß und Korrosion prüfen, gegebenenfalls mit Schmirgelleinen reinigen.
- Mittleren Kohlekontakt auf Leichtgängigkeit und Verschleiß prüfen. Dazu Kontakt mit dem Finger eindrücken.
- Verteilerkappe auf Kriechströme untersuchen. Kriechströme zeigen sich durch dünne, unregelmäßige Spuren auf der Oberfläche der Verteilerkappe.
- Verteilerkappe mit sauberem, trockenem Lappen auswischen und auf Haarrisse untersuchen, gegebenenfalls Verteilerkappe auswechseln. Anschließend Kappe innen mit Kontaktspray einsprühen.
- Verteilerläufer abziehen und auf Haarrisse sowie saubere Kontakte prüfen, gegebenenfalls reinigen.
- Filz in der Verteilerwelle leicht ölen.
- Nockengleitbahn, Kunststoffgleitstück des Unterbrecherkontaktes und den Lagerbolzen mit etwas Mehrzweckfett schmieren.
- Verteilerläufer aufstecken, dabei muß die Nase des Läufers in die Nut der Verteilerwelle einrasten. Verteilerläufer leicht hin- und herdrehen und dadurch festen Sitz prüfen.
- Motor von Hand drehen, bis die Unterbrecherkontakte öffnen. Zustand der Kontaktflächen prüfen. Im Laufe der Zeit bilden sich dort Abbrandstellen, die in fortgeschrittenem Stadium die Startwilligkeit des Motors beeinträchtigen. Stark verbrannte Kontakte müssen deshalb erneuert werden. Motor drehen, siehe Seite 205.
- Kunststoffgleitstück mit etwas Heißlagerfett schmieren. Mit dem Gleitstück liegt der Unterbrecher an der Zündverteilerwelle an.
- Verteilerkappe aufsetzen, dabei muß die Nase der Kappe in die Vertiefung am Verteilerrand eingreifen. Durch Hin- und Herdrehen prüfen ob die Verteilerkappe fest sitzt, dann die 2 Federklammern aufdrücken.

Elektrische Anschlüsse prüfen

- Sämtliche elektrischen Anschlüsse an der Zündspule sowie am Verteiler auf festen Sitz prüfen.
- Lockere Klemmen nachbiegen.
- Angerissene Klemmen ersetzen.
- Korrodierte Anschlüsse mit einer Drahtbürste oder Schmirgelleinen reinigen, gegebenenfalls mit Kontaktspray einsprühen.
- Die Kontakte müssen in trockenem Zustand sein, andernfalls reinigen und mit Kontaktspray einsprühen.

Zündkerzen prüfen

Die Zündkerzen sind alle 10000 km zu prüfen und alle 20000 km zu ersetzen. Platin-Zündkerzen haben in der Regel eine längere Lebensdauer. Sie müssen ausgetauscht werden, wenn die Mittel-Elektrode im Isolatorfuß nicht mehr erkennbar ist.

- Sämtliche Kerzenstecker abziehen, dabei nur an den Steckern und nicht an den Kabeln ziehen.
- Zündkerzennischen, wenn möglich, mit Preßluft ausblasen.
- Zündkerzen mit geeignetem Kerzenschlüssel herausschrauben und Kerzengesicht prüfen. Mit einiger Erfahrung lassen sich daraus Rückschlüsse auf den Betriebszustand des Motors ziehen. Es gelten folgende Regeln:
  - ■ Mittelgrau = richtige Vergasereinstellung und richtiges Arbeiten der Zündkerze.
  - ■ Schwarz = Gemisch zu fett.
  - ■ Hellgrau = Gemisch zu mager.
  - ■ Verölt, naß = Aussetzen der betreffenden Zündkerze oder schlecht abdichtende Kolbenringe.
- Zündkerzen mit Drahtbürste oder Sandstrahlgerät reinigen.
- Isolatoren der Zündkerzen auf Kriechströme untersuchen. Kriechströme zeigen sich als dünne, unregelmäßige Spuren auf der Oberfläche. Falls sich die Kriechstromspuren nicht vollständig entfernen lassen, betreffende Kerze austauschen.
- Falls erforderlich, Mittel-Elektrode mit Feile rechtwinkelig abstumpfen und damit Abbrand ausgleichen.

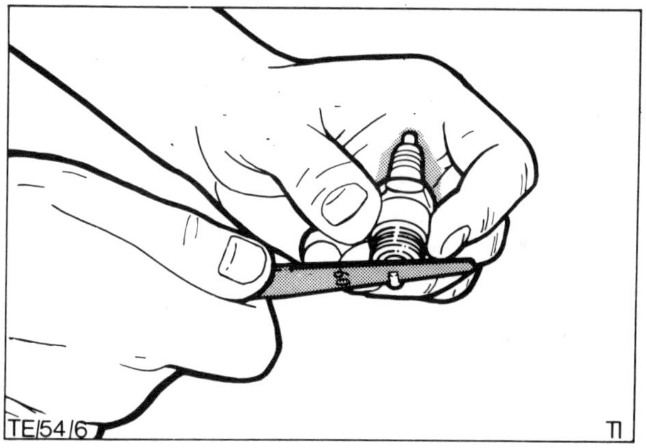
TE/54/6 TI

- Elektrodenabstand mit Fühlerblattlehre prüfen. Falls erforderlich, Masse-Elektrode nachbiegen. Dazu seitlich gegen die Masse-Elektrode klopfen. Beim Aufbiegen kleinen Schraubendreher am Gewinderand abstützen, keinesfalls jedoch an der Mittel-Elektrode, da diese sonst beschädigt wird.

- Gewinde an den Kerzen und im Zylinderkopf reinigen.
- Zündkerzen von Hand bis zur Anlage am Zylinderkopf einschrauben. **Achtung:** Dabei Kerzen nicht verkantet ansetzen.
- Zündkerzen mit richtigem Drehmoment festziehen; OHV-Motor: 15 Nm, CVH-Motor: 25 Nm.

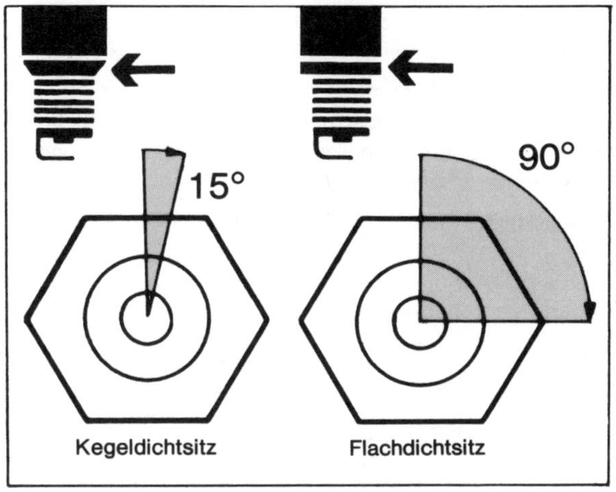

Achtung: Steht kein Drehmomentschlüssel zur Verfügung, neue Zündkerzen mit **Flachdichtsitz** mit Kerzenschlüssel um **ca. 90°** (1/4 Umdrehung) weiterdrehen. Zündkerzen mit **Kegeldichtsitz um ca. 15°**, ebenso wie gebrauchte Zündkerzen mit Flachdichtsatz, weiterdrehen. Zu fest angezogene Zündkerzen können beim Herausschrauben abreißen oder das Gewinde im Zylinderkopf beschädigen. In diesem Fall Zylinderkopf ausbauen und Kerzengewinde mit Heli-Coil- oder UTC-Einsätzen reparieren.

- Kerzenstecker entsprechend der Zündfolge 1–3–4–2 (1,1-, 1,3-l-OHV-Motoren, seit 3.82: 1–2–4–3) aufstecken.
- Durch Hin- und Herbewegen festen Sitz der Kerzenstecker und Zündkabel prüfen.

Die Beleuchtungsanlage

Zur Beleuchtungsanlage zählen: Hauptscheinwerfer, Nebellampen, Heckleuchten, Bremsleuchten, Rückfahrscheinwerfer, Kennzeichenleuchte, Blinkleuchten, Innenleuchte und Instrumentenbeleuchtung.

Vor dem Auswechseln der Glühlampe Schalter des betreffenden Verbrauchers ausschalten. **Achtung:** Glaskolben nicht mit bloßen Fingern anfassen. Der Fingerabdruck würde verdunsten und sich – aufgrund der Wärme – auf dem Reflektor niederschlagen und diesen erblinden lassen. Grundsätzlich Glühlampe nur durch eine gleiche Ausführung ersetzen. Versehentlich entstandene Berührungsflecken mit sauberem, nicht faserndem Tuch und Alkohol oder Spiritus entfernen.

Scheinwerferlampe auswechseln

Ausbau

- Motorhaube öffnen und abstützen.
- Mehrfachstecker von der Glühlampe abziehen.
- Abdeckkappe abnehmen.

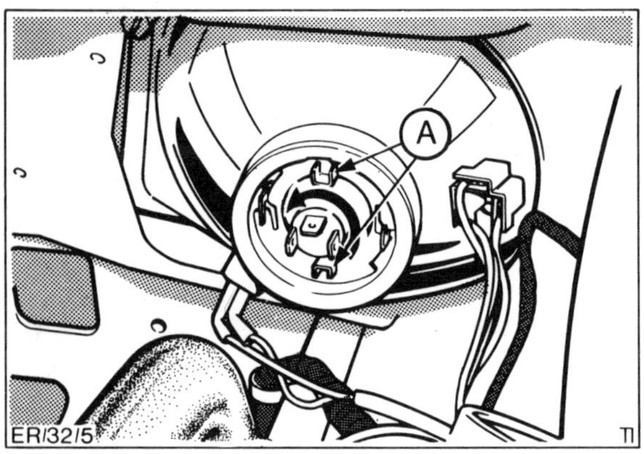

- **Halogen-Lampe:** Haltebügel etwas in Richtung Scheinwerfer drücken, dann zusammendrücken und aufklappen. Lampe herausnehmen.

Einbau

- **Halogen-Lampe** so einsetzen, daß die Haltenasen in die Aussparungen am Scheinwerfer eingreifen. Auf gleichmäßigen Sitz der Lampe achten (nicht verkanten). Haltebügel einhängen und dadurch Lampe sichern.

Achtung: Die Kontaktzungen der Lampe müssen in eingebautem Zustand die in der Abbildung gezeigte Stellung einnehmen. Die mittlere Kontaktzunge steht also oben.

- Abdeckkappe aufdrücken und Mehrfachstecker anschließen.

Halogen-Fernscheinwerfer

Ausbau

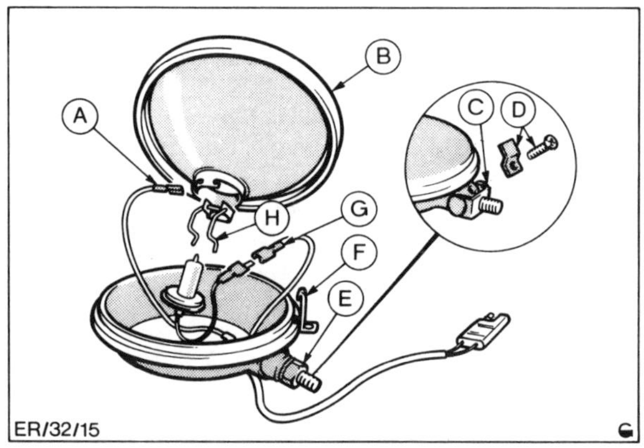

- Befestigungsschraube – D/F – für Scheinwerferglas herausdrehen. Dabei mit einer Hand Glas gegen Herausfallen sichern.
- Glas mit Reflektor – B – nach unten herausnehmen.
- Massekabel – A – und Stromkabel – G – abziehen.
- Haltebügel – H – für Glühlampe aushängen und Lampe herausnehmen.

Einbau

- Halogen-Lampe in den Reflektor einsetzen und mit Haltebügel sichern.
- Kabel aufstecken.
- Glas mit Reflektor komplett einsetzen und mit Halteschraube befestigen.

Halogen-Nebelscheinwerfer

Ausbau

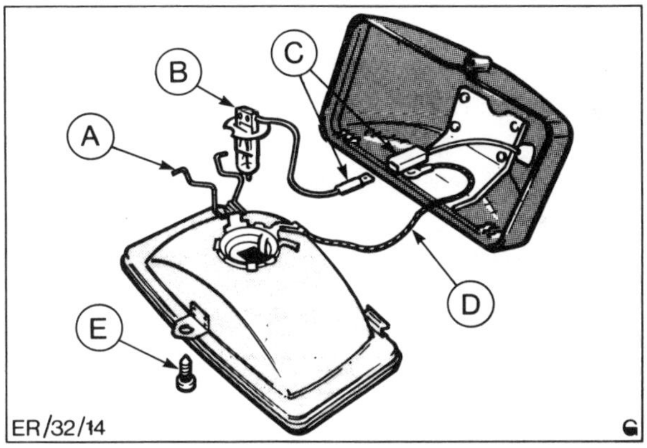

ER/32/14

- Glasbefestigungsschraube – E – herausdrehen. Dabei Glas mit einer Hand gegen herausfallen sichern.
- Glas mit Reflektor herausziehen.
- Steckverbinder – C – trennen.
- Haltebügel – A – zusammendrücken und aufklappen.
- Halogenlampe – B – herausnehmen. D–Massekabel.

Einbau

- Neue Glühlampe so einsetzen, daß der Lampenteller sicher einrastet.
- Federdrahtbügel über den Lampenteller klappen. Drahtbügel zusammendrücken und in die Haltenasen einrasten lassen.
- Lampenstecker in den Leitungsverbinder stecken.
- Glas mit Reflektor einsetzen und Halteschraube festziehen.

Standlichtlampe auswechseln

Ausbau

- Motorhaube öffnen.

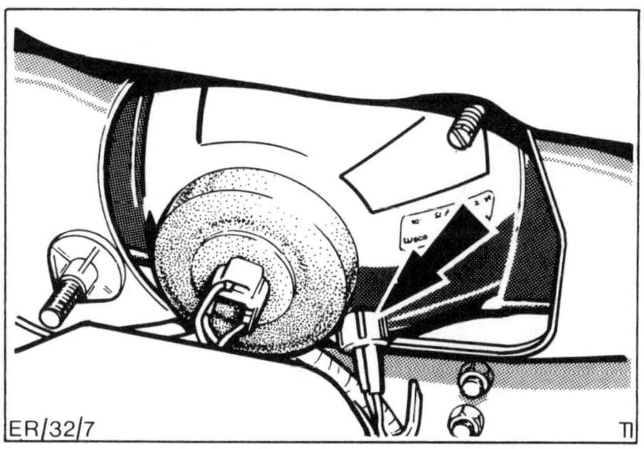
ER/32/7

- Lampenfassung – Pfeil – um 90° nach links drehen und herausnehmen.
- Lampe in die Fassung drücken, nach links drehen und herausnehmen.

Einbau

- Standlichtlampe in die Fassung drücken, nach rechts drehen und einrasten.
- Lampenfassung in den Scheinwerfer einsetzen und durch Rechtsdrehen sichern.

Blinklampe vorn wechseln

Ausbau

- Motorhaube öffnen.

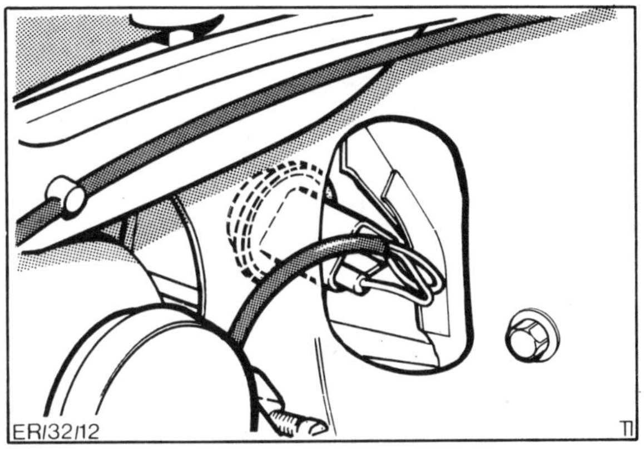
ER/32/12

- Vom Motorraum her Lampenfassung nach links drehen und herausziehen.
- Lampe eindrücken, nach links drehen und herausnehmen.

Einbau

- Neue Glühlampe in die Fassung drücken, nach rechts drehen und einrasten.
- Lampenfassung in die Blinkleuchte einsetzen, dabei zeigt das braune Kabel nach rechts und Fassung durch Rechtsdrehen sichern.

Brems-, Schluß-, Blinklampe auswechseln

Ausbau

- Heckklappe bzw. Kofferraumdeckel öffnen.

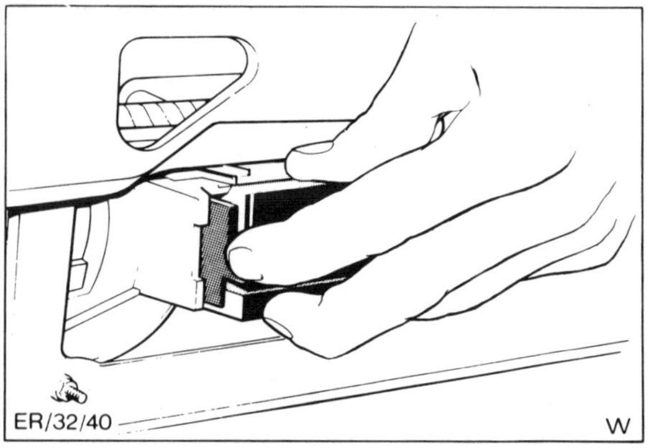

ER/32/40 W

- Halteklammer eindrücken, Lampenträger etwas herausziehen und auf der anderen Seite aushängen.
- Mehrfachstecker abziehen.

Turnier

- Hintere Verkleidung ausbauen.

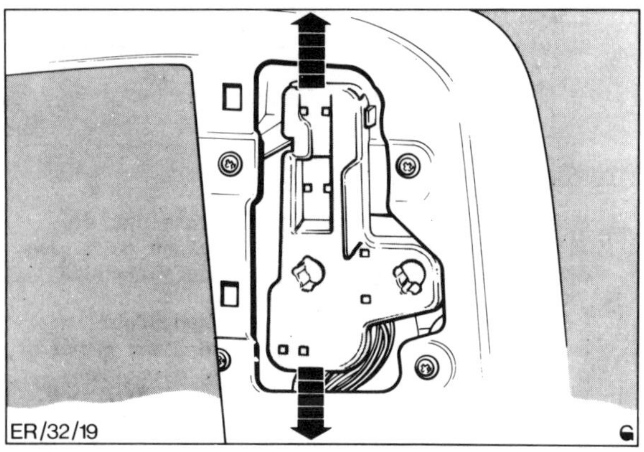

ER/32/19

- Halteklammern nach oben bzw. nach unten drücken und Lampenträger abnehmen, Mehrfachstecker abziehen.

Express

- Hintere Verkleidung ausbauen, einzelne Lampenfassung nach links drehen und herausnehmen.
- Defekte Glühlampe in die Fassung drücken, nach links drehen und herausnehmen.

Einbau

- Neue Glühlampe in die Fassung drücken und durch Rechtsdrehen sichern.
- Mehrfachstecker am Lampenträger aufschieben.
- Lampenträger einhängen und eindrücken bis die Halteklammer einrastet. Darauf achten, daß der Lampenträger auf beiden Seiten gut befestigt ist.
- Beim Turnier Verkleidung einbauen.
- Beim Express einzelne Lampenfassung einsetzen und durch Rechtsdrehen befestigen. Verkleidung einbauen.
- Glühlampen auf Funktion prüfen.

Kennzeichenlampe auswechseln

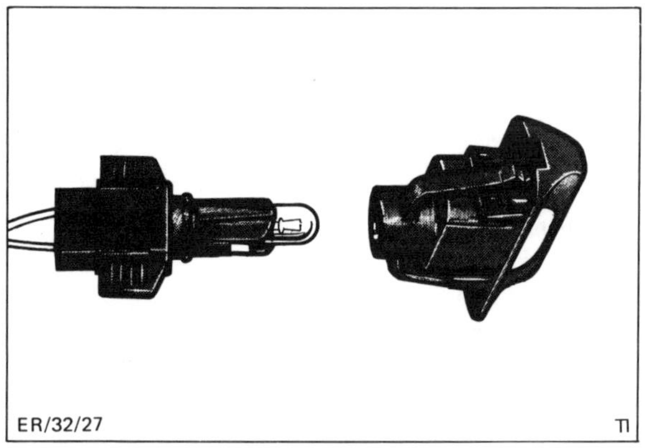

ER/32/27 TI

- Von unten in den Stoßfänger greifen, Lampenträger um 90° nach links drehen und herausziehen.

Achtung: Beim ESCORT EXPRESS Kennzeichenleuchte oben mit Schraubendreher vom Stoßfänger abhebeln, vorher von unten Mehrfachstecker abziehen.

- Lampe aus dem Lampenträger herausziehen, **nicht** drehen.
- Neue Lampe einsetzen, Lampenträger von unten einführen und durch Rechtsdrehen sichern, bzw. Leuchte von oben in den Stoßfänger drücken und Mehrfachstecker anschließen.

Innenlampe auswechseln

- Innenleuchte an der rechten Seite mit Schraubendreher vorsichtig abhebeln und nach rechts unten herausnehmen.
- Glühlampe eindrücken, drehen und herausnehmen.

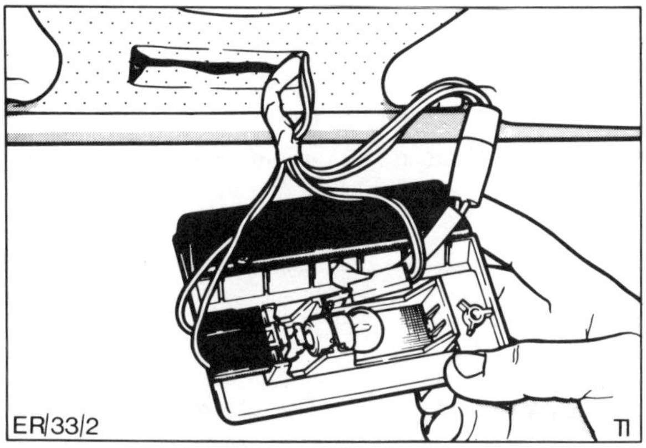

- Neue Lampe einsetzen.
- Gehäuse zuerst an der Kabelanschlußseite einhängen, dann gegenüberliegende Seite in die Einbauöffnung drükken.

Glühlampentabelle

Um jederzeit eine Lampe auswechseln zu können, sollte stets ein Kasten mit Ersatzlampen (12 Volt) im Wagen mitgeführt werden.

Glühlampen

Fern- und Fahrlicht – Halogen H4	60/55 W
Standlicht	4 W
Blinkleuchten vorn und hinten	21 W
Brems-, Schlußleuchte	21/5 W
Rückfahrleuchte	21 W
Nebelschlußleuchte	21 W
Kennzeichenleuchte	5 W
Kontrolleuchten	1,2 W oder 2,5 W
Instrumentenbeleuchtung	1,2 W oder 2,5 W
Zigarettenanzünder-Leuchte	1,2 W
Handschuhkastenleuchte	2 W
Innenleuchte	10 W
Laderaumleuchte	10 W
Fernscheinwerfer – Halogen H3	55 W
Nebelscheinwerfer – Halogen H3	55 W

Scheinwerfer einstellen

Für die Verkehrssicherheit ist die richtige Einstellung der Scheinwerfer von großer Bedeutung. Die exakte Einstellung der Scheinwerfer ist nur mit einem Spezialeinstellgerät möglich. Es wird deshalb nur gezeigt, wo der Scheinwerfer eingestellt werden kann und welche Bedingungen zum richtigen Einstellen der Scheinwerfer erfüllt sein müssen.

- Reifen müssen den vorgeschriebenen Reifenfülldruck haben.
- Das unbeladene Fahrzeug muß mit 75 kg (eine Person) in der Mitte der hinteren Sitzbank belastet werden. Nach der Beladung das Fahrzeug einige Meter rollen.
- Kraftstofftank füllen.
- Die Scheinwerfer dürfen nur bei Abblendlicht eingestellt werden. Das Neigungsmaß beträgt 10 cm auf 10 m Entfernung.

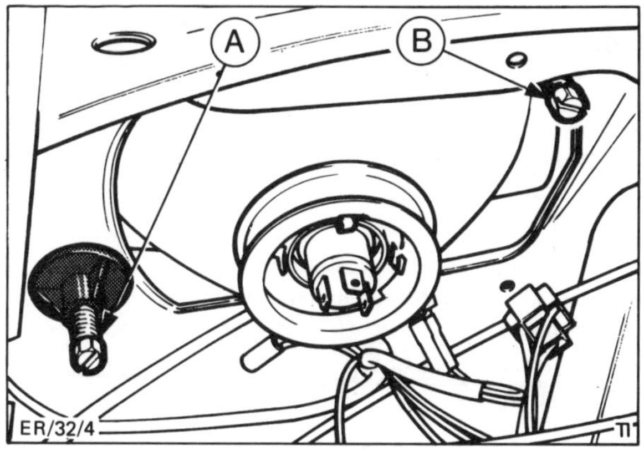

- Die Einstellschrauben sind vom Motorraum her zu erreichen. – A – für senkrechte Einstellung, – B – für waagerechte Einstellung.

Scheinwerfer aus- und einbauen

Ausbau

- Massekabel von der Batterie abklemmen.
- Kühlergrill ausbauen, siehe Seite 174.
- Mehrfachstecker abziehen und Standlichtlampe ausbauen.

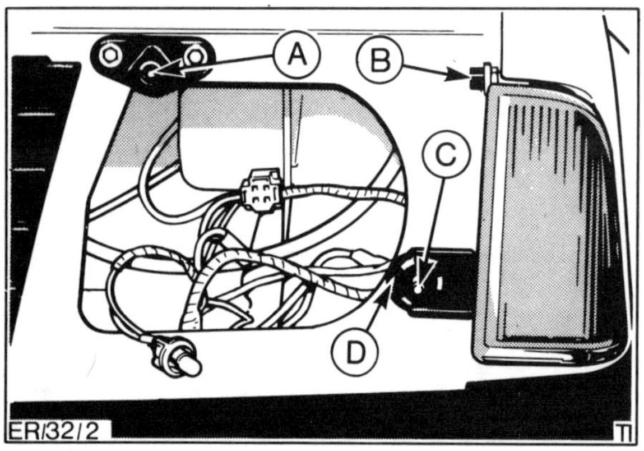

- Obere Halterung – A – sowie seitliche Halterung – B – um 90° drehen. Scheinwerfer von den Halterungen abziehen. Darauf achten, daß der Haltebügel von der seitlichen Halterung vollständig frei wird.
- Scheinwerfer vorsichtig nach vorn ziehen und aus dem Kugelkopf – C – der unteren Scheinwerfer-Einstellschraube ausclipsen.

Achtung: Dabei Scheinwerfer nicht verkanten. D = Haltestütze für Blinkleuchte.

Einbau

- Scheinwerfer auf den Kugelkopf der Einstellschraube aufschieben.
- Scheinwerfer auf die obere und seitliche Halterung schieben. Dazu Haltebügel am Scheinwerfer etwas nach unten drücken.
- Halterungen mit Zange senkrecht stellen. Dabei Scheinwerfer jeweils etwas zur Halterung hin drücken.
- Mehrfachstecker aufschieben.
- Massekabel an Batterie anklemmen.
- Scheinwerfer einstellen.

Blinkleuchte vorn aus- und einbauen

Ausbau

- Batterie-Massekabel abklemmen.
- Lampe für Blinker ausbauen.
- Scheinwerfer ausbauen.
- Kunststoffklammer der seitlichen Scheinwerferbefestigung mit Schraubendreher etwas spreizen und von der Kugelkopfschraube abziehen. Schraube herausdrehen.
- Kunststoff-Halterung für untere Scheinwerfer-Einstellschraube nach vorn drücken, linksdrehen und zum Motorraum hin herausziehen.

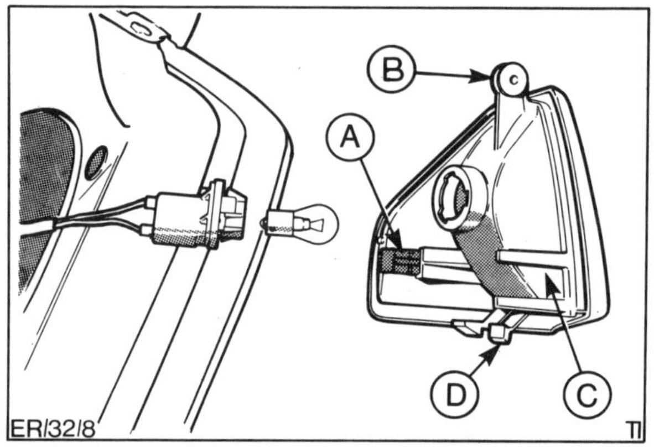

- Untere Kunststoffklammer – D – aushängen.
- Blinkleuchte an der Außenseite nach hinten drücken, damit die seitliche Blechklammer – A – frei wird. Blechklammer mit Schraubendreher etwas anheben und Blinkleuchte unten nach vorn ziehen. Blinkleuchte unten zur Seite schwenken und etwas nach vorn ziehen, damit die untere Klammer – D – über den Stoßfänger geht. Blinkleuchte zurückschwenken und herausnehmen. B – Oberes Befestigungsloch, C – Aufnahme für die Haltestütze.

Einbau

- Bei Einbau einer neuen Blinkleuchte, Haltestütze auf die neue Leuchte umstecken.

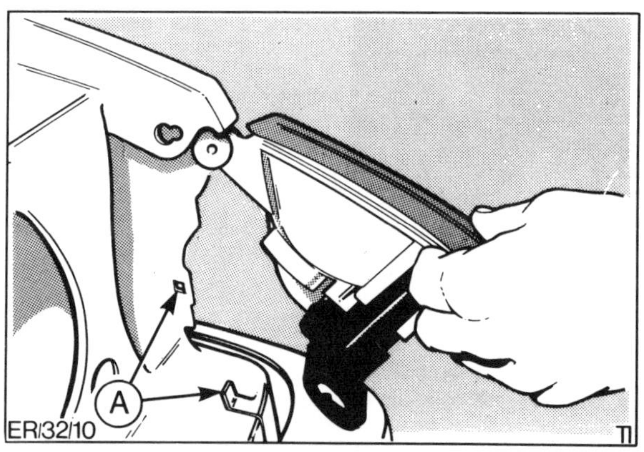

- Blinkleuchte in die obere Halterung einsetzen und unten eindrücken, bis sie in die Punkte – A – einrastet. Die untere Klammer muß vor und hinter der Lasche sitzen.

- Kugelkopfschraube mit Scheibe und Dichtung reindrehen und Kunststoffklammer aufsetzen.
- Scheinwerfer-Einstellschraube durch Karosserie und Haltestütze einsetzen und durch Verdrehen sichern.
- Scheinwerfer einbauen.
- Lampe für Blinker einbauen.
- Batterie-Massekabel anklemmen, Scheinwerfer einstellen.

Heckleuchte aus- und einbauen

Ausbau

ESCORT

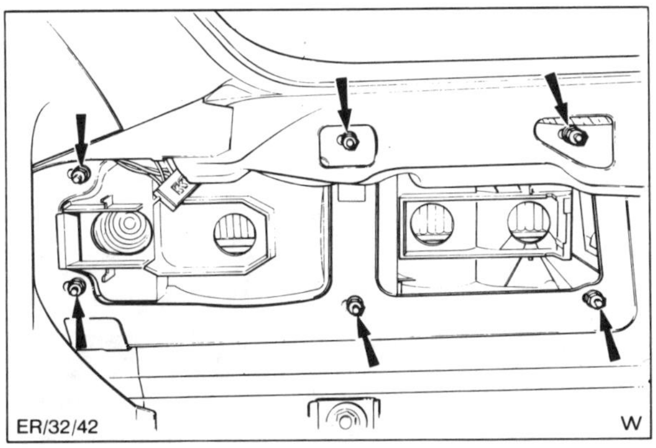

- Heckklappe öffnen und kompletten Lampenträger abdrükken, siehe unter „Lampenwechsel".
- 6 Befestigungsmuttern (EXPRESS 4 Muttern, TURNIER 4 Kreuzschlitzschrauben) abschrauben und Heckleuchte nach außen abnehmen.

ORION

- Kofferraumdeckel öffnen, obere Abdeckung am Rückwandblech ausclipsen.
- Lampenträger abnehmen, dazu seitlich die Halteclips zur Mitte des Lampenträgers hin drücken.

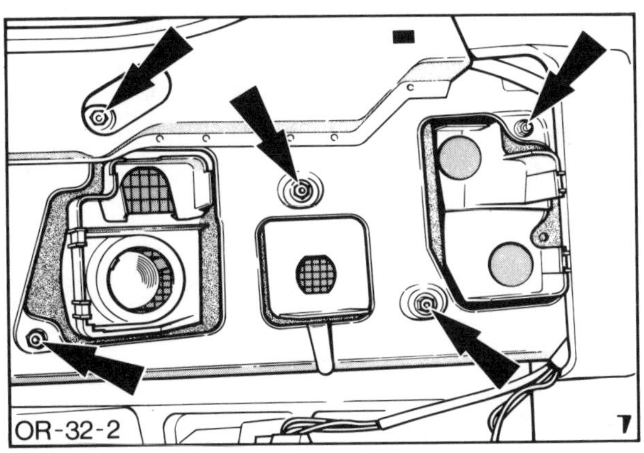

- 2 Muttern und 3 Schrauben herausdrehen und Heckleuchte nach außen abnehmen.

Einbau

- Gummidichtung prüfen, falls porös oder beschädigt, erneuern.
- Heckleuchte mit Dichtung einsetzen und festschrauben.
- Lampenträger ansetzen und einrasten.

Die Armaturen

Beim FORD ESCORT/ORION sind die Armaturen in einem Schalttafeleinsatz zusammengefaßt. Nach Ausbau des Schalttafeleinsatzes können die Instrumente beziehungsweise Glühlampen ausgebaut werden.

Schalttafeleinsatz aus- und einbauen

Ausbau

- Massekabel von der Batterie abklemmen.

- 2 Befestigungsschrauben oben an der Blende herausdrehen.
- Blende oben links etwas vorziehen und gleichzeitig mit Schraubendreher Blende unten links etwas anheben, damit die Kunststoffklammer frei wird, dann die Blende vorziehen. Anschließend Blende an der rechten Seite auf die gleiche Weise lösen und herausnehmen. **Achtung:** Die 2 Kunststoffklammern befinden sich an der Unterseite der Blende jeweils auf Höhe der oberen Befestigungsschrauben.

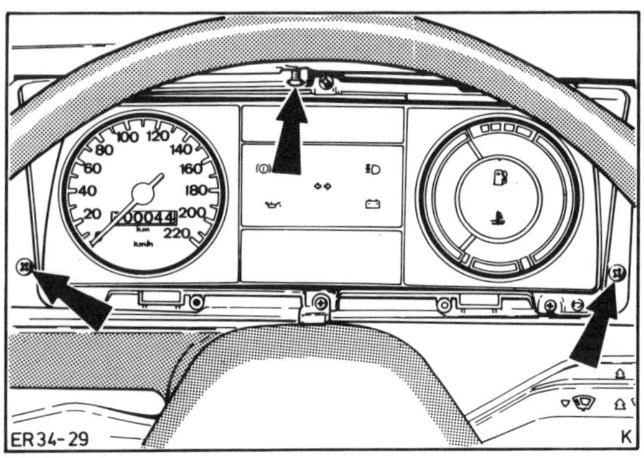

- Befestigungsschrauben für Schalttafeleinsatz herausdrehen.
- Fußraumabdeckung und untere Verkleidung abbauen.

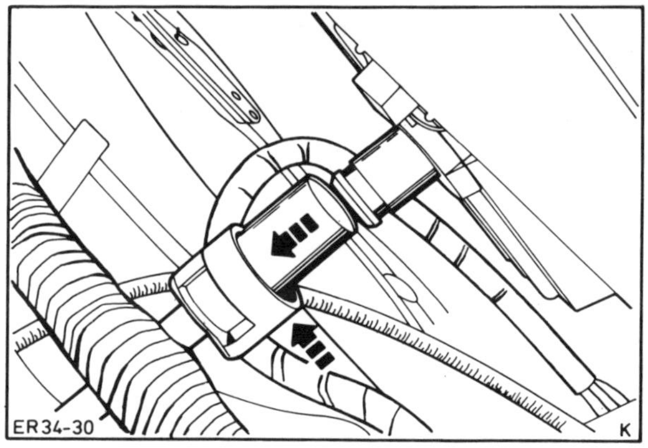

- Von unten Befestigungsklammer für Tachowelle lösen, dazu auf eine Seite des Sicherungsringes drücken und Welle herausziehen.

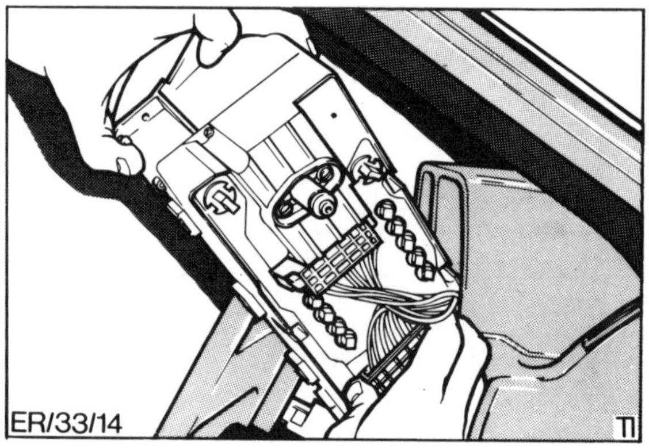

- Von unten hinter den Schalttafeleinsatz greifen und den Einsatz vorsichtig herausdrücken, zunächst nicht verkanten, dann um 180° drehen und die 2 Mehrfachstecker von der Rückseite abziehen.

Einbau

- Mehrfachstecker aufschieben.
- Schalttafeleinsatz vorsichtig in die Öffnung des Armaturenbretts drücken und mit Kreuzschlitzschrauben befestigen.
- Tachowelle einführen und mit Klammer sichern.
- Fußraumabdeckung und Verkleidung einbauen.
- Blende einclipsen und mit 2 Schrauben befestigen.
- Massekabel an Batterie anschließen.

Armaturen aus- und einbauen

Ausbau

- Massekabel von der Batterie abklemmen.
- Schalttafeleinsatz ausbauen.

- Abdeckscheibe abschrauben.

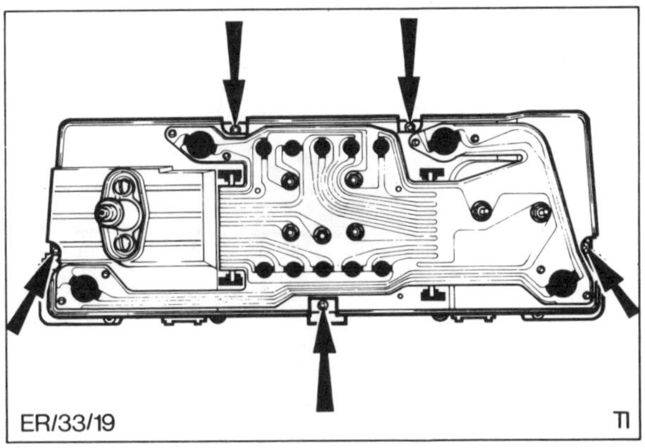

- Verbindungsschrauben – Pfeile – herausdrehen und die beiden Gehäusehälften trennen.

Geschwindigkeitsmesser

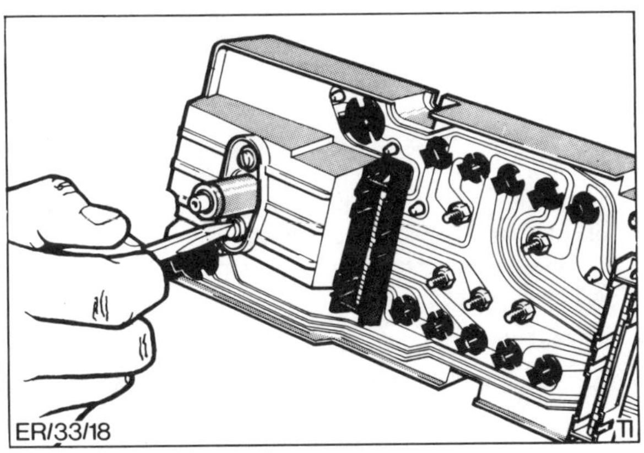

- Befestigungsschrauben herausdrehen und Geschwindigkeitsmesser nach vorn herausziehen.

Drehzahlmesser

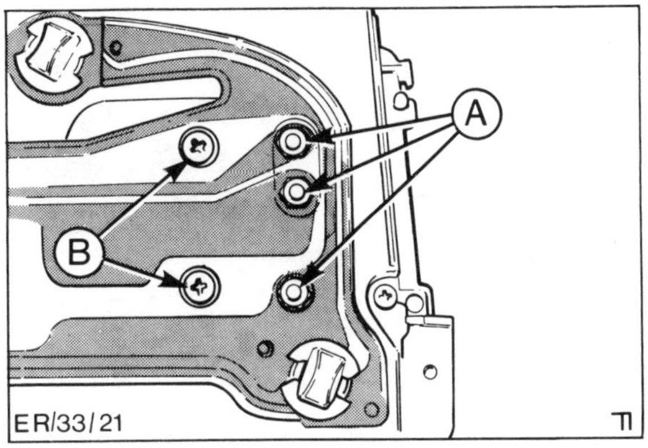

- Muttern – A – abschrauben und mit Scheiben abnehmen, Kreuzschlitzschrauben herausdrehen und Drehzahlmesser nach vorn herausnehmen.

Kraftstoffvorrats-, Temperaturanzeiger

- Von der Rückseite des Schalttafeleinsatzes 5 Muttern in der Mitte abschrauben und mit Scheiben abnehmen.
- Anzeige-Instrument komplett nach vorn abziehen.

Achtung: In der Einheit von Kraftstoff- und Temperaturanzeiger ist auch der Spannungskonstanter integriert. Daher kann das Anzeige-Instrument nur komplett ausgewechselt werden.

Einbau

- Jeweiliges Instrument in die Aussparung einsetzen und mit Muttern bzw. Schrauben befestigen.
- Hälften des Schalttafeleinsatzes verbinden.
- Abdeckscheibe anschrauben.
- Schalttafeleinsatz einbauen.
- Massekabel an Batterie anklemmen.

Blinker-, Scheibenwischer- und Lichtschalter aus- und einbauen

Ausbau

- Batterie-Masseband abklemmen.
- Obere Lenksäulenverkleidung abbauen, dazu Kreuzschlitzschraube in der Öffnung hinter dem Warnblinkschalter herausdrehen.

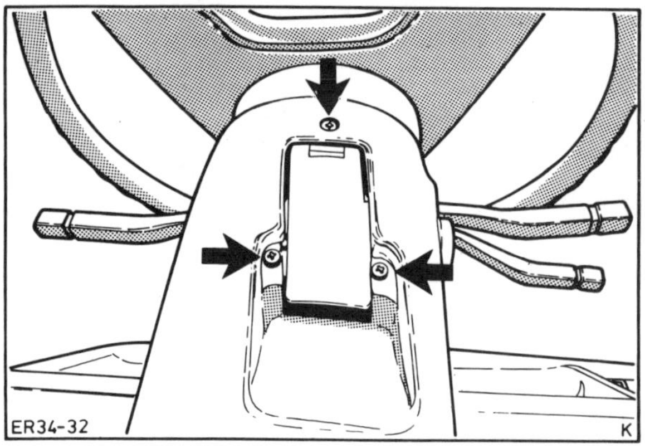

- Untere Lenksäulenverkleidung mit 3 Schrauben abschrauben.

Bis 12. 85

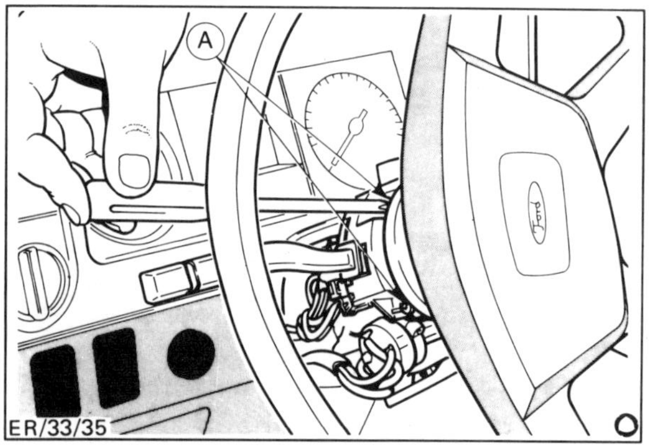

- Befestigungsschrauben – A – für Blinkerschalter abschrauben, Mehrfachstecker abziehen und Schalter herausnehmen.
- Befestigungsschrauben für Scheibenwischer- und Lichtschalter abschrauben, Mehrfachstecker abziehen und Schalter abnehmen.

Ab 1. 86

- Lenkrad ausbauen, siehe Seite 142.

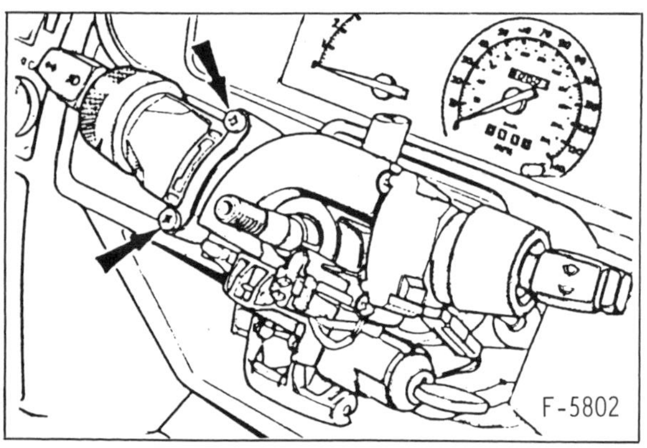

- Licht- und Blinkerschalter von der Lenksäule abschrauben –Pfeile–, 2 Mehrfachstecker abziehen.
- Scheibenwischerschalter in gleicher Weise abschrauben, 1 Mehrfachstecker abziehen.

Einbau

- Mehrfachstecker auf die Schalter aufschieben und Schalter anschrauben.
- Obere und untere Lenksäulenverkleidung einsetzen und anschrauben.
- Ab 1. 86: Lenkrad einbauen, siehe Seite 142.
- Batterie-Masseband anklemmen.

Bremslichtschalter aus- und einbauen

Ausbau

- Linke Fußraumabdeckung ausbauen. Dazu 3 Clipse mit Schraubendreher heraushebeln, die beiden Blechzungen bei den Pedalen etwas zurückbiegen und die Abdeckung herausnehmen.

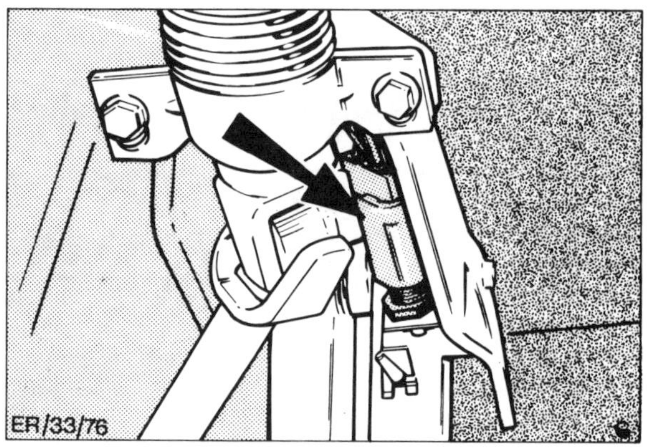

- Stecker vom Schalter abziehen, Kontermutter abschrauben und Schalter aus der Halterung herausnehmen.

Einbau

- Einstellmutter vollständig zurückdrehen, Schalter einsetzen und Kontermutter aufschrauben.

Einstellen

- Schalter durch Verdrehen der Einstellmutter so justieren, daß das Bremslicht auf den ersten 5 mm Pedalweg nicht aufleuchtet. Das Bremslicht soll jedoch spätestens nach 20 mm Pedalweg aufleuchten. Pedalweg von der Mitte der Pedalauflage aus messen.
- Kontermutter anziehen.
- Fußraumabdeckung einclipsen und Haltezungen umbiegen.

Radio aus- und einbauen

Achtung: Neuere Radios können nur noch mit einem speziellen Ausziehwerkzeug ausgebaut werden. Dieses Werkzeug liegt der Neu-Packung bei oder ist beim Fachhändler erhältlich. Ob das Werkzeug benötigt wird, erkennt man in der Regel an 4 Bohrungen in der Frontplatte.

Ausbau (ohne Auszieher)

- Beide Bedienungsknöpfe abziehen, Einstell- und Distanzscheiben herausnehmen.
- Verkleidung abnehmen, dazu Befestigungsmuttern von den Abstimmwellen abschrauben.

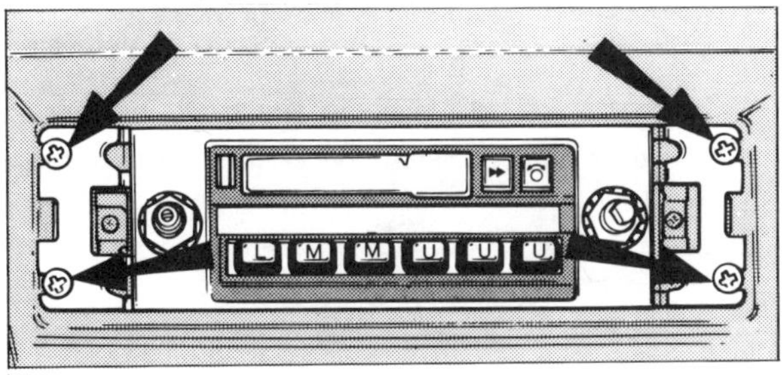

- Radio vom Armaturenbrett abschrauben – Pfeile – und mit Grundplatte nach vorn herausziehen.
- An der Rückseite des Radios Anschlüsse abziehen von: Antenne, Stromversorgung, Lautsprecher, Masse. Falls vorhanden Stromanschluß für das Relais der elektrisch betätigten Antenne trennen. Bei Stereogerät Lautsprecheranschlüsse mit Tesaband kennzeichnen.

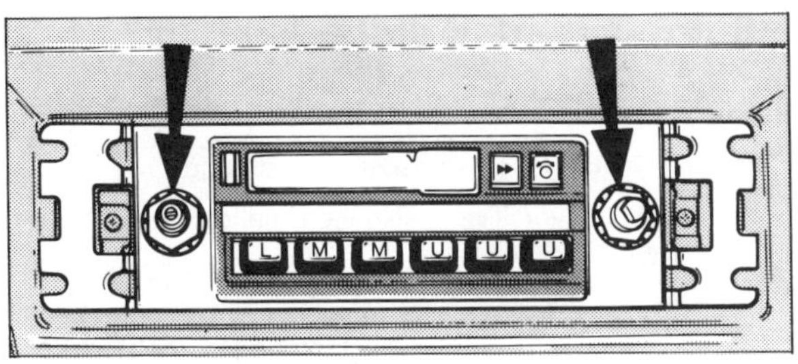

- Radio von der Grundplatte abschrauben, dazu Befestigungsmuttern – Pfeile – von den Abstimmwellen abschrauben.

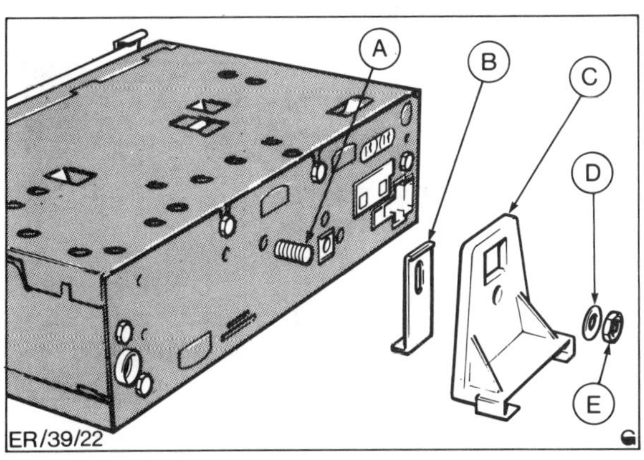

ER/39/22

- Mutter – E – abschrauben. Halteplatte – B – mit Plastikhalterung – C – und Unterlegscheibe –D– abnehmen. A = Befestigungsschraube für hintere Halterung.

Einbau

- Plastikhalterung mit Halteplatte anschrauben.
- Grundplatte ausrichten und mit 2 Muttern anschrauben.
- Sämtliche Kabel an der Rückseite des Radios anschließen.
- Grundplatte mit 4 Kreuzschlitzschrauben befestigen.
- Radio-Verkleidung mit der richtigen Seite nach oben einsetzen. Auf der Rückseite befinden sich Pfeile, die nach oben zeigen.
- Verkleidung mit 2 Muttern anschrauben.
- Distanzscheibe und Tonregulierer aufschieben.
- Bedienungsknöpfe aufstecken.

Ausbau (mit Auszieher)

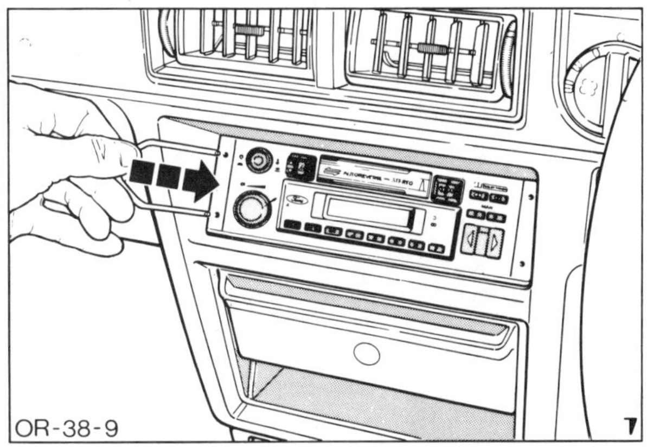

OR-38-9

- Beide Auszieher links und rechts in die Öffnungen der Frontplatte einführen –Pfeil–.

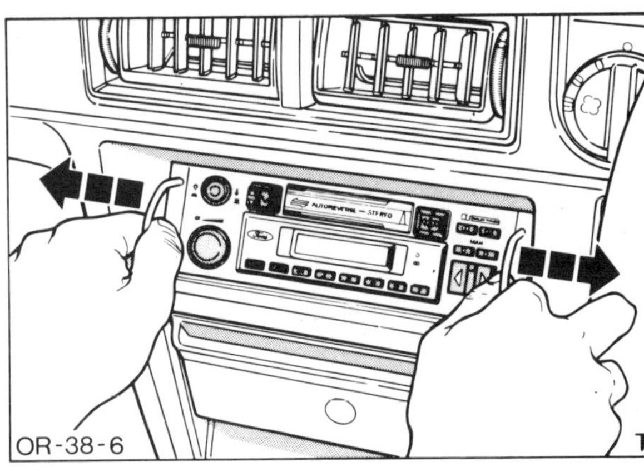

OR-38-6

- Auszieher nach außen drücken und dadurch Haltelaschen ausrasten. Radio gleichmäßig herausziehen, dabei nicht verkanten.
- Elektrische Anschlüsse mit Tesaband kennzeichnen und abziehen.

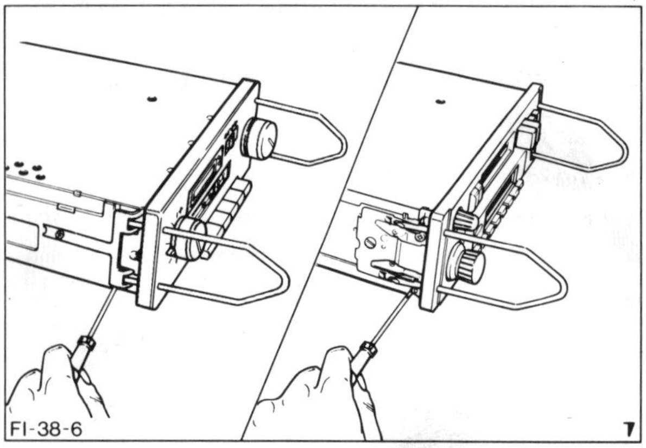

- Auszieher abnehmen. Dazu Halteclipse mit kleinem Schraubendreher vorsichtig zusammendrücken.
- Falls erforderlich, Plastikhalterung und Halteplatte abschrauben.

Einbau

- Falls ausgebaut, Plastikhalterung und Halteplatte anschrauben.
- Elektrische Leitung entsprechend der angebrachten Kennzeichnung aufschieben.
- Plastikhalterung in die Schiene einsetzen und Radio so weit in die Öffnung schieben, bis die Haltezungen rechts und links einrasten.
- Radio auf Antenne abstimmen. Dazu schwachen Mittelwellensender einstellen und an der Antennenabgleichschraube (vorn in der Blende des Radios) mit kleinem Schraubendreher auf besten Empfang einstellen.

Lautsprecher auswechseln

Lautsprecher im Armaturenbrett

- Kunststoff-Abdeckung mit kleinem Schraubendreher aus den Halteklammern heraushebeln.

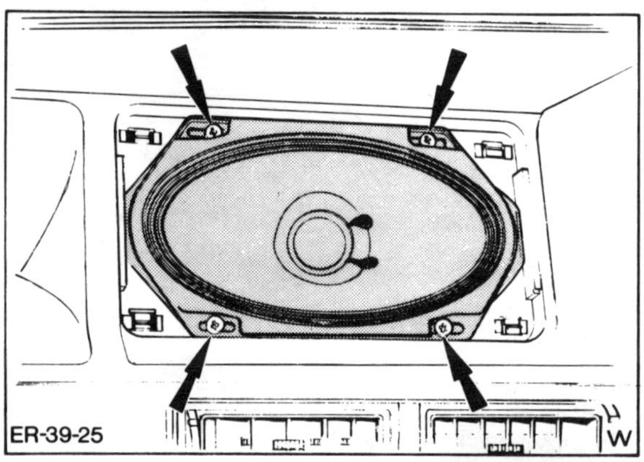

- 4 Befestigungsschrauben lösen und Lautsprecher herausnehmen.
- Von der Rückseite Lautsprecherkabel abziehen. Dabei an den Steckern ziehen, **nicht** an den Kabeln.
- Kabel aufstecken, Lautsprecher einsetzen und anschrauben. Abdeckung eindrücken.

Seitenlautsprecher

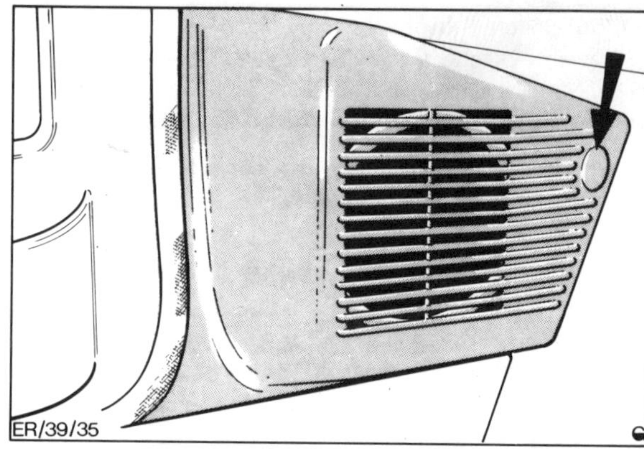

- Halteklammer für Lautsprechergrill abnehmen.
- 3 Schrauben an der unteren Abdeckleiste herausdrehen, Leiste etwas abheben und Grill herausnehmen.
- Lautsprecher mit 4 Kreuzschlitzschrauben abschrauben und von der Halteplatte abnehmen.
- An der Rückseite Lautsprecherkabel abziehen, dabei an den Steckern ziehen, **nicht** an den Kabeln.
- Lautsprecherkabel anschließen und Lautsprecher an die Halteplatte anschrauben.
- Lautsprechergrill so einsetzen, daß die Paßstifte in die Halteklammern eingreifen.
- Halteklammer vorn einsetzen und Abdeckleiste unten anschrauben.

Antenne aus- und einbauen

Ausbau

- Untere Armaturenbrett-Abdeckung ausbauen.
- Antennenkabel vom Radio abziehen, siehe Seite 221.

Motorantenne

- 2 Steckverbinder für die Stromversorgung trennen (weißes und rotes Kabel).

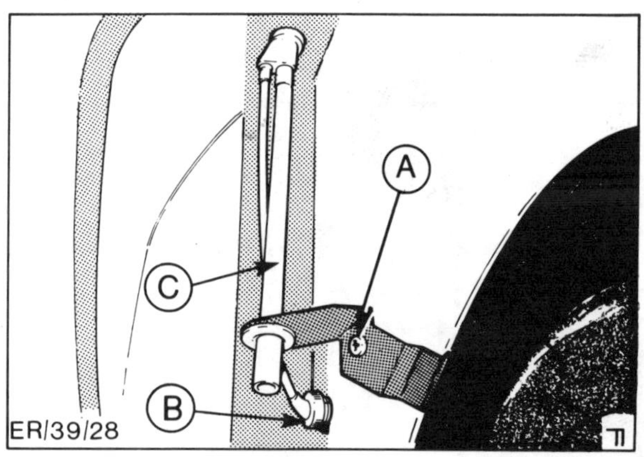

- Unter dem Kotflügel Befestigungsschraube – A – herausdrehen.

- Gummitülle – B – lösen und Antennenkabel durchziehen. Gegebenenfalls Kabel von innen durch die Bohrung im Windlauf nach außen schieben. C–Antennenstab.

Motorantenne

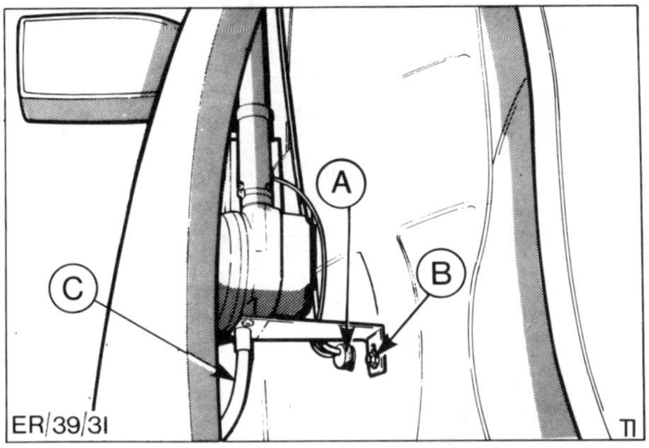

ER/39/31

- Halter abschrauben – B –.
- Gummitülle – A – abnehmen und Antennenkabel zusammen mit den elektrischen Leitungen nach außen durchziehen. C–Wasserablauf.
- Überwurfmutter oben am Kotflügel abschrauben, Distanzstücke und Dichtringe abnehmen.

Achtung: Ist die Antenne mit einer Ringmutter befestigt, wird das Werkzeug 41-014 benötigt, siehe Seite 176.

- Antenne komplett nach unten herausnehmen.

Einbau

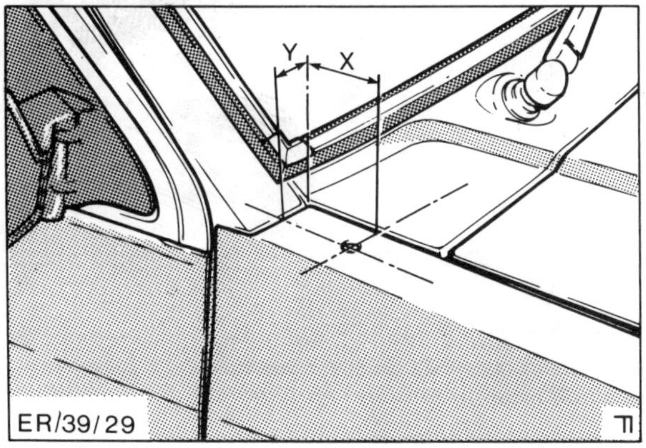

ER/39/29

- Wurde ein neuer Kotflügel montiert, so muß für die Antenne ein Loch mit 22 mm Durchmesser gebohrt werden, X = 50 mm, Y = 18,5 mm.

Achtung: Hinweise des Antennenherstellers beachten.

- Bohrung im Kotflügel gründlich reinigen. Um eine bessere Masseverbindung zu erreichen, kann die untere Auflagefläche zur Antenne blankgeschabt werden.
- Antenne von unten einsetzen und oben mit Dichtring, Kugelschale, Deckring und Überwurfmutter befestigen.
- Zum Schutz vor Korrosion Verbindungsstelle Antenne/Kotflügel mit Unterbodenschutz bestreichen.
- Antennenkabel durch die seitliche Bohrung im Radhaus in den Innenraum führen.

Achtung: Die Bohrung für das Antennenkabel im Radhaus ist serienmäßig angebracht.

- Falls erforderlich, vorher Gummitülle über Antennenkabel sowie elektrische Zuleitungen schieben. Auf richtigen Sitz der Tülle achten, damit kein Spritzwasser eindringen kann.
- Kabel unter dem Armaturenbrett entlangführen und an Radio bzw. Steckverbinder anschließen.
- Untere Abdeckung am Armaturenbrett einbauen.
- Massekabel an die Batterie anklemmen.

Scheibenwischergummi ersetzen

- Wischerarme hochklappen.

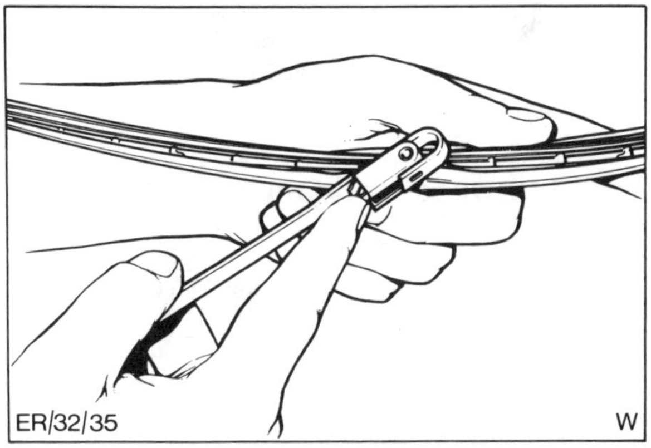

ER/32/35

- Federklammer am Wischerarm zusammendrücken, Wischerblatt nach unten schieben, bis die Federklammer frei wird und dann nach oben herausnehmen.

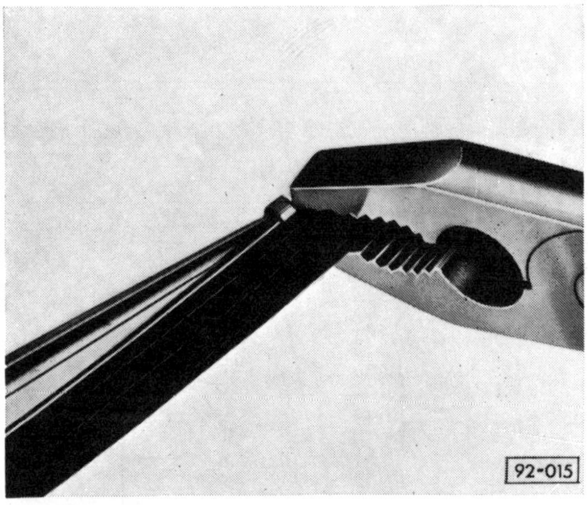
92-015

- An der geschlossenen Seite des Wischgummis beide Stahlschienen mit Kombizange zusammendrücken, seitlich aus der oberen Klammer herausnehmen und Gummi komplett mit Schienen aus den restlichen Klammern des Wischerblattes herausziehen.
- Neues Wischgummi in die unteren Klammern des Wischerblattes einknöpfen.

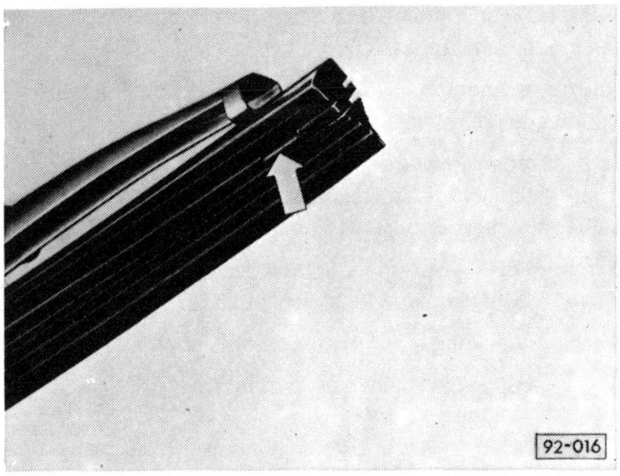

- Beide Schienen so in die erste Rille des Wischgummis einführen, daß Aussparungen der Schienen zum Gummi zeigen und in Gumminasen der Rille einrasten.
- Beide Stahlschienen und Gummi mit Kombizange wieder zusammendrücken und so in obere Klammer einsetzen, daß Klammernasen beidseitig in die Haltenuten (Pfeil) des Wischgummis einrasten.

Scheibenwascherdüsen einstellen

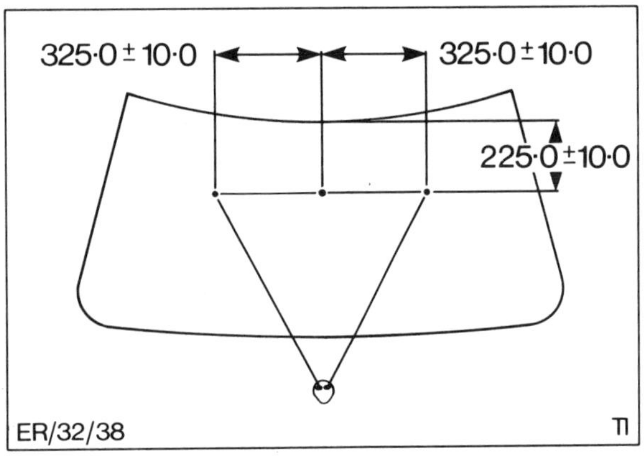

- Spritzstrahleinstellung für die Frontscheiben-Waschanlage, Maße in mm.

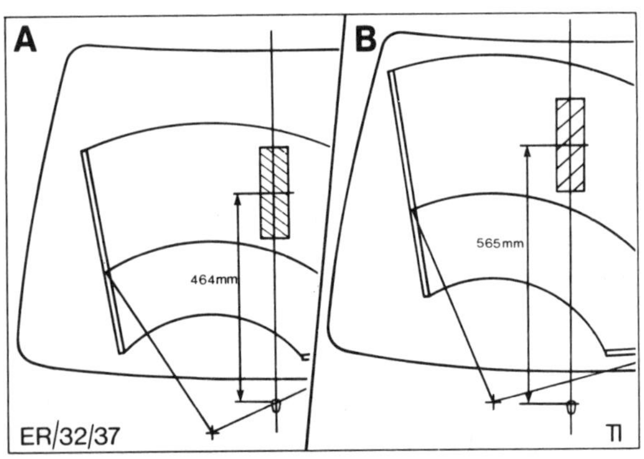

- Spritzstrahleinstellung für die Heckscheiben-Waschanlage. A – Limousine, B – Turnier.

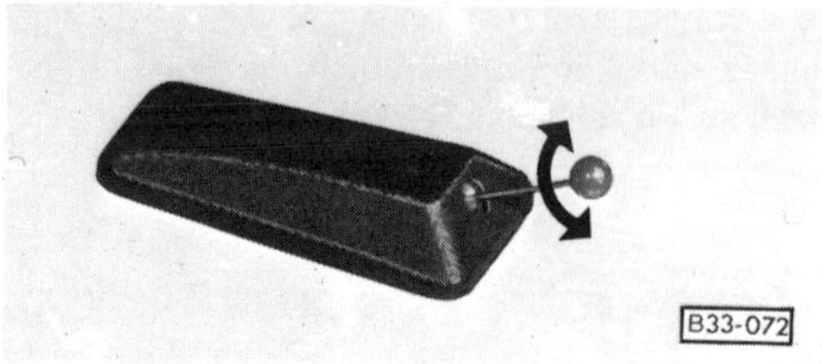

- Die Spritzrichtung kann gegebenenfalls mit einer Nadel korrigiert werden.

Scheibenwischermotor aus- und einbauen

Ausbau

- Plastikabdeckungen der Wischerarme hochklappen und Befestigungsmutter abschrauben.
- Wischerarme von den Tandemlagern abziehen.
- Massekabel von der Batterie abklemmen.
- Abdeckkappen von den Tandemlagern abnehmen, Muttern abschrauben und mit Unterlegscheiben und Distanzstücken herausnehmen.

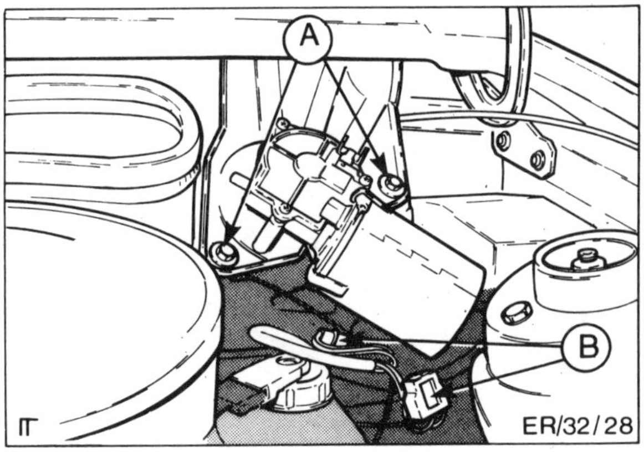

- 2 Befestigungsschrauben – A – am Motorhalter herausdrehen.
- Mehrfachstecker – B – abziehen.
- Wasserschlauch für Scheibenwaschanlage ausclipsen und zur Seite legen.

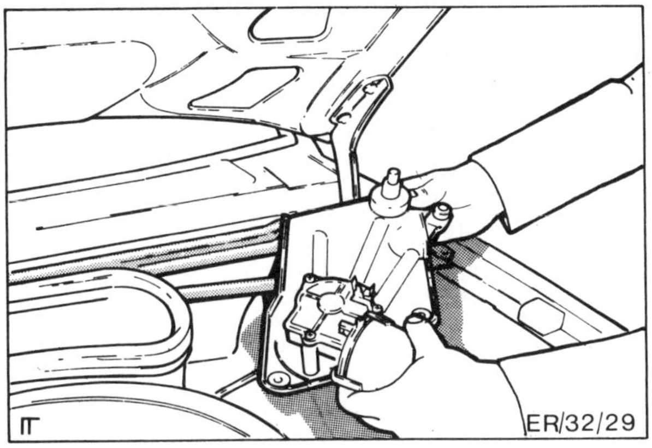

ER/32/29

- Tandemlager durch die Öffnungen im Windlauf schieben und Motor mit Halter sowie Wischergestänge herausheben.

Achtung: Distanzstücke nicht verlieren.

- Innere Distanz- und Unterlegscheiben von den Lagern abnehmen.
- Mutter für Kurbel abschrauben und Kurbel abziehen.

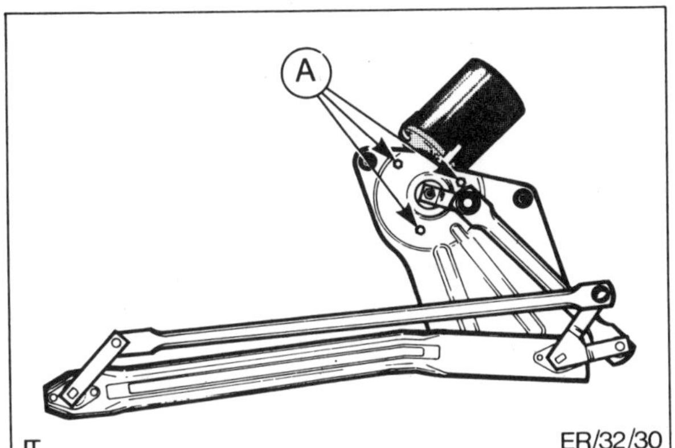

ER/32/30

- 3 Schrauben – A – herausdrehen und Motor abnehmen.

Einbau

- Motorantriebswelle in Parkstellung bringen. Dazu Motor über Steckverbindung mit eingebautem Schalter für Scheibenwischer verbinden. Motor mehrere Minuten laufen lassen, dann Schalter ausschalten. Motor bleibt in Parkstellung stehen.
- Motor mit 3 Schrauben am Halter festschrauben.

ER/32/31

- Antriebskurbel geradlinig zum Gestänge ausrichten und auf die Antriebswelle schieben. Mutter festziehen.
- Innere Distanzstücke auf die Tandemlager aufsetzen.
- Wischergestänge mit Motor einsetzen, Tandemlager von unten durch den Windlauf schieben.
- Äußere Distanzstücke sowie Unterlegscheiben aufsetzen und Muttern lose anschrauben.
- Halter für Wischermotor zu den Bohrungen in der Karosserie ausrichten und festschrauben.
- Muttern für die Tandemlager festziehen und Abdeckkappen aufschieben.
- Mehrfachstecker anschließen.
- Wischerarme aufstecken und mit Muttern befestigen, Plastikkappen runterklappen.
- Wasserschlauch einclipsen.
- Batterie-Massekabel anklemmen.
- Wischer laufen lassen und Wischbereich kontrollieren.

Wischermotor hinten aus- und einbauen

Ausbau

- Massekabel von der Batterie abklemmen.
- Abdeckkappe am Wischerarm zurückklappen, Mutter abschrauben und Wischerarm abnehmen.
- Heckklappe öffnen.

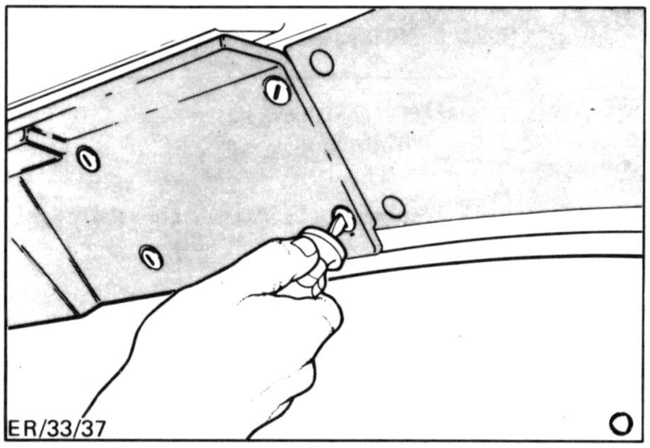

ER/33/37

- Schlitze der Befestigungsstifte mit Schraubendreher um 90° drehen, Verkleidung etwas abheben, Stifte herausziehen und Verkleidung abnehmen.

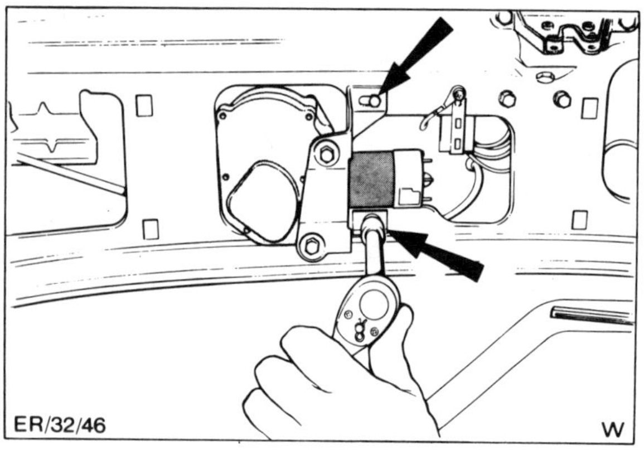

ER/32/46

- Massekabel abschrauben, Mehrfachstecker abziehen.
- 2 Halteschrauben – Pfeile – abschrauben und Wischermotor mit Halter herausnehmen. Zum leichteren Einbau Lage von Schrauben und Halter vorher mit Reißnadel oder Filzstift markieren (Schrauben umkreisen).
- Halter vom Wischermotor mit 2 Schrauben und 1 Mutter (Tandemlager) abschrauben.
- Gummidichtung an der Heckklappe auf Porosität oder Beschädigung prüfen, gegebenenfalls ersetzen.

Einbau

- Falls ausgebaut, Gummidichtung einbauen.
- Halter am Wischermotor anschrauben.
- Wischermotor in Heckklappe einsetzen, dabei Motor mit Kunststoffhülse durch die Gummitülle schieben. Zur Erleichterung Gummitülle mit Schmierseife oder Seifenlösung schmieren.
- Motorhalter entsprechend den vorher angebrachten Markierungen ausrichten und anschrauben.
- Mehrfachstecker aufschieben und Massekabel anschrauben.
- Verkleidung ansetzen und Haltestifte um 90° gedreht eindrücken.
- Wischerarm aufstecken und mit Mutter befestigen, Kunststoffabdeckung runterklappen.
- Massekabel an Batterie anklemmen und Wischbereich überprüfen, Wischerarm gegebenenfalls umstecken.

Störungstabelle Scheibenwischergummi

Wischbild	Ursache	Abhilfe
Schlieren	● Wischgummi verschmutzt	Wischgummi mit harter Nylonbürste und einer Waschmittellösung oder Spiritus reinigen
	● Ausgefranste Wischlippen, Gummi ausgerissen oder abgenutzt	Wischgummi erneuern
	● Wischgummi gealtert, rissige Oberfläche	Wischgummi erneuern
Im Wischfeld verbleibende Wasserreste ziehen sich sofort zu Perlen zusammen	● Windschutzscheibe durch Lackpolitur, Öl oder Dieselrückstände verschmutzt	Windschutzscheibe mit sauberem Putzlappen und einem Fett-Öl-Silikonentferner reinigen
Wischerblatt wischt einseitig gut – einseitig schlecht, rattert	● Wischgummi einseitig verformt, „kippt nicht mehr“	Neues Wischgummi einbauen
	● Wischerarm verdreht, Blatt steht schief auf der Scheibe	Wischerarm vorsichtig verdrehen, bis richtige, senkrechte Stellung erreicht ist
Nicht gewischte Flächen	● Wischgummi aus der Fassung herausgerissen	Wischgummi vorsichtig in die Fassung einsetzen
	● Wischerblatt liegt nicht mehr gleichmäßig an der Scheibe an, da Federschienen oder Bleche verbogen	Wischerblatt ersetzen. Dieser Fehler tritt vor allem bei unsachgemäßem Montieren eines Ersatzblattes auf
	● Anpreßdruck durch Wischerarm zu gering	Wischerarmgelenke und Feder leicht einölen oder neuen Arm einbauen

Das Werkzeug

Der Aufwand an Werkzeug richtet sich ganz nach dem Umfang der Arbeiten, die man am FORD ESCORT/ORION ausführen will. Neben der Grundausstattung sind in jedem Fall ein Drehmomentschlüssel, ein Drehzahlmesser, ein Kompressionsdruckprüfer und eine Zündblitzpistole empfehlenswert.

Das Spezialwerkzeug

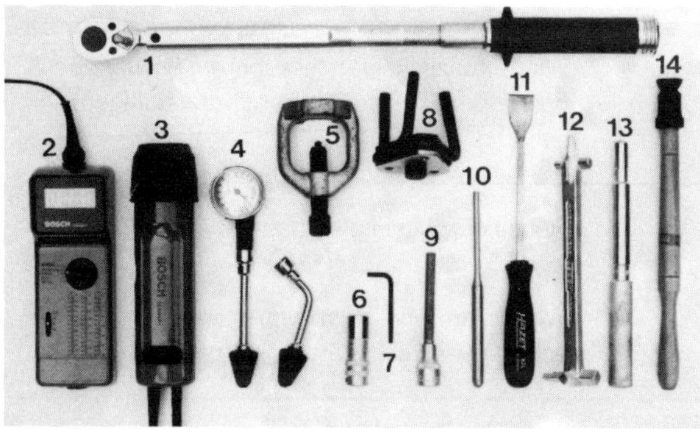

Das in der Tabelle aufgeführte Spezialwerkzeug stellen die Firmen Hazet (Remscheid) und Bosch her. Verkauft wird das Werkzeug in guten Werkzeug- bzw. Auto-Zubehörgeschäften.

Werkzeug	Abb.	Hazet-Nr.
1 Drehmomentschlüssel	1	6122-1 CT
1 Pocket-Motortester (Bosch)	2	0684400103 ETZ 003.00
1 Zündzeitpunkt-Stroboskop (Bosch)	3	0684100300 KTE 001.03
1 Kompressionsdruckprüfer	4	
1 Steckschlüsseleinsatz für Zündkerzen	6	880 A Mg T
1 Winkelschraubendreher für Innentorxschrauben	7	2115-T 20
1 Ölfilterschlüssel	8	2172
1 Schraubendrehereinsatz für Bremsbelagwechsel	9	986 Lg-7
1 Splintetreiber	10	748 Lgb-4
1 Flachschaber zur Beseitigung von Dichtungsrückständen an Zylinderkopf sowie Vergaser	11	824
1 Öldienstschlüssel	12	618
1 Führungsdorn für Kupplungsausbau	13	2519
1 Ventileinschleifer	14	795-2

Ohne Abbildung: Hazet-Werkzeuge zum Ventileinstellen beim Dieselmotor, Nr. 3474 und 3499 (Ventilniederdrücker und Ventilplättchenzange).

Die Grundausstattung

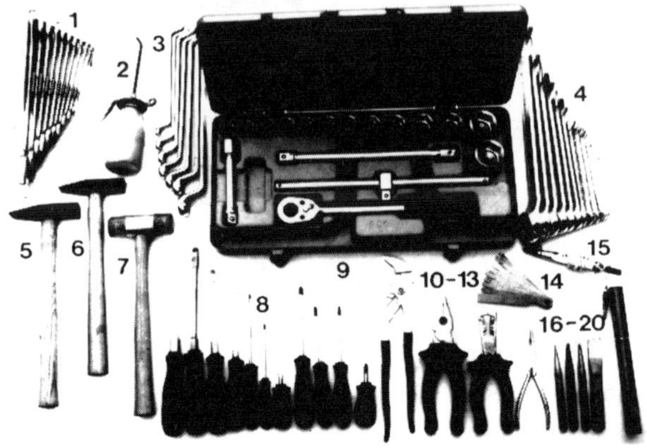

Gutes und stabiles Werkzeug wird von der Firma Hazet angeboten. In der Tabelle sind die Werkzeuge mit der Hazet-Bestellnummer aufgeführt. Vertrieben wird das Werkzeug über den Fachhandel.

Werkzeug	Abb.	Hazet-Nr.
1 Satz Maulschlüssel	1	450/10RD
1 Ölspritzkanne	2	2160
1 Satz Doppelringschlüssel	3	630/8
1 Satz Ring-Maulschlüssel	4	603/12
1 Schlosserhammer	5	2140-2
1 Schlosserhammer	6	2140-5
1 Plastikhammer	7	1950-3
1 Satz Schraubendreher	8	810/10K
1 Satz Steckschlüsseleinsätze	9	906/1
1 Universalzange	10	760 N-2
1 Kombizange	11	1850VDE-33
1 Abisolierzange	12	1861VDE-11
1 Flachzange	13	1816-1
1 Fühlerblattlehre	14	2146-1
1 Strompüfer	15	2153
1 Durchtreiber	16	745-1
1 Durchtreiber	17	745-2
1 Körner	18	746-1
1 Flachmeißel	19	730-2
1 Messingdorn	20	2534
1 Seitenschneider	–	1802-22
1 Kreuzmeißel	–	740-1

Die Fahrzeugpflege

Pflege der Karosserie

- Verschmutzten Wagen möglichst bald waschen.
- Reichlich Wasser verwenden.
- Weichen Schwamm oder sehr weiche Waschbürste mit Schlauchanschluß benutzen.
- Lackierung nicht scharf abspritzen, sondern nur abbrausen und Schmutz aufweichen lassen.
- Aufgeweichten Schmutz von oben nach unten mit reichlich Wasser abwaschen.
- Schwamm oft ausspülen.
- Zum Abtrocknen sauberes Leder verwenden.
- Nur gute Markenwaschmittel verwenden (falls überhaupt). Gründliches Nachspülen mit klarem Wasser, um die Reste des Waschmittels zu entfernen.
- Bei regelmäßiger Benutzung von Waschmitteln muß öfter konserviert werden.
- Wagen niemals in der Sonne waschen oder trocknen. Wasserflecken auf der Lackierung sind sonst unvermeidlich.
- Durch Streusalze besonders gefährdet sind alle innenliegenden Falze, Flansche und Fugen an Türen und Hauben. Diese Stellen müssen deshalb bei jedem Wagenwaschen – auch nach der Wäsche in automatischen Waschstraßen – mit einem Schwamm gründlich gereinigt und anschließend abgespült und abgeledert werden.

Durch Waschen allein lassen sich Teerspritzer, Ölspuren, Insekten und andere Verschmutzungen nicht immer entfernen. Grundsätzlich sollten derartige Verunreinigungen so bald wie möglich beseitigt werden, da sie sonst bleibende Lackschäden verursachen können.

Unterbodenschutz/ Hohlraumkonservierung

Serienmäßig ist im Schleuderbereich der Räder und an den Unterbaulängsseiten ein PVC-Unterbodenschutz aufgebracht, der als Dauerschutz keiner besonderen Wartung bedarf. Die nicht mit PVC bedeckten Flächen sind mit einer Schutzwachsschicht versehen. Diese Schicht sollte vor der kalten Jahreszeit und nach einer Unterbauwäsche erneuert werden. Bei dieser Gelegenheit sollte gleichzeitig die PVC-Schicht geprüft und gegebenenfalls ausgebessert werden. **Achtung:** Da handelsübliche Bitumen-Kautschuk-Materialien die PVC-Schicht angreifen können, sollte man diese Arbeiten einer FORD-Fachwerkstatt überlassen.

Teerflecke

Teerflecke fressen sich innerhalb kurzer Zeit in den Lack ein und können dann nicht mehr vollkommen entfernt werden. Frische Teerflecke können mit einem in Waschbenzin getränkten weichen Lappen entfernt werden. Notfalls kann auch Tankstellenbenzin, Petroleum oder Terpentinöl verwendet werden. Sehr gut gegen Teerflecke eignet sich auch ein Lackkonservierer. Bei Verwendung dieses Mittels kann auf ein Nachwaschen verzichtet werden.

Insektenbefall

Die Reste von Insektenleichen tragen Stoffe in sich, die den Lackfilm beschädigen können, wenn sie nicht innerhalb kurzer Zeit entfernt werden. Einmal festgeklebt, lassen sie sich durch Wasser und Schwamm allein nicht entfernen, sondern müssen mit schwacher, lauwarmer Seifen- oder Waschmittel-Lösung abgewaschen werden. Es gibt auch spezielle Insekten-Entferner.

Parken unter Bäumen

Wagen, die im Sommer längere Zeit unter Bäumen geparkt wurden, zeigen sich oft über und über gesprenkelt. Diese Flekken lassen sich verhältnismäßig leicht mit lauwarmer Seifenlösung entfernen, wenn die Behandlung nicht allzu lange hinausgezögert wird. Eine anschließende Konservierung ist zu empfehlen.

Industrieverschmutzungen

Auf der Lackierung festsitzender Industrieschmutz, vornehmlich Eisenstaub, Abrieb von Kupferdraht-Oberleitungen elektrischer Bahnen, Kohlenstaub usw. kann mit Spezial-Lackreinigungsmitteln (säurehaltige Produkte) entfernt werden. Da Metallstaub die Eigenschaft besitzt, sich in den Lack einzufressen, sollte die Reinigung möglichst bald vorgenommen werden. **Achtung:** Gebrauchsanweisung genau beachten.

Konservieren

Zur Verhinderung von Korrosion am Vorderwagen (z. B. Seitenteile, Längsträger oder Abschlußblech) und des Antriebsaggregates muß der Motorraum mit einem hochwertigen Konservierungswachs eingesprüht werden. Vor allen Dingen natürlich nach einer Motorwäsche. **Achtung:** Vor der Motorwäsche Lichtmaschine und Bremsflüssigkeitsbehälter mit Plastikhüllen abdecken. Nach der Inbetriebnahme des Fahrzeugs kann es kurzzeitig zur Geruchsbelästigung kommen, da das Wachs an thermisch stark belasteten Teilen verbrennt.

Zement-, Kalk- und andere Baumaterial-Spritzer

Spritzer jeglichen Baumaterials mit einer lauwarmen Lösung neutraler Waschmittel abwaschen. Nur leicht reiben, da sonst die Lackierung zerkratzt werden kann. Nach dem Waschen sorgfältig mit klarem Wasser nachspülen.

Kunststoffteile pflegen

Sollte normales Waschen nicht ausreichen, dürfen diese Teile nur mit speziellen Kunststoffreinigungs- und Pflegemittel behandelt werden.

Lackierung pflegen

Konservieren

So oft wie möglich soll die sauber gewaschene und getrocknete Lackierung mit einem Konservierungsmittel behandelt werden, um die Oberfläche durch eine porenschließende und wasserabweisende Wachsschicht gegen Witterungseinflüsse zu schützen.

Das Konservieren muß wiederholt werden, wenn Wasser nicht mehr vom Lack abperlt, sondern großflächig verläuft. Regelmäßiges Konservieren bewirkt, daß der ursprüngliche Glanz der Lackierung sehr lange erhalten bleibt.

Eine weitere Möglichkeit, den Lack zu konservieren, bieten Wasch-Konservierer. Ein Meßbecher davon wird dem Waschwasser beigegeben (nachdem der Wagen zuerst mit reinem Wasser vom gröbsten Schmutz befreit wurde). Danach ist nur noch Abledern erforderlich. Wasch-Konservierer schützen die Lackierung jedoch nur ausreichend, wenn sie bei jeder Wagenwäsche verwendet werden und der zeitliche Abstand zwischen zwei Wäschen nicht mehr als zwei bis drei Wochen beträgt.

Nach dem Anwenden von Waschmitteln (Schaumwäsche) ist eine Nachbehandlung mit einem Konservierungsmittel besonders zu empfehlen (Gebrauchsanweisung beachten).

Das Konservieren darf nicht in der prallen Sonne erfolgen.

Polieren

Das Polieren der Lackierung ist nur dann erforderlich, wenn der Lack infolge mangelhafter Pflege unter der Einwirkung von Straßenstaub, industriellen Abgasen, Sonne und Regen unansehnlich geworden ist und sich durch eine Behandlung mit Konservierungsmitteln kein Glanz mehr erzielen läßt.

Zu warnen ist vor stark schleifenden oder chemisch stark angreifenden Poliermitteln, auch wenn der erste Versuch damit noch so sehr zu überzeugen scheint.

Vor jedem Polieren muß der Wagen sauber gewaschen und sorgfältig abgetrocknet werden. Im übrigen ist nach der Gebrauchsanweisung für das jeweilige Poliermittel zu verfahren.

Die Bearbeitung soll in nicht zu großen Flächen erfolgen, um ein vorzeitiges Eintrocknen der Politur zu vermeiden. Bei manchen Poliermitteln muß anschließend noch konserviert werden. Nicht in der prallen Sonne polieren! Matt lackierte Teile dürfen nicht mit Konservierungs- oder Poliermitteln behandelt werden.

Leichtmetallteile an der Karosserie brauchen nicht besonders gepflegt zu werden.

Reinigen der Scheiben

Fensterscheiben mit sauberem, weichem Lappen abreiben. Bei starker Verschmutzung helfen Spiritus oder Salmiakgeist und lauwarmes Wasser. Beim Reinigen der Windschutzscheibe Scheibenwischerarme nach vorn klappen.

In manchen Lackpflegemitteln sind Silikone enthalten, welche die konservierende Wirkung unterstützen sollen. Gelangen Spuren davon auf die Windschutzscheibe, so bilden sich bei Regen Schlieren und Trübungen im Scheibenwischerfeld, die die Sicht und damit die Fahrsicherheit beeinträchtigen können. Mit einem auch gegen Silikone wirksamen Scheibenreiniger lassen sich diese Schlieren wieder beseitigen. Pastenförmige Mittel haben bei einer stark silikonverschmutzten Scheibe im allgemeinen eine bessere Wirkung als flüssige Mittel, die dem Scheibenwaschwasser zugegeben werden.

Bei der Reinigung der Windschutzscheibe sind auch die Wischerblätter zu säubern.

Achtung: Bei Verwendung silikonhaltiger Mittel dürfen die zur Reinigung der Lackierung verwendeten Waschbürsten, Schwämme, Lederlappen und Tücher nicht für die Scheiben verwendet werden. Beim Einsprühen der Lackierung mit silikonhaltigen Pflegemitteln sollten die Scheiben mit Pappe oder anderem Material abgedeckt werden.

Gummidichtungen pflegen

Sämtliche Gummidichtungen sollen von Zeit zu Zeit leicht mit Talkum eingepudert werden, um die gewünschte Geschmeidigkeit zu erhalten und an den Fensterabdichtungen ein gutes Gleiten zu erreichen.

Quietschende oder knarrende Geräusche, die an Gummidichtungen entstehen, können durch Einpudern der Dicht- und Gleitflächen mit Talkum oder Bestreichen mit Glyzerin behoben werden. Auch das Einreiben der betreffenden Fläche mit Schmierseife beseitigt die Geräusche.

Undichtigkeiten an der Windschutzscheibe und am Heckfenster lassen sich wie folgt beheben: Lippe der Gummidichtung im Wageninnern mit einem Holzspan so weit wie möglich anheben und Fensterscheibenzement zwischen Gummiprofil und Blechrahmen eindrücken. Reste des Dichtungsmittels können mit Spiritus entfernt werden.

Polsterbezüge pflegen

Textilbezüge

Polsterbezüge mit Staubsauger absaugen oder mit einer nicht zu weichen Bürste ausbürsten.

Fett- und Ölflecke mit Fleckenwasser behandeln. Das Reinigungsmittel darf aber nicht unmittelbar auf den Stoff gegossen werden, da sich sonst unweigerlich Ränder bilden. Fleck durch kreisförmiges Reiben von außen nach innen bearbeiten.

Andere Verschmutzungen lassen sich meistens mit lauwarmem Seifenwasser entfernen.

Kunstlederbezüge

Kunstlederbezüge besitzen eine schmutzabweisende Oberfläche. Besondere Pflegemittel sind hier nicht erforderlich.

Bei normalen Verschmutzungen genügen folgende Reinigungsarten:

- Seifenlauge, hergestellt aus Wasser und einem handelsüblichen Feinwaschmittel.
- Reinigungslösung, hergestellt aus Wasser und einem handelsüblichen Kunstlederreiniger.

Eine weiche Bürste erleichtert das Entfernen des Schmutzes aus genarbten Oberflächen.

Grobe Verschmutzungen sollten sofort entfernt werden; die zur Reinigung geeigneten Mittel können nachstehender Tabelle entnommen werden. Es ist zu beachten, daß die Reinigungsmittel, vor allem Waschbenzin, Spiritus und Verdünner, nicht aufgegossen, sondern nur mit einem angefeuchteten Lappen aufgetragen werden. So wird ein Eindringen in die Nähte oder Polsterung vermieden. Längere Einwirkzeit der Reinigungsflüssigkeit ist zu vermeiden, weil der schmutzabweisende Schutzfilm des Kunstleders dadurch zerstört werden kann.

Nach jeder Reinigung muß das Kunstleder, und dabei besonders in den Nahtfurchen, mit einem weichen Lappen gut trockengerieben werden.

Verschmutzung	Entfernung	
	frische Flecken	ältere Flecken
Öl oder Fett	Mit trockenem, weichem Tuch abnehmen; das Tuch oftmals wenden. Nicht durch Hin- und Herreiben den Fleck vergrößern. Einen eventuell in der Narbung verbleibenden Schein mit einem mit Waschbenzin befeuchteten Lappen vorsichtig abtupfen. Danach gut trockenreiben mit sauberem, weichem Tuch.	Mit einem mit Waschbenzin oder Spiritus leicht angefeuchteten, sauberen weichen Lappen vorsichtig ab- und anschließend gut trockenreiben. Lappen oftmals wenden, um ein Verschmieren des Fleckes zu vermeiden.
Schuhcreme	Genau wie bei Öl oder Fett Als Reinigungsmittel kann neben Waschbenzin oder Spiritus auch Terpentinöl verwendet werden.	
Kunstharz- und Nitro-Farben sowie Ölfarben	Mit trockenem, weichem Tuch abnehmen wie bei Öl und Fett. Verbleibende Reste mit einem wasserbefeuchteten Lappen oder mit einem Stück Gummi kräftig abreiben.	Mit einem mit Nitro-Verdünnung bzw. mit Terpentinöl oder Benzin angefeuchteten weichen Lappen vorsichtig ab- und anschließend gut trockenreiben. Nitro-Verdünnung für Flecke von Kunstharz- und Nitro-Lacken, Terpentinöl oder Benzin für Ölfarbe.
Blut	Mit einem mit kaltem oder besser lauwarmem Wasser angefeuchteten Lappen abtupfen, ohne den Fleck durch Hin- und Herreiben zu vergrößern.	
Rost	Mit einem weichen Tuch, das mit angesäuertem Wasser (1 Teil Salzsäure und 9 Teile Wasser) angefeuchtet ist, vorsichtig abtupfen, nicht breitreiben. Das angesäuerte Wasser darf nicht in Spalten, Ecken oder Nähte dringen, da sonst Anrostungen unvermeidlich sind. Nach der Behandlung gut mit einem mit klarem Wasser angefeuchteten Lappen nachwaschen, damit keine Rückstände von angesäuertem Wasser zurückbleiben. Die benutzten Lappen sind zu vernichten.	

Das Zubehör

Je nach den speziellen Bedürfnissen läßt sich der FORD ESCORT/ORION mit nützlichem Zubehör zusätzlich ausstatten. Beim Kauf empfiehlt es sich auf Produkte zurückzugreifen, die erprobt und auf das Fahrzeug abgestimmt sind. Zudem ist darauf zu achten, daß bei bestimmten Produkten wie zum Beispiel Felgen, Lenkrädern usw. eine Allgemeine Betriebserlaubnis (ABE) mitgeliefert wird.

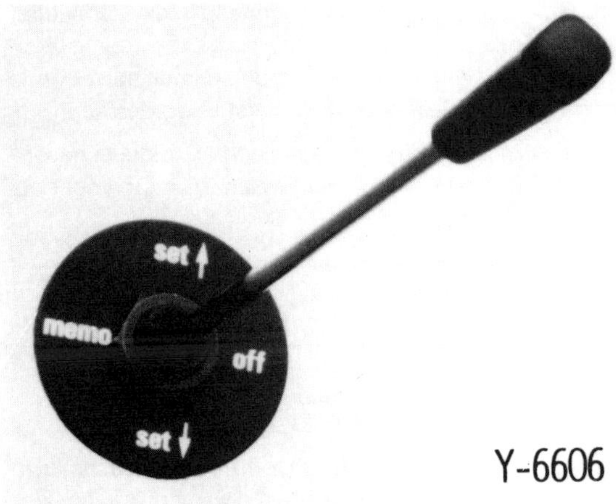

Geruhsames, gleichmäßiges Fahren ermöglicht der Tempostat von VDO. Überdies wird durch eine konstante Fahrweise Kraftstoff eingespart. Durch einfache Handhabung wird beim Tempostat die gewünschte Geschwindigkeit gesetzt, und der Fahrer kann sich ganz dem Verkehrsgeschehen widmen. Dank einer ausführlichen Einbauanleitung ist der Einbau des VDO-Tempostaten problemlos möglich.

Um Glatteisgefahr frühzeitig zu erkennen, ist es besonders in der kalten Jahreszeit wichtig, während der Fahrt über die Außentemperatur informiert zu sein. Von VDO gibt es ein LCD-Anzeigegerät, das für den nachträglichen Einbau bestimmt ist. Das abgebildete Instrument stammt aus dem VDO-Cockpit-LCD-Programm.

Für den FORD ESCORT hat Kamei ein Spoiler-Set entwickelt, mit dem sich das Aussehen und die Aerodynamik dieses Modells verfeinern läßt. Unter der Bezeichnung X1 bietet Kamei folgende Teile an, die sich auch einzeln anbringen lassen: Frontgrill, Kühlergrill, Frontspoiler, Radabdeckung, Heck- und Seitenschürzen. Alle Teile sind lackierfreundlich und haben eine Allgemeine Betriebserlaubnis (ABE), so daß eine Eintragung in die Fahrzeugpapiere nicht erforderlich ist.

Fahrzeug aufbocken

Für viele Wartungs- und Reparaturarbeiten muß das Fahrzeug aufgebockt beziehungsweise hochgehoben werden. In der Werkstatt wird der Wagen in der Regel mit der Hebebühne angehoben, man kann ihn jedoch auch mit dem Fahrzeug- oder Werkstatt-Wagenheber anheben. Grundsätzlich darf das Fahrzeug nur an den hier abgebildeten Aufnahmepunkten angehoben werden.

Bei Arbeiten unter dem Fahrzeug muß dieses, falls es nicht auf einer Hebebühne steht, auf vier stabilen Unterstellböcken stehen. **Auf keinen Fall sollten Arbeiten unter dem Fahrzeug ausgeführt werden, wenn dieses nicht ausreichend gesichert ist.**

- Hebewerkzeuge zum Anheben des Fahrzeuges dürfen nur an den nachstehend gezeigten Stellen angesetzt werden, da sonst bleibende Verformungen am Fahrzeug nicht auszuschließen sind.
- Die Räder, die beim Anheben auf dem Boden stehen bleiben, mit Keilen gegen Vor- oder Zurückrollen sichern. Nicht auf die Handbremse verlassen, diese muß bei einigen Reparaturen gelöst werden.
- Fahrzeug nur auf ebener, fester Fläche aufbocken.

Achtung: Soll das Fahrzeug auf weichem Untergrund hochgebockt werden, so müssen breite Bretter unter Wagenheber sowie Unterstellböcke gelegt werden, damit sich das Gewicht auf eine größere Fläche verteilt.

- Durch eine geeignete Gummi- oder Holzzwischenlage werden beim Anheben Beschädigungen an der Karosserie vermieden.
- Fahrzeug mit Unterstellböcken so abstützen, daß jeweils ein Bein seitlich nach außen zeigt.
- Das Fahrzeug darf nur in unbeladenem Zustand angehoben werden.

Achtung: Keinesfalls darf der Wagen an Motor- oder Getriebeteilen angehoben oder abgestützt werden.

Ansatzpunkte für Rangierwagenheber, Bordwagenheber sowie Unterstellböcke:

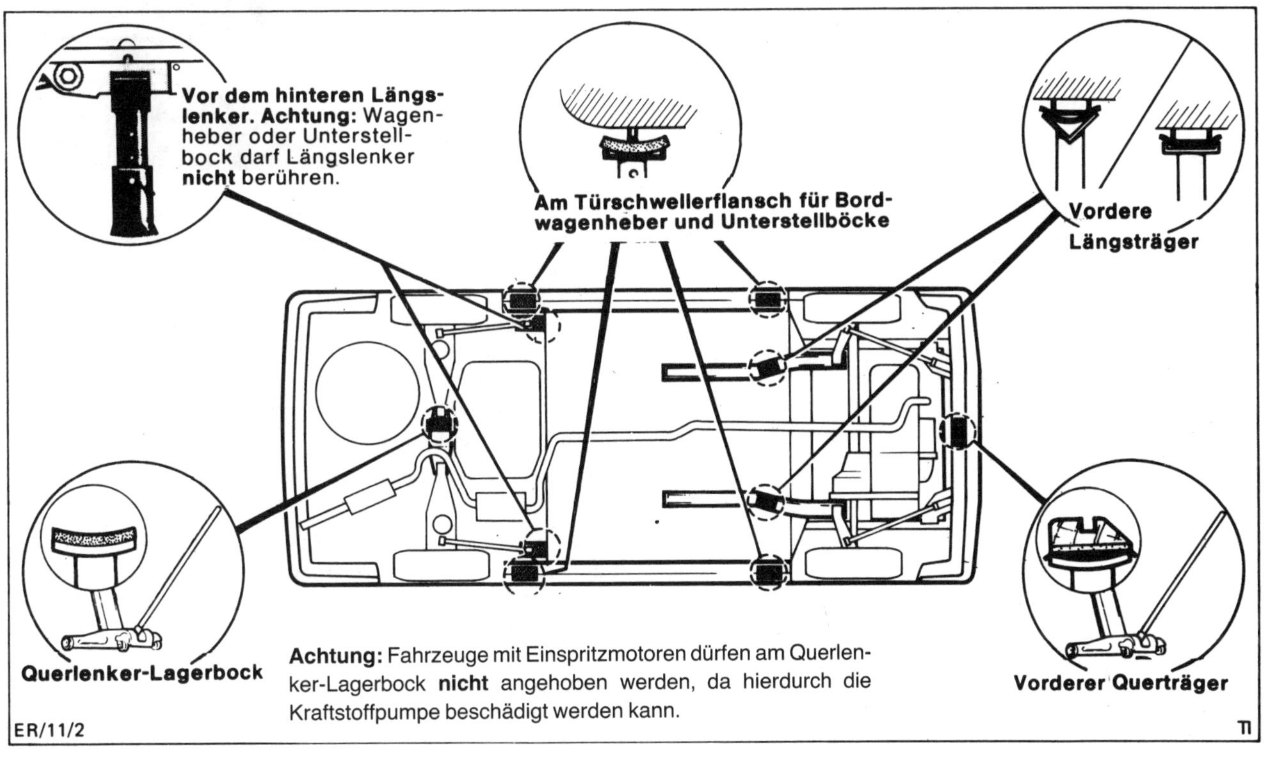

Achtung: Fahrzeuge mit Einspritzmotoren dürfen am Querlenker-Lagerbock **nicht** angehoben werden, da hierdurch die Kraftstoffpumpe beschädigt werden kann.

Fahrzeug anheben

Achtung: Fahrzeug niemals gleichzeitig vorn und hinten mit einem Wagenheber anheben.

Vorn

- Hinterräder mit geeignetem Holzkeil sichern, Handbremse anziehen.

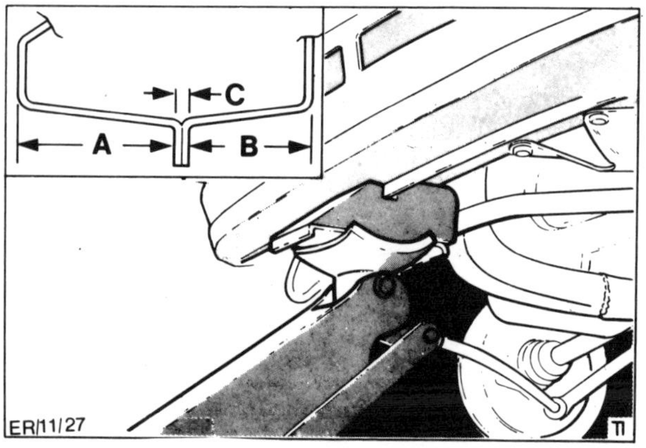

- Rangierwagenheber mit selbstgefertigtem Holzklotz unter dem vorderen Querträger ansetzen und Fahrzeug hochheben. A – Zierstück, B – Tragender Teil des Querträgers, C – Flansch.

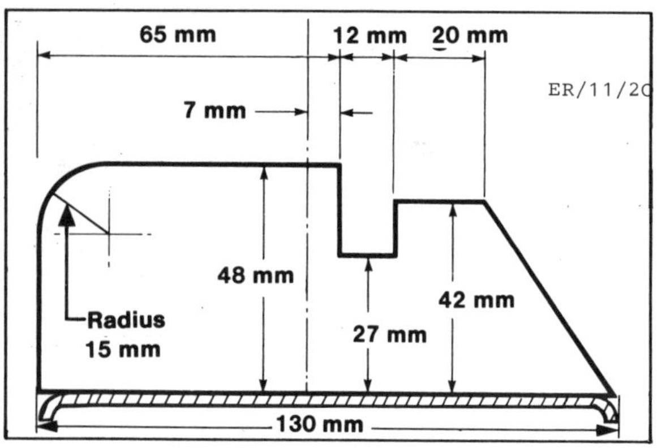

- Maße des Holzklotzes.

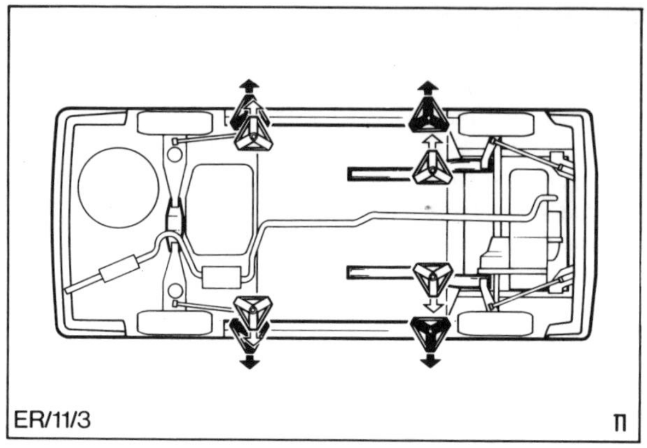

- Fahrzeug mit Unterstellböcken so abstützen, daß jeweils ein Bein seitlich nach außen zeigt.

Hinten

- Vorderräder mit Holzkeil sichern, Rückwärtsgang einlegen.

- Rangierwagenheber hinten rechts unter dem Querlenker-Lagerbock ansetzen, dabei Gummizwischenlage (Stück eines alten Reifens) zwischen Wagenheber und Lagerbock legen. Beim EXPRESS Wagenheber mittig unter dem Achsrohr ansetzen. **Achtung:** Auf Freigang zu Bremskraftregler und Bremsleitungen achten. Fahrzeuge mit Einspritzmotoren dürfen am Querlenker-Lagerbock **nicht** angehoben werden, da hierdurch die Kraftstoffpumpe beschädigt werden kann.
- Fahrzeug anheben und mit Unterstellböcken so abstützen, daß jeweils ein Bein seitlich nach außen zeigt.

Achtung: Wenn unter dem Fahrzeug gearbeitet wird, dann muß es immer mit Unterstellböcken gesichert sein. Auf keinen Fall darf das Fahrzeug nur mit einem hydraulischen Wagenheber abgestützt sein.

Wartungsplan FORD ESCORT/ORION/DIESEL

Die Wartung ist einmal im Jahr oder alle 10000 km vorgesehen, dabei müssen folgende Arbeiten durchgeführt werden:

- Motor: Öl wechseln, Hauptstromölfilter ersetzen.
- *Diesel-Motor: Am Kraftstoffilter Wasser ablassen.*
- Kühl- und Heizsystem: Flüssigkeitsstand prüfen, Konzentration des Frostschutzmittels prüfen. Sichtprüfung auf Undichtigkeiten und äußere Verschmutzung des Kühlers.
- Vergaser: Leerlauf des Motors bei betriebswarmem Motor prüfen.
- Auspuffanlage: Auf Beschädigungen prüfen.
- Motor: Sichtprüfung auf Ölundichtigkeiten.
- Fahrzeuge mit unterbrechergesteuerter Zündanlage:
  a – Zündkerzen: Reinigen und Elektrodenabstand prüfen.
  b – Schließwinkel: Prüfen, gegebenenfalls einstellen.
  c – Zündzeitpunkt prüfen, ggf. einstellen.
- Turbo RS: Zündkerzen erneuern.
- Turbo RS: Auspuffkrümmerschrauben auf Drehmoment nachziehen (Auspuffkrümmer/Motorblock: 17 Nm). Turbolader-Befestigungsschrauben auf festen Sitz prüfen.

Getriebe, Achsantrieb, Lenkung

- Gelenkschutzhüllen: Auf Undichtigkeiten und Beschädigungen prüfen.
- Schaltgetriebe: Sichtprüfung auf Undichtigkeiten.
- Lenkhilfe: Flüssigkeitsstand im Vorratsbehälter prüfen.

Vorderachse und Lenkung

- Spurstangenköpfe: Spiel und Befestigung prüfen, Staubkappen prüfen.
- Achsgelenk: Staubkappen prüfen.
- Lenkung: Spiel prüfen, Faltenbälge auf Undichtigkeiten und Beschädigungen prüfen.

Aufbau

- Unterbodenschutz: Sichtprüfung auf Beschädigungen.

Bremsen, Reifen, Räder

- Bremsanlage: Leitungen, Schläuche und Anschlüsse auf Undichtigkeiten und Beschädigungen prüfen.
- Bremsbeläge vorn und hinten: Belagstärke prüfen.
- Bremsflüssigkeit: Gegebenenfalls auffüllen.
- Warngeber für Bremsflüssigkeitsstand: Funktion prüfen.
- Bereifung: Auf Verschleiß und Beschädigungen prüfen (einschl. Reserverad).
- Reifenfülldruck und Profiltiefe: Kontrollieren.
- Anti-Blockier-System: Zahnriemenspannung prüfen.

Elektrische Anlage

- Alle Stromverbraucher: Auf Funktion prüfen.
- Scheinwerfer: Prüfen, gegebenenfalls einstellen.
- Scheibenwaschanlage: Auf Funktion prüfen, Düsenstellung kontrollieren, Flüssigkeitsstand prüfen.
- Batterie: Spannung und Säurestand prüfen.

Alle 2 Jahre oder 20000 km

- Zündkerzen: Erneuern.
- Fahrzeug mit unterbrechergesteuerter Zündanlage: Unterbrecher auswechseln.
- Ventilspiel: Messen, ggf. einstellen (nicht bei automatischem Ventilspielausgleich).
- OHV-Motoren: Schmierfilz in der Verteilerwelle ölen.
- OHV-Motoren: Öleinfüllkappe reinigen.
- Keilriemen: Spannung und Zustand prüfen.
- Kompression: Prüfen.
- Fahrzeuge mit automatischem Getriebe:
  a – Flüssigkeitsstand in der Getriebeautomatik mit Peilstab prüfen, gegebenenfalls ergänzen.
  b – Wählhebelgestänge ölen.
- Schaltgetriebe: Ölstand prüfen.
- Sturz und Gesamtspur: prüfen.
- Haubenscharniere und Türfeststeller: Ölen. Deckelschloß-ober- und -unterteil: Fetten und Funktion überprüfen.
- Räder: Befestigungsschrauben auf vorgeschriebenes Drehmoment anziehen.

Alle 2 Jahre

- Bremssystem: Bremsflüssigkeit wechseln.
- Kühlsystem: Kühlflüssigkeit wechseln.

Alle 30000 km

- Keilriemen: Erneuern.

Alle 40000 km

- Luftfiltereinsatz: Ersetzen.
- Benzin-Motor: Am Luftfilter temperaturabhängige Umschaltung Kalt/Warmluft prüfen.
- 1,3-, 1,4-, 1,6-l-Vergaser-Motoren: Motorentlüftungsventil am Luftfilter auswechseln.
- OHV-Motoren: Belüftungseinsatz in der Öleinfüllkappe reinigen.
- 1,6-l-Einspritzmotoren: Motor-Belüftungsventil erneuern.
- Benzineinspritzung: Kraftstoffilter ersetzen.
- Diesel-Motor: Kraftstoffiltereinsatz ersetzen.

Alle 60000 km

- Zahnriemen: Erneuern (nur CVH-Motor).
- Bremstrommeln abbauen: Belagstärke prüfen, Radbremszylinder auf Undichtigkeiten prüfen.

Schaltpläne

Der Umgang mit den Schaltplänen

Die Schaltpläne vermitteln übersichtlich und anschaulich die Stromwege im Fahrzeug. Anhand der Legende läßt sich sehr schnell der Weg des Stromes innerhalb eines Stromkreises nachvollziehen.

In den einzelnen Plänen werden jeweils zusammengehörige Stromkreise dargestellt. Sämtliche Verbindungsleitungen vom Pluspol der Batterie bis zum Masseanschluß des Verbrauchers, einschließlich der dazwischengeschalteten Schaltungsteile, werden aufgeführt.

Damit sich Teile, die in mehreren Stromkreisen funktionswirksam sind, nicht in jedem Schaltplan wiederholen, sind sie in einem getrennten Plan vorangestellt. Dieser sogenannte „Einspeise-Plan" führt vom Pluspol der Batterie bis zur jeweiligen Sicherung oder einem anderen markanten Verteilerpunkt. Der Einspeise-Plan gilt für alle anderen Schaltpläne. Diese Schaltpläne zeigen den Stromverlauf von der Sicherung oder dem Verteilerpunkt bis zum Verbraucher. Die schwarzen Pfeile 2 ▶ weisen dabei auf die Nummer vom jeweiligen Anschlußplan hin.

In der Erläuterung (Legende) unter jedem Schaltplan sind die Schaltungsteile mit der entsprechenden Positionsangabe aufgeführt. Jeder Schaltplan ist durch Buchstaben (A bis F) am linken und rechten Rand, sowie durch Zahlen (1 bis 16) am oberen und unteren Rand in Suchfelder eingeteilt. Das gesuchte Schaltungsteil befindet sich im Schnittpunkt gedachter waagerechter und senkrechter Linien, ausgehend vom entsprechenden Buchstaben und der dazugehörigen Zahl, die als Positionsangabe in der Legende hinter dem Schaltungsteil stehen.

Im Schaltplan weisen die Zahlen in den Verbindungsleitungen auf die Stromkreisnummern (Bezeichnung nach DIN) hin.

Die wichtigsten Stromkreise:

31 – Masseanschluß. Die Kabel im Fahrzeug sind braun.

30 – Leitungen stehen stets unter Spannung, auch bei ausgeschalteter Zündung. Die Kabel sind meist rot oder rot mit farbigen Zusatzstreifen.

15 – Leitungen stehen nur unter Spannung bei eingeschalteter Zündung. Die Kabel sind meist grün oder schwarz mit farbigen Streifen.

Die Buchstaben in den gezeichneten Leitungen geben die Farbe des Kabels im Fahrzeug an. Eine Aufschlüsselung der Farben steht unter jedem Schaltplan.

Die Sicherungen sind in den Schaltplänen numeriert, entsprechend der Relais- und Sicherungstabelle im Kapitel „Elektrische Anlage".

Steck- und Klemmverbindungen sind mit C-Nummern gekennzeichnet, zum Beispiel C-1108. Mit S-Nummern sind die Lötstellen und mit G-Nummern die Massestellen gekennzeichnet.

Schaltpläne

Wegen der hohen Kosten kann nicht jeder Stromlaufplan für die einzelnen Motor- und Modellvarianten sowie aus jedem Modelljahr berücksichtigt werden. Bei einer Neuauflage wird jeweils der aktuelle Stromlaufplan veröffentlicht, an dem sich auch Fahrzeugbesitzer älterer Modelle orientieren können.

Plan 1: Motorregelung 1,1/1,3-l-OHV-Motor mit VV-Vergaser

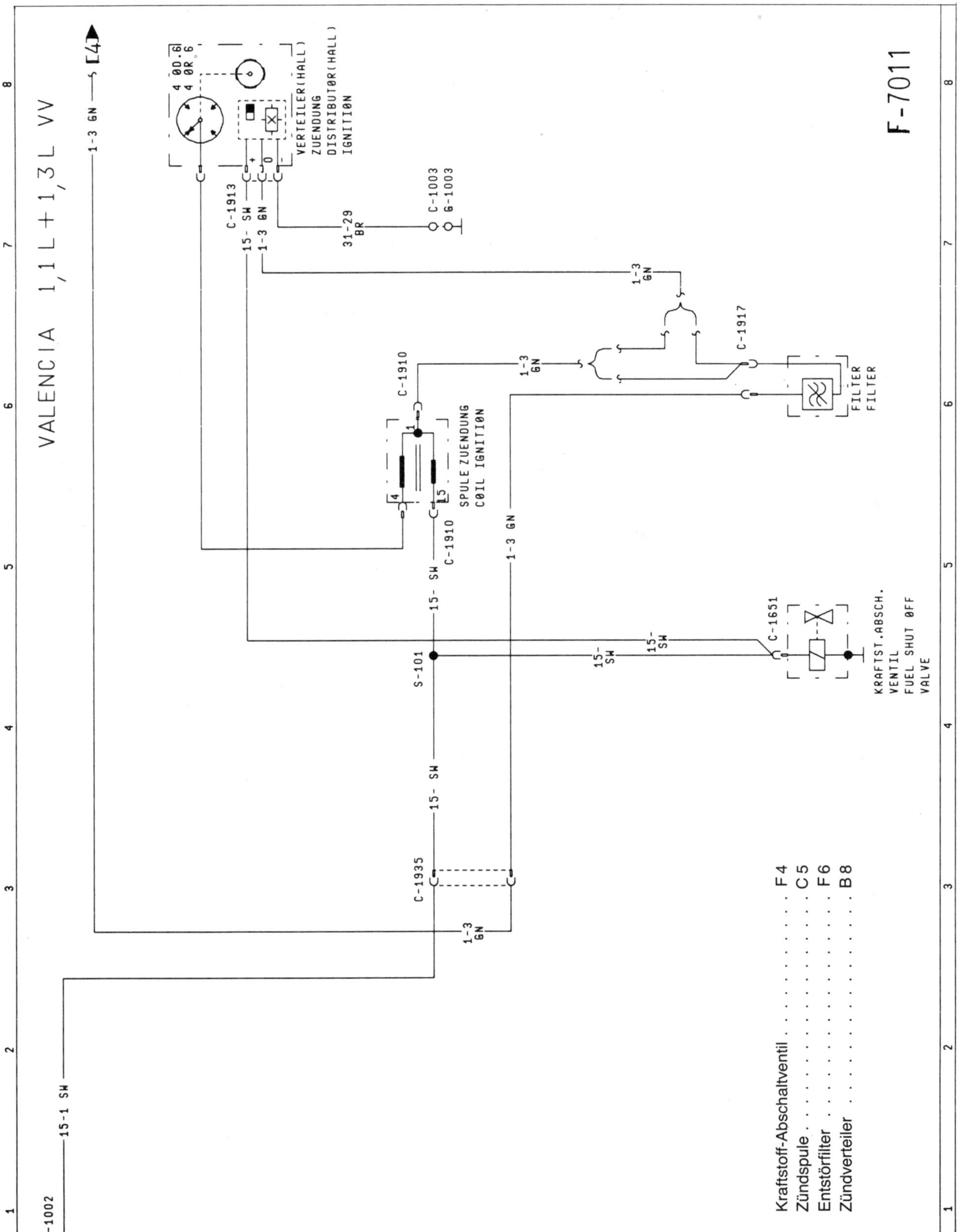

Plan 2: Nebelscheinwerfer und -schlußleuchte

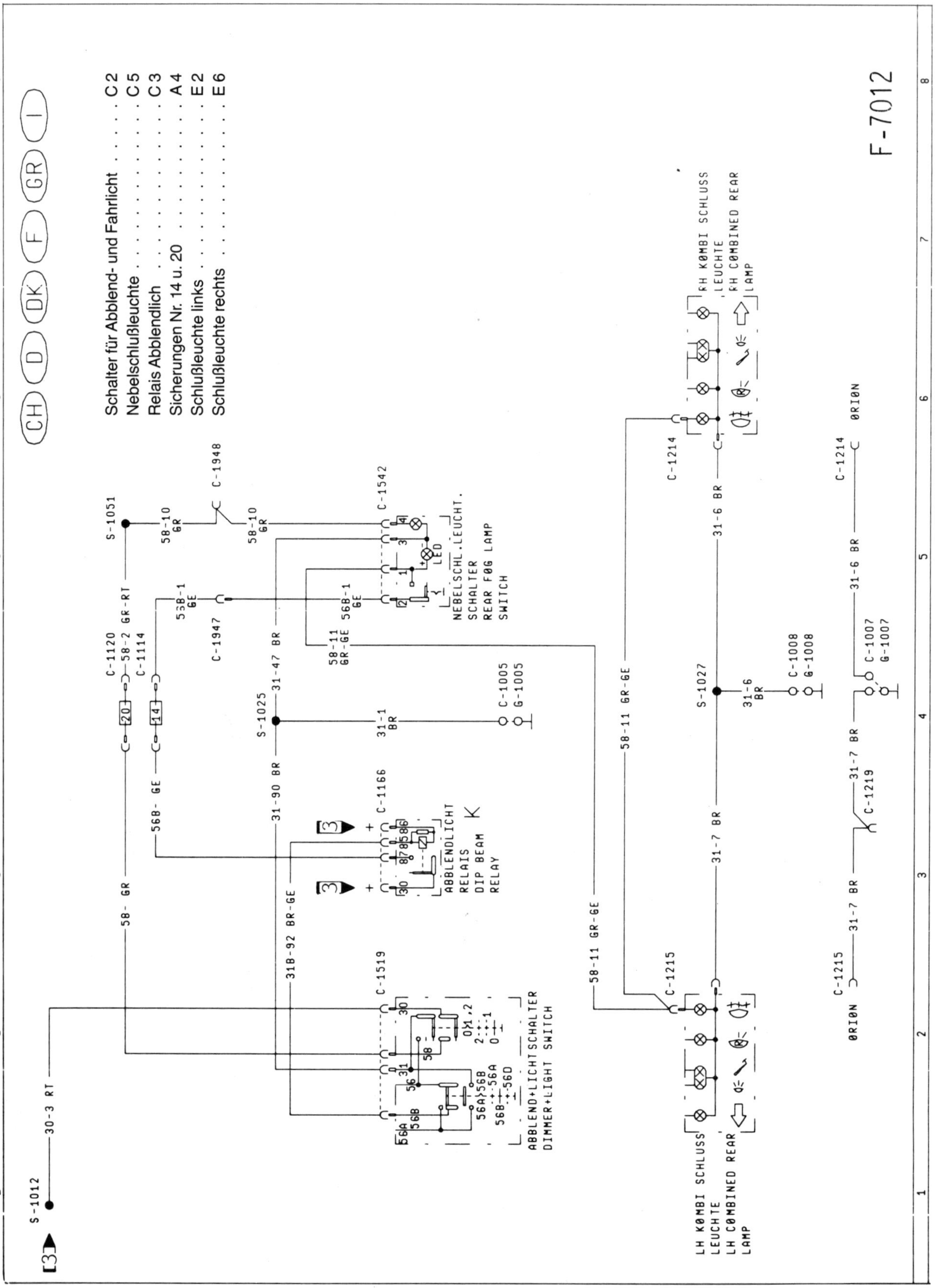

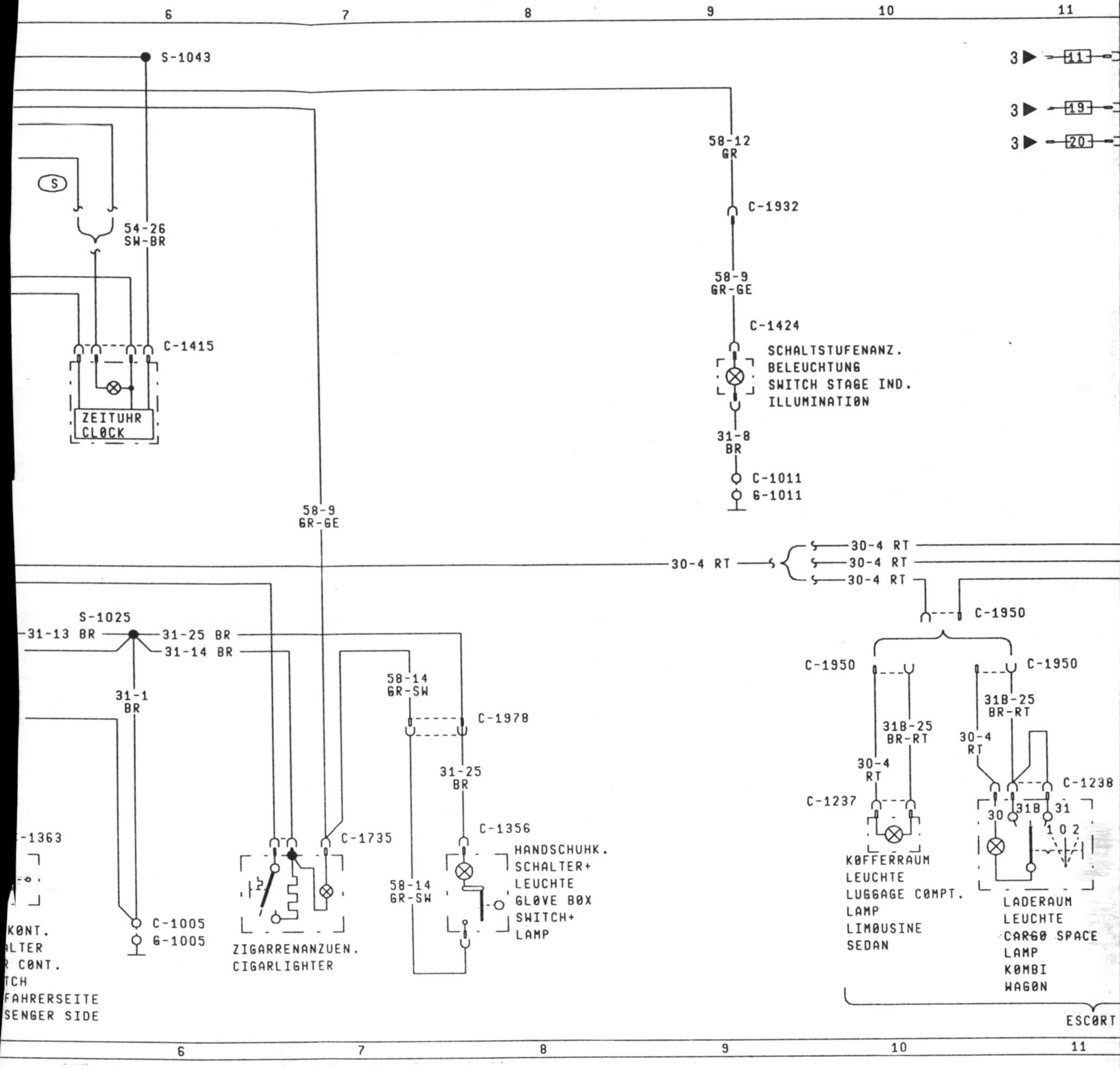

t)	F11
	F12
)	F13
	F14
	F15
wagen)	F16
	A11
	B13
	C15
	C16

Farbcode

BL = blau
BR = braun
GE = gelb
GR = grau
GN = grün
RS = rosa
RT = rot
SW = schwarz
VI = violett
WS = weiß

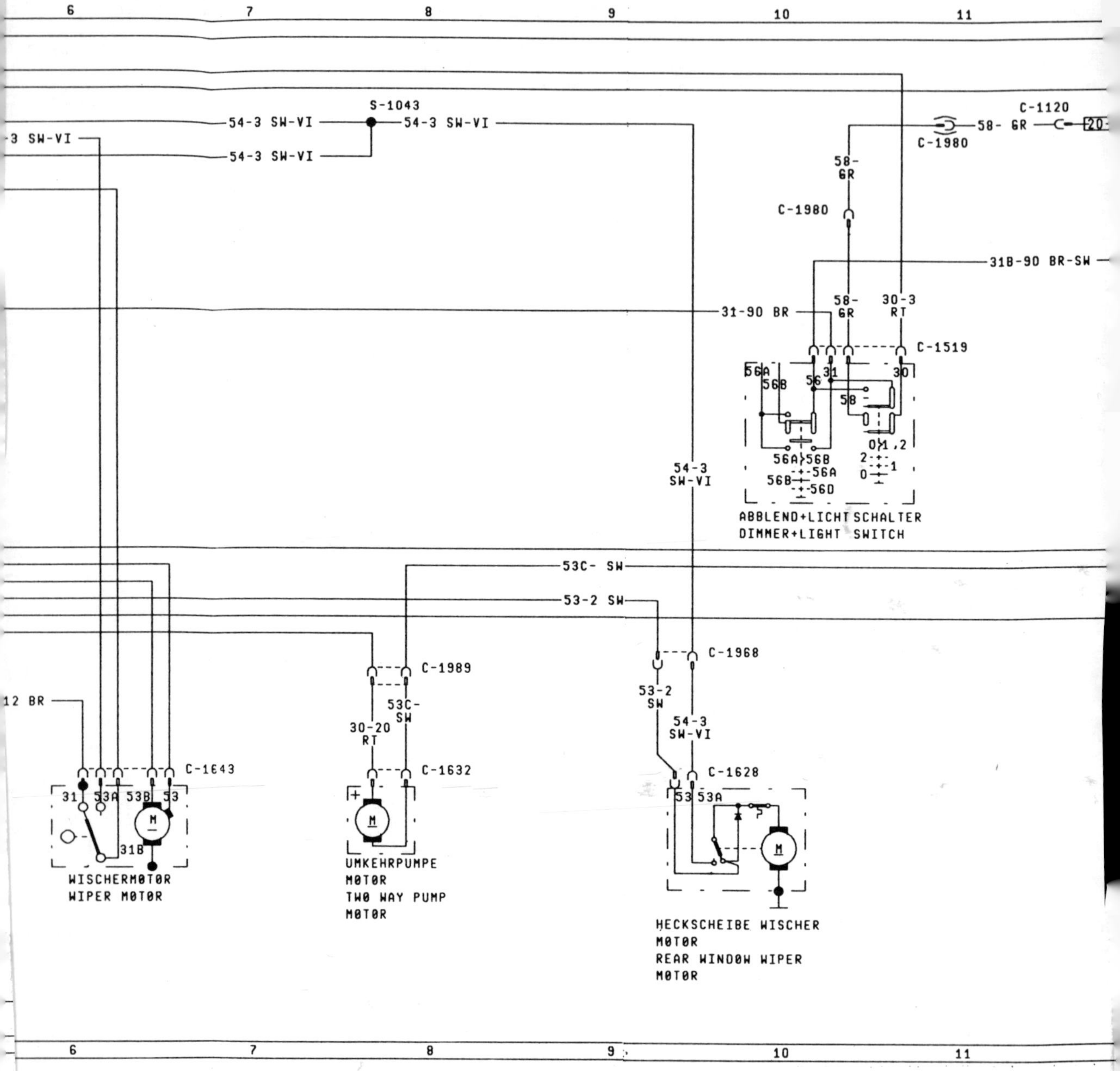

6
7
8
9
10
11
S-1043
54-3 SW-VI
54-3 SW-VI
54-3 SW-VI
-3 SW-VI
C-1120
58- GR
C-1980
58-
GR
C-1980
31B-90 BR-SW
31-90 BR
58-
GR
30-3
RT
C-1519
56A
56B
56
31
30
58
0 1 ,2
2
1
0
56A 56B
56B
56A
56D
54-3
SW-VI
ABBLEND+LICHT SCHALTER
DIMMER+LIGHT SWITCH
53C- SW
53-2 SW
C-1968
C-1989
12 BR
53C-
SW
30-20
RT
53-2
SW
54-3
SW-VI
C-1643
C-1632
C-1628
31
53A
53B
53
31B
M
M
53
53A
M
WISCHERMOTOR
WIPER MOTOR
UMKEHRPUMPE
MOTOR
TWO WAY PUMP
MOTOR
HECKSCHEIBE WISCHER
MOTOR
REAR WINDOW WIPER
MOTOR
6
7
8
9
10
11

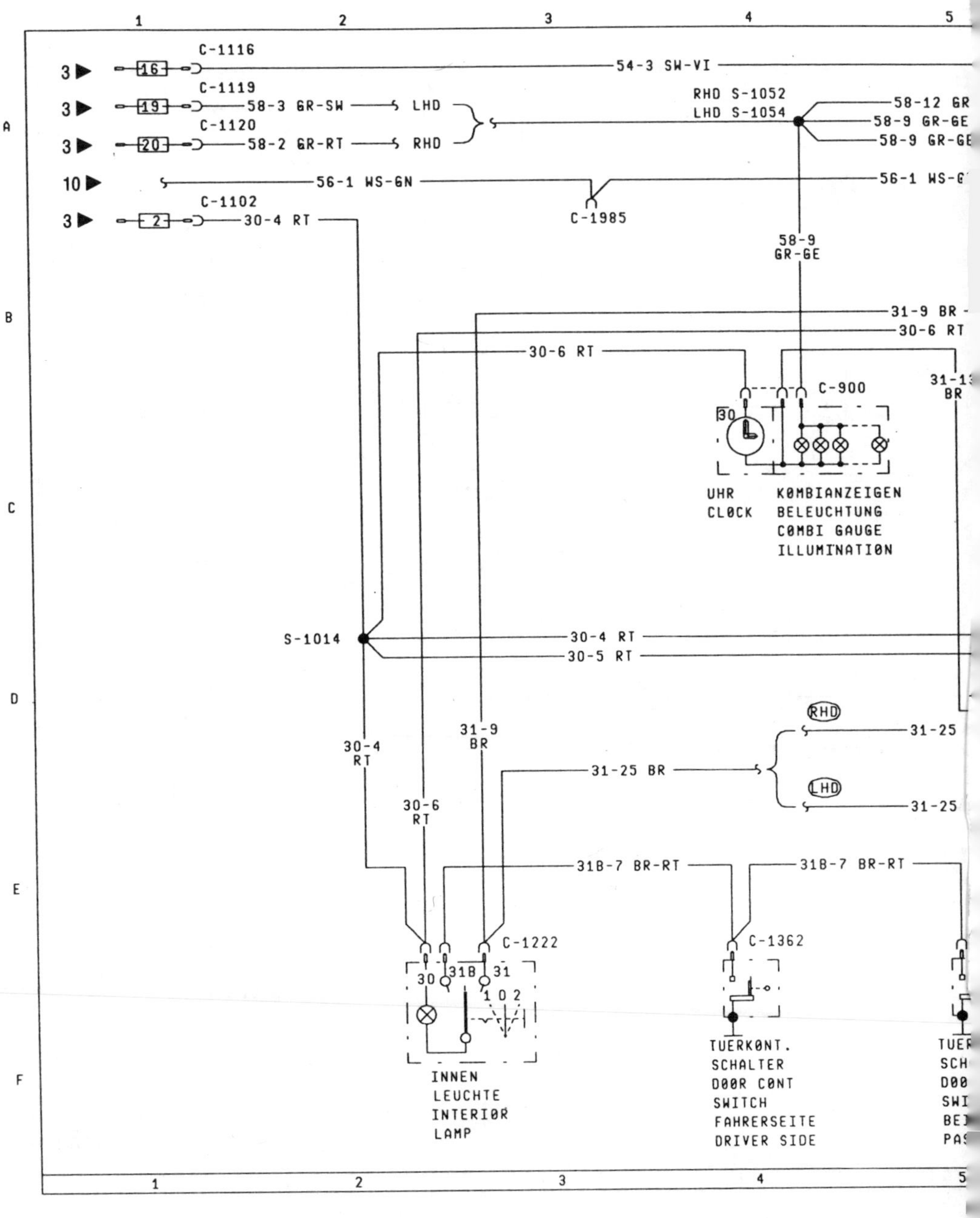

Sicherungen 2, 16, 19, 20	A1
Innenleuchte	F2
Türkontaktschalter links vorn	F4
Türkontaktschalter rechts vorn	F5
Zigarrenanzünder	F7
Schalter für Handschuhkastenleuchte	F8
Instrumentenbeleuchtung	C4
Zeituhr	C4
Zeituhr	C6
Beleuchtung Schaltstufenanzeige	C9
Kofferraumleuchte (Escort)	F10

Laderaumleuchte (Escort)
Schalter Kofferraumleuchte (Esco
Kofferraumleuchte (Orion)
Schalter Kofferraumleuchte (Orion
Laderaumleuchte (Kastenwagen)
Schalter Laderaumleuchte (Kaste

Heizung

Sicherungen 11, 19, 20
Beleuchtung Heizgebläseschalter
Heizgebläseschalter
Heizgebläsemotor

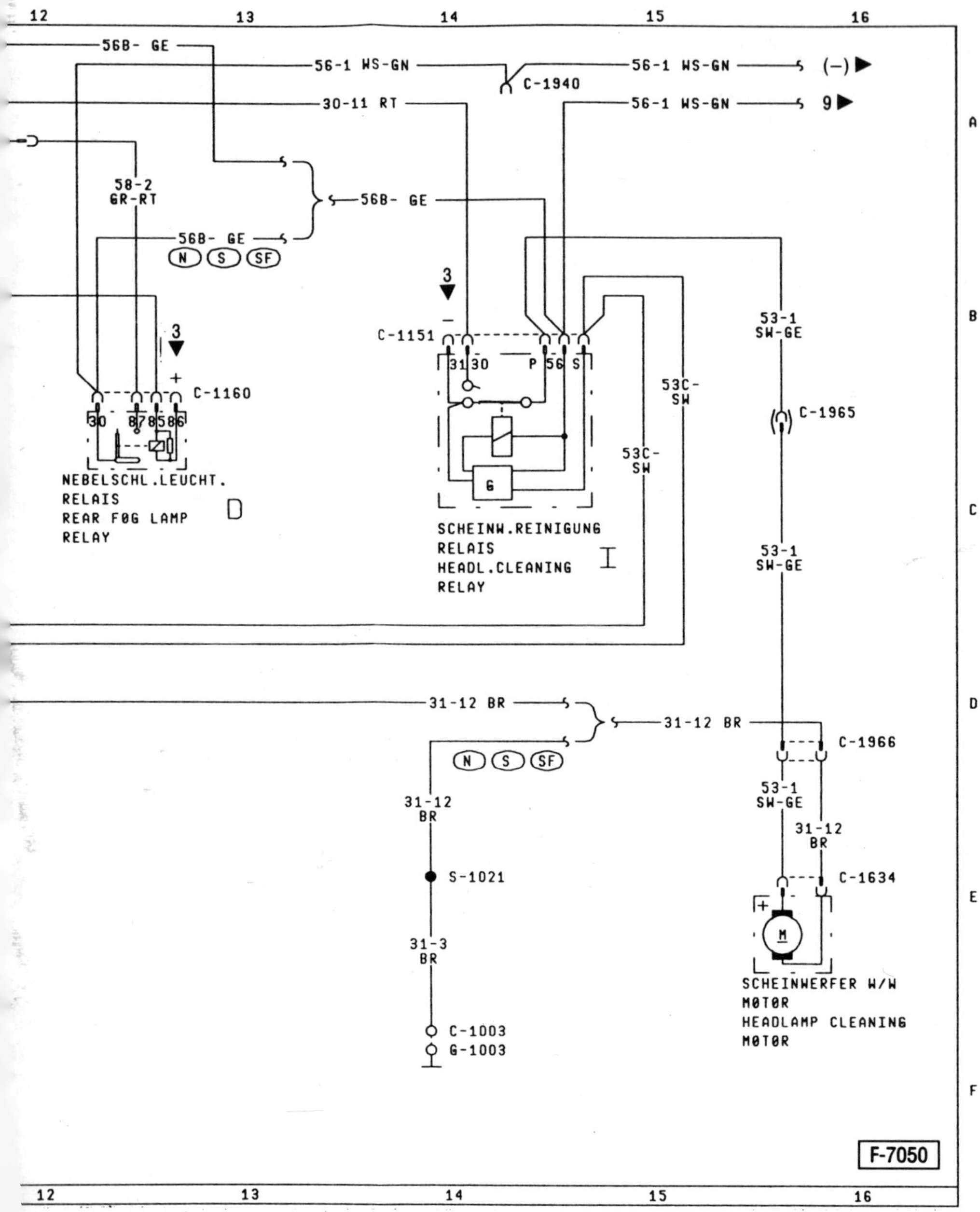

12
13
14
15
16
56B- GE
56-1 WS-GN
C-1940
56-1 WS-GN
(−)
30-11 RT
56-1 WS-GN
9
A
58-2
GR-RT
56B- GE
56B- GE
N S SF
3
C-1151
31 30 P 56 S
53C-
SW
53-1
SW-GE
B
3
+
C-1160
30 87 85 86
C-1965
53C-
SW
NEBELSCHL.LEUCHT.
RELAIS
REAR FOG LAMP
RELAY
D
G
SCHEINW.REINIGUNG
RELAIS
HEADL.CLEANING
RELAY
I
C
53-1
SW-GE
31-12 BR
31-12 BR
D
C-1966
N S SF
31-12
BR
53-1
SW-GE
31-12
BR
S-1021
C-1634
E
M
SCHEINWERFER W/W
MOTOR
HEADLAMP CLEANING
MOTOR
31-3
BR
C-1003
G-1003
F
F-7050

Plan 10: Scheiben-Wisch- und Waschanlage

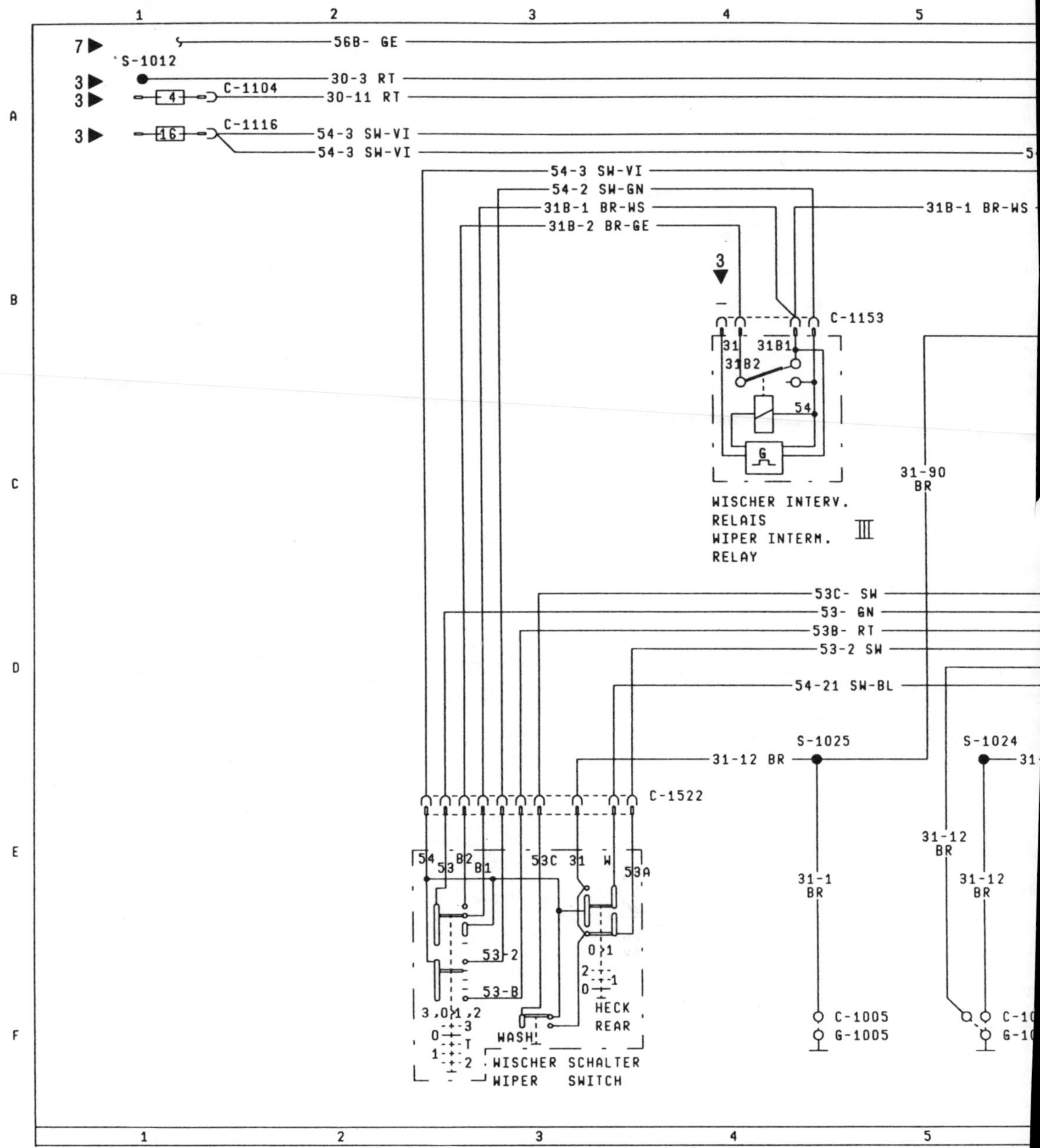

Sicherungen 4, 16	A1	**Farbcode**	
Wisch-, Wascherschalter	E/F3	BL	= blau
Relais III, Intervallwischer	C4	BR	= braun
Wischermotor	E6	GE	= gelb
Wascherpumpe	E8	GR	= grau
Heckscheibenwischer	F10	GN	= grün
Abblend-/Lichtschalter	C10	RS	= rosa
Sicherung 20	A12	RT	= rot
Relais D, Nebelschlußleuchte	C12	SW	= schwarz
Relais I, Scheinwerferwaschanlage	C14	VI	= violett
Scheinwerferwaschpumpe	E16	WS	= weiß

Plan 9: Innenbeleuchtung / Heizung

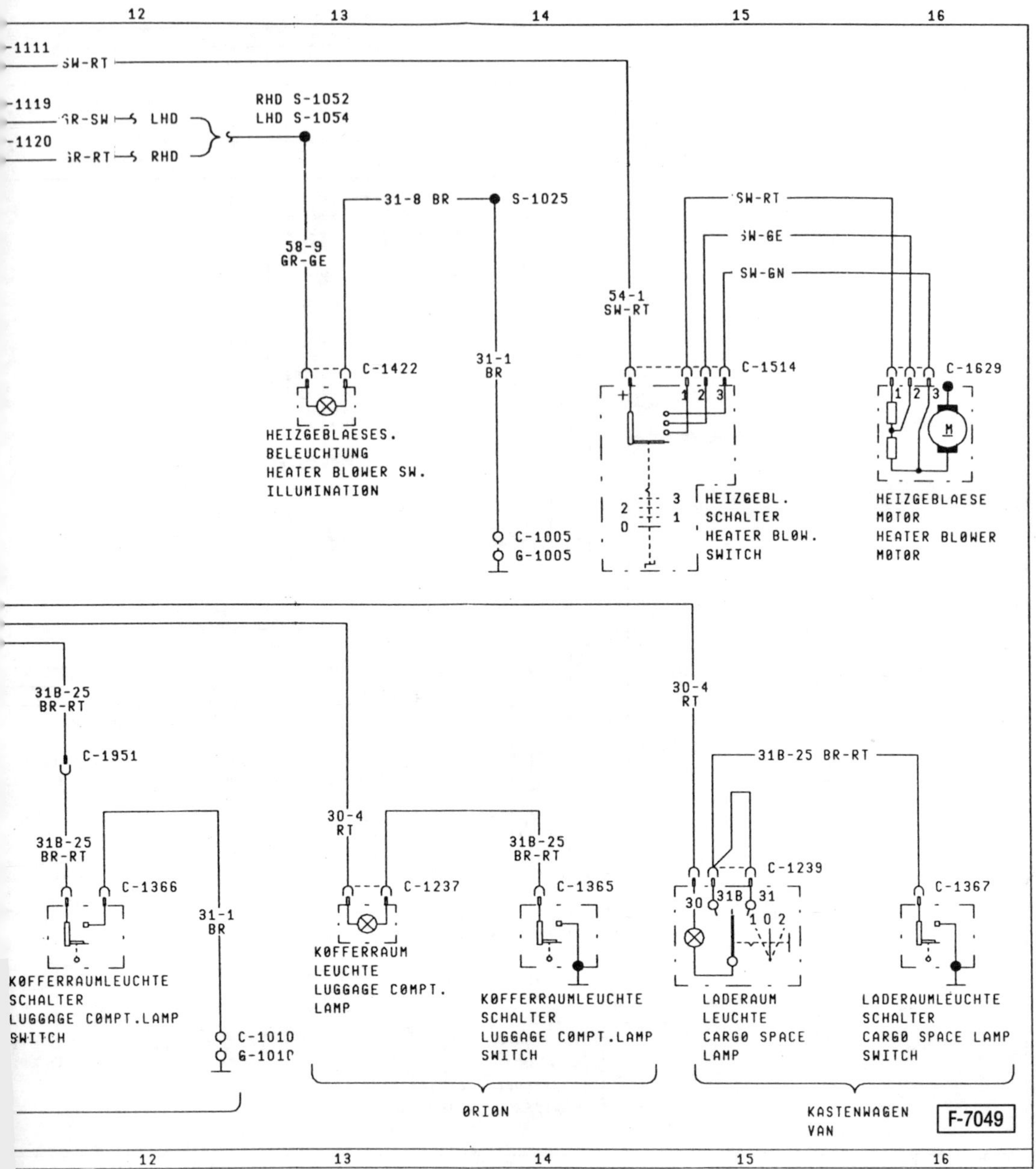

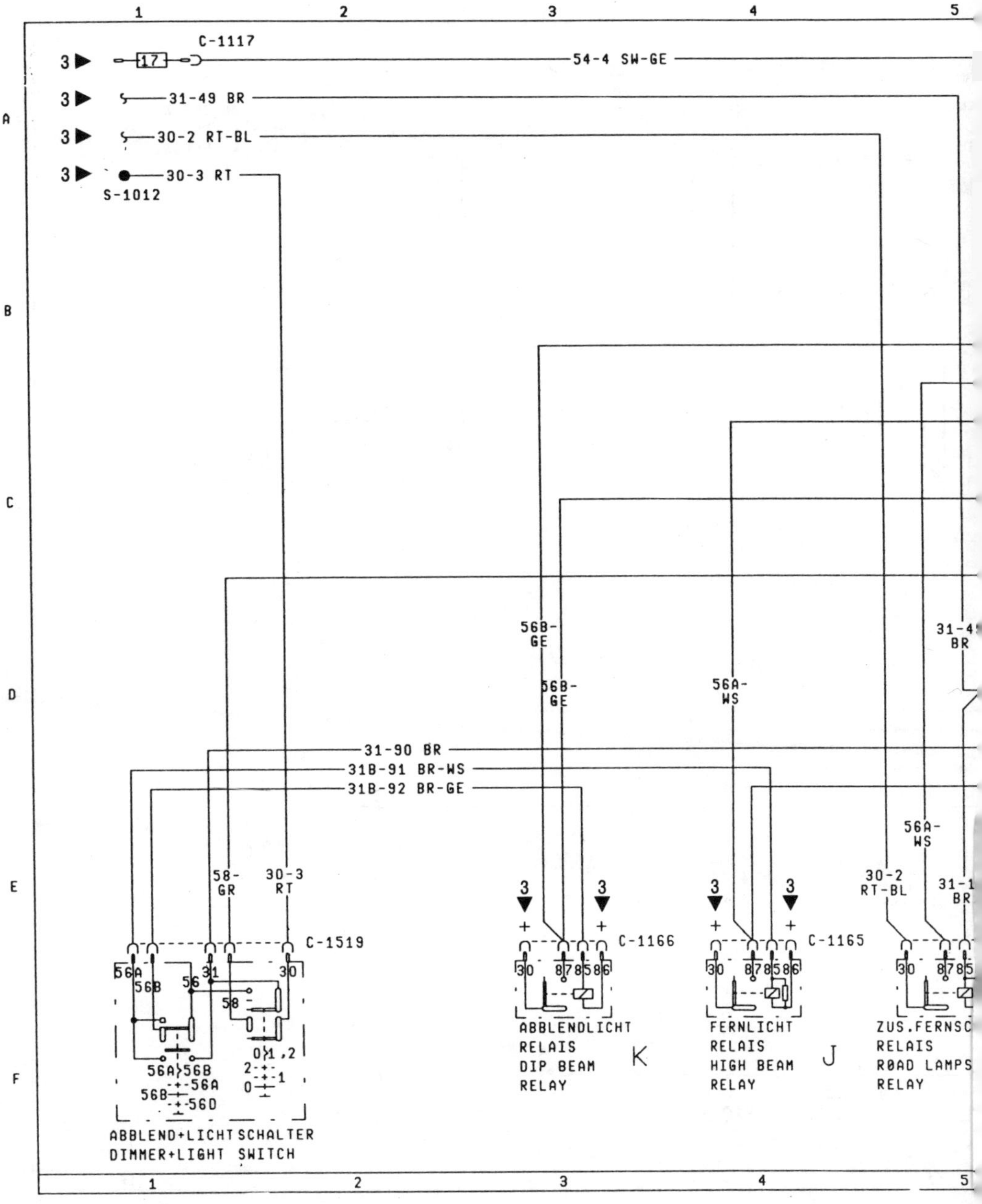

Sicherung 17	A1
Lenkrad-Lichtschalter	F1
Relais K, Abblendlicht	F3
Relais J, Fernlicht	F4
Relais A, Zusatzfernscheinwerfer	F5
Bremslichtschalter	B5/6
Sicherungen 8, 9, 10, 14, 15, 19, 20	B/C7
Fernlicht-Kontrolleuchte	F8
Hauptscheinwerfer links	A10
Hauptscheinwerfer rechts	A15

Heckleuchten links
Heckleuchten rechts
Zusatz-Fernscheinwerfer links
Zusatz-Fernscheinwerfer rechts
Kennzeichenleuchte

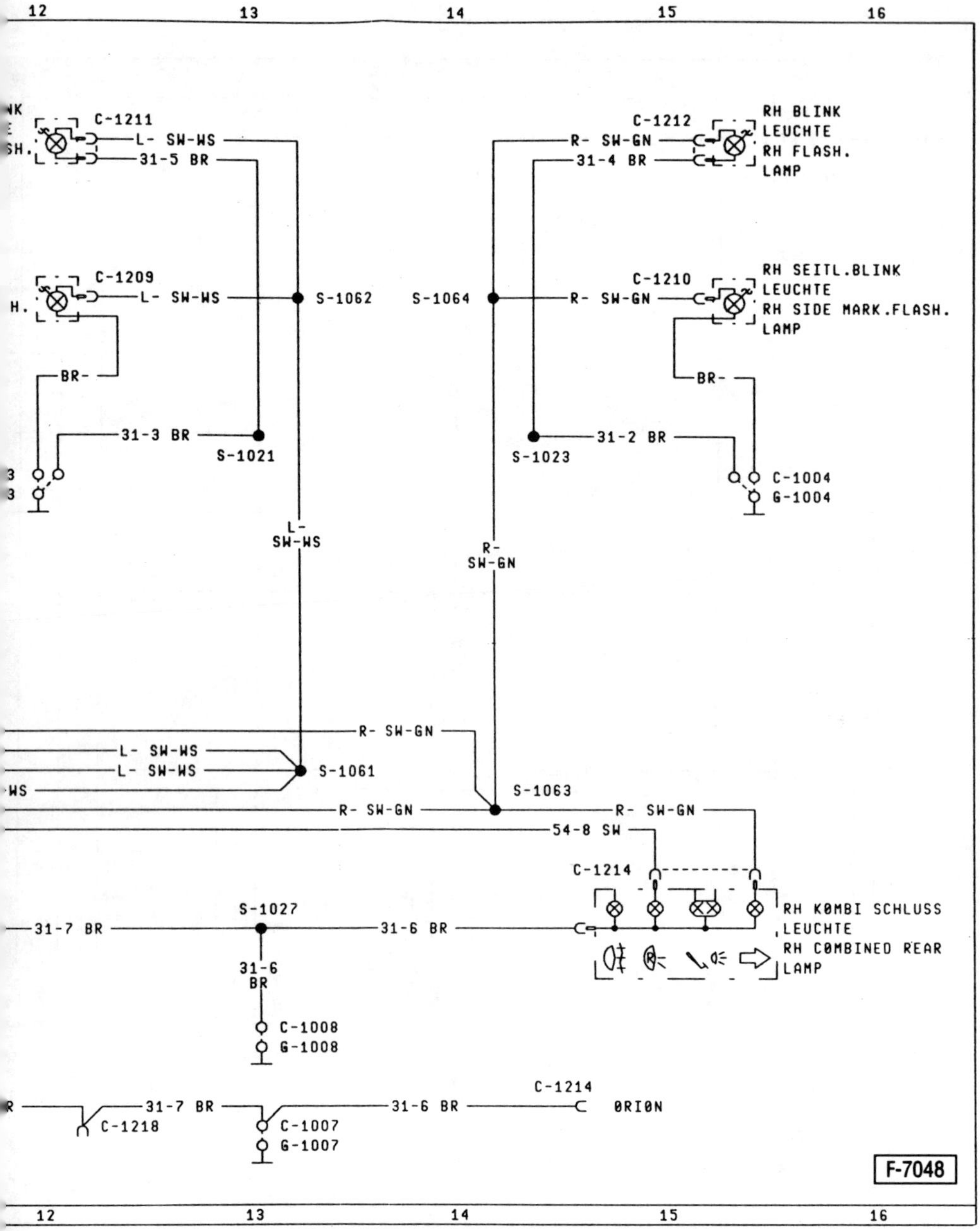
12
13
14
15
16
A
B
C
D
E
F
C-1211
L- SW-WS
31-5 BR
C-1212
R- SW-GN
31-4 BR
RH BLINK
LEUCHTE
RH FLASH.
LAMP
C-1209
L- SW-WS
S-1062
S-1064
R- SW-GN
C-1210
RH SEITL.BLINK
LEUCHTE
RH SIDE MARK.FLASH.
LAMP
BR-
BR-
31-3 BR
S-1021
31-2 BR
S-1023
C-1004
G-1004
L-
SW-WS
R-
SW-GN
R- SW-GN
L- SW-WS
L- SW-WS
S-1061
WS
S-1063
R- SW-GN
R- SW-GN
54-8 SW
C-1214
S-1027
31-7 BR
31-6 BR
RH KOMBI SCHLUSS
LEUCHTE
RH COMBINED REAR
LAMP
31-6
BR
C-1008
G-1008
C-1214
31-7 BR
31-6 BR
ORION
C-1218
C-1007
G-1007
F-7048

Plan 7: Außenbeleuchtung

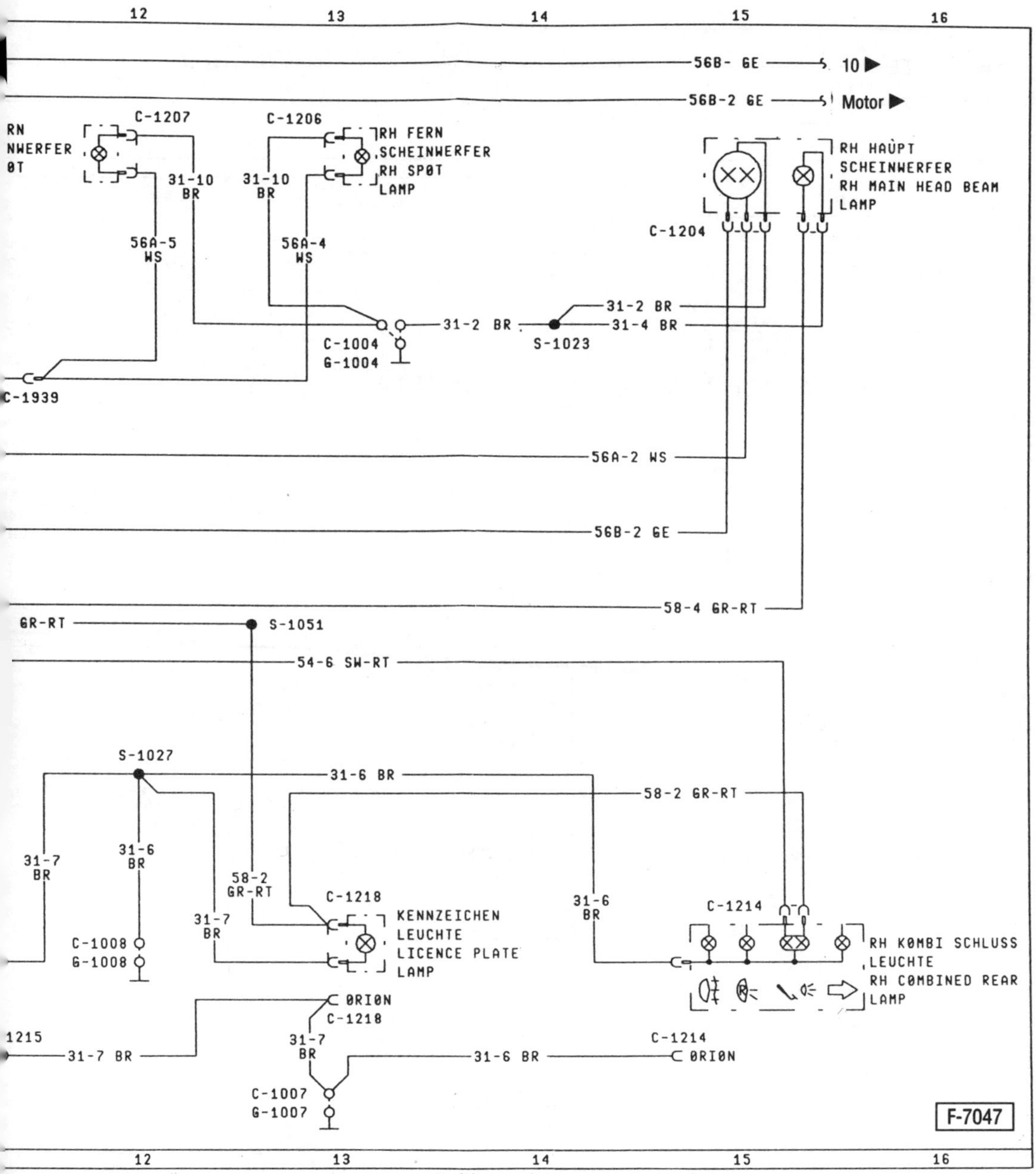

Plan 8: Signal- und Warnanzeigen

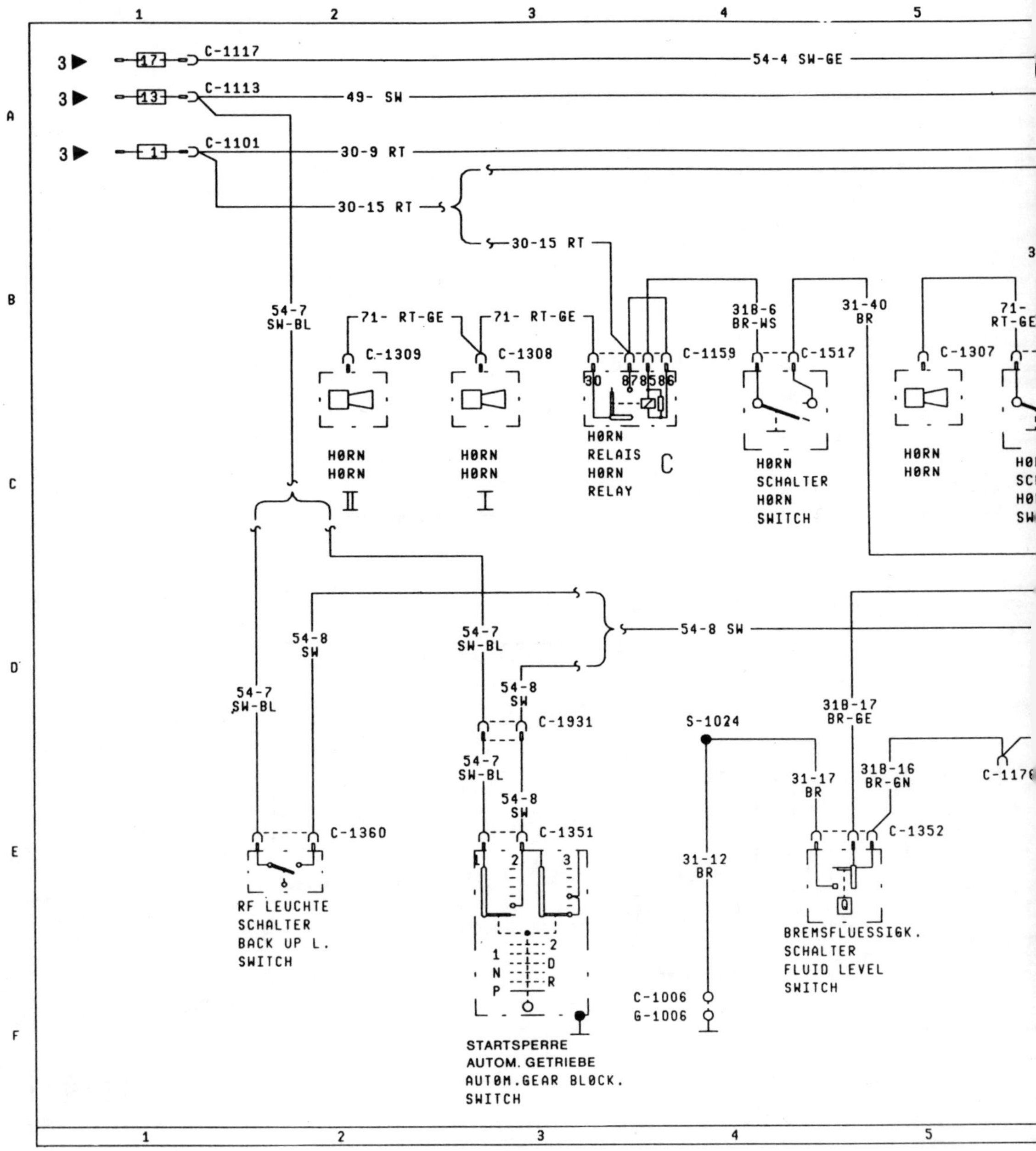

Sicherungen 1, 13, 17	A1	Bremskontrolleuchte
Signalhorn I	C2	Choke-Kontrolleuchte
Signalhorn II	C3	Kontrolleuchte Blinker
Relais C, Horn	C3	Warnblinkschalter
Schalter für Doppeltonhorn	C4	Choke-Schalter
Signalhorn	C5	Blinkleuchte links
Schalter für Signalhorn	C6	Blinkleuchte links seitlich
Schalter Rückfahrleuchte	E2	Blinkleuchte rechts
Sperrschalter Automatik-Getriebe	F3	Blinkleuchte rechts seitlich
Schalter Bremsflüssigkeitsstand	F4/5	Heckleuchten links
Schalter Handbremskontrolle	F6	Heckleuchten rechts

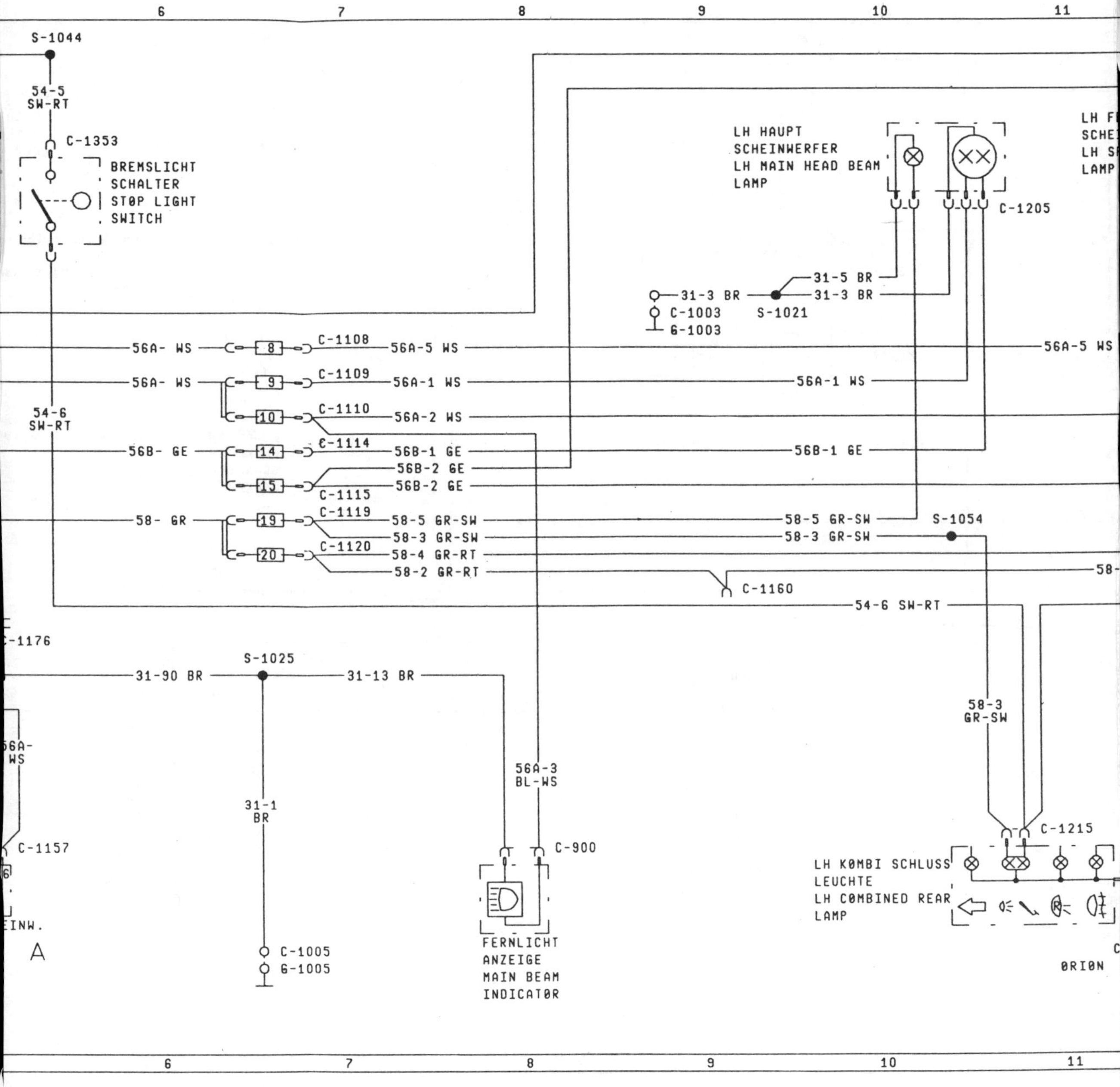

E10/11	**Farbcode**
E11/16	BL = blau
A12	BR = braun
A13	GE = gelb
E13	GR = grau
	GN = grün
	RS = rosa
	RT = rot
	SW = schwarz
	VI = violett
	WS = weiß

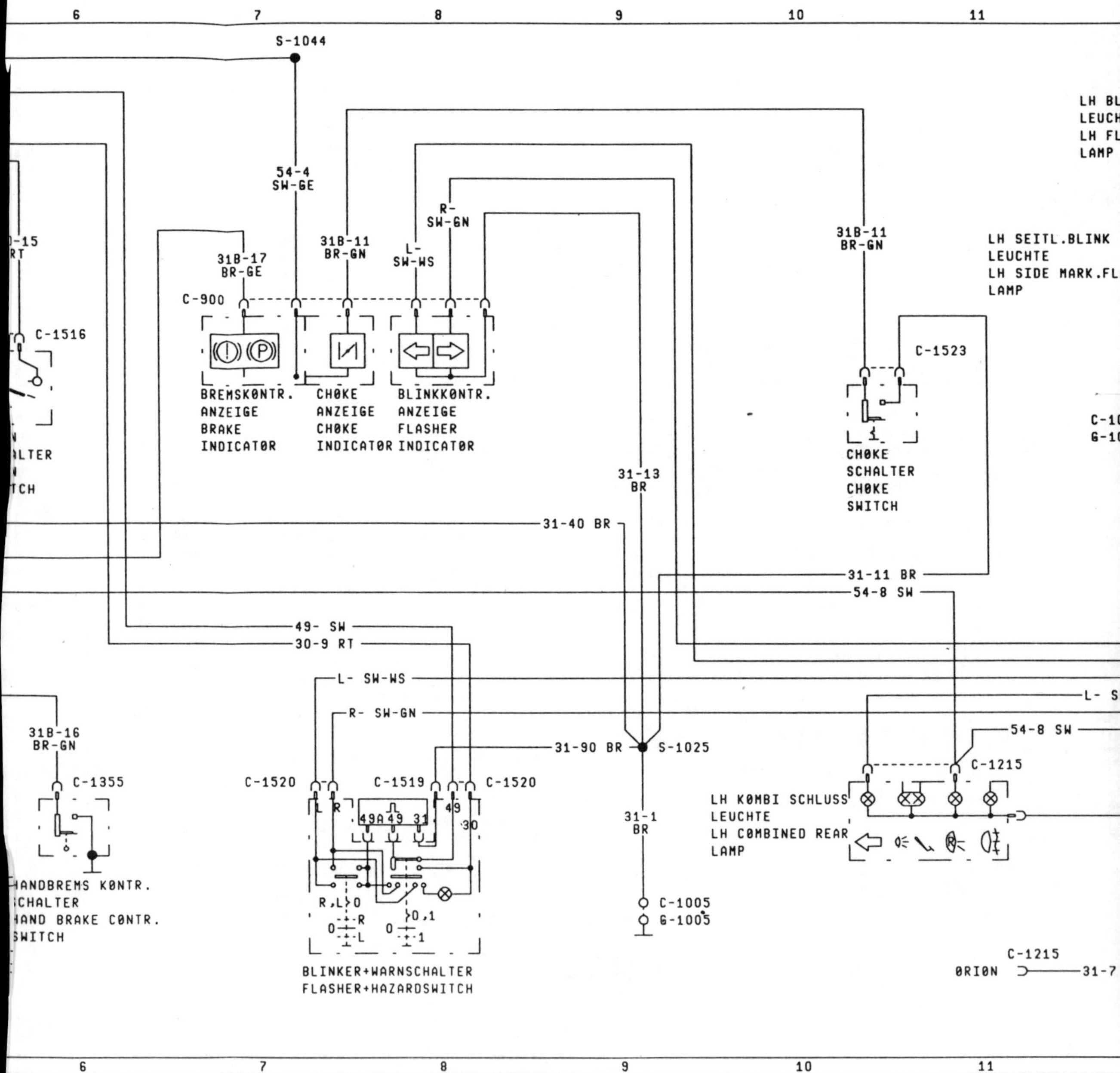

C7	**Farbcode**	
C7/8	BL	= blau
C8	BR	= braun
F7/8	GE	= gelb
C10/11	GR	= grau
A12	GN	= grün
B11/12	RS	= rosa
A15	RT	= rot
B15	SW	= schwarz
E10	VI	= violett
E15	WS	= weiß

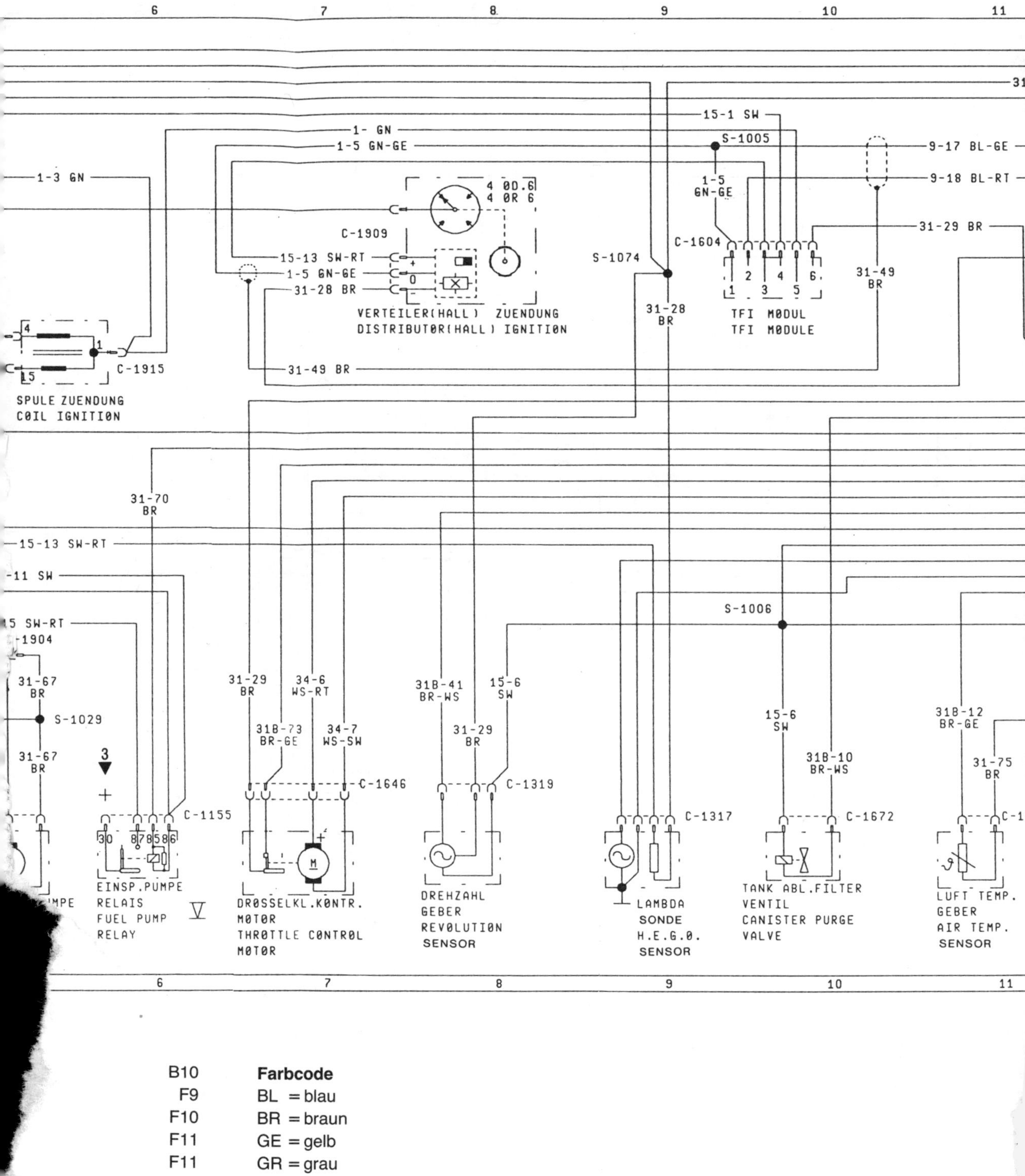

B10	**Farbcode**	
F9	BL	= blau
F10	BR	= braun
F11	GE	= gelb
F11	GR	= grau
F12	GN	= grün
F13	RS	= rosa
F14	RT	= rot
F14/15	SW	= schwarz
B13	VI	= violett
B/C14	WS	= weiß
A-E16		

einstellung

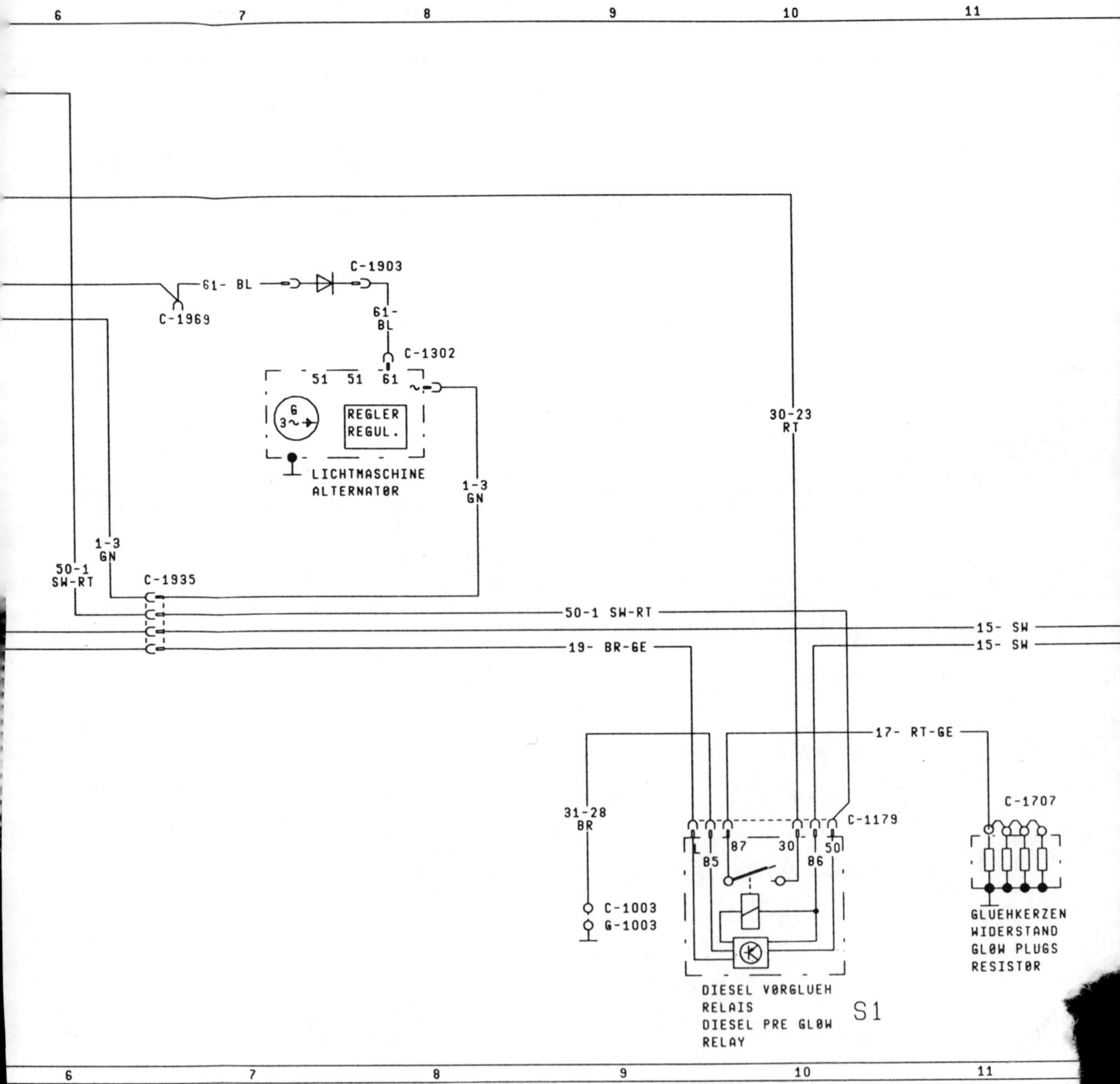
6
7
8
9
10
11
61- BL
C-1903
C-1969
61-
BL
C-1302
51
51
61
REGLER
REGUL.
6
3~
LICHTMASCHINE
ALTERNATØR
1-3
GN
30-23
RT
1-3
GN
50-1
SW-RT
C-1935
50-1 SW-RT
15- SW
15- SW
19- BR-GE
17- RT-GE
31-28
BR
C-1179
C-1707
L
85
87
30
86
50
C-1003
G-1003
GLUEHKERZEN
WIDERSTAND
GLØW PLUGS
RESISTØR
DIESEL VØRGLUEH
RELAIS
DIESEL PRE GLØW
RELAY
S1

Plan 6: 1,8-l-Dieselmotor

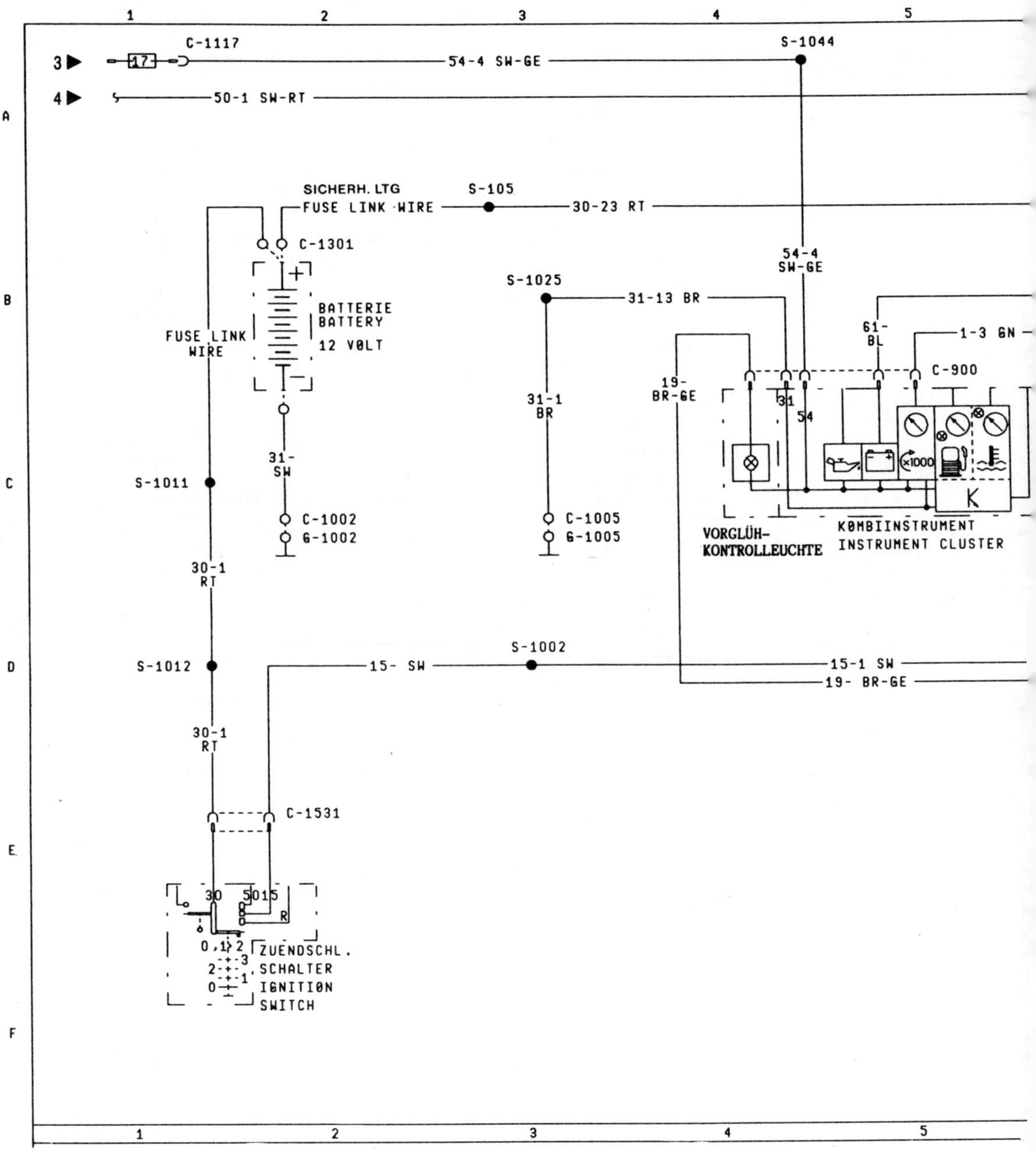

Sicherung 17	A1	**Farbcode**
Batterie	B2	BL = blau
Zünd-Anlaßschalter	F2	BR = braun
Vorglüh-Kontrolleuchte	C4	GE = gelb
Kombiinstrument	C5	GR = grau
Generator	C7/8	GN = grün
Glühzeit-Relais S1	F10	RS = rosa
Glühkerzen	F11	RT = rot
Kraftstoff-Abschaltventil	F12	SW = schwarz
Kaltstartventil	F13/14	VI = violett
Kaltstart-Leerlaufventil	F14/15	WS = weiß

Plan 5: Benzineinspritzung 1,4-l-CVH-Motor mit Katalysator

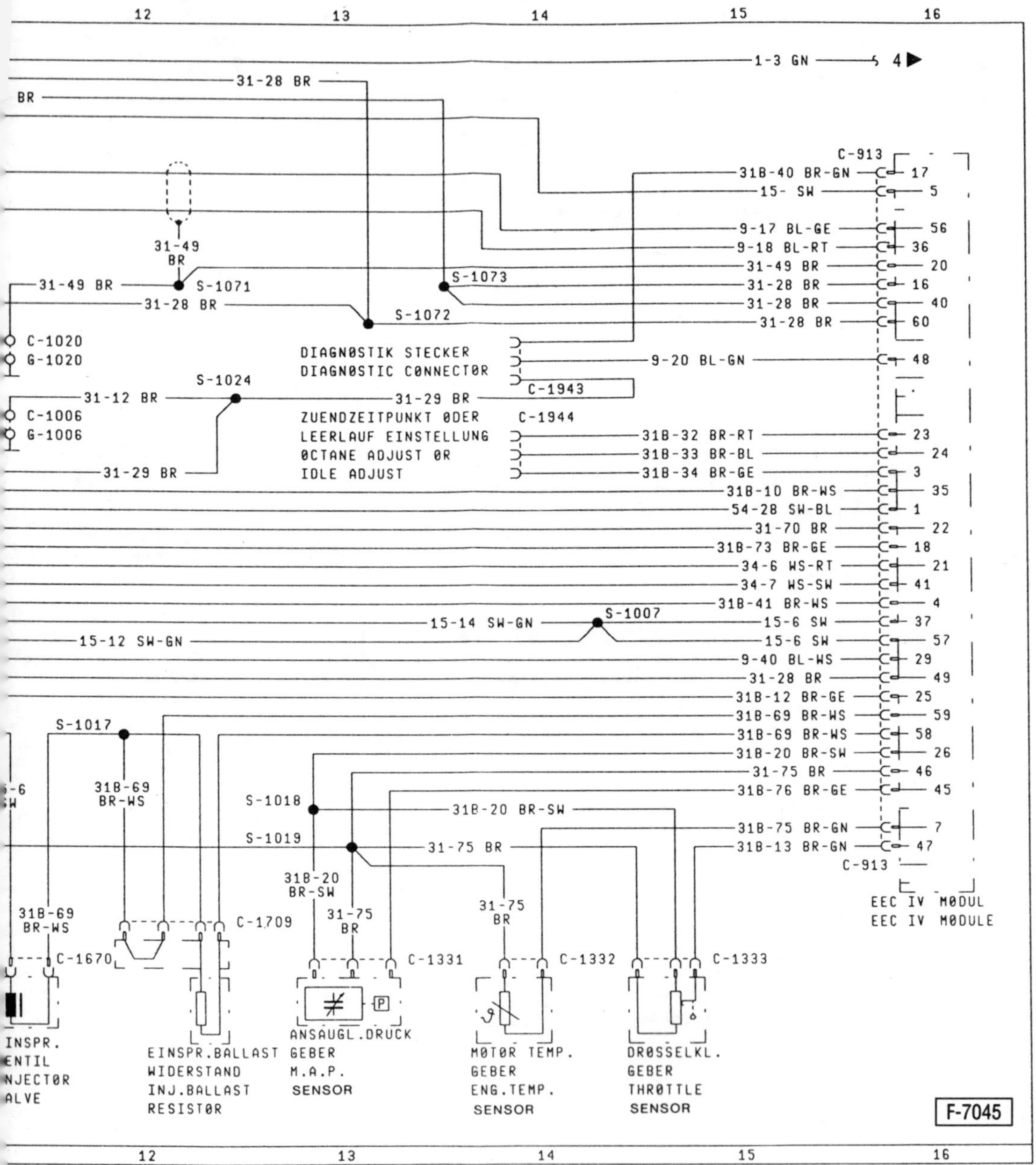

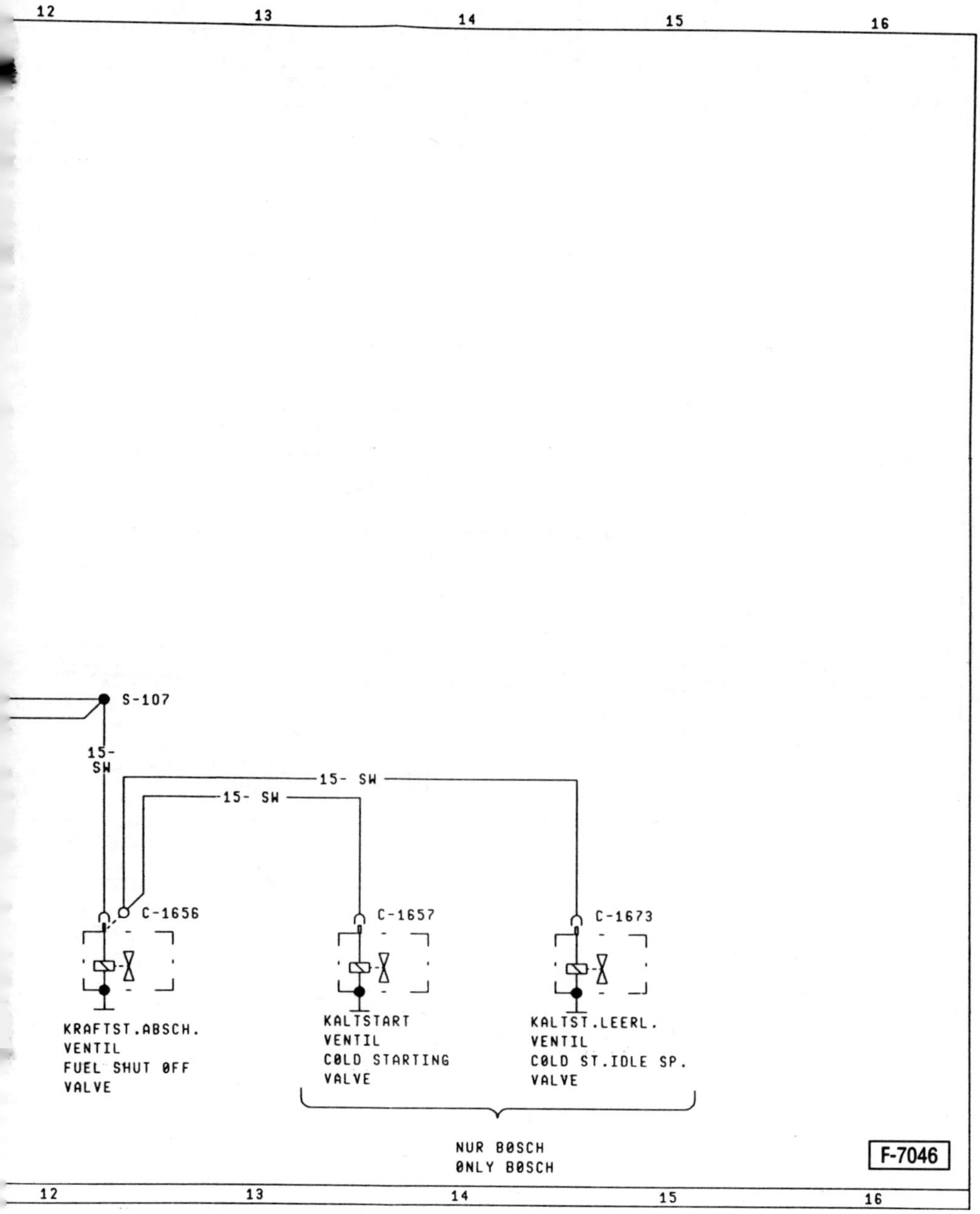
12
13
14
15
16
A
B
C
D
E
F
S-107
15-
SW
15- SW
15- SW
C-1656
C-1657
C-1673
KRAFTST.ABSCH.
VENTIL
FUEL SHUT ØFF
VALVE
KALTSTART
VENTIL
CØLD STARTING
VALVE
KALTST.LEERL.
VENTIL
CØLD ST.IDLE SP.
VALVE
NUR BØSCH
ØNLY BØSCH
F-7046

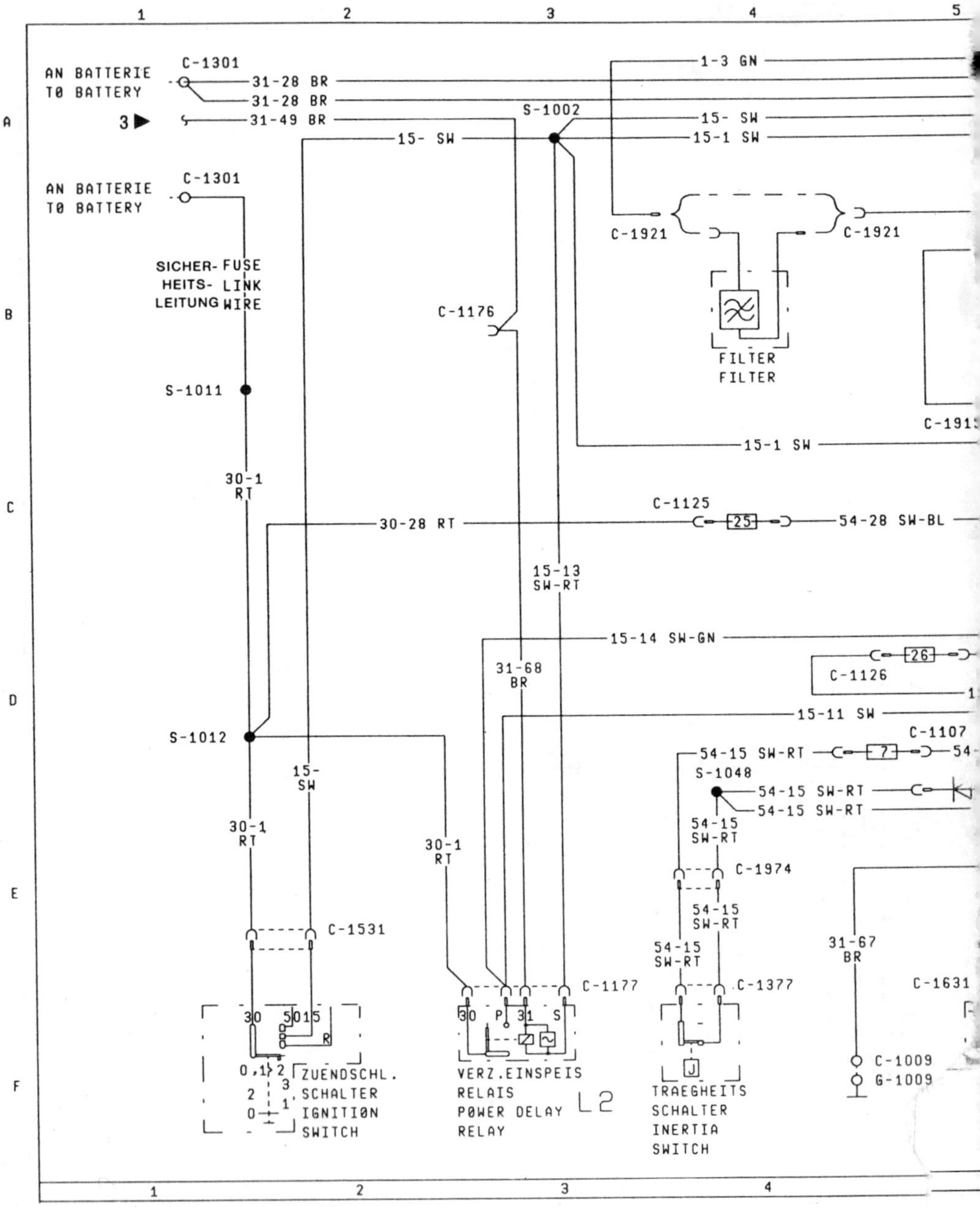

Zündschloß-Schalter
Einspeis-Relais L2
Filter
Sicherung 25
Zündspule
Sicherungen 7, 26
Trägheitsschalter
Kraftstoffpumpe
Kraftstoffpumpen-Relais V
Stellmotor Drosselklappe
Drehzahlgeber
Zündverteiler mit Hallgeber

F1	TFI-Modul
F2/3	Lambda-Sonde
A4	Magnetventil Aktivkohlebehälte
C4	Ansaugluft-Temperaturgeber
C5	Einspritzventil
D5	Widerstand
F4	Druckgeber Ansaugluft (MAP-Se
F5	Geber Motortemperatur
F6	Drosselklappenpotentiometer
F7	Diagnosestecker
F8	Stecker für Zündzeitpunkt-/Leerlau
B8	Zünd-/Einspritzsteuergerät EEC IV

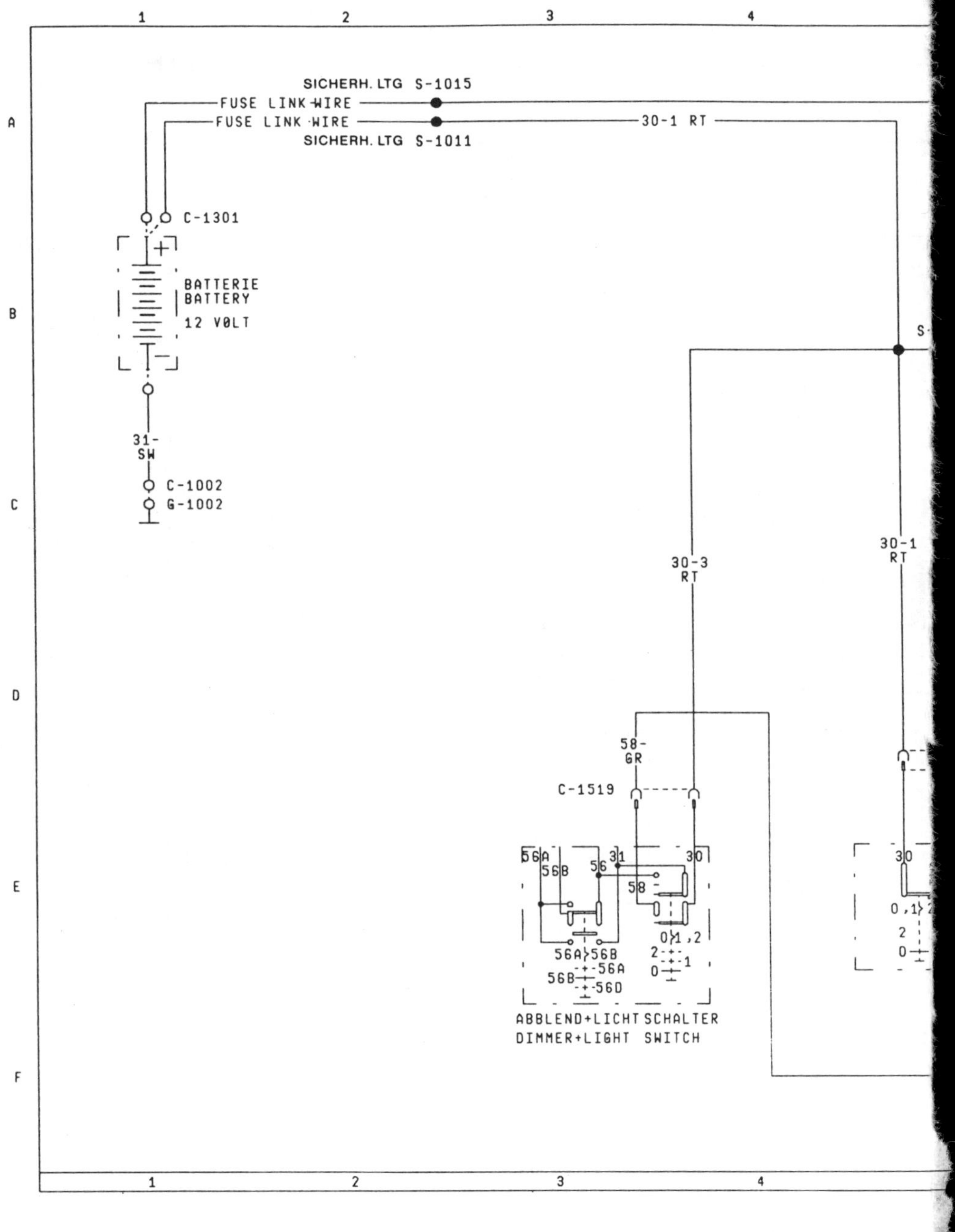

Batterie	B1	**Farbcode**	
Abblend-/Lichtschalter	E4	BL	= blau
Zündschloß-Schalter	E5	BR	= braun
Zündschloß-Relais VI	C9	GE	= gelb
Sicherungen 11, 12, 13	B12	GR	= grau
Sicherungen 16, 17, 18	D12	GN	= grün
Sicherungen 1, 2, 3, 4, 5	E12	RS	= rosa
Sicherungen 19, 20	F12	RT	= rot
		SW	= schwarz
		VI	= violett
		WS	= weiß

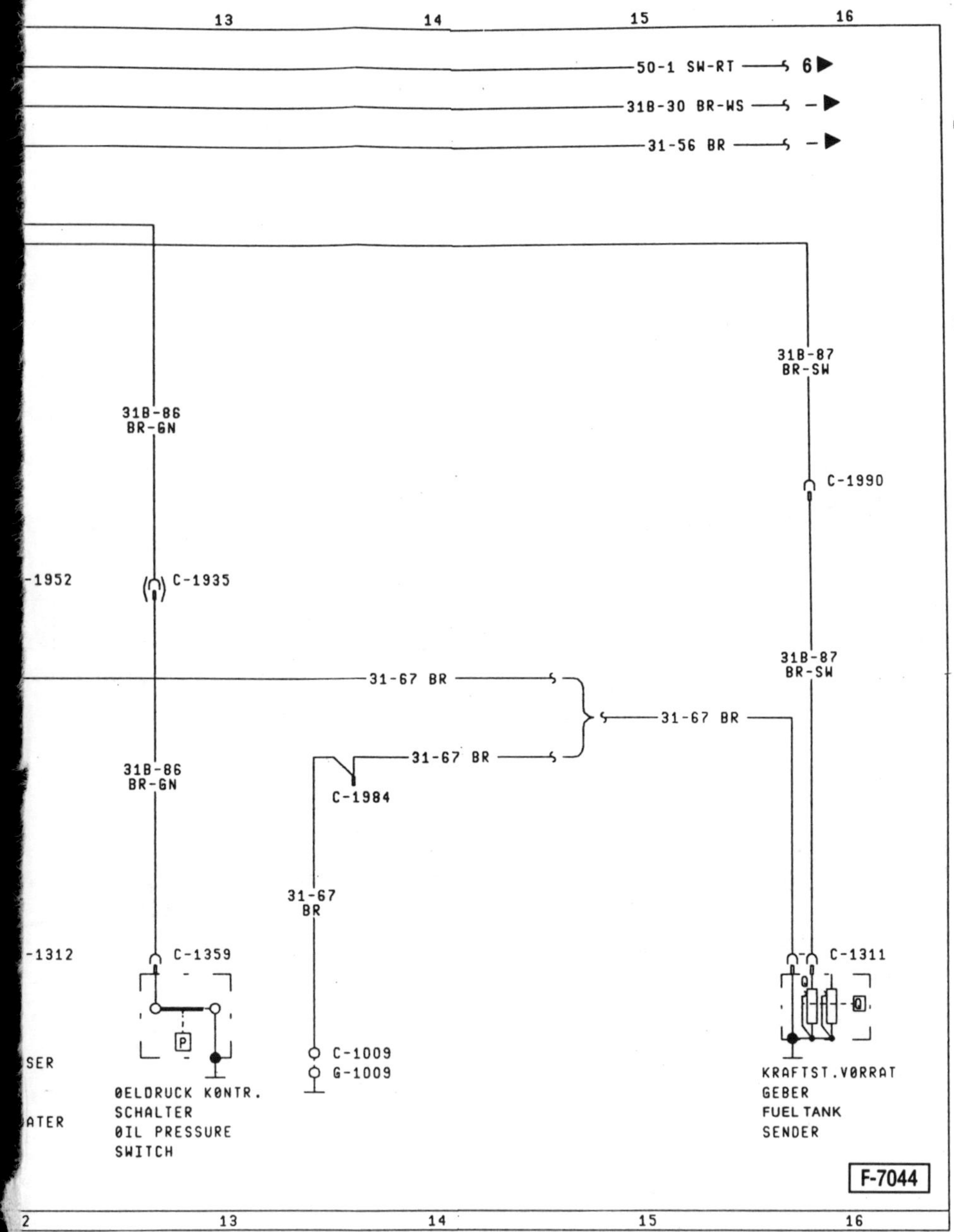
13
14
15
16
50-1 SW-RT
6
31B-30 BR-WS
31-56 BR
A
B
31B-87
BR-SW
31B-86
BR-GN
C-1990
C
-1952
C-1935
31-67 BR
31-67 BR
D
31B-86
BR-GN
31-67 BR
31B-87
BR-SW
C-1984
31-67
BR
E
-1312
C-1359
C-1311
SER
C-1009
G-1009
ØELDRUCK KØNTR.
SCHALTER
ØIL PRESSURE
SWITCH
KRAFTST.VØRRAT
GEBER
FUEL TANK
SENDER
ATER
F
F-7044
2

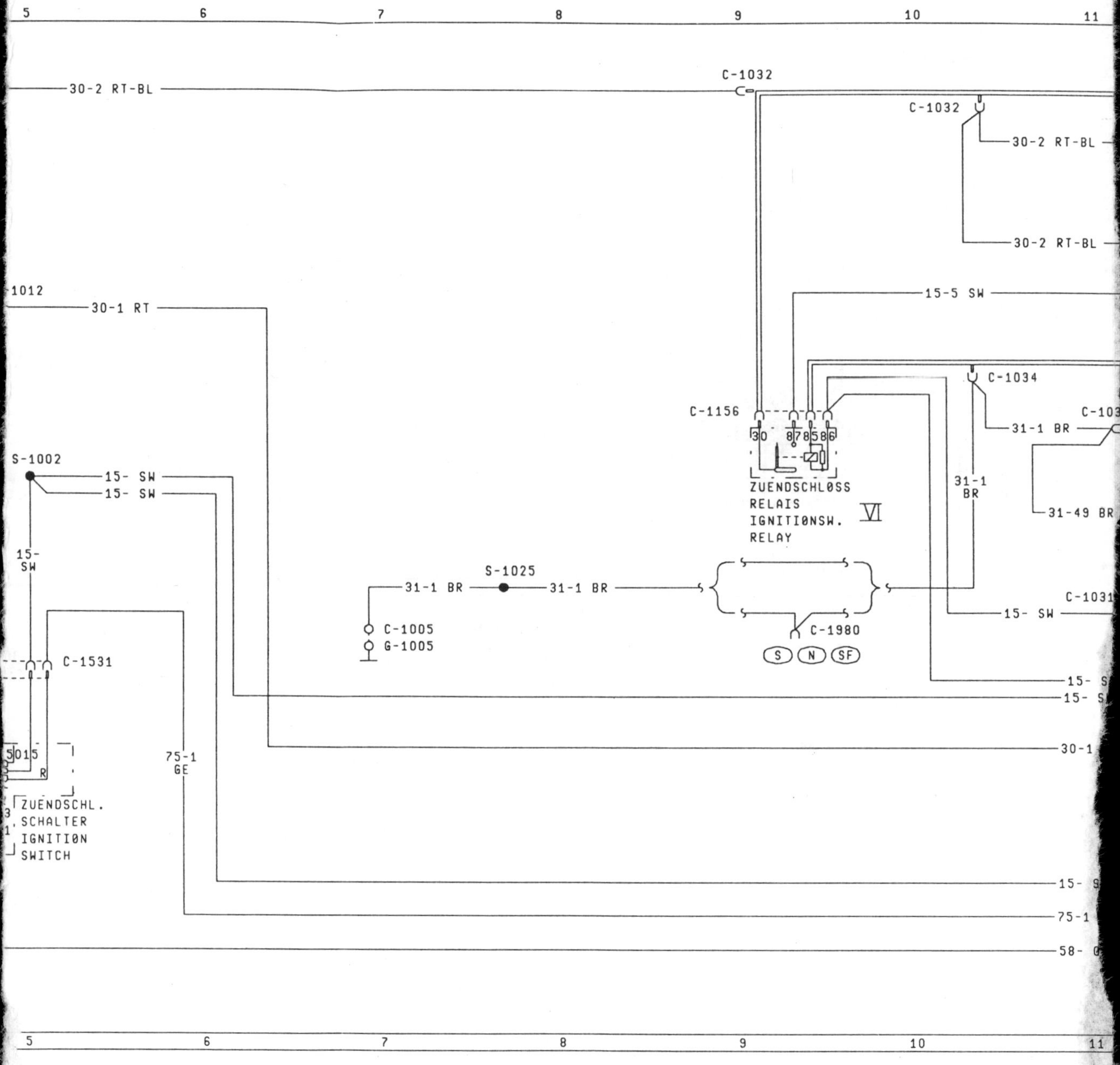
5
6
7
8
9
10
11
30-2 RT-BL
C-1032
C-1032
30-2 RT-BL
30-2 RT-BL
1012
30-1 RT
15-5 SW
C-1034
C-1156
30
87
85
86
31-1 BR
31-1
BR
31-49 BR
S-1002
15- SW
15- SW
15-
SW
ZUENDSCHLØSS
RELAIS
IGNITIØNSW.
RELAY
VI
S-1025
31-1 BR
31-1 BR
C-1031
15- SW
C-1005
G-1005
C-1980
S
N
SF
C-1531
75-1
GE
ZUENDSCHL.
SCHALTER
IGNITIØN
SWITCH
30-1
58-

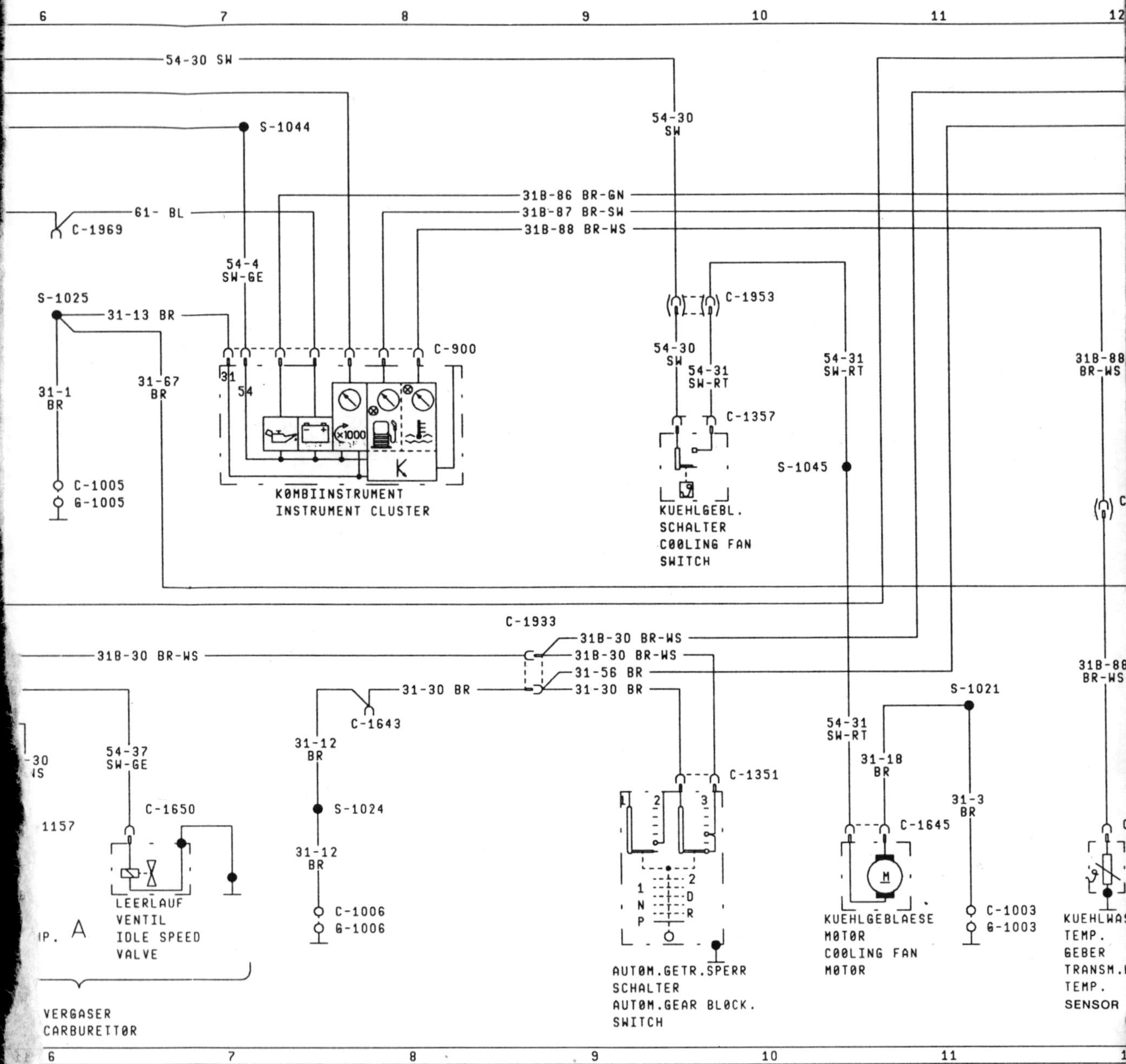

C8 **Farbcode**
C10 BL = blau
F9/10 BR = braun
F11 GE = gelb
F12 GR = grau
F13 GN = grün
F16 RS = rosa
RT = rot
SW = schwarz
VI = violett
WS = weiß

Plan 4: Lade- und Anlaßsystem

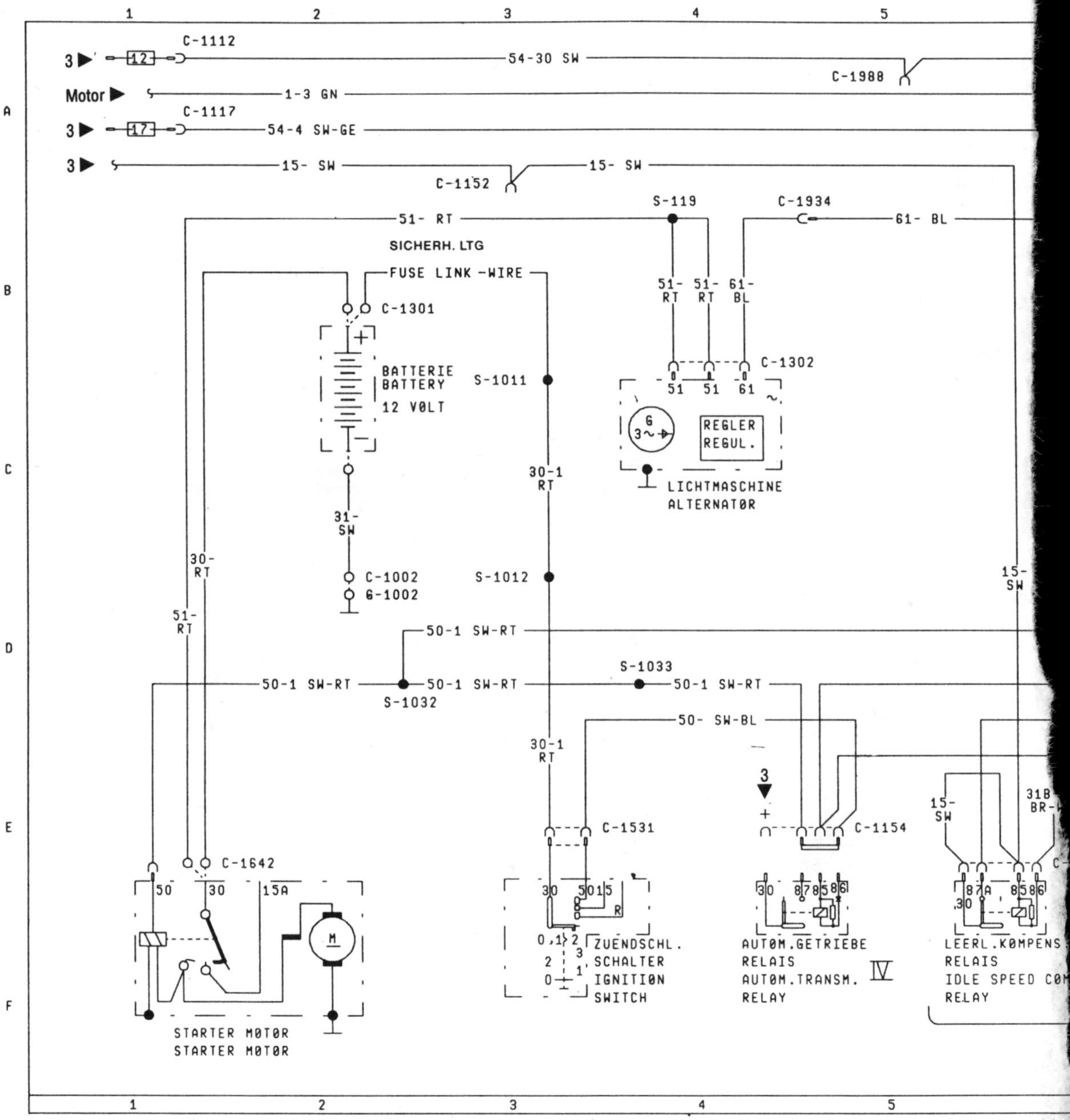

Sicherungen 12, 17
Batterie
Anlasser
Zündschloß-Schalter
Generator
Relais IV Automatik-Getriebe
Leerlauf-Relais A
Leerlauf-Ventil

A1	Kombiinstrument
B2	Thermoschalter für Kühlgebläse
F1	Sperrschalter Automatik-Getriebe
F3	Kühler-Lüfter
C4	Kühlmittel-Temperaturgeber
F4/5	Öldruckschalter
F5/6	Tankgeber
F6/7	

Plan 3: Einspeise-System

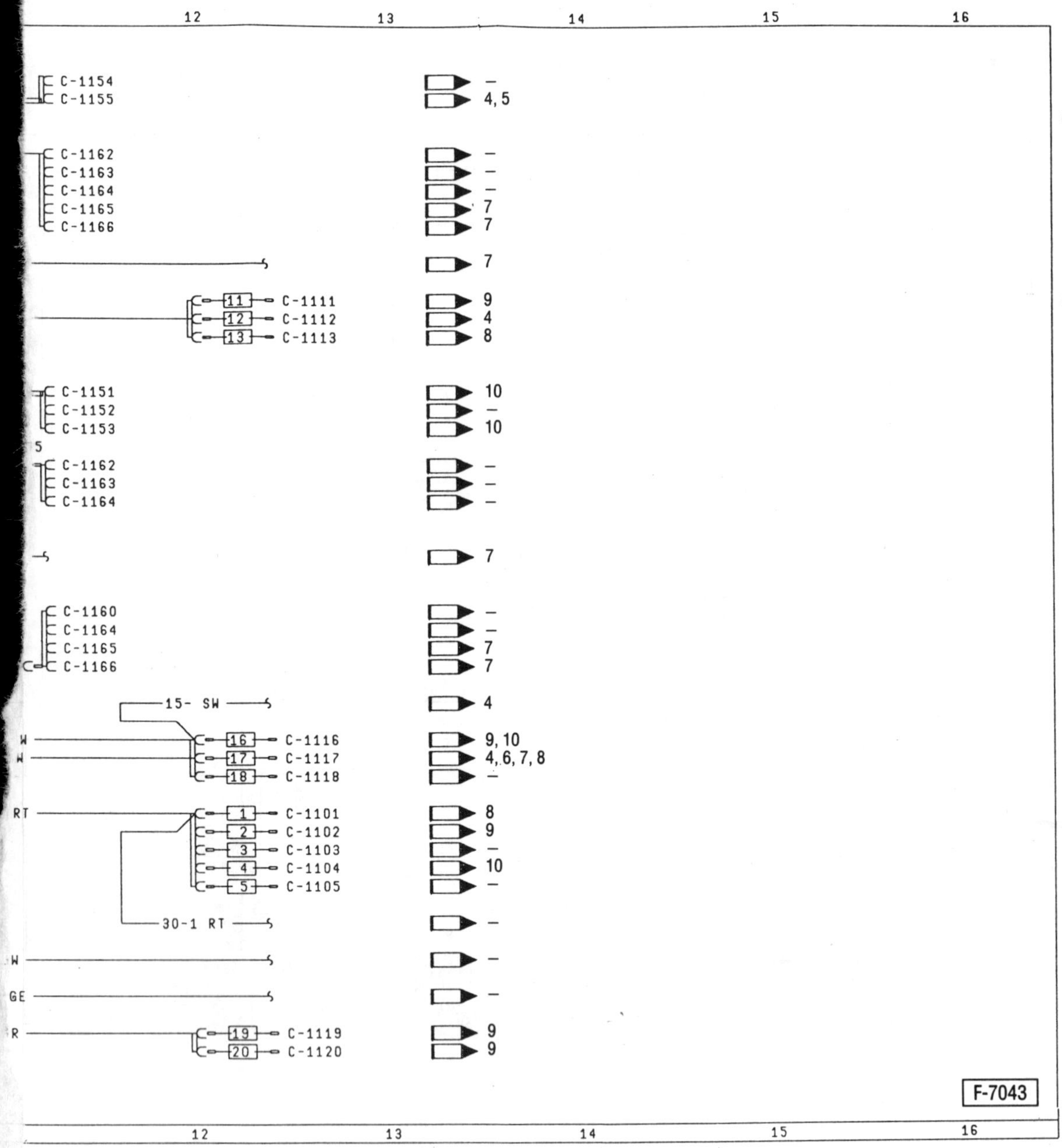